电气设备节电技术与工程实例

方大千　方　立　编著

金盾出版社

内 容 提 要

本书较详细而具体地介绍了供用电各个环节及各种电气设备的节电改造技术和工程实例。具体包括节电工程投资效果评估，输配电线路节电改造，变压器节电改造，无功补偿节电技术，电动机节电改造，风机、水泵和空压机节电改造，电焊机和接触器节电改造，电加热节电改造，照明节电改造等内容。本书大量的实例来自节电改造工程的实际，具有明确的针对性、实用性和指导性。

本书通俗易懂，内容紧密结合实际，是一本开展节电工作的指导书。可供工厂、农村及电力企业电工、技术人员、节能部门及企业设备管理人员使用。

图书在版编目(CIP)数据

电气设备节电技术与工程实例/方大千，方立编著. -- 北京：金盾出版社，2011.12
ISBN 978-7-5082-7070-8

Ⅰ.①电… Ⅱ.①方…②方… Ⅲ.电气设备—节电 Ⅳ.①TM92

中国版本图书馆 CIP 数据核字(2011)第 111567 号

金盾出版社出版、总发行

北京太平路 5 号(地铁万寿路站往南)
邮政编码:100036 电话:68214039 83219215
传真:68276683 网址:www.jdcbs.cn
封面印刷:北京蓝迪彩色印务有限公司
正文印刷:北京金盾印刷厂
装订:兴浩装订厂
各地新华书店经销
开本:850×1168 1/32 印张:18 字数:449 千字
2011 年 12 月第 1 版第 1 次印刷
印数:1～8 000 册 定价:40.00 元

前　言

我国正处于向工业化和城市化过渡的快速发展阶段，能源消费增长巨大。目前我国能源形势相当严峻，我国80％发电量由燃煤火力发电厂提供，电力供应过分依赖于煤炭产业，煤炭短缺将直接威胁电力的供应。另外，我国电力供应还受到自然灾害的影响。因此，尽管我国电力工业发展迅速，但拉闸限电仍不可避免。能源紧缺将严重制约国民经济的持续发展。与此同时我国能源利用率却很低，仅为33.4％，约低于国际先进水平10个百分点。中央提出的有关“节约优先”的方针没有得到很好落实，能源浪费惊人。为此，2007年修改后的节能法规定，“节约资源是我国的基本国策。国家实施节约与开发并举，把节约放在首位的能源发展战略”；“国家实行节能目标责任制和节能考核评价制度，将节能目标完成情况作为对各地人民政府及其负责人考核的内容。省、自治区、直辖市人民政府每年向国务院报告节能目标责任制的履行情况”。2010年5月国务院召开全国节能减排工作电视电话会议，动员和部署加强节能减排工作。会上温家宝总理强调要强化行政问责，对各地区节能目标完成好的要给予奖励，未完成的要追究主要领导和相关领导责任，根据情节给予相应处分，直至撤职。

我们除大力开发水能、太阳能、风能、生物能等可再生能源外，还要大力限制及禁止高能耗、高污染、粗放型、低水平的产业，大力发展节能型、环保型、高科技、高效益的产业。同时要积极开展节电工作，真正使节约用电成为我国能源战略的重要组成部分。节电工作须各行各业投入，全民参与，认真落实节电措施和节电改造工程实施方案，深挖节电潜力，将我国的节电工作深入、全面、持久地开展下去。本书配合我国节电工作的积极、深入开展，较全面、系统地介绍了供、用电各个环节及各种电气设备的具体而实用的节电改造技术，通过大量的工程实例，详细地介绍了节电工程实施方案，节电工程计算，节电效果评估。本书充分引入节能新产品、新技术在节电改造工程中的应用，较详细地介绍了软起动器、变频器及远红外加热等新技术的应用。

本书作者曾在电力系统、小水电站、国企从事多年的节电工作，负责过许多节电改造工程，在制订节电改造项目及实施方案和开展企业电能平衡测算工作等方面，具有较丰富的实践经验，本书是在总结个人工作经验，消化吸收国内外优秀科研成果，合理运用新技术的基础上编写的，可保证该书的先进性和实用性。凡节电改造工程中所碰到的具体问题，大都可在本书中找到实例及解决的方法。读者通过本书的学习，能较快地学会如何应用计算方法和计算公式去分析和解决节电工作中的实际问题，掌握如何制订节电改造工程的实施方案，开展节电工作。

参加本书编写工作的有方大千、方立、方成、张正昌、方亚平、张荣亮、郑鹏、方亚敏、朱丽宁、朱征涛、方欣、许纪秋、方亚云、那罗丽、费珊珊、那宝奎、卢静、刘梅、孙文燕、张慧霖等同志。全书由方大中高级工程师审校。

由于作者水平有限，书中难免有不妥之处，敬请读者批评指正。

作　者

目　录

第一章 节电工程投资效果评估

节电工程需要投资，投资决策节电工程前必须认真考虑投资是否合理，工程效益是否良好，并对投资效果进行科学评估和计算。其中，评估的一项重要内容是投资回报率和投资回收周期，即投产后每年能产生多少收益及几年能收回全部投资。当投资回收年限小于或等于某一规定年限时，工程在经济上是合理的，否则不可取。当然，投资回报率越高越好，而投资回收周期则越短越好。

节电工程投资效果的计算有静态和动态两种方法。前者较简单，适用于粗略估计节电工程是否可取；后者较为复杂，适用于较精确计算节电工程的投资效益。

第一节 投资效益的静态计算法及工程实例

一、计算方法

静态计算法比较简单，但没有考虑资金的时间价值，即没有考虑资金的利率及通货膨胀率，准确性较差。其计算方法如下：

投资回收期限计算公式

$$T=\frac{C}{\Delta L}=\frac{C}{L_2-L_1}=\frac{C}{A\delta-S}$$

式中 T——投资回收期限(年)；

C——实现节电措施所需的投资(元)，包括用于建筑、购置各种设备、安装及管理等费用；

ΔL——实现节电措施后的年节电效益(元)；

L_1——实现节电措施前的年收益(元)；

L_2——实现节电措施后的年收益(元)；

A——年节电总量(kWh/年)；

δ——电价(元/kWh)；

S——节电工程投入后的年维护保养费用(元)。

用节能产品更换老产品的资金回收期限,应按下式计算:

$$T=\frac{C-d}{\Delta L}$$

式中　C——购置节能产品的费用(元)；

d——老产品报废后的回收资金(剩余价值)(元)；

ΔL——更换设备后年节电效益(元)。

一般认为,当 $T\leqslant(\frac{1}{2}\sim\frac{2}{3})$ 节能产品寿命周期时,在经济上是合理的,否则不可取。

二、工程实例

【实例】 某企业一节能改造项目,需投资 150 万元,改造后年节电 80 万 kWh,并减少年设备维护费 2 万元,减少年原料消耗 6 万元,淘汰下来的设备剩余价值为 4 万元。试用静态法估算几年收回成本?该节能改造项目是否应采纳?设电价为 0.5 元/kWh。

解　实现节能改造后的年节电效益为

$$\Delta L=A\delta+\Delta L_1+\Delta L_2$$
$$=80\times0.5+2+6=48(万元)$$

实现节能改造所需投资为 $C=150$ 万元,淘汰设备的剩余价值为 $D=4$ 万元,故投资回收期限为

$$T=\frac{C-D}{\Delta L}=\frac{150-4}{48}=3(年)$$

一般节能改造项目能在 4～6 年内收回成本,可认为是合理的。因此,从估值角度看该节能改造项目应采纳。

第二节　投资效益的动态计算法及工程实例

动态计算法即投资利率法，根据投资 C 在工程使用寿命年限 n 年内不低于收益 L 的边际效益原则，确定投资利率 i。当工程投资利率 i 高于某一规定值 i_0 时，则工程是可行的，否则不可取。i 越高，则方案越佳。

一、已知资本回收期限，决定投资限额

1. 计算方法

设节电改造工程的投资为 C(元)，年利率为 i，采取节电工程后的年节约费用(即年收益)为 L(元/年)，则 1 年后的未收回资金为

$$C(1+i)-L$$

2 年后的未收回资金为

$$[C(1+i)-L](1+i)-L=C(1+i)^2-L(1+i)-L$$

n 年后的未收回资金为

$$C(1+i)^n-L(1+i)^{n-1}-L(1+i)^{n-2}-\cdots-L(1+i)-L$$

$$=C(1+i)^n-L\sum_{k=1}^{n}(1+i)^{k-1}$$

若 n 年后收回了投资额(n 年为使用寿命年限)，则

$$C(1+i)^n-L\sum_{k=1}^{n}(1+i)^{k-1}=0$$

即

$$\frac{L}{C}=\frac{(1+i)^n i}{(1+i)^n-1}$$

$\frac{C}{L}=\frac{(1+i)^n-1}{i(1+i)^n}$ 为现值系数，如果考虑年通货膨胀率 α，则现值系数为

$$\frac{C}{L}=\frac{1-\left(\frac{1+\alpha}{1+i}\right)^n}{i-\alpha}$$

假设已确定资本回收期限为 $T=n$ 年，由表 1-1 决定投资限额（即最高可以接受的投资额）。

表 1-1　资本回收系数 L/C 和现值系数 C/L

资本回收期限 n(年)	资本回收系数 $\frac{i(1+i)^n}{(1+i)^n-1}$	现值系数 $\frac{(1+i)^n-1}{i(1+i)^n}$	资本回收系数 $\frac{i(1+i)^n}{(1+i)^n-1}$	现值系数 $\frac{(1+i)^n-1}{i(1+i)^n}$
	利率 $i=0.5\%$		利率 $i=1\%$	
1	1.00500	0.995	1.01000	0.990
2	0.50375	1.985	0.50751	1.970
3	0.33667	2.970	0.34002	2.941
4	0.25313	3.950	0.25628	3.902
5	0.20301	4.926	0.20604	4.853
6	0.16960	5.896	0.17255	5.795
7	0.14573	6.862	0.14863	6.728
8	0.12783	7.823	0.13069	7.652
9	0.11391	8.779	0.11674	8.566
10	0.10277	9.730	0.10558	9.471
	利率 $i=2\%$		利率 $i=3\%$	
1	1.02000	0.930	1.03000	0.971
2	0.51505	1.942	0.52261	1.913
3	0.34675	2.884	0.35353	2.829
4	0.26262	3.808	0.26903	3.717
5	0.21216	4.713	0.21835	4.580
6	0.17835	5.601	0.18460	5.417
7	0.15451	6.472	0.16051	6.230
8	0.13651	7.325	0.14246	7.020
9	0.12252	8.162	0.12843	7.786
10	0.11133	8.983	0.11723	8.530

续表 1-1

资本回收期限 n(年)	资本回收系数 $\frac{i(1+i)^n}{(1+i)^n-1}$	现值系数 $\frac{(1+i)^n-1}{i(1+i)^n}$	资本回收系数 $\frac{i(1+i)^n}{(1+i)^n-1}$	现值系数 $\frac{(1+i)^n-1}{i(1+i)^n}$
	利率 $i=4\%$		利率 $i=5\%$	
1	1.04000	0.962	1.05000	0.952
2	0.53020	1.886	0.53780	1.859
3	0.36035	2.775	0.36721	2.723
4	0.27549	3.630	0.28201	3.546
5	0.22463	4.452	0.23097	4.329
6	0.19076	5.242	0.19702	5.075
7	0.16661	6.002	0.17282	5.786
8	0.14853	6.733	0.15472	6.463
9	0.13449	7.435	0.14069	7.108
10	0.12329	8.111	0.12950	7.722
	利率 $i=6\%$		利率 $i=8\%$	
1	1.06000	0.943	1.08000	0.926
2	0.54544	1.833	0.56077	1.783
3	0.37411	2.673	0.38803	2.577
4	0.28859	3.465	0.30192	3.312
5	0.23740	4.212	0.25046	3.993
6	0.20336	4.917	0.21632	4.623
7	0.17914	5.582	0.19207	5.206
8	0.16104	6.210	0.17401	5.747
9	0.14702	6.802	0.16008	6.247
10	0.13587	7.360	0.14903	6.710
	利率 $i=10\%$		利率 $i=12\%$	
1	1.10000	0.909	1.12000	0.893
2	0.57619	1.736	0.59170	1.690
3	0.40211	2.487	0.41635	2.402
4	0.31547	3.170	0.32923	3.037
5	0.26380	3.791	0.27741	3.605
6	0.22961	4.355	0.24323	4.111
7	0.20541	4.868	0.21912	4.564
8	0.18744	5.335	0.20130	4.968
9	0.17364	5.759	0.18768	5.328
10	0.16275	6.144	0.17698	5.650

续表 1-1

资本回收期限 n(年)	资本回收系数 $\frac{i(1+i)^n}{(1+i)^n-1}$	现值系数 $\frac{(1+i)^n-1}{i(1+i)^n}$	资本回收系数 $\frac{i(1+i)^n}{(1+i)^n-1}$	现值系数 $\frac{(1+i)^n-1}{i(1+i)^n}$
	利率 i=15%		利率 i=20%	
1	1.15000	0.870	1.2000	0.833
2	0.61512	1.626	0.65455	1.528
3	0.43798	2.283	0.47473	2.106
4	0.35027	2.855	0.38629	2.589
5	0.29832	3.352	0.33438	2.991
6	0.26424	3.784	0.30071	3.326
7	0.24036	4.160	0.27742	3.605
8	0.22285	4.487	0.26061	3.837
9	0.20957	4.772	0.24808	4.031
10	0.19925	5.019	0.23852	4.192
	利率 i=25%		利率 i=30%	
1	1.25000	0.800	1.30000	0.769
2	0.69444	1.440	0.73478	1.361
3	0.51230	1.952	0.55063	1.816
4	0.42344	2.362	0.46163	2.166
5	0.37185	2.689	0.41058	2.436
6	0.33882	2.951	0.37839	2.643
7	0.31634	3.161	0.35687	2.802
8	0.30040	3.329	0.34192	2.925
9	0.28876	3.463	0.33124	3.019
10	0.28007	3.571	0.32346	3.092
	利率 i=40%		利率 i=50%	
1	1.40000	0.714	1.50000	0.667
2	0.31667	1.224	0.90000	1.111
3	0.62936	1.589	0.71053	1.407
4	0.54077	1.849	0.62308	1.605
5	0.49136	2.035	0.57583	1.737
6	0.46126	2.168	0.54812	1.824
7	0.44192	2.263	0.53108	1.883
8	0.42907	2.331	0.52030	1.922
9	0.42034	2.379	0.51335	1.948
10	0.41432	2.414	0.50882	1.965

2. 工程实例

【实例 1】 某节能改造项目，预计改造后年收益（节约）30 万元/年，已知年利率 $i=5\%$，若要求三年收回投资，问最高可以接受的投资额为多少？

解 根据 $i=5\%$ 和 $n=3$ 年，由表 1-1 查得 $L/C=0.36721$，故得

$$C=\frac{L}{0.36721}=\frac{30}{0.36721}=81.7\text{（万元）}$$

最高可以接受的投资额为 81.7 万元。

【实例 2】 某节电工程，投资 12 万元，第一年至第四年的收益分别为 3 万元、3.3 万元、3.6 万元和 4 万元。试分析该节电工程是否可行？设利率为 3%，要求 4 年收回投资。

解 设投资为 C，年收益为 ΔL，利率为 $i\%$，则折现率为 $\left(\frac{1}{1+i}\right)^{n}$，第 n 年的净收益为 $\Delta L_{n}=\Delta L\left(\frac{1}{1+i}\right)^{n}$，$n$ 年扣除投资后的净收益为 $C-\sum\Delta L_{n}$。

按题意列表，见表 1-2。

表 1-2　某节电工程投资和收益

年	投资 C（万元）	收益 ΔL（万元/年）	$i=3\%$时折现率 $\left(\frac{1}{1+i}\right)^{n}$	第 n 年的净收益 $\Delta L_{n}=\Delta L\cdot\left(\frac{1}{1+i}\right)^{n}$（万元）	n 年扣除投资后的净收益 $C-\sum\Delta L_{n}$（万元）
0	12		1	−12	
1		3	0.952	2.86	9.14
2		3.3	0.907	2.99	−6.15
3		3.6	0.864	3.11	−3.04
4		4	0.827	3.29	+0.25

由表可见，第四年累计净收益已为正值，故工程是可行的。

二、合理确定投资利率 i

1. 计算方法

设节电改造工程的投资为 C(元)，年利率为 i_0。采取节电工程后的第一年开始每年收益为 L(元/年)，工程使用寿命年限为 n，则可根据现值系数 C/L(数值上正好等于投资回收年限)，查表1-1或按下式求得工程投资利率 i：

$$\frac{C}{L}=\frac{(1+i)^n-1}{(1+i)^n i}$$

当查得 $i>i_0$ 时，则节电工程是可行的，否则不可取。

2. 工程实例

【实例】　一台S7型10kV、630kVA变压器，最大负荷580kVA，平均负荷为500kVA，年运行时间6000h，自投入运行已18年，继续运行则需彻底大修。试确定是大修还是用S9低损耗变压器予以更换合算？设投资平均利率为 i_0 为12%；无功当量 K 为0.1；电价 δ 为0.7元/kWh。

解　我国在1980年以后推出S7系列变压器，按1973年配电变压器标准属于节能型，但同20世纪80年代中期全国统一设计的S9系列变压器相比，S7系列变压器属于高耗损型。

已知S7-630/10型变压器的空载损耗 $P_o=1.3\text{kW}$，空载电流 $I_o\%=1.8$，负载损耗(短路损耗) $P_d=8.1\text{kW}$，阻抗电压 $U_d\%=4.5$。

S9-630/10型变压器的 $P_o=1.2\text{kW}$，$I_o\%=0.9$，$P_d=6.2\text{kW}$，$U_d\%=4.5$。

S7变压器：

综合空载损耗　$P_{oz}=P_o+K\times I_o\%\times P_e\times 10^{-2}$

$=1.3+0.1\times 1.8\times 630\times 10^{-2}$

$=2.434(\text{kW})$

综合负载损耗　$P_{dz}=P_d+K\times U_d\%\times P_e\times 10^{-2}$

$=8.1+0.1\times 4.5\times 630\times 10^{-2}$

$$=10.935(\mathrm{kW})$$

综合损耗 $\Delta P_z = P_{oz} + \beta^2 P_{dz} = 2.434 + \left(\frac{500}{630}\right)^2 \times 10.935$

$$= 9.322(\mathrm{kW})$$

S9 变压器：

$$P'_{oz} = 1.2 + 0.1 \times 0.9 \times 630 \times 10^{-2} = 1.767(\mathrm{kW})$$

$$P'_{dz} = 6.2 + 0.1 \times 4.5 \times 630 \times 10^{-2} = 9.035(\mathrm{kW})$$

$$\Delta P'_z = 1.767 + \left(\frac{500}{630}\right)^2 \times 9.035 = 7.458(\mathrm{kW})$$

因此，若用 S9 代替 S7，则年节约电费为

$$\Delta A = (\Delta P_z - \Delta P'_z) T\delta$$

$$= (9.322 - 7.458) \times 6000 \times 0.7 = 0.7829(\text{万元})$$

现将大修或更换两种方案的投资和年运行费用列于表 1-3 中。

表 1-3 大修与更换工程比较

方 案	空载损耗(kW)	负载损耗(kW)	年电能损耗(万 kWh)	年运行费用(减少部分即收益)(万元)	购置费(万元)	大修费(万元)	残值(万元)	投资(增加部分即投资)(万元)
更换为 S9 型 630kVA 的变压器	1.2	6.2	44754	−0.7829	6.84			2.82
S7 型 630kVA 旧变压器	1.3	8.1	55932			2.8	1.2	

由表 1-3 可知，投资为 $C=2.82$ 万元，年收益为 $L=0.7824$ 万元，故现值系数为

$$C/L = 2.82/0.7829 = 3.6$$

根据现值系数 $C/L=3.6$，变压器使用寿命 $n=20$ 年，可由式 $\frac{C}{L} = \frac{(1+i)^n - 1}{(1+i)^n i} = \frac{(1+i)^{20} - 1}{(1+i)^{20} i} = 3.6$，得工程投资利率为

$i=20\%>12\%=i_0$（年利率）

因此，更换变压器方案是经济的。

实际上，S7 属高耗损型产品，应该淘汰。

以上比较是介绍一种计算方法。

三、计算投资回收期限

如果节电工程在建设期内投资每年分别为 C_1、C_2、C_3、…、C_n，该工程在第 n 年建成后，年收益为 L，该工程 n 年内按复利计算的投资本利和为 $\sum C$，年利率为 i，假定当年投资是从第二年开始计息，则

$$\sum C=C_1(1+i)^{n-1}+C_2(1+i)^{n-2}+\cdots+C_{n-1}(1+i)+C_n$$

投资回收期限按下式计算

$$T=\frac{-\lg\left(1-\frac{i\sum_{1}^{n}C}{L}\right)}{\lg(1+i)}$$

四、节能投资的合理标准计算

从工厂偿还银行贷款的角度出发，节能投资的合理标准为

$$\overline{C}\leqslant\frac{L[(1+i)^{t-n}-1]}{i(1+i)^{t-n}}$$

式中　$\overline{C}$——每节约 1t 标煤（由电能折算而来）合理投资标准（元）；

L——每节约 1t 标煤工厂新增年利润额（元）；

i——银行贷款利率；

t——经济效果计算期（年）；

n——节电工程施工期（年）。

因此，可根据国家规定节能基建贷款的年利率 i，以及还款期为 4～6 年，计算节能投资合理标准。

第二章　输配电线路节电技术与工程实例

第一节　供电质量要求

在开展节电工程改造时，必须保证供电质量。如果只考虑节电而忽视供电质量，将会导致照明的照度减弱，影响视觉和生产质量，甚至造成电动机出力降低、电机过热、转矩降低，甚至烧毁等后果。

供电质量要求包括：供电电压允许偏差，供电电压波动允许值，三相电压不平衡度，供电频率允许偏差，电网谐波限制值等。其中供电电压的质量是输电线路节能改造中最常涉及的问题。

一、供电电压允许偏差的规定

1. 供电电压允许偏差

我国国家标准 GB12325——1990《电能质量·供电电压允许偏差》规定如下：

(1)35kV 及以上供电电压正负偏差的绝对值之和不超过额定电压的 10%(注：供电电压上下偏差为同符号，即均为正或负时，按较大的偏差绝对值作为衡量依据)。

(2) 10kV 及以下三相供电电压允许偏差为额定电压的±7%。

(3) 220V 单相供电电压允许偏差为额定电压的＋7%与－10%。

2. 农网建设与改造对供电电压偏差的要求

(1)用户端电压合格率达到 90%及以上，电压允许偏差应达到：

220V 允许偏差值+7%～-10%；380V 允许偏差值+7%～-7%；10kV 允许偏差值+7%～-7%；35kV 允许偏差值+10%～-10%。

(2)10kV 电压合格率要达到 90%及以上，供电可靠率达到 99%及以上。

3. 供电电压损失的要求

(1)各级电压城网的电压损失值的范围，一般情况可参考表 2-1所列数值。

表 2-1 各级电压城网的电压损失分配

城网电压	电压损失分配值(%)	
	变压器	线路
110kV、63kV	2～5	4.5～7.5
35kV	2～4.5	2.5～5
10kV 及以下	2～4	8～10
其中：10kV 线路	—	2～6
配电变压器	2～4	—
低压线路(包括接户线)	—	4～6

(2)各种情况下网络电压损失允许值，见表 2-2。

表 2-2 各种情况下网络电压损失允许值

序号	名称	允许电压损失 ΔU(%)	附注
1	内部低压配电线路	1～2.5	总计不得大于 60%
2	外部低压配电网络	3.5～5	—
3	工厂内部供给有照明负荷的低压网络	3～5	—
4	正常情况下的高压配电网络	3～6	—
5	同序号 3，但在事故情况下	6～12	—

续表 2-2

序号	名称	允许电压损失 ΔU(%)	附注
6	正常情况下地方性高压供电网络	5～8	第4、6两项之和不得大于10%
7	同序号6,但在事故情况下	10～12	
8	正常情况下地方性网络	10(有调压器时为15)	
9	同序号8,但在事故情况下	15(有调压器时为20)	

4. 各种情况下设备端电压允许偏差

见表2-3。

表 2-3 各种情况下设备端电压允许偏差

名称	允许电压偏差(%)
(1)电动机	±5
①连续运转(正常计算值)	
②连续运转(个别特别远的电动机)	
a. 正常条件下	−8～−10
b. 事故条件下	−8～−12
③短时运转(例如起动相邻大型电动机时)	−20～−30*
④起动时	
a. 频繁起动	−10
b. 不频繁起动	−15**
(2)白炽灯	
①室内主要场所及厂区投光灯照明	−2.5～+5
②住宅照明、事故照明及厂区照明	−6
③36V以下低压移动照明	−10
④短时电压波动(次数不多)	不限
(3)荧光灯	
①室内主要场所	−2.5～+5
②短时电压波动	−10

续表 2-3

名　　称	允许电压偏差(%)
(4)电阻炉	±5
(5)感应电炉(用变频机组供电时)	同电动机
(6)电弧炉 ①三相电弧炉 ②单机电弧炉	 ±5 ±2.5
(7)吊车电动机(起动时校验)	−15
(8)电焊设备(在正常尖峰焊接电流时持续工作)	−8～−10
(9)静电电容器 ①长期运行 ②短时运行	 +5 +10
(10)正常情况下,在发电厂母线和变电所二次母线(3～10kV)上,由该母线对较远用户供电,用户负荷变动很大	电压调压 0～+5***
(11)同(10),但在事故情况下	电压调整达到 +2.5～+7.5
(12)正常情况下,当调压设备切除时,在发电厂母线或变电所二次母线(3～10kV)上由该母线对较近的用户供电	小于+7
(13)同(12),但在事故情况下	−2.5
(14)同(12),但在计划检修时	达到网络额定电压

注:* 对于少数带有冲击负荷的传动装置,其电动机是根据转矩要求选择的,所以其电压降低值应根据计算来确定。

** 电压降低应满足起动转矩要求。

*** 在最大负荷时应将电压升高;在最小负荷时应将电压降低。

5. 电压偏差(移)对常用电气设备特性的影响

用电设备都有其额定电压,在额定电压下,用电设备通常能达到最佳运行状态。当用电设备的端电压偏离额定值超过允许范围时,则设备性能、生产效率、产品质量等都将受到影响。端电压偏移对常用电气设备特性的影响,见表 2-4。

表 2-4 端电压偏移对常用电气设备特性的影响

名称	与电压 U 的正比函数关系	电压偏移的影响	
		90%额定电压	110%额定电压
(1)异步电动机			
起动转矩和最大转矩	U^2	−19%	+21%
转差率	$1/U^2$	+23%	−17%
满载转速	(同步转速−转差率)	−1.5%	+1%
满载效率	—	−2%	+(0.5~1)%
满载功率因数	—	+1%	−3%
满载电流	—	+11%	−7%
起动电流	U	−(10~12)%	+(10~12)%
满载温升	—	+(6~7)%	−(1~2)%
最大过负荷能力	U^2	−19%	+21%
(2)电热设备			
输出热能	U^2	−19%	+21%
(3)白炽灯			
光通量	$\approx U^{3.6}$	−32%	+41%
使用寿命	$\approx 1/U^{14}$	+330%	−74%
(4)荧光灯			
光通量	U	−10%	+10%
使用寿命	—	−35%	−20%
(5)静电电容器			
输出无功功率	U^2	−19%	+21%

注:“+”号表示增加值;“−”号表示减少值。

二、不同负荷对供电质量的要求

(1)正常运行情况下,用电设备端子处电压偏差允许值(以额定电压的百分数表示)宜符合下列要求:

①电动机为±5%。

②照明:在一般工作场所为±5%;对于远离变电所的小面积一般工作场所,难以满足上述要求时,可为+5%、−10%;应急照

明、道路照明和警卫照明等为＋5％、－10％。

③其他用电设备当无特殊规定时为＋5％。

(2)计算机供电电源的电能质量应满足表2-5所列的数值。

表2-5　计算机性能允许的电能参数变动范围表

项目 \ 指标 \ 级别	A级	B级	C级
电压波动(％)	－5～＋5	－10～＋7	－10～＋10
频率变化(Hz)	－0.05～＋0.05	－0.5～＋0.5	－1～＋1
波形失真率(％)	≤5	≤10	≤20

(3)计算电压偏差时，应计入采取下列措施后的调压效果。

①自动或手动调整并联补偿电容器、并联电抗器的接入容量。

②自动或手动调整同步电动机的励磁电流。

③改变供配电系统运行方式。

(4)医用X线诊断机的允许电压波动范围为额定电压的－10％～＋10％。

(5)供配电系统的设计为减小电压偏差，应符合下列要求：

①正确选择变压器的变压比和电压分接头。

②降低系统阻抗。

③采用补偿无功功率措施。

④宜使三相负荷平衡。

(6)变电所中的变压器在下列情况之一时，应采用有载调压变压器。

①35kV电压以上的变电所中的降压变压器，直接向35kV、10(6)kV电网送电时。

②35kV降压变电所的主变压器，在电压偏差不能满足要求时。

(7)10(6)kV 配电变压器不宜采用有载调压变压器；但在当地 10(6)kV 电源电压偏差不能满足要求，且用电单位有对电压要求严格的设备，单独设置调压装置技术经济不合理时，亦可采用 10(6)kV 有载调压变压器。

(8)电压偏差应符合用电设备端电压的要求，35kV 以上电网的有载调压宜实行逆调压方式。逆调压的范围宜为额定电压 0～＋5％。

(9)对冲击性负荷的供电需要降低冲击性负荷引起电网电压波动和电压闪变(不包括电动机起动时允许的电压下降)时，宜采取下列措施：

①采用专线供电。

②与其他负荷共用配电线路时，降低配电线路阻抗。

③较大功率的冲击性负荷或冲击性负荷群与对电压波动、闪变敏感的负荷分别由不同的变压器供电。

④对于大功率电弧炉的炉用变压器由短路容量较大的电网供电。

第二节　电力线路基本参数及计算

在输配电线路节电改造的计算中需涉及电力线路的电阻、电抗等参数。为此，在本节中介绍常用导线、电缆和母线的电阻、电抗的计算。

一、导线、电缆、母线的电阻和电抗的计算

1. 导线、电缆、母线的电阻计算

(1)导线的电阻。导线的电阻可以用公式 $R=\rho L/S$ 计算，式中 L 为导线长度(km)，S 为导线的截面积(mm^2)，ρ 为 20℃时导线材料的电阻率($\Omega\cdot mm^2/km$)。在电力网计算中，还必须对 ρ 作一修正。这是因为：

①导线和电缆芯线大多是绞线，实际长度要比导线长度大2%～3%；

②大部分导线和电缆的实际面积较额定截面积要小些；

③实际运行的导线和电缆芯线温度不会是20℃，计算时应根据实际情况取一平均温度。

考虑以上原因，修正后导线材料的电阻率见表2-6。

表2-6　导线材料的电阻率(已修正)

导线材料	电阻率的计算值 $\rho(\Omega \cdot mm^2/km)$
硬铜	18.8
软铜	18.8
铝	31.5

为了方便起见，工程中已预先计算各种型号规格的导线电阻，制成表格。使用时，只需查表便可得到其电阻值。

(2)电缆的电阻。电缆单位长度的电阻见表2-7。

表2-7　电缆芯线单位长度电阻值(20℃时)　(Ω/km)

线芯标称截面积(mm^2)	铜芯电缆	铝芯电缆
16	1.15	1.94
25	0.74	1.24
35	0.53	0.89
50	0.37	0.62
70	0.26	0.44
95	0.19	0.33
120	0.15	0.26
150	0.12	0.21
180	0.10	0.17
240	0.08	0.13

(3)母线的电阻。母线电阻值可按下式计算：

$$R_0=\frac{1}{\gamma S}\times 10^3$$

式中　R_0——母线单位长度的电阻值(MΩ/m)；

γ——母线电导率(M/Ω·mm²)，铜母排 $\gamma=54$，铝母排$\gamma=32$；

S——母线截面积(mm²)。

2. 导线、电缆、母线的电抗计算

(1)导线的电抗。导线电抗与导线的几何尺寸、三相导线的排列及相间距离有关。每相单位长度的电抗值可由下列公式计算：

①铜及铝导线的电抗

$$x_0=2\pi f\left(4.6\lg\frac{2D_{pj}}{d}+0.5\mu\right)\times 10^{-4}$$

式中　x_0——导线电抗值(Ω/km)；

d——导线的外径(mm)；

f——交流电频率，工频 $f=50$Hz；

μ——导线材料的相对磁导率，对有色金属 $\mu=1$；

D_{pj}——三相导线间的几何均距(mm)。

当三相导线在等边三角形顶点布置时[图 2-1(a)]，D_{pj}等于三角形边长。当三相导线水平布置时[图 2-1(b)]，

$$D_{pj}=\sqrt[3]{2D^3}=1.26D$$

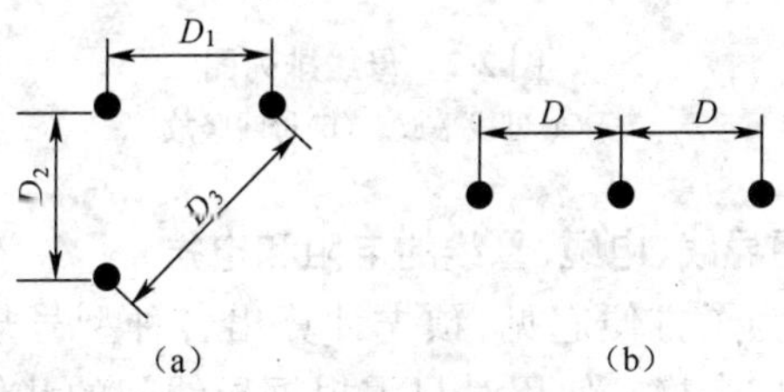

图 2-1　导线的布置

(a)三相导线在等边三角形顶点布置　(b)三相导线水平布置

②铜芯铝绞线的电抗：计算较困难，一般采用查表法。

(2)电缆的电抗。电缆的电抗值通常由制造厂提供，当缺乏该项技术数据时，可采用下列数据进行估算：

1kV 电缆　$x_0=0.06\Omega/\text{km}$

6～10kV 电缆　$x_0=0.8\Omega/\text{km}$

35kV 电缆　$x_0=0.12\Omega/\text{km}$

(3)母线的电抗。母线的电抗可按下式计算(如图 2-2 所示)：

$$x_0=2\pi f\left(4.6\lg\frac{2\pi D_j+h}{\pi b+2h}+0.6\right)\times 10^{-4}$$

当 $f=50\text{Hz}$ 时，可简化为：

$$x_0=0.1445\lg\frac{2\pi D_j+h}{\pi b+2h}+0.01884$$

式中　x_0——母线的电抗(MΩ/m)；

D_j——几何均距(mm)，$D_j=\sqrt[3]{D_{UV}D_{VW}D_{WU}}$；

h、b——母线的宽和厚(mm)。

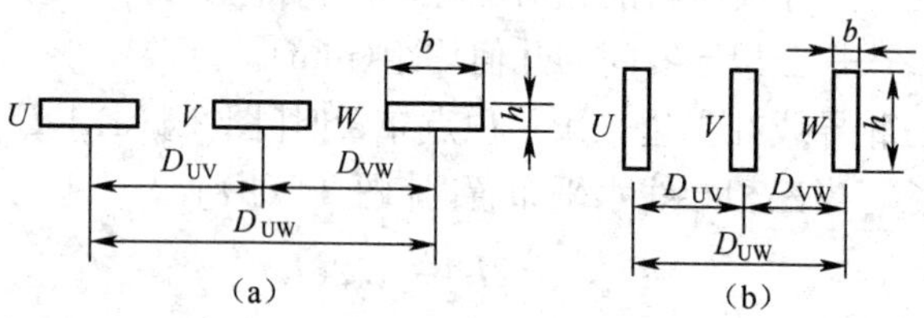

图 2-2　母线排列图

(a)母线平放　(b)母线竖放

二、常用导线、电缆、母线的电阻和电抗

工程中为了方便起见，预先计算出各种型号规格的导线电阻、电抗，制成表格。使用时只需根据导线间的几何均距查表便可得到其每千米的电阻值、电抗值。常用导线、电缆、母线的电阻值和电抗值见表 2-8～表 2-19。

表 2-8　TJ 型裸铜导线的电阻值和电抗值

导线型号	TJ-10	TJ-16	TJ-25	TJ-35	TJ-50	TJ-70	TJ-95	TJ-120	TJ-150	TJ-185	TJ-240
电阻值(Ω/km)	1.84	1.20	0.74	0.54	0.39	0.28	0.20	0.158	0.123	0.103	0.078
线间几何均距(m)	电抗值(Ω/km)										
0.4	0.355	0.334	0.318	0.308	0.298	0.287	0.274	—	—	—	—
0.6	0.381	0.360	0.345	0.335	0.324	0.321	0.303	0.295	0.287	0.281	—
0.8	0.399	0.378	0.363	0.352	0.341	0.330	0.321	0.313	0.305	0.299	—
1.0	0.413	0.392	0.377	0.366	0.356	0.345	0.335	0.327	0.319	0.313	0.305
1.25	0.427	0.406	0.391	0.380	0.370	0.359	0.349	0.341	0.333	0.327	0.319
1.5	0.438	0.417	0.402	0.392	0.381	0.370	0.360	0.353	0.345	0.339	0.330
2.0	0.457	0.435	0.421	0.410	0.399	0.389	0.378	0.371	0.363	0.356	0.349
2.5	—	0.449	0.435	0.424	0.413	0.402	0.392	0.385	0.377	0.371	0.363
3.0	—	0.460	0.446	0.435	0.424	0.414	0.403	0.396	0.388	0.382	0.374
3.5	—	0.470	0.456	0.445	0.434	0.423	0.413	0.406	0.398	0.392	0.384

表 2-9　LJ 型裸铝导线的电阻值和电抗值

导线型号	LJ-16	LJ-25	LJ-35	LJ-50	LJ-70	LJ-95	LJ-120	LJ-150	LJ-185	LJ-240
电阻值(Ω/km)	1.94	1.28	0.92	0.64	0.46	0.34	0.27	0.21	0.17	0.132
线间几何均距(m)	电抗值(Ω/km)									
0.6	0.358	0.344	0.334	0.323	0.312	0.303	0.295	0.287	0.281	0.273
0.8	0.377	0.362	0.352	0.341	0.330	0.321	0.313	0.305	0.299	0.291
1.0	0.390	0.376	0.366	0.355	0.344	0.335	0.327	0.319	0.313	0.305
1.25	0.404	0.390	0.380	0.369	0.358	0.349	0.341	0.333	0.327	0.319
1.5	0.416	0.402	0.392	0.380	0.369	0.360	0.353	0.345	0.339	0.330
2.0	0.434	0.420	0.410	0.398	0.387	0.378	0.371	0.363	0.356	0.348
2.5	0.448	0.434	0.424	0.412	0.401	0.392	0.385	0.377	0.371	0.362
3.0	0.459	0.445	0.435	0.424	0.413	0.403	0.396	0.388	0.382	0.374
3.5	—	—	0.445	0.433	0.423	0.413	0.406	0.398	0.392	0.383

表 2-10　LGJ 型铜芯铝绞线的电阻值和电抗值

导线型号	LGJ-16	LGJ-25	LGJ-35	LGJ-50	LGJ-70	LGJ-95	LGJ-120	LGJ-150	LGJ-185	LGJ-240	LGJ-300	LGJ-400
电阻值(Ω/km)	2.04	1.38	0.85	0.65	0.46	0.33	0.27	0.21	0.17	0.132	0.107	0.082
线间几何均矩(m)	电抗值(Ω/km)											
1.0	0.387	0.374	0.359	0.351	—	—	—	—	—	—	—	—
1.25	0.401	0.388	0.373	0.365	—	—	—	—	—	—	—	—
1.5	0.412	0.400	0.385	0.376	0.365	0.354	0.347	0.340	—	—	—	—
2.0	0.430	0.418	0.403	0.394	0.383	0.372	0.365	0.385	—	—	—	—
2.5	0.444	0.432	0.417	0.408	0.397	0.386	0.379	0.372	0.365	0.357	—	—
3.0	0.456	0.443	0.428	0.420	0.409	0.398	0.391	0.384	0.377	0.369	—	—
3.5	0.466	0.453	0.438	0.429	0.418	0.406	0.400	0.394	0.386	0.378	0.371	0.362

表 2-11　户内明敷及穿管的铝芯、铜芯绝缘导线的电阻值和电抗值

标称截面积(mm²)	铝芯(Ω/km)			铜芯(Ω/km)		
	电阻值 R_0(20℃)	电抗值 x_0		电阻值 R_0(20℃)	电抗值 x_0	
		明线间距150mm	穿管		明线间距150mm	穿管
1.5	—	—	—	12.27	—	0.109
2.5	12.40	0.337	0.102	7.36	0.337	0.102
4	7.75	0.318	0.095	4.60	0.318	0.095
6	5.17	0.309	0.09	3.07	0.309	0.09
10	3.10	0.286	0.073	1.84	0.286	0.073
16	1.94	0.271	0.068	1.15	0.271	0.068
25	1.24	0.257	0.066	0.75	0.257	0.066
35	0.88	0.246	0.064	0.53	0.246	0.064
50	0.62	0.235	0.063	0.37	0.235	0.063
70	0.44	0.224	0.061	0.26	0.224	0.081
95	0.33	0.215	0.06	0.19	0.215	0.06
120	0.26	0.208	0.06	0.15	0.208	0.06
150	0.20	0.201	0.059	0.12	0.201	0.059
185	0.17	0.194	0.059	0.10	0.194	0.059

表 2-12 电缆芯线单位长度电阻值(20℃时) (Ω/km)

线芯标称截面积(mm^2)	铜芯电缆	铝芯电缆	线芯标称截面积(mm^2)	铜芯电缆	铝芯电缆
16	1.15	1.94	95	0.19	0.33
25	0.74	1.24	120	0.15	0.26
35	0.53	0.89	150	0.12	0.21
50	0.37	0.62	180	0.10	0.17
70	0.26	0.44	240	0.08	0.13

表 2-13 380/220V 三相架空线路每米阻抗值 (MΩ/m)

导线标称截面积(mm^2)	电阻值 R_1、R_2、R_{0x}、R、R_{01}				导线排列式及中心距离(mm)			
	t=70℃时 裸导线		t=65℃时 绝缘导线		U V N W(间距 400 600 400)		U V W N(间距 400 600 400)	
	铝芯	铜芯	铝芯	铜芯	正、负序电抗值 X_1、X_2、X (D_j=824)	零序电抗值 X_{0x}、X_{01} (D_0=621)	正、负序电抗值 X_1、X_2、X (D_j=621)	零序电抗值 X_{0x}、x_{01} (D_0=824)
10		2.23	3.66	0.19	0.40	0.38	0.38	0.40
16	2.35	1.39	2.29	1.37	0.38	0.37	0.37	0.38
25	1.50	0.89	1.48	0.88	0.37	0.35	0.35	0.37
35	1.07	0.64	1.06	0.63	0.36	0.34	0.34	0.36
50	0.75	0.45	0.75	0.44	0.35	0.33	0.33	0.35
70	0.54	0.32	1.53	0.32	0.34	0.32	0.32	0.34
95	0.40	0.24	0.39	0.23	0.32	0.31	0.31	0.32
120	0.32	0.19	0.31	0.19	0.32	0.30	0.30	0.32
150	0.25	0.15	0.25	0.15	0.31	0.29	0.29	0.31
185	0.20	0.12	0.20	0.12	0.30	0.28	0.28	0.30

注:零序电抗是指相线或零线的零序电抗。

表 2-14 380/220V 三相线路绝缘子布线每米阻抗值 (MΩ/m)

导线标称截面积 (mm^2)	电阻值 R_1、R_2、R_{0x}、R、R_{01}				当相间中心距离 D 为下列诸值(mm)时，相线正、负序电抗值 X_1、X_2、X			当零线与邻近相线中心间距离 D_n 为下列诸值(mm)时，相线或零线的零序电抗值 X_{0x}、X_{01}						
	t=70℃时裸绞线		t=65℃时绝缘导线					$D_n=D$			1500	2500	3500	6000
	铝芯	铜芯	铝芯	铜芯	70	100	150	D=70	D=100	D=150				
1			36.580	22.712	0.333	0.355	0.380	0.356	0.378	0.403	0.510	0.543	0.564	0.597
1.5			24.387	14.475	0.321	0.368	0.368	0.344	0.366	0.391	0.498	0.530	0.552	0.585
2.5			14.632	8.685	0.305	0.353	0.353	0.331	0.350	0.376	0.483	0.515	0.536	0.570
4			9.145	5.428	0.290	0.338	0.338	0.313	0.335	0.361	0.468	0.500	0.521	0.555
6			6.097	3.619	0.277	0.325	0.325	0.300	0.323	0.348	0.455	0.487	0.508	0.542
10		2.230	3.658	2.193	0.258	0.306	0.306	0.281	0.303	0.329	0.436	0.468	0.489	0.523
16	2.348	1.394	2.286	1.371	0.242	0.290	0.290	0.265	0.288	0.313	0.420	0.452	0.473	0.507
25	1.503	0.892	1.478	0.877	0.229	0.277	0.277	0.252	0.274	0.299	0.406	0.438	0.460	0.493
35	1.073	0.637	1.056	0.627	0.218	0.266	0.266	0.241	0.264	0.289	0.396	0.428	0.449	0.483
50	0.751	0.446	0.746	0.443	0.206	0.251	0.251	0.229	0.252	0.277	0.384	0.416	0.437	0.471
70	0.537	0.319	0.533	0.316	0.196	0.242	0.242	0.219	0.242	0.267	0.374	0.406	0.427	0.461
95	0.396	0.235	0.393	0.233	0.183	0.231	0.231	0.206	0.229	0.254	0.361	0.393	0.414	0.448
120	0.316	0.188	0.311	0.186	0.176	0.223	0.223	0.199	0.222	0.247	0.354	0.386	0.407	0.441
150	0.253	0.150	0.249	0.149	0.169	0.216	0.216	0.192	0.214	0.240	0.347	0.379	0.400	0.434
185	0.203	0.122	0.202	0.122	0.162	0.208	0.208	0.185	0.207	0.232	0.339	0.371	0.393	0.426

表 2-15　500V 聚氯乙烯绝缘和橡皮绝缘四芯电力电缆每米阻抗值　（MΩ/m）

线芯标称截面积（mm^2）	t=65℃时线芯电阻值 R_1、R_2、R_{0x}、R、R_{01}				铅皮电阻值 R_{0e}	橡皮绝缘电缆			聚氯乙烯绝缘电缆		
	铝		铜			正、负序电抗值 X_1、X_2、X	零序电抗值		正、负序电抗值 X_1、X_2、X	零序电抗值	
	相线 R	零线 R_{01}	相线 R	零线 R_{01}			相线 X_{0x}	零线 X_{0e}		相线 X_{0x}	零线 X_{0e}
3×4+1×2.5	9.237	14.778	5.482	8.772	6.38	0.106	0.116	0.135	0.100	0.114	0.129
3×6+1×4	6.158	9.237	3.665	5.482	5.83	0.100	0.115	0.127	0.099	0.115	0.127
3×10+1×6	3.695	6.158	2.193	3.665	4.10	0.097	0.109	0.127	0.094	0.108	0.125
3×16+1×6	2.309	6.158	1.371	3.655	3.28	0.090	0.105	0.134	0.087	0.104	0.134
3×25+1×10	1.057	3.695	0.895	2.193	2.51	0.085	0.105	0.131	0.082	0.101	0.137
3×35+1×10	1.077	3.695	0.639	2.193	2.02	0.083	0.101	0.136	0.080	0.100	0.138
3×50+1×16	0.754	2.309	0.447	1.371	1.75	0.082	0.095	0.131	0.079	0.101	0.135
3×70+1×25	0.538	1.507	0.319	0.895	1.29	0.079	0.091	0.123	0.078	0.079	0.127
3×95+1×35	0.397	1.077	0.235	0.639	1.06	0.080	0.094	0.126	0.079	0.097	0.125
3×120+1×35	0.314	1.077	0.188	0.639	0.98	0.078	0.092	0.130	0.076	0.095	0.130
3×150+1×50	0.251	0.754	0.151	0.447	0.89	0.077	0.092	0.126	0.076	0.093	0.120
3×185+1×50	0.203	0.754	0.123	0.447	0.81	0.077	0.091	0.131	0.076	0.094	0.128

注：1. 铅皮电抗忽略不计。

2. 铅包电缆的 R_{01} 应用零线和铅皮两部分交流电阻的并联值。

表 2-16 1000V 油浸绝缘四芯电力电缆每米阻抗值 (MΩ/m)

线芯标称截面积 (mm^2)	t=80℃时线芯电阻值 R_1、R_2、R_{0x}、R_1、R_{0l}				铅皮电阻值 R_{0l}	正、负序电抗值 X_1、X_2	线芯零序电抗值	
	铝		铜					
	相线 R	零线 R_{0e}	相线 R	零线 R_{0e}			相线 X_{0x}	零线 X_{0l}
3×4+1×2.5	9.71	15.53	5.76	9.22	6.40	0.098	0.11	0.12
3×6+1×4	6.47	9.71	3.84	5.76	5.54	0.093	0.11	0.12
3×10+1×6	3.88	6.47	2.30	3.84	4.98	0.088	0.11	0.12
3×16+1×6	2.43	6.47	1.44	3.84	4.00	0.082	0.10	0.13
3×25+1×10	1.58	3.88	0.94	2.30	3.14	0.073	0.10	0.13
3×35+1×10	1.13	3.88	0.67	2.30	2.19	0.073	0.09	0.13
3×50+1×16	0.79	2.43	0.47	1.44	2.41	0.070	0.09	0.13
3×70+1×25	0.57	1.58	0.34	0.94	1.95	0.069	0.08	0.11
3×95+1×35	0.42	1.13	0.25	0.67	1.72	0.069	0.08	0.11
3×120+1×35	0.33	1.13	0.20	0.67	1.47	0.070	0.08	0.12
3×150+1×50	0.26	0.79	0.16	0.47	1.26	0.068	0.09	0.11
3×185+1×50	0.21	0.79	0.13	0.47	1.06	0.068	0.09	0.12

注:1. 铅皮电抗忽略不计。

2. 铅皮电缆的 R_{0e}应是零线和铅皮两部分交流电阻的并联值。

表 2-17　1000V 以下三芯电力电缆每米阻抗值　（MΩ/m）

线芯标称截面积（mm^2）	聚氯乙烯绝缘				橡皮绝缘					油浸纸绝缘				
	$t=65$℃时线芯电阻值 R_1、R_2、R_{0x}、R		正、负序电抗值	相线零序电抗值	$t=65$℃时线芯电阻值 R_1、R_2、R_{0x}、R		铅皮电阻值 R_{0x}	正、负序电抗值	相线零序电抗值	$t=80$℃时线芯电阻值 R_1、R_2、R_{0x}、R		铅皮电阻值 R_{01}	正、负序电抗值	相线零序电抗值
	铝	铜	X_1、X_2	X_{0x}	铝	铜		X_1、X_2	X_{0x}	铝	铜		X_1、X_2	X_{0x}
3×25	14.778	8.772	0.100	0.134	14.778	8.772	7.52	0.107	0.135	15.53	9.218	8.14	0.098	0.130
3×4	9.237	5.482	0.093	0.125	9.237	5.482	6.93	0.099	0.125	9.706	5.761	7.57	0.091	0.121
3×6	6.158	3.655	0.093	0.121	6.158	3.655	6.38	0.094	0.118	6.470	3.841	6.71	0.087	0.114
3×10	3.695	2.193	0.087	0.112	3.695	2.193	6.28	0.092	0.116	3.882	2.304	5.97	0.081	0.105
3×16	2.309	1.371	0.082	0.106	2.309	1.371	3.66	0.086	0.111	2.427	1.440	5.2	0.077	0.103
3×25	1.507	0.895	0.075	0.106	1.507	0.895	2.79	0.079	0.107	1.584	0.940	4.8	0.067	0.089
3×35	1.077	0.639	0.072	0.091	1.077	0.639	2.25	0.075	0.102	1.131	0.671	3.89	0.065	0.085
3×50	0.754	0.447	0.072	0.090	0.754	0.447	1.93	0.075	0.102	0.792	0.470	3.42	0.063	0.082
3×70	0.533	0.319	0.069	0.086	0.538	0.319	1.45	0.072	0.099	0.566	0.336	2.76	0.062	0.079
3×95	0.397	0.235	0.069	0.085	0.397	0.235	1.18	0.072	0.097	0.471	0.247	2.2	0.061	0.078
3×120	0.314	0.188	0.069	0.084	0.314	0.188	1.09	0.071	0.095	0.330	0.198	1.94	0.062	0.077
3×150	0.251	0.151	0.070	0.084	0.251	0.151	0.99	0.071	0.095	0.264	0.158	1.66	0.062	0.077
3×185	0.203	0.123	0.070	0.083	0.203	0.123	0.90	0.071	0.094	0.214	0.130	1.4	0.062	0.076

注：1. 相线的零序电抗是按电缆紧贴接地导体计算的。

2. 铅皮电抗忽略不计。

表 2-18　三相三线穿钢管布线(钢管作为零线)的每米阻抗值　(MΩ/m)

导线标称截面积(mm²)	钢管公称直径(mm)	t=65℃时导线电阻值 R_1、R_2、R_{0x}、R、R_{0e}		钢管电阻值 R_{0e}	正、负序电抗值 X_1、X_2、X	零序电抗值		计算钢管阻抗时采用的电流(A)
		铝	铜			相线 X_{0x}	零线(钢管)X_{0e}	
1.5	15	24.39	14.48	3.35	0.14	0.17	1.79	30～60
2.5	15	14.63	8.69	3.35	0.13	0.15	1.79	30～60
4	20	9.15	5.43	2.45	0.12	0.15	1.26	60～120
6	20	6.10	3.62	2.18	0.11	0.14	1.24	80～160
10	25	3.66	2.19	1.52	0.11	0.14	1.13	120～240
16	32	2.29	1.37	1.25	0.10	0.14	1.00	150～300
25	32	1.48	0.88	1.00	0.10	0.12	1.00	180～360
35	40	1.06	0.63	0.84	0.10	0.13	0.85	240～480
50	40	0.75	0.44	0.77	0.09	0.11	0.78	330～660
70	50	0.53	0.32	0.75	0.09	0.12	0.78	420～840
95	70	0.39	0.23	0.72	0.09	0.13	0.59	500～1000
120	70	0.31	0.19	0.72	0.08	0.12	0.59	600～1200
150	70	0.25	0.15	0.72	0.08	0.11	0.59	660～1320

注:1. 在计算钢管的零序电抗中忽略外感抗。

2. 本表电抗数据适用于 BLV、BLX、BX 型单芯绝缘导线。

3. 当采用三相四线穿钢管布线时,零线(绝缘导线)的零序电抗 X_{0e} 可近似地认为等于同截面相线的零序电抗 X_{0x}。

表 2-19　三相母线每米阻抗值　（MΩ/m）

母线规格 $a\times b$ (mm)	t=70℃时电阻值 R_1、R_2、R_{0x}、R_{0l}		当相间中心距离为下列诸值(mm)时，相线正、负序电抗值 X_1、X_2、X				当零线与邻近相线中心距离 D_n 为下列诸值(mm)时，相线或零线的零序电抗值 X_{1x}、X_{0e}					
							200			1500	3500	6000
	铝	铜	160	200	250	350	=200	=250	=350			
25×3	0.469	0.292	0.218	0.232	0.240	0.267	0.255	0.261	0.270	0.344	0.397	0.431
25×4	0.355	0.221	0.215	0.229	0.237	0.265	0.252	0.258	0.268	0.341	0.395	0.428
30×3	0.394	0.246	0.207	0.221	0.230	0.256	0.244	0.250	0.259	0.333	0.386	0.420
30×4	0.299	0.185	0.205	0.219	0.227	0.255	0.242	0.248	0.258	0.331	0.385	0.418
40×4	0.225	0.140	0.189	0.203	0.212	0.238	0.226	0.232	0.241	0.315	0.368	0.402
40×5	0.180	0.113	0.188	0.202	0.210	0.237	0.225	0.231	0.240	0.314	0.367	0.401
50×5	0.144	0.091	0.175	0.189	0.199	0.224	0.212	0.218	0.227	0.301	0.354	0.388
50×6	0.121	0.077	0.174	0.188	0.197	0.223	0.211	0.217	0.226	0.300	0.353	0.387
60×6	0.102	0.067	0.164	0.187	0.188	0.213	0.201	0.206	0.216	0.290	0.343	0.377
60×8	0.077	0.050	0.162	0.176	0.185	0.211	0.199	0.205	0.214	0.288	0.341	0.375
80×6	0.077	0.050	0.147	0.161	0.172	0.196	0.184	0.190	0.199	0.273	0.326	0.360
80×8	0.060	0.039	0.146	0.160	0.170	0.195	0.183	0.188	0.198	0.272	0.325	0.359
80×10	0.049	0.083	0.144	0.158	0.168	0.193	0.181	0.187	0.196	0.270	0.323	0.357
100×6	0.063	0.042	0.134	0.148	0.160	0.183	0.171	0.177	0.186	0.260	0.313	0.347
100×8	0.048	0.032	0.133	0.147	0.158	0.182	0.170	0.176	0.185	0.259	0.312	0.346
100×10	0.041	0.027	0.132	0.146	0.156	0.181	0.169	0.174	0.184	0.258	0.311	0.345
120×8	0.042	0.028	0.122	0.136	0.149	0.171	0.159	0.165	0.174	0.248	0.301	0.335
120×10	0.035	0.023	0.121	0.135	0.147	0.170	0.158	0.164	0.173	0.247	0.300	0.334

注：1. 零线的零序电抗是按零线的材料与相线相同计算的。

2. 本表所列数据对于母线平放或竖放均相同。

第三节 新建输配电线路节电设计与工程实例

一、新建电力线路导线经济截面积选择与工程实例

新建电力线路导线的截面积通常按经济电流密度选择。按此方法选择符合社会电能总消耗最小原则,也是最节能的。

1. 经济电流密度标准

(1)沿用的经济电流密度标准。我国曾于1956年由原电力部颁布了经济电流密度标准,当时规定的经济电流密度见表2-20。

表 2-20 1956 年规定的经济电流密度 (A/mm^2)

导线种类	年最大负荷利用小时数 T_{max}		
	3000 以下	3000～5000	5000 以上
裸铜线和母线	3.0	2.25	1.75
裸铝线及钢芯铝线和母线	1.65	1.15	0.9
铜芯电缆	2.5	2.25	2.0
铝芯电缆	1.92	1.73	1.54

(2)我国1995年规定的经济电流密度标准。1995年国家根据我国的具体情况,综合考虑输电线路中导线的总投资额、折旧、提成、线损等多个因素,制定了符合综合经济效益的经济电流密度标准。其经济电流密度见表2-21。

表 2-21 1995 年规定的经济电流密度 (A/mm^2)

导线种类	年最大负荷利用小时数 T_{max}		
	3000 以下	3000～5000	5000 以上
铝绞线及钢芯铝绞线	1.65	1.15	0.9

各种工厂年最大有功负荷利用小时数 T_{max} 值参见表2-22。

表 2-22　各种工厂年最大有功负荷利用小时数 T_{max}　(h)

工厂类别	T_{max}	工厂类别	T_{max}
化工厂	6200	农业机械制造厂	5330
苯胺颜料工厂	7100	仪器制造厂	3080
石油提炼工厂	7100	汽车修理厂	4370
重型机械制造厂	3770	车辆修理厂	3560
机床厂	4345	电器制造厂	4280
工具厂	4140	氮肥厂	7000～8000
滚珠轴承厂	5300	各种金属加工厂	4355
起重机运输设备厂	3300	漂染工厂	5710
汽车拖拉机厂	4960		

(3)国外超高压送电线路电流密度参考值，见表 2-23。

表 2-23　国外超高压送电线路电流密度　(A/mm^2)

电压(kV)	长线路	短线路
275～300	0.6～0.9	1.0～1.4
330～345	0.5～0.8	0.8～1.05
380～400	0.55～0.8	0.8～1.0
500	0.7～0.75	0.8～1.0
750	0.7～1.0	

(4)建议采用的经济电流密度，见表 2-24。

表 2-24　建议采用的经济电流密度　(A/mm^2)

导线种类	年最大利用小时数 T_{max}		
	3000 以下	3000～5000	5000 以上
铝线	0.81	0.59	0.42
铜线	2.2	1.7	1.2

2. 经济截面积的计算公式

根据导线年运行费用最小的要求，应采用表 2-24 的经济电流密度选择导线。

按线损率要求选择导线截面积可按下式计算：

$$S=\frac{3I^2L\rho}{P\beta}\times10^{-3}$$

式中　S——导线截面积(mm^2)；

P——输送功率(kW)；

β——导线功率损耗率(%)，$\beta=\frac{\Delta P}{P}\times 100\%$。

根据农网 10kV 改造建设要求，线路功率损耗率为 6%～8%。

我国电力系统的线损率较高，国家指令要求：农网高压综合线损率降到 10%以下，低压线损率降到 12%以下；全国平均供电线损率降到 8.5%以下；工矿企业的线损率降到 3.5%(一次变压)、5.5%(二次变压)和 7%(三次变压)以下。

如果导线损耗率符合规定要求，则线路电压损失率一般也符合要求，即一般不必校验电压损失率。

3. 工程实例

【实例】 欲新建一条 35kV 送电线路，采用钢芯铝线，输送容量 P 为 1900kW，功率因数 $\cos\varphi$ 为 0.8，线路长度 L 为 30km，最大负荷年利用小时数 T_{max} 为 5000h，实际运行小时数 T 为 4500h 要求线损率 5%，试选择导线截面积。

解 (1)导线截面积的选择

导线流过的电流为

$$I=\frac{P}{\sqrt{3}U\cos\varphi}=\frac{1900}{\sqrt{3}\times 35\times 0.8}=39.2(\mathrm{A})$$

①按 1995 年国家颁布的经济电流密度标准选择：根据 T_{max} 及采用的 LGJ 型导线，查表 2-21，经济电流密度 $j=1.15\mathrm{A/mm^2}$，导线截面积为

$S=I/j=39.2/1.15=34.1(\mathrm{mm^2})$，选用 LGJ 型 35mm² 导线。

②按导线功率损耗 5%选择：导线电阻率 $\rho=31.2\Omega\cdot\mathrm{mm^2/km}$。

$$S=\frac{3I^2L\rho}{P\beta}\times 10^{-3}=\frac{3\times 39.2^2\times 30\times 31.2}{1900\times 0.05}\times 10^{-3}=45.4(\mathrm{mm^2})$$，选用 LGJ 型 50mm² 导线。

③按推荐的经济电流密度选择：由表 2-24 查得经济电流密度 $j\approx 0.59\mathrm{A/mm^2}$，导线截面积为

$S=I/j=39.2/0.59=66.4(\mathrm{mm^2})$，选用 LGJ 型 70mm² 导线。

(2)选用不同导线截面时线路年有功电能损耗比较。

当选用 LGJ-35 型时有功电能损耗

$$\begin{aligned}\Delta A_{35} &= 3I^2 L\rho T\times 10^{-3}/S\\ &= 3\times 39.2^2\times 30\times 31.2\times 4500\times 10^{-3}/35\\ &= 554771(\text{kWh})\approx 55.48(\text{万 kWh})\end{aligned}$$

线损率(百分数)为

$\Delta A_{35}\% = \dfrac{\Delta A_{35}}{PT}\times 100 = \dfrac{554771}{1900\times 4500}\times 100 = 6.5$,即线损率为 6.5%。

当选用 LGJ-50 型时有功电能损耗。

$\Delta A_{50} = 38.84$(万 kWh),$\Delta A_{50}\% = 4.5$,即线损率为 4.5%。

选用 LGJ-70 型时

$\Delta A_{70} = 27.74$(万 kWh),$\Delta A_{70}\% = 3.2$,即线损率为 3.2%。

(3)选用不同导线截面积时线路电压损失计算。

设导线线间几何均距为 1.5m。由表 2-10 查得各型导线线路电阻和电抗如下:

LGJ-35 型　$R=0.85\Omega/\text{km}$　$x=0.385\Omega/\text{km}$

LGJ-50 型　$R=0.65\Omega/\text{km}$　$x=0.376\Omega/\text{km}$

LGJ-70 型　$R=0.46\Omega/\text{km}$　$x=0.365\Omega/\text{km}$

当选用 LGJ-35 型时

$$\begin{aligned}\Delta U_{35} &= \sqrt{3}I(R\cos\varphi + X\sin\varphi)\\ &= \sqrt{3}\times 39.2\times(0.85\times 30\times 0.8 + 0.385\times 30\times 0.6)\\ &= 1855.6(\text{V}) = 1.86(\text{kV})\end{aligned}$$

电压损失率(百分数)为

$\Delta U_{35}\% = \dfrac{\Delta U_{35}}{U_e}\times 100 = \dfrac{1.86}{35}\times 100 = 5.3$,即电压损失率为 5.3%。

当选用 LGJ-50 型时

$$\begin{aligned}\Delta U_{50} &= \sqrt{3}\times 39.2\times(0.65\times 30\times 0.8 + 0.376\times 30\times 0.6)\\ &= 1518.7(\text{V})\approx 1.52(\text{kV})\end{aligned}$$

电压损失率(百分数)为

$\Delta U_{50}\%=\frac{\Delta U_{50}}{U_e}\times 100=\frac{1.52}{35}\times 100=4.3$，即电压损失率为4.3%。

选用LGJ-70型时

$$\begin{aligned}\Delta U_{70}&=\sqrt{3}\times 39.2\times(0.46\times 30\times 0.8+0.365\times 30\times 0.6)\\&=1195.7(\mathrm{V})\approx 1.20(\mathrm{kV})\end{aligned}$$

电压损失率(百分数)为

$\Delta U_{70}\%=\frac{\Delta U_{70}}{U_e}\times 100=\frac{1.20}{35}\times 100=3.4$，即电压损失率为3.4%。

(4)三种方案比较，见表2-25。

表2-25　三种方案比较

导线截面积(mm²)	年线路损耗(万kWh)	线损率(%)	电压损失率(%)	投资(万元)
35	55.48	6.5	5.3	0.7Y
50	38.84	4.5	4.3	Y
70	27.74	3.2	3.4	1.4Y

注：设投资与导线截面积成正比；采用50mm² 导线的投资为Y万元。

由表2-25可见，LGJ-35型导线，线损率和电压损失率均超过允许的5%要求，不予选用。其实它是根据旧经济电流密度标准选择的，已不适用。

LGJ-50型和LGJ-70型导线均符合线损率和电压损失率的要求。究竟选用何种导线，需计算比较。LGJ-70型年有功线损比LGJ-50型线损减少38.84－27.74＝11.1(万kWh)，假设电价δ＝0.5元/kWh，则选用LGJ-70型比选用LGJ-50型每年节约电费11.1×0.5＝5.55(万元)，但前者的投资要比后者多40%(包括导线价格、安装材料等费用)，在5～6年内若不能收回成本，则宜选用LGJ-50型导线；若节约的线损费用能收回多投入的40%建设费用的话，则应选用LGJ-70型导线；否则应选用LGJ-50型。当然，在选择方案时，还要考虑线路今后的负荷发展等情况。

在国家有关部门未出台新的标准之前，可以这样考虑选用导线截面积，即先按 1956 年或 1995 年标准选定导线截面积，再加大一级取用。例如，按 1956 年或 1995 年标准的经济电流密度选定的导线截面积为 $50mm^2$，则实际选用时取 $70mm^2$，一般都可以符合经济节电要求。

二、新建电缆线路导线经济截面选择与工程实例

1. 计算公式

电缆线路的截面通常按最大长期负荷电流和按发热条件及允许电压损失选择。

(1)按最大长期负荷电流选择。

$$I'_{yx} \geqslant I_{z\max} \quad I'_{yx} = K_1 K_2 K_3 I_{yx}$$

式中　I'_{yx}——考虑电缆敷设周围介质的温度、多根并列敷设及土壤热阻率影响后的电缆的允许负荷电流(A)；

I_{yx}——电缆的允许负荷电流，即安全载流量(A)，常用电缆的安全载流量见表 2-26～表 2-29；

K_1——电缆敷设周围介质温度校正系数，见表 2-30；

K_2——多根并列敷设时的校正系数，见表 2-31 和表 2-32；

K_3——土壤热阻率校正系数，见表 2-33；

$I_{z\max}$——电缆中长期通过的最大负荷电流(A)，应考虑电缆可能长期过负荷。

表 2-26　直接敷设在地下的低压绝缘电缆的安全载流量　(A)

标称截面	双芯电缆		三芯电缆		四芯电缆	
(mm^2)	铜芯	铝芯	铜芯	铝芯	铜芯	铝芯
1.5	13	9	13	9	—	—
2.5	22	16	22	16	22	16
4	35	26	35	26	35	26
6	52	39	52	39	53	39
10	88	66	83	62	74	56
16	123	92	105	79	101	75
25	162	122	140	105	132	99

续表 2-26

标称截面 (mm²)	双芯电缆		三芯电缆		四芯电缆	
	铜芯	铝芯	铜芯	铝芯	铜芯	铝芯
35	198	148	167	125	154	115
50	237	178	206	155	189	141
70	286	214	250	188	233	174
95	334	250	299	224	272	204
120	382	287	343	257	347	260
150	440	330	382	287	396	297
185	—	—	431	323	—	—
240	—	—	—	—	448	336

注:表中安全载流量,线芯最高工作温度为80℃,地温为30℃。

表 2-27 1kV VV、VLV型无铠装聚氯乙烯聚乙烯绝缘电缆的安全载流量 (A)

导线截面 (mm²)	单芯		二芯		三芯		四芯	
	铜芯	铝芯	铜芯	铝芯	铜芯	铝芯	铜芯	铝芯
1	18	—	15	—	12	—	—	—
1.5	23	—	19	—	16	—	—	—
2.5	32	24	26	20	22	16	—	—
4	41	31	35	26	29	22	29	22
6	54	41	44	34	38	29	38	29
10	72	55	60	46	52	40	51	40
16	97	74	79	61	69	53	68	53
25	122	102	107	83	93	72	92	71
35	162	124	124	95	113	87	115	89
50	204	157	155	120	140	108	144	111
70	253	195	196	151	175	135	178	136
95	272	214	238	182	214	165	218	168
120	356	276	273	211	247	191	252	195
150	410	316	315	242	293	225	297	228

续表 2-27

导线截面 (mm²)	单芯		二芯		三芯		四芯	
	铜芯	铝芯	铜芯	铝芯	铜芯	铝芯	铜芯	铝芯
185	465	358	—	—	332	257	341	263
240	552	425	—	—	396	306	—	—
300	636	490	—	—	—	—	—	—
400	757	589	—	—	—	—	—	—
500	886	680	—	—	—	—	—	—
620	1025	787	—	—	—	—	—	—
800	1338	934	—	—	—	—	—	—

注：导线最高允许温度为65℃，空气中敷设，环境温度为25℃。

表 2-28 1kV VV29、VLV29、VV30、VLV30、VV50、VLV50、VV59、VLV59 型铠装聚乙烯电缆的安全载流量 (A)

导线截面积 (mm²)	单芯		二芯		三芯		四芯	
	铜芯	铝芯	铜芯	铝芯	铜芯	铝芯	铜芯	铝芯
4	—	—	36	27	31	23	30	23
6	—	—	45	35	39	30	39	30
10	76	58	60	46	52	40	52	40
16	100	77	81	62	71	54	70	54
25	135	104	106	81	96	73	94	73
35	164	126	128	99	114	88	119	92
50	205	158	160	128	144	111	149	115
70	253	195	197	152	179	138	184	141
95	311	239	240	185	217	167	226	174
120	356	276	278	215	252	194	260	201
150	410	316	319	246	292	225	301	231
185	466	359	—	—	333	257	345	266
240	551	424	—	—	392	305	—	—
300	632	486	—	—	—	—	—	—

续表 2-28

导线截面积 (mm²)	单芯		二芯		三芯		四芯	
	铜芯	铝芯	铜芯	铝芯	铜芯	铝芯	铜芯	铝芯
400	764	587	—	—	—	—	—	—
500	882	677	—	—	—	—	—	—
620	1032	789	—	—	—	—	—	—
800	1208	931	—	—	—	—	—	—

注：1. 导线最高允许温度为 65℃，空气中敷设，环境温度为 25℃。

2. 单芯铠装电缆不用于交流系统，表列为直流电流值。

表 2-29　三芯电力电缆的安全载流量　　(A)

导线截面积 (mm²)	6kV 聚氯乙烯绝缘聚氯乙烯护套电缆（VV、VLV 型）		10kV 油浸纸绝缘铅包电力电缆(ZQ3、ZLQ3、ZQ20、ZLQ30 等)		10kV 交联聚乙烯绝缘电缆（YJV、YJLV 等）	
	在空气中敷设	直埋敷设	在空气中敷设	直埋敷设	在空气中敷设	直埋敷设
10	55(42)	58(44)	7	—	—	—
16	73(56)	76(58)	75(60)	75(60)	121(94)	118(92)
25	96(74)	98(75)	100(80)	100(75)	158(123)	151(117)
35	118(90)	121(93)	125(95)	120(95)	190(147)	180(140)
50	146(112)	148(114)	155(120)	150(115)	231(180)	217(169)
70	177(136)	177(136)	190(145)	180(140)	280(218)	260(202)
95	218(167)	213(164)	230(180)	215(165)	335(261)	307(240)
120	251(194)	243(187)	265(205)	245(185)	388(303)	348(272)
150	292(224)	278(213)	305(235)	280(215)	445(347)	394(308)
185	333(257)	312(241)	355(270)	315(240)	504(394)	441(344)
240	392(301)	359(278)	420(320)	365(280)	587(461)	504(396)

注：1. 导线工作温度为 80℃，环境温度为 25℃。

2. 土壤热阻系数为 120℃·Ω/cm。

3. 括号中的载流量系指铝芯线。

表 2-30　当周围介质温度不同于计算温度时电缆的温度校正系数 K_1

介质计算温度(℃)	缆芯最高温度(℃)	实际周围介质温度(℃)时的载流量校正系数											
		−5	0	+5	+10	+15	+20	+25	+30	+35	+40	+45	+50
15	80	1.14	1.11	1.08	1.04	1	0.96	0.92	0.88	0.83	0.78	0.73	0.68
25		1.24	1.2	1.17	1.13	1.09	1.04	1	0.95	0.9	0.85	0.8	0.74
15	70	1.17	1.13	1.09	1.045	1	0.955	0.905	0.85	0.79			
25		1.29	1.24	1.2	1.15	1.11	1.05	1	0.94	0.88	0.81	0.74	0.67
15	65	1.18	1.14	1.1	1.05	1	0.95	0.89	0.84	0.77	0.71	0.63	0.55
25		1.32	1.27	1.22	1.17	1.12	1.06	1	0.94	0.87	0.79	0.71	0.61
15	60	1.2	1.15	1.12	1.06	1	0.94	0.88	0.82	0.75	0.67	0.57	0.47
25		1.36	1.31	1.25	1.2	1.13	1.07	1	0.93	0.85	0.76	0.66	0.54
15	55	1.22	1.17	1.12	1.07	1	0.93	0.86	0.79	0.71	0.61	0.5	0.36
25		1.41	1.35	1.29	1.23	1.15	1.08	1	0.91	0.82	0.71	0.58	0.41
15	50	1.25	1.2	1.14	1.17	1	0.93	0.84	0.76	0.66	0.54	0.37	
25		1.48	1.41	1.34	1.26	1.18	1.09	1	0.89	0.78	0.63	0.45	

表 2-31　电缆在空气中多根并列敷设时载流量的校正系数 K_2

电缆根数		1	2	3	4	6	4	6
排列方式		○	○ ○ (s, d)	○ ○ ○	○ ○ ○ ○	○ ○ ○ ○ ○ ○	○○ ○○	○ ○ ○ ○ ○ ○
电缆中心距离	$S=d$	1.0	0.9	0.85	0.82	0.80	0.8	0.75
	$S=2d$	1.0	1.0	0.98	0.95	0.90	0.9	0.90
	$S=3d$	1.0	1.0	1.0	0.98	0.96	1.0	0.96

注：本表系产品外径相同时的载流量校正系数，d 为电缆的外径。当电缆外径不同时，d 值建议取各产品外径的平均值。

表 2-32 电缆在土壤中多根并列埋设时载流量的校正系数 K_2

电缆间净距（mm）	不同敷设根数时的载流量校正系数				
	1根	2根	3根	4根	6根
100	1.00	0.88	0.84	0.80	0.75
200	1.00	0.90	0.86	0.83	0.80
300	1.00	0.92	0.89	0.87	0.85

注：敷设时电缆相互间净距应不小于100mm。

表 2-33 不同土壤热阻率时载流量的校正系数 K_3

导线截面积（mm^2）	不同土壤热阻率时载流量的校正系数				
	在下列土壤热阻率 ρ_T 时（℃·cm/W）				
	60	80	120	160	200
2.5～16	1.06	1.0	0.9	0.83	0.77
25～95	1.08	1.0	0.88	0.80	0.73
120～240	1.09	1.0	0.86	0.78	0.71

土壤热阻率的选取。潮湿地区取60～80，系指沿海、湖畔、河边及多雨量地区，如华东、华南地区等。普通土壤取120，如东北、华北等平原地区。干燥土壤取160～200，如雨量少的山区、丘陵、高原地区等。

(2)按短路时的热稳定选择。

$$S_{min} \geqslant I_{\infty} \frac{\sqrt{t_j}}{C}$$

式中 S_{min}——短路热稳定要求的最小允许截面积（mm^2）；

I_{∞}——稳态短路电流（A）；

t_j——短路电流假想时间（s），可查图2-3曲线，高压厂用母线可取0.3s；

C——热稳定系数，见表2-34和表2-35，钢母线可取60～70。

采用低压熔断器保护的电缆或导线,可不校验热稳定。

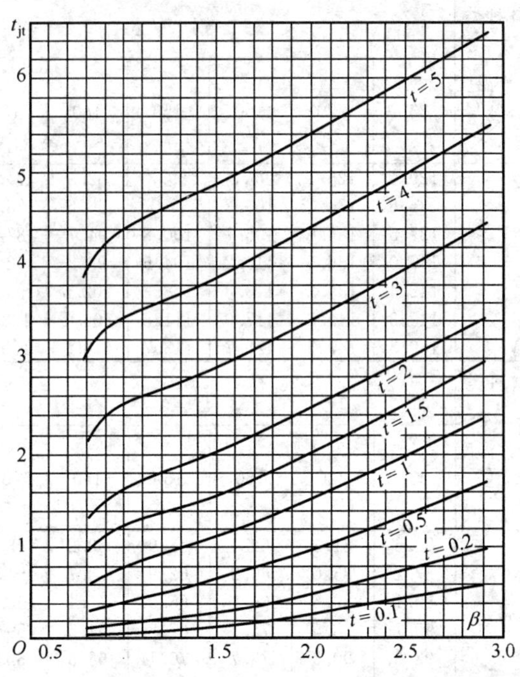

图 2-3　短路电流周期分量作用的假想时间曲线

表 2-34　热稳定系数 C(一)

导体种类	铜　芯			铝　芯		
电缆类型	电缆线路有中间接头	20kV、35kV油浸纸绝缘	10kV及以下油浸纸绝缘	电缆线路有中间接头	20kV、35kV油浸纸绝缘	10kV及以下油浸纸绝缘橡皮绝缘
额定电压(kV)	短路允许最高温度(℃)					
	120	175	250	120	175	200
3～10	93.4	—	159	60.4	—	90
20～35	101.5	130	—	—	—	—

表 2-35　热稳定系数 C(二)

导体种类 / 短路允许温度(℃) / 长期允许温度(℃)	铜芯						
	230	220	160	150	140	130	120
90	129.0	125.3	95.8	89.3	62.3	74.5	64.5
80	134.6	131.2	103.2	97.1	90.6	83.4	75.2
75	137.5	133.6	106.7	100.8	94.7	87.7	80.1
70	140.0	136.5	110.2	104.6	98.8	92.0	84.5
65	142.4	139.2	113.8	108.2	102.5	96.5	89.1
60	145.3	141.8	117.0	111.8	106.1	100.1	93.4
50	150.3	147.3	123.7	118.7	113.7	108.0	101.5
导体种类 / 短路允许温度(℃) / 长期允许温度(℃)	铝芯						
	230	220	160	150	140	130	120
90	83.6	81.2	62.0	57.9	53.2	48.2	41.7
80	87.2	85.0	66.9	62.9	58.7	54.0	48.7
75	89.1	86.6	69.1	65.3	61.4	56.8	51.9
70	90.7	88.5	71.5	67.8	64.0	59.6	54.7
65	92.3	90.3	73.7	70.1	66.5	62.3	57.7
60	94.2	91.9	75.8	72.5	68.8	65.0	60.4
50	97.3	95.5	80.1	77.0	73.6	70.0	65.7

要求出短路电流的假想作用时间 t_j 值，必须首先知道短路电流持续时间 t。

$$t=t_b+t_{fd}$$

式中　t——短路电流持续时间(s)；

t_b——继电保护的动作时间(s)；

t_{fd}——断路器的分断时间，低速开关：$t_{fd}=0.2$s；高速开关：$t_{fd}=0.1$s。

假想时间 t_j 根据图 2-3 的曲线决定，其步骤如下：

①确定次暂态电流 I'' 与稳态电流 I_∞ 的比

$$\beta''=I''/I_\infty$$

②根据实际的时间 t 决定需要的一条曲线。

③在横轴上找到 β''，作垂线与②决定的曲线相交，这点的纵坐标即为所求的 t_j。

利用图 2-3 曲线，如 $t<5s$，应按下式决定：

$$t_j=t_{j.5}+(t-5)$$

式中　$t_{j.5}$——$t=5s$ 时，在图上查得的值。

当 $0.1s<t<1s$ 时，需考虑短路电流的非周期分量的热效应，这时，假想时间按下式决定：

$$t_j=t_{j.t}+0.05\beta''^2$$

(3)按允许电压损失选择。计算方法同电力线路。

2. 工程实例

【实例】 欲埋设两条 10kV 交联聚乙烯绝缘 YJV 型三芯高压电缆，线路全长 600m，地处华北普通土壤中，两电缆平行敷设，电缆间净距为 200mm。已知最大长期负载电流 $I_{z\max}$ 为 230A，功率因数 $\cos\varphi$ 为 0.8，可能通过的最大短路电流为：次暂态电流 I'' 为 25kA，稳态短路电流 I_∞ 为 12.5kA，且已知继电保护的动作时间 t_b 为 0.7s，断路器的分断时间 t_{fd} 为 0.2s，要求电压损失率在 1%以内，设电缆埋设的周围土壤温度为 30℃，试选择电缆截面积。

解　(1)按最大长期负荷电流选择。由最大长期负荷电流 $I_{z\max}=230A$，查表 2-29，初步选择截面积为 $95mm^2$（允许电流为 307A）和 $120mm^2$（允许电流为 348A）两种电缆。

根据电缆所埋周围土壤温度为 30℃，线芯规定温度为 80℃时，由表 2-30 查得温度校正系数 $K_1=0.95$；根据电缆在土壤中并列埋设的净距为 200mm，由表 2-32 查得并列埋设校正系数 $K_2=0.9$；根据地处华北地区普通土壤中埋设，查表 2-33 得土壤热电阻校正系数 $K_3=0.85$。

$95mm^2$ 电缆的长期允许电流为

$$I'_{yx}=K_1K_2K_3I_{yx}=0.95\times0.9\times0.85\times307=223.1(A)$$

因 $I'_{yx}<I_{z\max}$，故不可选用。

120mm² 电缆的长期允许电流为

$$I'_{yx}=0.95\times0.9\times0.85\times348=252.9(\text{A})$$

$I'_{yx}>I_{z\max}$，故可选用。

(2)按短路时的热稳定选择。短路电流持续时间为

$$t=t_b+t_{fd}=0.7+0.2=0.9(\text{s})$$

$$\beta''=I''/I_\infty=25/12.5=2$$

因图 2-3 上无 $t=0.9$s 的曲线，可用补间法求得 $t_{j\cdot t}=1.4$s。由于 $t<1$s，故需考虑短路电流非周期分量的热效应。

$$t_j=t_{j\cdot t}+0.05\beta''^2=1.4+0.05\times2^2=1.6(\text{s})$$

所需最小截面积为

$$S_{\min}=\frac{I_\infty}{C}\sqrt{t_j}=\frac{12.5\times10^3}{159}\sqrt{1.6}$$

$$=99.4(\text{mm}^2)<120(\text{mm}^2)$$

因此，该电缆在短路情况下是热稳定的。

(3)按允许电压损失选择。查得该电缆在 80℃时的电阻 R_0 为 0.2Ω/km。忽略电抗不计(由电抗造成的电压降比例很小)，则在最大长期负荷电流下的电压损失为

$$\Delta U=\sqrt{3}IR_0L\cos\varphi=\sqrt{3}\times230\times0.2\times0.6\times0.8$$

$$=38(\text{V})$$

电压损失率(百分数)为

$$\Delta U\%=\frac{\Delta U}{U_e}\times100=\frac{36}{10000}\times100=0.36$$

即电压损失率为 0.36%，符合题中所提出的电压损失率在 1%以内的要求。

因此，可选择 YJV-10kV-3×120mm² 的高压电缆。

三、新建地埋线路导线经济截面积选择与工程实例

地埋线是埋入地下的绝缘导线。原机械工业部标准 JB 2171-85 将地埋线的全称定名为“额定电压 450/750V 及以下农用直埋铝芯塑料绝缘塑料护套电线”。

低压地埋电力线路具有节省钢材、水泥及有色金属(每 km 节约钢材 500kg、水泥 900～1400kg、铝线 20%～25%),消除线路干扰,安全可靠,少占农田,便于机耕,维护工作量少等优点,因而在我国农村,尤其是南方农村的应用很普遍。运行经验证明,NLVV 型地埋线的寿命可达 20 年以上。新标准 NLYV 型地埋线质量更可靠,若按规程设计施工,可使供电可靠率为 100%。

1. 计算公式

地埋线的经济截面积有按发热条件选择和按允许电压损失率选择两种方法,一般从中选取较大的截面积为所选截面积。

(1)按发热条件选择。

$$I_{yx}=\kappa I_e \geqslant I_{js}$$

式中 I_{yx}——实际环境温度下的导线允许载流量(A);

I_e——导线的额定工作电流(即在规定土壤温度 25℃下的允许载流量),见表 2-36;

κ——温度校正系数,见表 2-37;

I_{js}——通过相线的计算电流(A)。

表 2-36　地埋线的安全载流量

标称截面积(mm²)	长期连续负荷允许载流量(A)					
	埋地敷设				室内明敷	
	ρ_T (℃·cm/W)		ρ_T (℃·cm/W)		NLV	NLVV NLYV
	NLV	NLVV NLYV NLYV-1	NLV	NLVV NLYV		
2.5	35	35	32	32	25	25
4	45	45	43	43	32	31
6	65	60	60	55	40	40
10	90	85	80	65	55	55
16	120	110	105	100	80	80
25	150	140	130	125	105	105
35	185	170	160	150	130	135
50	230	210	195	175	165	165

注:1. ρ_T 为土壤热阻系数,一般情况下,长江以北取 $\rho_T=120$;长江以南取 $\rho_T=80$。

2. 土壤温度:25℃。

3. 导电线芯最高允许工作温度:65℃。

表 2-37　温度校正系数

实际环境温度(℃)	5	10	15	20	25	30	35	40	45
校正系数 κ	1.22	1.17	1.12	1.06	1.0	0.935	0.865	0.791	0.707

计算电流 I_{js} 可由表 2-38 查得。

表 2-38　用电设备不同功率因数时输送每 kW 有功功率线路计算电流值

$\cos\varphi$ / I_{js}(A) / 电压(V)	1.00	0.95	0.90	0.85	0.80	0.75	0.70	0.65	0.60
220	4.55	4.79	5.05	5.35	5.68	6.06	6.49	7.00	7.58
380	1.52	1.60	1.69	1.79	1.90	2.03	2.17	2.34	2.53

(2)按允许电压损失率选择。

$$S=\frac{PL}{C\Delta U\%}$$

式中　S——地埋线芯线截面积(mm^2)；

P——地埋线传输功率(kW)；

L——线路长度(m)；

$\Delta U\%$——线路电压损失百分数，动力用户(380V)不大于 7；照明用户(220V)不大于 10；

C——计算系数，380/220V 三相四线制和 380V 三相三线制，当各相负荷均匀分配时取 $C=50$；220V 单相制取 $C=8.3$。

2. 工程实例

【实例】 敷设某地埋线供 380V、30kW 动力用电，三相负荷对称，功率因数 $\cos\varphi$ 为 0.8，线路长度为 100m。已知当地最高实际环境温度为 30℃。试选择地埋线截面积。

解　(1)按发热条件选择。查表 2-38 得计算电流为

$$I_{js}=1.90\times30=57(\text{A})$$

又查 2-37 得 $K=0.935$，故导线额定电流

$$I_e \geqslant I_{js}/K = 57/0.935 = 61(\text{A})$$

查表 2-36，可选用截面积为 6mm^2 的地埋线。

(2)按允许电压损失率选择。因动力用户，设允许电压损失率 $\Delta U\% = 6$，则地埋线截面为

$$S = \frac{PL}{C\Delta U\%} = \frac{30\times100}{50\times6} = 10(\text{mm}^2)$$

因此可选用标称截面为 $3\times10\text{mm}^2$ 的三芯地埋线。若有部分照明，可选用 $3\times10+1\times6(\text{mm}^2)$的四芯地埋线。

第四节　老旧线路导线节电改造与工程实例

一、负荷在末端的线路导线节电改造与工程实例

1. 线路损耗计算

(1)电压损失计算。图 2-4 为负荷在末端的三相供电线路。图中，U_1 为变电所出口电压，U_2 为负荷端子处的受电电压(均对中性点电压而言，单位：kV)。

在工程计算中，允许略去($IX\cos\varphi - IR\sin\varphi$)部分，由此引起的误差不超过实际电压降的 5%。因此，线路每相电压损失可按以下简化公式计算：

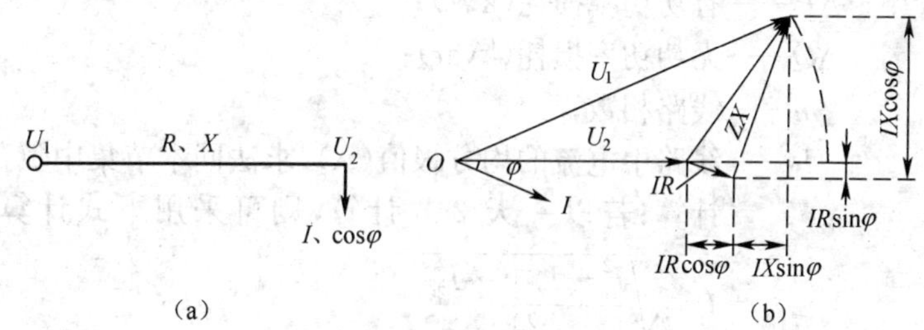

图 2-4　负荷在末端的线路及矢量图

(a)末端接负荷的三相线路　(b)电压矢量图

$$\Delta U_x = I(R\cos\varphi + X\sin\varphi) = \frac{PR+QX}{\sqrt{3}U_2} \approx \frac{PR+QX}{\sqrt{3}U_e}$$

若用线电压表示，则

$$\Delta U_1=\sqrt{3}I(R\cos\varphi+X\sin\varphi)=\frac{PR+QX}{U_2}\approx\frac{PR+QX}{U_e}$$

式中　ΔU_x、ΔU_1——相电压和线电压的电压损失(V)；

R、X——每条导线的电阻和电抗(Ω)；

U_e——线路额定线电压(kV)；

$\cos\varphi$——负荷的功率因数；

I——负荷电流(线电流)(A)，$I=\dfrac{P}{\sqrt{3}U_e\cos\varphi}$；

P、Q——三相负荷总有功功率和总无功功率(kW、kvar)。

电压损失率按下式计算：

$$\Delta U\%=\frac{P}{10U_e^2\cos\varphi}(R\cos\varphi+X\sin\varphi)$$

说明：若按该式算得的 $\Delta U\%$ 为 2，则表明电压损失占额定电压 2%。

(2)线路损耗计算。

①计算公式一：

$$\Delta P=mI_j^2R\times10^{-3},\Delta Q=mI_j^2X\times10^{-3}$$

式中　ΔP——有功功率损耗(kW)；

ΔQ——无功功率损耗(kvar)；

m——线路相数；

I_j——线路中电流的均方根值(A)，求法同本节集中负荷计算；若以一天 24h 计算，则可采用下式计算：

$$I_j=\sqrt{\frac{I_1^2+I_2^2+\cdots I_{24}^2}{24}}$$

R、X——线路每相的电阻和电抗(Ω)。

②计算公式二(三相交流电路)：

$$\Delta P=\frac{P^2+Q^2}{U_e^2}R\times10^{-3}=\frac{P^2}{U_e^2\cos^2\varphi}R\times10^{-3}$$

$$\Delta Q=\frac{P^2+Q^2}{U_e^2}X\times 10^{-3}=\frac{P^2}{U_e^2\cos^2\varphi}X\times 10^{-3}$$

式中 P——线路输送有功功率(kW)；

Q——线路输送无功功率(kvar)；

U_e——线路额定电压(kV)；

$\cos\varphi$——负荷功率因数；

其他符号同前。

2. 工程实例

【实例】 某企业一条10kV专用供电线路,采用LJ-16型导线,线路全长L为2km,三相导线呈等边三角形排列,线间距离为1m。每天负荷变化不大,在电平衡测试的24h内,测得的负荷电流如表2-39所示。已知负荷的平均功率因数$\cos\varphi$为0.8,年运行小时数T为4800h。试问该线路电能损耗是多少?是否需要节电改造。设电价δ为0.5元/kWh。允许电压损失率为3%,投资回收年限为5年。

表2-39 24h电流分配情况

测试时间	1	2	3	4	5	6	7	8	9	10	11	12
线路电流(A)	20	20	35	35	40	40	50	60	70	70	70	60
测试时间	13	14	15	16	17	18	19	20	21	22	23	24
线路电流(A)	40	50	60	60	50	40	40	40	30	20	20	20

解 (1)线路电压损失计算。

线路电流均方根值为

$$I_j=\sqrt{\frac{I_1^2+I_2^2+\cdots+I_{24}^2}{h}}$$

$$=\sqrt{\frac{5\times 20^2+30^2+2\times 35^2+6\times 40^2+3\times 50^2+4\times 60^2+3\times 70^2}{24}}$$

$$=\sqrt{\frac{51550}{24}}=46.3(\text{A})$$

根据题意，采用LJ-16型导线，线间距离为1m，查表2-9得，导线单位长度电阻 $R_0=1.94\Omega/km$，单位长度电抗 $x_0=0.39\Omega/km$。

每条导线的电阻为 $R=R_0L=1.94\times2=3.88(\Omega)$，每条导线的电抗为 $X=x_0L=0.39\times2=0.78(\Omega)$。

线路平均电压损失为

$$\Delta U_1=\sqrt{3}I_j(R\cos\varphi+X\sin\varphi)$$
$$=\sqrt{3}\times46.3\times(3.88\times0.8+0.78\times0.6)=286.5(V)$$

电压损失率（百分数）为

$$\Delta U\%=\frac{\Delta U_1}{U_e}\times100=\frac{286.5}{10\times1000}\times100\approx2.87$$

即电压损失率为2.87%。

最大负荷时的电压损失为

$$\Delta U_m=\sqrt{3}I_m(R\cos\varphi+X\sin\varphi)$$
$$=\sqrt{3}\times70\times(3.88\times0.8+0.78\times0.6)=433.1(V)$$

最大电压损失率（百分数）为

$$\Delta U_m\%=\frac{\Delta U_m}{U_e}\times100=\frac{433.1}{10\times1000}\times100\approx4.33$$

即最大电压损失率为4.33%。

(2)线路损耗计算。

①有功电能损耗为

$$\Delta A_p=3I_j^2R\times10^{-3}T$$
$$=3\times46.3^2\times3.88\times10^{-3}\times4800=119772.2(kWh)$$

②无功电能损耗为

$$\Delta A_Q=3I_j^2X\times10^{-3}T$$
$$=3\times46.3^2\times0.78\times10^{-3}\times4800=24077.9(kvarh)$$

③线路损耗率计算。线路的负荷为

$$P=\sqrt{3}UI_j\cos\varphi$$
$$=\sqrt{3}\times10\times46.3\times0.8=641.6(kW)$$

有功线路损耗率(百分数)为

$$\Delta P\% = \frac{\Delta A_P}{PT} \times 100 = \frac{119772.2}{641.6 \times 4800} \times 100 = 3.89$$

即线路损耗率为 3.89%。

④线路损耗造成的电费计算。

假设无功电价等效当量 $K_G=0.2$(见表 3-21),电价 $\delta=0.5$ 元/kWh,则每年线路损耗造成的电费为

$$\begin{aligned} F &= (\Delta A_P + K_G \Delta A_Q)\delta \\ &= (119772.2 + 0.2 \times 24077.9) \times 0.5 = 62293.9(\text{元}) \\ &\approx 6.2(\text{万元}) \end{aligned}$$

从以上计算结果看,该线路的电压损失率和线路损耗率都已超出允许范围,该线路每年线路损耗造成的电费高达 6.2 万元,大量的电能白白消耗在线路上。需更换成较大截面积的导线。

(3)增大导线截面积改造的计算。

将分别采用 LJ-25 型和 LJ-35 型导线改造的计算结果列于表 2-40 中。LJ-25 型:$R_0=1.28\Omega/\text{km}$,$x_0=0.376\Omega/\text{km}$;LJ-35 型:$R_0=0.92\Omega/\text{km}$,$x_0=0.366\Omega/\text{km}$。

表 2-40　三种导线的计算结果比较

项目 导线型号	线路平均电压损失(V)	电压损失率(%)	最大电压损失率(%)	线路有功电能损耗(kWh)	线损率(%)	年损造成的电费(万元)	投资(万元)	剩值(万元)	更换导线后年节电费(万元)
LJ-16	286.5	2.87	4.33	119772.1	3.89	6.20	—	Y_3	—
LJ-25	200.4	2.00	3.00	79025.0	2.57	4.20	Y_1	—	2
LJ-35	153.3	1.53	2.32	56799.2	1.84	3.07	Y_2	—	3.13

注:1. 投资包括购买导线费用和安装费用。
　　2. 旧线剩值可按现价 15%计算。

当采用 LJ-25 型导线时投资回收年限为

$$T=\frac{C-d}{\Delta L}=\frac{Y_1-Y_3}{2}$$

采用 LJ-35 型导线时投资回收年限为

$$T=\frac{Y_2-Y_3}{3.13}$$

式中，C 为节能改造投资费用（万元）；d 为旧导线剩值（万元）；ΔL 为节能改造后年节电效益（万元）。

如果计算的结果表明，采用 LJ-35 型导线时的投资回收年限在 5 年内，则即使采用 LJ-25 型导线的投资回收年限更短（如 3～4 年），也应采用 LJ-35 型导线。因为从长远考虑其节能效益更大。

二、电力电缆线路导线节电改造与工程实例

电力电缆线路的节电改造计算与架空线路的类同。但由于电缆的电抗值很小，因此电抗造成的电压损失和无功电能损耗可以忽略不计。精确计算时，需将导线电阻值折算至运行温度（如 65℃、70℃或 80℃）时的电阻值，并计算导线集肤效应和邻近效应的影响。当然，若不计集肤效应和邻近效应的影响，计算误差也不超过 4%。

1. 计算公式

（1）电压损失计算。

$$\Delta U=\sqrt{3}IR\cos\varphi=\sqrt{3}IR_0L\cos\varphi$$

式中　ΔU——电缆线路的线电压损失（V）；

I——负荷电流（A）；

R_0——每条电缆芯线的单位电阻（Ω/km），可由表 2-15～表 2-17 等查得；

L——电缆长度（km）；

$\cos\varphi$——负荷功率因数。

如果电工手册中给出的是电缆在 20℃时的电阻值，则应将其折算成线芯温度为 65℃、70℃或 80℃时的电阻值。温度换算系数为

$$K=\sqrt{\frac{t_{yx}-20}{t_{yx}-25}}=\sqrt{\frac{65-20}{65-25}}=1.06(65℃时)$$

$$K=\sqrt{\frac{70-20}{70-25}}=1.05(70℃时)$$

$$K=\sqrt{\frac{80-20}{80-25}}=1.04(80℃时)$$

折算后的每根线芯的电阻值为

$$R_t=R_{20}\left[1+0.004(t-20)+0.004(t_{yX}-20)\left(\frac{I_j}{KI_{yX25}}\right)^2\right]$$

式中 R_t——折算成实际线芯温度时的阻值(Ω)；

R_{20}——环境温度为20℃时线芯的阻值(Ω)；

t——环境温度，一般可取25℃；

t_{yX}——线芯允许温度，如65℃、70℃、80℃；

I_{yX25}——环境温度为25℃时，电缆的允许载流量(A)；

I_j——负荷电流(A)。

(2)电力电缆损耗计算。电缆的有功损耗为

$$\Delta P=3I^2R(1+K_{jf}+K_{ej})\times10^{-3}$$

式中 ΔP——电缆有功损耗(kW)；

I——负荷电流(A)；

R——每条电缆芯线的电阻(Ω)；

K_{jf}——集肤效应系数，架空线 $K_{jf}=0$，见表2-41；

K_{ej}——邻近效应系数，架空线 $K_{ej}=0$，见表2-41。

表2-41 集肤效应和邻近效应系数的数值

电缆截面积(mm^2)	240	185	150	120	95
$1+K_{jf}+K_{ej}$	1.028	1.019	1.013	1.009	1.006

2. 工程实例

【实例】 某企业有一条 $3\times95+1\times35mm^2$ 的油浸绝缘四芯铝芯直埋电力电缆线路，全长 L 为200m，负荷电流 I_j 为80A，功率因数 $\cos\varphi$ 为0.8，三相负荷平衡，年运行时间 T 为4000h，设电

价 0.5 元/kWh。试问：

(1)该电缆线路目前经济运行情况如何？

(2)如果再增容 40A，$\cos\varphi=0.8$，是否需要更换线路电缆？

允许电压损失率为 4%，允许线路损耗率为 5%。

解　(1)目前运行情况计算。

①线路电压损失计算。经查电工手册，该直埋电缆在土壤温度 25℃时的安全载流量为 160A（线芯温度 80℃）。线芯温度 80℃时的单位电阻值 $R_0=0.42\Omega/\text{km}$ 查表 2-15，估计在 80A 负荷下的单位电阻约 $R_0=0.41\Omega/\text{km}$。

线路电压损失为

$$\Delta U=\sqrt{3}I_jR_0L\cos\varphi$$
$$=\sqrt{3}\times80\times0.41\times0.2\times0.8=9.09(\text{V})$$

电压损失率（百分数）为

$$\Delta U\%=\frac{\Delta U}{U_e}\times100=\frac{9.09}{380}\times100=2.39$$

即电压损失率为 2.39%<4%的允许要求。

②线路损耗计算。查表 2-41 得 $1+K_{jf}+K_{ej}=1.006$

$$\Delta P=3I_j^2R_0L\times(1+K_{jf}+K_{ej})\times10^{-3}$$
$$=3\times80^2\times0.41\times0.2\times1.006\times10^{-3}$$
$$=1.58(\text{kW})$$

年线路损耗电费为

$$F=\Delta PT\delta=1.58\times4000\times0.5=3160(\text{元})$$

负荷功率为

$$P=\sqrt{3}UI_j\cos\varphi$$
$$=\sqrt{3}\times380\times80\times0.8=42122(\text{W})\approx42.12(\text{kW})$$

线路损耗率（百分数）为

$$\Delta P\%=\frac{\Delta P}{P+\Delta P}\times100=\frac{1.58\times100}{42.12+1.58}=3.62$$

即线损率为 3.62%<5%的允许线损率要求。

因此，目前该电缆的经济运行状况良好。

(2)欲增容 40A、$\cos\varphi=0.8$ 后的情况计算。

①线路电压损失计算。增容后电流达 120A，因此线芯温度会较高，取单位长度电阻 $R_0=0.42\Omega/\text{km}$ 计算。

$$\Delta U=\sqrt{3}\times120\times0.42\times0.2\times0.8=13.97(\text{V})$$

电压损失率为 13.97/380×100%=3.68%，<4%的允许电压损失率要求。

②线路损耗计算。

$$\Delta P=3\times120^2\times0.42\times0.2\times1.006\times10^{-3}=3.65(\text{kW})$$

负荷功率为

$$P=\sqrt{3}\times380\times120\times0.8=63.18(\text{kW})$$

线路损耗率为 3.65/(63.18+3.65)×100%=5.96%，>5%的允许线损率要求。年线路损耗电费为

$$F=3.65\times4000\times0.5=7300(\text{元})$$

该线路的电压损失率未超出 4%的允许值，而线路损耗率超出 5%的允许值，但超出不多。对于电缆线路更换费用高，因此是否要更换需综合考虑。

现将采用规格为 $3\times120+1\times35\text{mm}^2$ 电缆和 $3\times150+1\times50\text{mm}^2$ 电缆的计算结果列于表 2-42 中。

采用规格为 $3\times120+1\times35\text{mm}^2$ 电缆

$R_0=0.33\Omega/\text{km}$，$1+K_{jf}+K_{ej}=1.009$

采用规格为 $3\times150+1\times50\text{mm}^2$ 电缆

$R_0=0.26\Omega/\text{km}$，$1+K_{jf}+K_{ej}=1.013$

表 2-42　三种电缆的计算结果比较

项目 电缆规格(mm^2)	电压损失率(%)	线路有功电能损耗(kWh)	线损率(%)	年线损造成的电费(万元)	投资(万元)	剩值(万元)	更换电缆后年节电费(万元)
3×95+1×35	3.67	14600	5.46	0.73	—	Y_3	—
3×120+1×35	2.89	11440	4.53	0.57	Y_1	—	0.16
3×150+1×50	2.28	9040	3.58	0.45	Y_2	—	0.28

由于电缆线路长度较短，换用较大截面积的电缆时，节约年线损电费不是很多，而电缆本身价格较贵，尤其是直埋电缆，更换安装费用很大，改造后投资回收期限长，不一定合算。因此，对于电缆线路，前期设计正确计算负荷，并充分考虑负荷的发展情况十分重要，否则一旦建成要想更换将十分费劲。对于暗敷的380/220V低压线路，也是如此。

三、电力线路导线接头损耗的测算与工程实例

较长的供电线路，往往有连接头，如果连接处接触不良，接触电阻过大，连接处会造成很大的电能损失，不但白白浪费电能，而且还会使连接头过热，威胁正常供电。为此，可通过实测电压法计算线路损耗并判断线路接头连接情况。

1. 计算公式

该方法较适用于电压损失较大，且中间无分支的低压配电线路。在同一时刻 t 测出线路首端和末端的线电压和功率因数，以及线路电流，则该线路的相电压降为

$$\Delta U=\left(\frac{U_1}{\sqrt{3}}\cos\varphi_1-\frac{U_2}{\sqrt{3}}\cos\varphi_2\right)\times10^3+\mathrm{j}\left(\frac{U_1}{\sqrt{3}}\sin\varphi_1-\frac{U_2}{\sqrt{3}}\sin\varphi_2\right)\times10^3$$
$$=\Delta U_R+\mathrm{j}\Delta U_X$$

式中　ΔU——线路相电压降(V)；

U_1、U_2——分别为时间 t 时线路首端和末端线电压有效值(kV)；

$\cos\varphi_1$——时间 t 时线路首端的功率因数；

$\cos\varphi_2$——时间 t 时线路末端的功率因数；

ΔU_R、ΔU_X——分别为时间 t 时线路每相电阻压降和电抗压降(V)。

线路每相电阻和电抗分别为

$$R=\Delta U_R/I,\quad X=\Delta U_X/I$$

式中　R——线路相电阻(Ω)；

X——线路相电抗(Ω)；

I——时间 t 时线路中电流有效值(A)。

设电平衡测试时间内线路运行了 T_j 小时,则

$$\Delta A_p = 3I_j^2 R\times10^{-3}T_j = 3I_j^2\frac{\Delta U_R}{I}\times10^{-3}T_j$$

$$\Delta A_Q = 3I_j^2 X\times10^{-3}T_j = 3I_j^2\frac{\Delta U_X}{I}\times10^{-3}T_j$$

式中　ΔA_p——损耗有功电量(kWh);

ΔA_Q——损耗无功电量(kvarh);

I_j——线路中电流变化一个周期 T_M 时间内的均方根值(A)。

工厂配电线路,其电抗很小,对功率因数的影响很难通过线路首端和末端功率因数表读数之差反映出来,而且线路的电抗取决于导线材料和导线间的几何均距,其大小基本稳定。所以,通常采用实测电压法时,只测量线路首端和末端的电压和线路中的电流,而不测功率因数。此时,每相线路电阻上的电压降为

$$\Delta U_R = \sqrt{\Delta U^2 - \Delta U_X^2} = \sqrt{\left[\left(\frac{U_1}{\sqrt{3}} - \frac{U_2}{\sqrt{3}}\right)\times10^3\right]^2 - I^2X^2}$$

由于 $X = X_0 L$,X_0 可采用查表法或计算法得到。于是可求得每相线路电阻为

$$R = \Delta U_R / I$$

2. 工程实例

【实例】 某企业一条架空低压线路,导线采用 LJ-185 型铝绞线,长度 L 为 300m,已知线间几何均距 D 为 1m。负荷在末端,三相负荷平衡,已运行 2 年。最近发现负荷端电压偏低,该线路每相有一接线头,怀疑电压偏低是接线头接触不良引起的。由于接线头在架空线路上,无法检查。于是采用实测电压法进行计算分析。在某一时刻实测线路始末端的线电压分别为 400V 和 361V,负荷电流 I 为 200A,试求:

(1)该线路一天 24h 的电能损耗(设线路平均电流 I_j 为

180A)。

(2)接头电阻是多少？接头功率和电压损失是多少？

解　(1)线路损耗计算。根据导线型号和线间几何均距 D=1m,由表 2-9 查得单位长度电阻和电抗为 $R_0=0.17\Omega/\text{km}$,$x_0=0.305\Omega/\text{km}$。

该线路每相线路电抗为

$$X=x_0L=0.305\times0.3=0.0915(\Omega)$$

每相线路电阻上的电压降为

$$\begin{aligned}\Delta U_R&=\sqrt{\left[\left(\frac{U_1}{\sqrt{3}}-\frac{U_2}{\sqrt{3}}\right)\times10^3\right]^2-I^2X^2}\\&=\sqrt{\left[\left(\frac{0.4}{\sqrt{3}}-\frac{0.361}{\sqrt{3}}\right)\times10^3\right]^2-200^2\times0.0915^2}\\&=\sqrt{507-334.9}=13.1(\text{V})\end{aligned}$$

线电压压降为

$$\sqrt{3}\times13.1=22.7(\text{V})$$

每相线路电阻值(实际值)为

$$R_S=\Delta U_R/I=13.1/200=0.0655(\Omega)$$

故一天的有功损耗电量为

$$\begin{aligned}\Delta A_P&=3I_j^2R_S\times10^{-3}T=3\times180^2\times0.0655\times10^{-3}\times24\\&=153(\text{kWh})\end{aligned}$$

一天的无功损耗电量为

$$\begin{aligned}\Delta A_Q&=3I_j^2X\times10^{-3}T=3\times180^2\times0.0915\times10^{-3}\times24\\&=213.5(\text{kvarh})\end{aligned}$$

(2)接头损耗电压降等计算。该导线的单位电阻 $R_0=0.17\Omega/\text{km}$,故理论上 300m 长导线的电阻 $R=R_0L=0.17\times0.3=0.051(\Omega)$,因此接头的电阻为 $R_j=R_S-R=0.0655-0.051=0.0145(\Omega)$。

每个接头的损耗电能为(I=200A 时)

$$P=I^2R_j=200^2\times0.0145=580(\mathrm{W})$$

三个接头共损耗电能为 3×580＝1740(W)。

接头相电压损失为

$$\Delta U_{Rj}=IR_j=200\times0.0145=2.9(\mathrm{V})$$

接头线电压损失为

$$\Delta U_{lRj}=\sqrt{3}\Delta U_{Rj}=\sqrt{3}\times2.9\approx5(\mathrm{V})$$

由此可见，导线接头接触电阻太大，连接不良，在接头处造成很大的压降。放下导线后，发现接头处已因过热变黑氧化。严格按工艺要求重新连接导线，接好后送电，在相同的始端电压和 200A 负荷下，末端电压升至 365V，恢复到正常状态。

采用以上方法计算，计算值与实际情况会有一定的出入，但可以大致判断出供电线路导线连接是否良好，因此，具有实际意义。

四、具有分支负荷线路导线节电改造与工程实例

1. 计算公式

分支负荷线路电压损失和线路损耗，原则上可以视为多个负荷在末端线路之和。图 2-5 是具有分支负荷的线路。

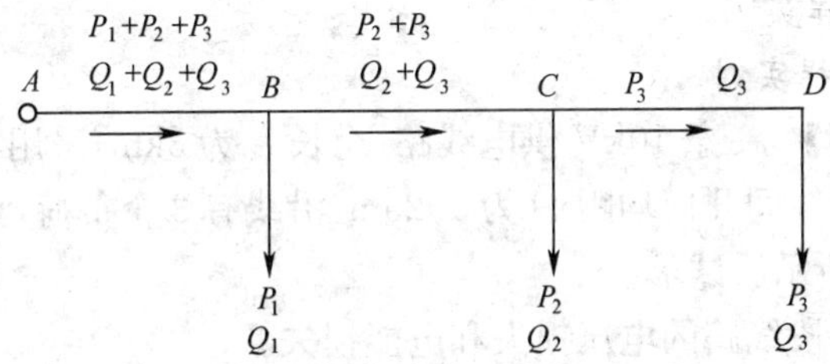

图 2-5　沿线有几个负荷的线路

(1)电压损失计算。

$$\Delta U=\sum_{1}^{n}\frac{PR+QX}{U_e}=\sum_{1}^{n}\frac{(PR_0+Qx_0)L}{U_e}$$

式中　ΔU——线路电压损失(V)；

P、Q——分别为通过每段线路的有功功率(kW)和无功功

率(kvar)；

R_0、x_0——每段线路每千米电阻和电抗(Ω)；

L——每段线路长度(km)；

U_e——线路额定电压(V)。

①如果沿线路 R_0、x_0 不变时，则电压损失为

$$\Delta U=\sqrt{3}\left[R_0\sum_{1}^{n}(I\cos\varphi L)+x_0\sum_{1}^{n}(I\sin\varphi L)\right]$$

如果负荷的功率因数相同，则

$$\Delta U=\sqrt{3}(R_0\cos\varphi+x_0\sin\varphi)\sum_{1}^{n}IL$$

②如果 $\cos\varphi=1$，则

$$\Delta U=\sqrt{3}\sum_{1}^{n}(IR_0L)$$

(2)线路损耗计算。

具有分支负载线路损耗的计算比较复杂，在实际工作中可以采用近似计算的方法，即近似地认为各支路负荷的功率因数相等。各支路电流可用代数相加来进行计算。具体计算方法参见本项的工程实例。

2. 工程实例

【实例】 一条 10kV 供电线路，全长 L 为 3km，采用 LJ-25 型导线，导线线间几何均距 D 为 1.25m，沿线有 3 个负荷，具体情况如图 2-6 所示。试求：

(1)各段线路的电压损失和电能损失。

(2)判断该线路是否需要节电改造。

设电价 δ 为 0.5 元/kWh，要求允许电压损失率和线损率均为 3%，已知年运行小时数为 5000h。

解 (1)各段线路电压损失计算。根据导线型号和线间几何均距 $D=1.25$m，由表 2-9 查得导线单位长度电阻和电抗为 $R_0=1.28\Omega$/km，$x_0=0.39\Omega$/km。

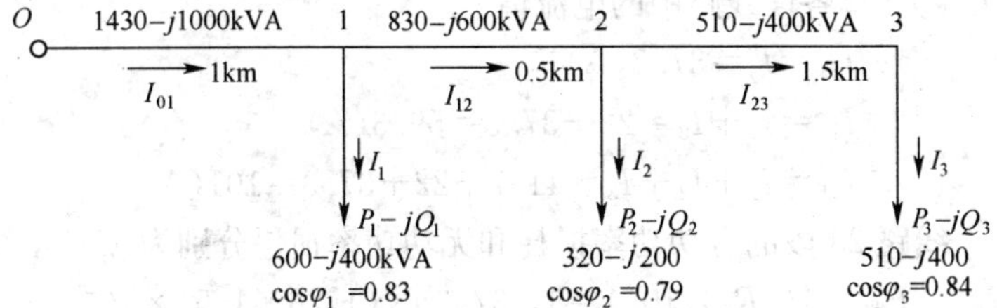

图 2-6　10kV 线路负荷分布图

23 段电压损失为

$$\Delta U_{23}=\frac{(510\times1.28+400\times0.39)\times1.5}{10}=121.3(\mathrm{V})$$

12 段电压损失为

$$\Delta U_{12}=\frac{(830\times1.28+600\times0.39)\times0.5}{10}=64.8(\mathrm{V})$$

01 段电压损失为

$$\Delta U_{01}=\frac{(1430\times1.28+1000\times0.39)\times1}{10}=222(\mathrm{V})$$

03 段电压损失为

$$\begin{aligned}\Delta U_{03}&=\Delta U_{01}+\Delta U_{12}+\Delta U_{23}\\&=222+64.8+121.3=408.1(\mathrm{V})\end{aligned}$$

03 段电压损失率(百分数)为

$$\Delta U_{03}\%=\frac{\Delta U_{03}}{U_e}\times100=\frac{408.1}{10\,000}\times100=4.1$$

即电压损失率为 4.1%>3%的允许电压损失率。

(2)线路损耗计算。

①求出各支路的负荷电流：

$$I_1=P_1/(\sqrt{3}U\cos\varphi_1)=600/(\sqrt{3}\times10\times0.83)=41.7(\mathrm{A})$$

$$I_2=P_2/(\sqrt{3}U\cos\varphi_2)=320/(\sqrt{3}\times10\times0.84)=22(\mathrm{A})$$

$$I_3=P_3/(\sqrt{3}U\cos\varphi_3)=510/(\sqrt{3}\times10\times0.79)=37.3(\mathrm{A})$$

②计算各段线路中的电流值：

$$I_{23}=I_3=37.3(\mathrm{A})$$

$$I_{12}=I_2+I_3=22+37.3=59.3(\mathrm{A})$$

$$I_{01}=I_1+I_2+I_3=41.7+22+37.3=101(\mathrm{A})$$

线路 23 段的有功功率损耗和无功功率损耗分别为

$$\Delta P_{23}=3I_{23}^2R_3\times10^{-3}=3\times37.3^2\times(1.28\times1.5)\times10^{-3}$$
$$=8(\mathrm{kW})$$

$$\Delta Q_{23}=3I_{23}^2X_3\times10^{-3}=3\times37.3^2\times(0.39\times1.5)\times10^{-3}$$
$$=2.4(\mathrm{kvar})$$

线路 12 段的功率损耗为

$$\Delta P_{12}=3I_{12}^2R_2\times10^{-3}=3\times59.3^2\times(1.28\times0.5)\times10^{-3}$$
$$=6.75(\mathrm{kW})$$

$$\Delta Q_{12}=3I_{12}^2X_2\times10^{-3}=3\times59.3^2\times(0.39\times0.5)\times10^{-3}$$
$$=2.06(\mathrm{kvar})$$

01 段线路功率损耗为

$$\Delta P_{01}=3I_{01}^2R_1\times10^{-3}=3\times101^2\times(1.28\times1)\times10^{-3}$$
$$=39.17(\mathrm{kW})$$

$$\Delta Q_{01}=3I_{01}^2X_1\times10^{-3}=3\times101^2\times(0.39\times1)\times10^{-3}$$
$$=11.94(\mathrm{kvar})$$

整条线路(03)的功率损耗为

$$\Delta P_{03}=\Delta P_{01}+\Delta P_{02}+\Delta P_{03}$$
$$=39.17+6.75+8=53.92(\mathrm{kW})$$

$$\Delta Q_{03}=\Delta Q_{01}+\Delta Q_{02}+\Delta Q_{03}$$
$$=11.94+2.06+2.4=16.4(\mathrm{kvar})$$

有功线路损耗率(百分数)为

$$\Delta P_{03}\%=\frac{\Delta P_{03}}{\Sigma P+\Delta P_{03}}\times100=\frac{53.92\times100}{600+320+510+53.92}=3.6$$

即线损率为 3.6%>3%的允许线路损耗率。

该线路的电压损失率和线路损耗率都超过允许值，因此应考虑节电改造。

(3)单独将最后一段(01)线路改用 LJ-35 型导线后的计算。

对于 LJ-35 型导线，查表 2-9 可得 $R_0=0.92\Omega/km$，$x_0=0.38\Omega/km$，这时 01 段线路电压损失为

$$\Delta U_{01}=\frac{(1430\times 0.92+1000\times 0.38)\times 1}{10}=169.6(V)$$

整条线路线路损耗率(百分数)为

$$\Delta U_{03}\%=\frac{(93+64.8+169.6)}{10\ 000}\times 100=3.27$$

即电压损失率为 3.27％，仍大于 3％的要求，但大得不多。

这时 01 段的线路损耗为

$$\Delta P_{01}=3\times 101^2\times (0.92\times 1)\times 10^{-3}=28.15(kW)$$

$$\Delta Q_{01}=3\times 101^2\times (0.38\times 1)\times 10^{-3}=11.63(kvar)$$

整条线路的线路损耗率为

$$\Delta P_{03}=8+6.75+28.15=42.9(kW)$$

$$\Delta P_{03}\%=\frac{42.9}{1430+42.9}\times 100=2.9$$

即线路损耗率为 2.9％，满足<3％的要求。

因此此方案可行。

(4)若将整条线路都换成 LJ-35 型导线，其计算结果为：

①电压损失计算。

23 段 $\Delta U'_{23}=93V$

12 段 $\Delta U'_{12}=\frac{(830\times 0.92+600\times 0.38)\times 0.5}{10}=49.6(V)$

01 段 $\Delta U'_{01}=\frac{(1430\times 0.92+1000\times 0.38)\times 1}{10}=169.6(V)$

03 段 $\Delta U'_{03}=93+49.6+169.6=312.2(V)$

整条线路电压损失率(百分数)为

$$\Delta U'_{03}\%=\frac{\Delta U'_{03}}{U_e}\times 100=\frac{312.2}{10\ 000}\times 100=3.12$$

即电压损失率约 3.12%，已基本符合要求。

②线路损耗计算。

23 段　$\Delta P'_{23}=5.76\text{kW}$

$\Delta Q'_{23}=2.38\text{kvar}$

12 段　$\Delta P'_{12}=3\times59.3^2\times(0.92\times0.5)\times10^{-3}=4.85(\text{kW})$

$\Delta Q'_{12}=3\times59.3^2\times(0.38\times0.5)\times10^{-3}=2(\text{kvar})$

01 段　$\Delta P'_{01}=3\times101^2\times(0.92\times1)\times10^{-3}=28.15(\text{kW})$

$\Delta Q'_{01}=3\times101^2\times(0.38\times1)\times10^{-3}=11.63(\text{kvar})$

03 段　$\Delta P'_{03}=5.76+4.85+28.15=38.76(\text{kW})$

整条线路线损率(百分数)为

$$\Delta P'_{03}\%=\frac{\Delta P'_{03}}{\Sigma P+\Delta P'_{03}}\times100=\frac{38.76\times100}{1430+38.76}=2.6$$

即线路损耗率 2.6%，<3%的允许值。

(5)整条线路改用 LJ-35 型导线后的节电计算。

设无功电价等效当量 $K_G=0.2$(见表 3-21)，电价 $\delta=0.5$ 元/kWh，年运行时间 T 为 5000h，则原 LJ-25 型导线时每年线路损耗电费为

$$\begin{aligned}F_1&=(\Delta A_P+K_G\Delta A_Q)\delta=(\Delta P_{03}+K_G\Delta Q_{03})T\delta\\&=(53.92+0.2\times16.4)\times5000\times0.5=143000(\text{元})\end{aligned}$$

改成 LJ-35 型导线后每年线路损耗电费为

$$\begin{aligned}F_2&=(\Delta P'_{03}+K_G\Delta Q'_{03})T\delta\\&=(38.76+0.2\times16.01)\times5000\times0.5=104905(\text{元})\end{aligned}$$

年节约电费为

$F=F_1-F_2=143000-104905=38095(\text{元})\approx3.8(\text{万元})$

如果要求 4 年收回投资，可以接受的投资额计算如下：

根据回收年限计算公式

$$T=\frac{Y_1-Y_2}{\Delta L}=\frac{Y_1-Y_2}{3.8}$$

可以接受的投资额为

$$Y_1 = 3.8T + Y_2 = 3.8\times 4 + Y_2 = 15.2 + Y_2\text{（万元）}$$

式中 Y_2 为旧导线的剩值。

五、电阻性负荷低压配电线路导线节电改造与工程实例

对于 380/220V 低压配电线路，若整条线路的导线截面积、材料、敷设方式都相同，且 $\cos\varphi\approx 1$ 时（如照明、电热等负荷），则可采用简易的计算方法求得电压损失和线路损耗，从而判断线路导线是否需进行节电改造。

1. 计算公式

（1）电压损失率计算。

$$\Delta U\% = \frac{\sum M}{CS}$$

$$\sum M = \sum pL$$

式中　$\sum M$——总负荷矩（kW·m）；

S——导线截面积（mm^2）；

p——计算负荷（kW）；

L——用电负荷至供电母线之间的距离（m）；

C——系数，根据电压和导线材料而定，可查表 2-43。

表 2-43　电压损失计算系数 C

线路额定电压（V）	供电系统	C 值计算式	C 值	
			铜	铝
380/220	三相四线	$10\gamma U_{el}^2$	70	41.6
380/220	两相三线	$\frac{10\gamma U_{el}^2}{2.25}$	31.1	18.5
380	单相交流或直流两线系统	$5\gamma U_{ex}^2$	35	20.8
220			11.7	6.96
110			2.94	1.74
36			0.32	0.19
24			0.14	0.083
12			0.035	0.021

注：1. U_{el} 为额定线电压，U_{ex} 为额定相电压，单位为 kV。

2. 线芯工作温度为 50℃。

3. γ 为电导率，铜线 $\gamma = 48.5\text{m}/(\Omega\cdot\text{mm}^2)$；铝线 $\gamma = 28.8\text{m}/(\Omega\cdot\text{mm}^2)$。

(2)线路损耗计算。

计算方法同本节四项。

2. 工程实例

【实例】 某380/220V三相四线车间电热及照明用供电线路，已知线路全长L为160m，负荷功率因数$\cos\varphi\approx1$，负荷分布如图2-7所示，采用截面积S为50mm²的塑料铝芯线，绝缘瓷瓶布线。试求：

(1)各负荷点的电压水平及全线路电压损失和线路损耗，并判断该线路目前运行是否合理。

(2)如果要在线路末端增加20kW电热负荷，该线路能否在允许的电压损失和线路损耗范围内运行。

设允许电压损失率和线路损耗率均为4%。

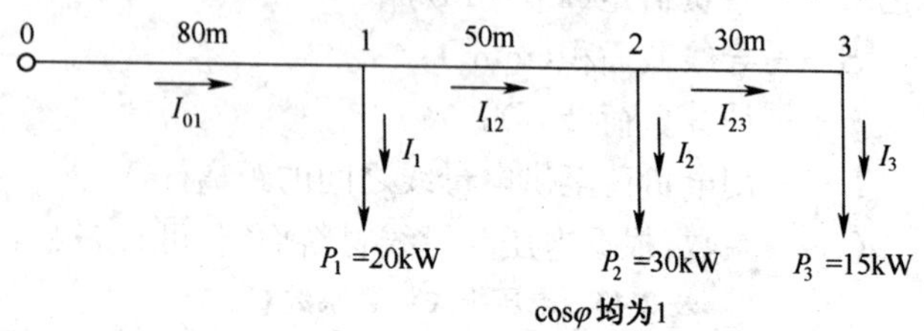

图2-7　380/220V供电线路负荷分布图

解　(1)各负荷点的电压水平和全线路电压损失率计算。由表2-43查得电压损失系数

$$C=41.6$$

①1处的负荷矩为

$$M_1=P_1L_1=20\times80=1600(\text{kW}\cdot\text{m})$$

1处的电压损失率(百分数)为

$$\Delta U_1\%=\frac{M_1}{CS}=\frac{1600}{41.6\times50}=0.77$$

即电压损失率为0.77%。

②2 处的负荷矩为

$$\Sigma M_2 = P_1L_1 + P_2L_2 = 1600 + 30 \times 130 = 5500(\text{kW} \cdot \text{m})$$

2 处的电压损失率(百分数)为

$$\Delta U_2\% = \frac{\Sigma M_2}{CS} = \frac{5500}{41.6 \times 50} = 2.64$$

即电压损失率为 2.64%。

③3 处的负荷矩为

$$\Sigma M_3 = P_1L_1 + P_2L_2 + P_3L_3 = 5500 + 15 \times 160 = 7900(\text{kW} \cdot \text{m})$$

3 处的电压损失率(百分数)为

$$\Delta U_3\% = \frac{\Sigma M_3}{CS} = \frac{7900}{41.6 \times 50} = 3.8$$

即电压损失率为 3.8%。

如果供电母线 0 处的线电压为 380V，则 1、2、3 处的实际电压分别为

$$U_1 = 380 \times (1 - 0.0077) = 377.3(\text{V})$$

$$U_2 = 380 \times (1 - 0.0264) = 369.97(\text{V})$$

$$U_3 = 380 \times (1 - 0.038) = 365.6(\text{V})$$

由于全线电压损失率为 3.8%，<4%的允许值，所以目前该线路电压损失率满足要求。

(2)整条线路的有功功率损耗计算。由于线路的电抗很小，无功功率损耗可忽略不计。

①先求出各支路的负荷电流。

$$I_1 = P_1/\sqrt{3}U = 20/(\sqrt{3} \times 0.38) = 30.4(\text{A})$$

$$I_2 = P_2/\sqrt{3}U = 30/(\sqrt{3} \times 0.38) = 45.58(\text{A})$$

$$I_3 = P_3/\sqrt{3}U = 15/(\sqrt{3} \times 0.38) = 22.79(\text{A})$$

②再计算各段线路中的电流值。

$$I_{23} = I_3 = 22.79(\text{A})$$

$$I_{12} = I_2 + I_3 = 45.58 + 22.79 = 68.37(\text{A})$$

$$I_{01} = I_{12} + I_1 = 68.37 + 30.4 = 98.77(\text{A})$$

③计算功率损耗。

根据导线型号规格(50mm²)及安装方式,由表2-14查得单位长度电阻$R_0=0.746\Omega/km(t=65℃)$。

线路23段的功率损耗为

$$\Delta P_{23}=3I_{23}^2R_{23}=3\times22.79^2\times(0.746\times0.03)=34.9(W)$$

线路12段的功率损耗为

$$\Delta P_{12}=3I_{12}^2R_{12}=3\times68.37^2\times(0.746\times0.05)=523.1(W)$$

线路01段的功率损耗为

$$\Delta P_{01}=3I_{01}^2R_{01}=3\times98.77^2\times(0.746\times0.08)=1746.6(W)$$

所以整条线路的功率损耗为

$$\Delta P_{03}=\Delta P_{01}+\Delta P_{12}+\Delta P_{23}$$

$$=1746.6+523.1+34.9=2304.6(W)\approx2.3(kW)$$

线路损耗率(百分数)为

$$\Delta P_{03}\%=\frac{\Delta P_{03}}{\Sigma P+\Delta P_{03}}\times100=\frac{2.3\times100}{20+30+15+2.3}=3.4$$

即线路损耗率为3.4%,<4%的允许值,说明线路损耗率也满足要求。

(3)欲在线路末端再增加20kW负荷时的计算。

①电压损失计算。改造后的全线负荷矩为

$$\Sigma M_3=5500+(15+20)\times160=11100(kW\cdot m)$$

全线电压损失率(百分数)为

$$\Delta U_3\%=\frac{11100}{41.6\times50}=5.34$$

即电压损失率为5.34%,>4%的允许值。

②线路损耗计算。

各段线路电流和功率损耗分别为

$$I_3=(15+20)/(\sqrt{3}\times0.38)=53.2(A)$$

$$I_{23}=I_3=53.2(A)$$

$I_{12}=I_2+I_3=45.58+53.2=98.78(A)$

$I_{01}=I_1+I_2+I_3=75.98+53.2=129.18(A)$

$\Delta P_{23}=3\times 53.2^2\times(0.746\times 0.03)=190(W)$

$\Delta P_{12}=3\times 98.78^2\times(0.746\times 0.05)=1091.9(W)$

$\Delta P_{01}=3\times 129.18^2\times(0.746\times 0.08)=2987.7(W)$

因此整条线路功率损耗为

$\Delta P_{03}=\Delta P_{01}+\Delta P_{12}+\Delta P_{23}=2987.7+1091.9+190=4296.6(W)$

$\approx 4.3(kW)$

线路损耗率(百分数)为

$$\Delta P_{03}\%=\frac{\Delta P_{03}}{\Sigma P+\Delta P_{03}}\times 100=\frac{4.3}{85+4.3}\times 100=4.8$$

即线路损耗率为4.8%，>4%的允许值。

(4)如果将整条线路更换成截面为70mm²的铝芯线后的计算。

由表2-14查得，单位长度电阻$R_0'=0.533\Omega/km(t=65℃)$。

①电压损失计算。

$$\Delta U_1\%=\frac{1600}{41.6\times 70}=0.55$$

即电压损失率为0.55%。

$$\Delta U_2\%=\frac{5500}{41.6\times 70}=1.89$$

即电压损失率为1.89%。

$$\Sigma M_3=5500+35\times 160=11100(kW\cdot m)$$

$$\Delta U_3\%=\frac{11100}{41.6\times 70}=3.81$$

即电压损失率为3.81%，<4%的允许值，满足电压损失率的要求。

②功率损耗计算。

分别计算各段电流和线路损耗

$I_1=30.4(A)$

$I_2=45.58(\mathrm{A})$

$I_3=35/(\sqrt{3}\times 0.38)=53.18(\mathrm{A})$

$I_{23}=53.18(\mathrm{A})$

$I_{12}=45.56+53.18=98.74(\mathrm{A})$

$I_{01}=98.74+30.4=129.14(\mathrm{A})$

$\Delta P_{23}=3I_{23}^2R_{23}=3\times 53.18^2\times(0.533\times 0.03)=135.7(\mathrm{W})$

$\Delta P_{12}=3I_{12}^2R_{12}=3\times 98.74^2\times(0.533\times 0.05)=779.5(\mathrm{W})$

$\Delta P_{01}=3I_{01}^2R_{01}=3\times 129.14^2\times(0.533\times 0.08)=2133.3(\mathrm{W})$

因此整条线路损耗为

$$\Delta P_{03}=\Delta P_{01}+\Delta P_{12}+\Delta P_{23}=2133.3+779.5+135.7=3048.5(\mathrm{W})\approx 3(\mathrm{kW})$$

线路损耗率(百分数)为

$$\Delta P_{03}\%=\frac{\Delta P_{03}}{\Sigma P+P_{03}}\times 100=\frac{3}{85+3}\times 100=3.4$$

即线路损耗率为3.4%,<4%的允许值。

改造后线路损耗将减少 $\Delta\Delta P=4.3-3=1.3(\mathrm{kW})$,如果该线路年运行小时数为5000h,电价 $\delta=0.5$ 元/kWh,则年节约电费为

$$F=\Delta\Delta PT\delta=1.3\times 5000\times 0.5=3250(\text{元})$$

若要求5年收回投资,则可接受的节电改造投资为

$$Y=3250\times 5+Y'(\text{元})$$

式中,Y' 为更换下来的导线剩值(元)。

六、电感性负荷低压配电线路节电改造实例

单相交流220V线路和三相交流380V线路的功率损耗可采用简化方式计算。它们的电压损失率一般可近似等于线路损耗率,从而方便节电改造计算。

1. 计算公式

(1)单相交流220V线路。

功率损失为

$$\Delta P=K_{\mathrm{j}}\left(\frac{P}{\cos\varphi}\right)^2L$$

线路损耗率(百分数)为

$$\Delta P\% = \frac{\Delta P}{P} \times 100$$

式中　ΔP——线路功率损耗(kW)；

K_j——配线损耗计算系数,见表 2-44；

P——输入功率,即负荷功率(kW)；

$\cos\varphi$——负荷功率因数；

L——线路长度(km)。

表 2-44　配线损耗功率计算系数 K_j

线芯标称截面 (mm^2)	铜芯线		铝芯线	
	25℃	50℃	25℃	50℃
0.50	1.55	1.70		
0.75	1.03	1.13		
1.0	7.79×10^{-1}	8.52×10^{-1}	1.29	1.43
1.5	5.19×10^{-1}	5.68×10^{-1}	8.60×10^{-1}	9.56×10^{-1}
2.0	3.89×10^{-1}	4.26×10^{-1}	6.45×10^{-1}	7.17×10^{-1}
2.5	3.11×10^{-1}	3.40×10^{-1}	5.16×10^{-1}	5.73×10^{-1}
4	1.94×10^{-1}	2.13×10^{-1}	3.22×10^{-1}	3.58×10^{-1}
6	1.29×10^{-1}	1.42×10^{-1}	2.15×10^{-1}	2.39×10^{-1}
10	7.79×10^{-2}	8.52×10^{-2}	1.29×10^{-1}	1.43×10^{-1}
16	4.87×10^{-2}	5.32×10^{-2}	8.07×10^{-2}	8.96×10^{-2}
25	3.11×10^{-2}	3.40×10^{-2}	5.16×10^{-2}	5.73×10^{-2}
35	2.22×10^{-2}	2.43×10^{-2}	3.68×10^{-2}	4.09×10^{-2}
50	1.55×10^{-2}	1.70×10^{-2}	2.58×10^{-2}	2.86×10^{-2}
70	1.11×10^{-2}	1.21×10^{-2}	1.84×10^{-2}	2.04×10^{-2}
95	8.20×10^{-3}	8.96×10^{-3}	1.35×10^{-2}	1.51×10^{-2}
120	6.49×10^{-3}	7.10×10^{-3}	1.07×10^{-2}	1.19×10^{-2}
150	5.19×10^{-3}	5.68×10^{-3}	8.60×10^{-3}	9.56×10^{-3}
185	4.21×10^{-3}	4.60×10^{-3}	6.98×10^{-3}	7.75×10^{-3}

(2)三相交流 380V 线路。

功率损失为

$$\Delta P = \frac{1}{6} K_j \left(\frac{P}{\cos\varphi}\right)^2 L$$

线路损耗率(百分数)为

$$\Delta P\% = \frac{\Delta P}{P} \times 100$$

式中 P——电动机等输入功率(kW)；

其他符号同220V单相交流线路。

2. 工程实例

【实例1】 有一条220V单相供电线路，采用$16mm^2$的铜芯线，全长120m，末端接有10kW的电热设备，试求：

(1)该线路的功率损耗。

(2)是否需要节电改造？

解 设允许的线路损耗率为4%。

(1)线路损耗计算。

根据线路采用$16mm^2$的铜芯线，按线芯温度50℃，由表2-44查得$K_j=5.32\times10^{-2}$。

线路功率损耗为

$$\Delta P=K_j\left(\frac{P}{\cos\varphi}\right)^2L=5.32\times10^{-2}\times\left(\frac{10}{1}\right)^2\times0.12=0.64(kW)$$

线路损耗率(百分数)为

$$\Delta P\%=\frac{\Delta P}{P+\Delta P}\times100=\frac{0.64}{10+0.64}\times100=6$$

即线路损耗率为6%，>4%的允许值。

(2)按换用$25mm^2$的铜芯线计算线路损耗率。

由表2-44查得50℃时的$K_j=3.40\times10^{-2}$，则线路的功率损耗为

$$\Delta P'=3.40\times10^{-2}\times\left(\frac{10}{1}\right)^2\times0.12=0.41(kW)$$

线路损耗率(百分数)为

$$\Delta P'\%=\frac{\Delta P'\times100}{P+\Delta P'}=\frac{0.41}{10+0.41}\times100=3.9$$

即线路损耗率为3.9%，<4%的允许值，符合要求。

设该线路的年运行小时数$T=3500h$，电价$\delta=0.5$元/kWh，则投资回收年限为

$$T=\frac{c-d}{\Delta L}=\frac{Y_1-Y_2}{(\Delta P-\Delta P')T\delta}$$

$$=\frac{Y_1-Y_2}{(0.64-0.41)\times3500\times0.5}=\frac{Y_1-Y_2}{402.5}(\text{年})$$

式中 Y_1——需安装 25mm^2 铜芯导线的总价及安装费用(元);

Y_2——拆下的 16mm^2 铜芯导线的剩值,可按现价 15%估算(元)。

【实例 2】 有一条 380V 三相供电线路,采用 LJ-70 型导线,线路末端接有一台 37kW、$\cos\varphi$ 为 0.8、效率 η 为 0.9 的三相异步电动机,线路距变电所 140m,试求线路的功率损耗及线路损耗率。

解 根据线路采用 70mm^2 的铝芯线,按线芯温度 50℃,由表 2-44 查得 $K_j=2.04\times10^{-2}$。

电动机输入功率为

$$P_1=P_e/\eta=37/0.9=41(\text{kW})$$

线路功率损耗为

$$\Delta P=\frac{1}{6}K_j\left(\frac{P}{\cos\varphi}\right)^2L$$

$$=\frac{1}{6}\times2.04\times10^{-2}\times\left(\frac{41}{0.8}\right)^2\times0.14=1.25(\text{kW})$$

线路损耗率(百分数)为

$$\Delta P\%=\frac{\Delta P}{P_1}\times100=\frac{1.25}{41}\times100=3$$

即线路损耗率为 3%,该线路符合经济运行要求。

七、三相电流不平衡的配电线路节电改造与工程实例

1. 三相供电线路电流平衡运行的规定

三相三线制或三相四线制供电线路,在输送相同的有功功率情况下,三相电流平衡时线路损耗最小;三相电流不平衡会使线路损耗增大。因此调整三相负荷平衡是节电的一项重要措施。

三相电流不平衡与三相电流平衡这两种情况的线路损耗之

差，称为线路的电流不平衡附加线路损耗。

根据规程，一般要求配电变压器出口处的电流不平衡度不大于10%，干线及分支线首端的不平衡度不大于20%，中性线的电流不超过额定电流的25%。若超过上述规定，不仅会影响变压器的安全经济运行，影响供电质量，而且会成倍增加线路损耗。

2. 三相四线制三相电流不相等的附加线路损耗计算

三相四线制的三相电流不相等，有两种情况：一种是三相负荷的功率因数相等而线电流不相等，另一种是三相负荷的功率因数和线电流都不相等。当三相负荷的功率因数相等而线电流不相等的附加线损可按以下公式计算。

(1)计算方法一。假设某三相四线制供电线路，相线的电阻为 R，中性线的电阻为相线电阻的2倍，即 $2R$，总负荷电流为 $3I$。

①当三相负荷电流平衡时：

因每相电流为 I，中性线中无电流，则该线路的线损为

$$\Delta P_1=3I^2R$$

②当三相负荷电流不平衡时：

设 U、V、W 相和中性线电流分别为 I_U、I_V、I_W（$I_U+I_V+I_W=I$）和 I_0，则该线路的线路损耗为

$$\Delta P_2=(I_U^2R+I_V^2R+I_W^2R+I_0^2\times 2R)=(I_U^2+I_V^2+I_W^2+2I_0^2)R$$

三相负荷不平衡时较三相负荷平衡时，线路损耗增加（附加线路损耗）

$$\Delta P_{fj}=\Delta P_2-\Delta P_1=[(I_U^2+I_V^2+I_W^2+2I_0^2)-3I^2]R$$

例如，设三相负荷不平衡时的 $I_U=2I$，$I_V=I_W=0.5I$，则中性线电流为

$$I_0=2I+\frac{1}{2}I\left[\left(-\frac{1}{2}+j\frac{\sqrt{3}}{2}\right)+\left(-\frac{1}{2}-j\frac{\sqrt{3}}{2}\right)\right]=\frac{3}{2}I$$

线路功率损耗为

$$\Delta P_2 = (2I)^2R + \left(\frac{I}{2}\right)^2R + \left(\frac{I}{2}\right)^2R + \left(\frac{3}{2}I\right)^2 2R$$
$$= 9I^2R$$

而三相负荷平衡时的线路功率损耗为

$$\Delta P_1 = 3I^2R$$

三相负荷不平衡时的附加线路损耗为

$$\Delta P_{fj} = 9I^2R - 3I^2R = 6I^2R$$

(2)计算方法二。

$$\Delta P_{fj} = \frac{(I_U - I_V)^2 + (I_V - I_W)^2 + (I_W - I_U)^2}{3}R + I_0^2R_0$$

式中 ΔP_{fj}——附加线损(W)；

I_U、I_V、I_W——U、V、W 相的线电流(A)；

I_0——中性线的电流(A)；

R——各相导线电阻(Ω)；

R_0——中性线电阻(Ω)。

3. 三相三线制三相电流不相等的附加线损计算

在三相三线制线路输送的总有功功率和总无功功率均相同的情况下，三相负荷对称，线路的功率损耗最小；三相负荷不对称，线路的功率损耗较大。三相负荷不对称与对称这两种情况的功率损耗之差，称为负荷不对称附加线路损耗。

三相负荷为星形接法时，三相电流不相等将会引起中性点电压偏移，严重时会危及电网及负荷的安全。在极端的情况下，当一相负荷极大(相当该相负荷接近短接)，则另两相将承受接近线电压(即 380V)，从而造成设备过电压而损坏。

三相负荷为三角形接法时，若设功率因数相等，三相电流不相等产生的附加线路损耗可按下式计算：

$$\Delta P_{fj} = \frac{(I_{UV} - I_{VW})^2 + (I_{VW} - I_{WU})^2 + (I_{WU} - I_{UV})^2}{2}R$$

式中 ΔP_{fj}——附加线损(W)；

R——线路的导线电阻(Ω)；

I_{UV}、I_{VW}、I_{WU}——分别为 UV 相、VW 相、WU 相的相电流(A)。

4. 工程实例

【实例 1】 一条三相四线制配电线路，全长 L 为 500m，相线采用 LJ-150 型导线，零线采用 LJ-70 型导线，负荷在线路末端，三相负荷电流实测分别为 U 相 120A、V 相 180A、W 相为 80A、中性线为 100A。设各相的功率因数相等，如果将三相负荷调整平衡，试问年节约线路损耗电费多少元？设年运行小时数 T 为 4000h，电价 δ 为 0.5 元/kWh。

解 根据导线截面积，由表 2-9 查得 LJ-150 型导线的单位长度电阻 $R_{01}=0.21\Omega/km$，LJ-70 型的 $R_{02}=0.46\Omega/km$。

由于三相电流不平衡，该线路的线路损耗较三相电流平衡的线路损耗增多(即电流不平衡附加线路损耗)为

$$\Delta P_{fj}=\frac{(I_U-I_V)^2+(I_V-I_W)^2+(I_W-I_U)^2}{3}R+I_0^2R_0$$

$$=\frac{(I_U-I_V)^2+(I_V-I_W)^2+(I_W-I_U)^2}{3}R_{01}L+I_0^2R_{02}L$$

$$=\frac{(120-180)^2+(180-80)^2+(80-120)^2}{3}\times 0.21\times 0.5+100^2\times 0.46\times 0.5$$

$$=532+2300=2832(W)\approx 2.8(kW)$$

如果经整改使三相电流平衡，年节约线路损耗电费为

$$F=\Delta P_{fj}T\delta=2.8\times 4000\times 0.5=5600(元)$$

【实例 2】 一条三相三线制配电线路，全长 L 为 400m，采用 TJ-50 型导线，负荷在线路末端，三角形接法，三相负荷电流实测分别为 UW 相为 200A、VW 相为 160A、WU 相为 100A。设各相功率因数均相等，如果将三相负荷调整平衡，试求整改后节约线路损耗电能多少瓦？

解 由表 2-8 查得 TJ-50 型导线的单位长度电阻 $R_0=0.39\Omega/km$。该线路负荷不对称附加线路损耗为

$$\Delta P_{fj}=\frac{(I_{UV}-I_{VW})^2+(I_{VW}-I_{WU})^2+(I_{WU}-I_{UV})^2}{2}R_0L$$

$$=\frac{(200-160)^2+(160-100)^2+(100-200)^2}{2}\times0.39\times0.4$$

$$=1029.6(W)$$

整改后三相电流平衡,能节约线路有功功率损耗约1030W。

第五节　输配电线路损耗的实用测算法

三相交流线路中有功损耗和无功损耗的测量和计算有以下五种方法。

一、实测电流法

首先测出线路的电流,并求得(或查得)每相单位长度的电阻和电抗,再用下列公式进行计算

$$\Delta P=3I^2r_0L\times10^{-3}$$

$$\Delta Q=3I^2x_0L\times10^{-3}$$

式中　ΔP——线路的有功损耗(kW);

ΔQ——线路的无功损耗(kvar);

r_0、x_0——每相线路单位长度的电阻和电抗(Ω/km);

L——线路长度(km)。

二、用双电能表测量

当线路的始、末两端都装有电能表时(准确度等级相同),则两电能表所计量的电度之差即为线路损耗。如果两电能表准确度不是同一等级的,则得不到实际损耗,甚至会出现负值。

设始端三相有功电能表某时间 T 内的电能数为 A_{p1},末端三相有功电能表的电能数为 A_{p2},则 T 时间内该线路的有功损耗电量为

$$\Delta A_p=A_{p1}-A_{P2}(kWh)$$

有功损耗为　$\Delta P=\Delta A_p/T(kW)$

同样，若线路始、末两端装有三相无功电能表时，线路的无功损耗电量为

$$\Delta A_Q = A_{Q1} - A_{Q2}(\text{kvarh})$$

无功损耗为

$$\Delta Q = \Delta A_Q / T(\text{kvar})$$

三、用功率表测量

对于负荷比较稳定的线路，可用功率表在始、末两端测量功率。

当始、末两端接有三相有功功率表（瓦特表）时，则线路有功损耗为

$$\Delta P = P_{始} - P_{末}(\text{kW})$$

当始、末两端接有三相无功功率表时，则线路无功损耗为

$$\Delta Q = Q_{始} - Q_{末}(\text{kvar})$$

功率测量计算方法如下（多测量几次，取其平均值）：

有功功率 $$P = \frac{n_P K_{TA} K_{TV} \times 3600}{K_p T}(\text{kW})$$

无功功率 $$Q = \frac{n_Q K_{TA} K_{TV} \times 3600}{K_Q T}(\text{kvar})$$

式中 n_P、n_Q——实测有功和无功电能表的转数；

K_{TA}——电流互感器倍率；

K_{TV}——电压互感器倍率；

K_P、K_Q——有功和无功电能表常数（r/kWh、r/kvarh）；

T——测定时间（s）。

四、用电流表、电压表及功率因数表测量

根据测试的电流、电压和功率因数，按下列公式进行计算

$$\Delta P = 3U_1 I\cos\varphi_1 - 3U_2 I\cos\varphi_2(\text{kW})$$

$$\Delta Q = 3U_1 I\sin\varphi_1 - 3U_2 I\sin\varphi_2(\text{kvar})$$

式中 I——负荷电流（A）；

U_1、U_2——线路始、末两端测得的相电压（kV）；

$\cos\varphi_1$、$\cos\varphi_2$——线路始、末两端测得的功率因数；

$\sin\varphi_1$、$\sin\varphi_2$——由 $\cos\varphi_1$、$\cos\varphi_2$ 值从三角函数表中查出，或计算器算出。

五、替代测量法

前述的用双电能表测量线路损耗，在理论上合理，但实际进行起来很困难。这是因为一般电能表的准确度为 2 级或 2.5 级，加上互感器准确度 0.5 级，两套电能计量装置最大误差可达 5 级以上，一般线路损耗也不过是 5%左右，因而用一般电能表测线路损耗很难得到准确结果。

利用替代测量法能比较好地测量出线路损耗，方法简单而实用。

1. 单支线路线路损耗的测量

(1)测量与计算方法。单根输电线路如图 2-8 所示。

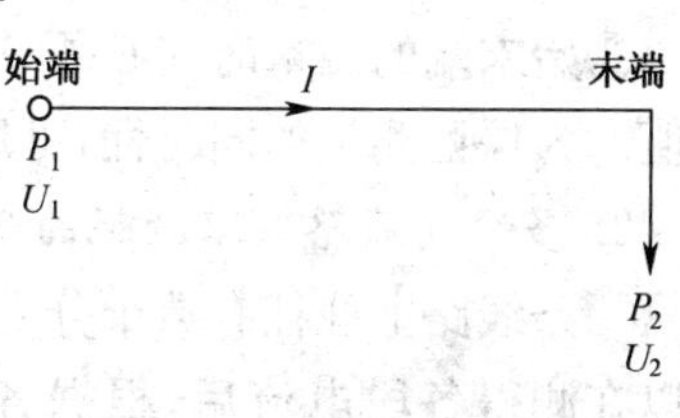

图 2-8　单根输电线路

设始端输入有功功率为 P_1，始端电压为 U_1(对“零”而言)，线路电流为 I；末端有功功率为 P_2，电压为 U_2，则线路损耗为

$$\Delta P = P_1 - P_2 = 3U_1 I\cos\varphi_1 - 3U_2 I\cos\varphi_2$$

由于线路本身的电阻 R 和电抗 X 对负荷而言都是较小的，可以认为 $\varphi_1=\varphi_2=\varphi$，因此有

$$\Delta P = 3(U_1 - U_2)I\cos\varphi$$

有功线路损耗率　$$\frac{\Delta P}{P_1}\times 100\% = \frac{3(U_1-U_2)I\cos\varphi}{3U_1 I\cos\varphi}$$

$$= \frac{U_1-U_2}{U_1} = \frac{\Delta U}{U_1}\times 100\% \qquad (1)$$

上式说明，线路的有功损耗率可用电压损失百分率来代替，

而高精度的电压表较易配备，从而使测量线路损耗变得较简便可行。

如果在测量线路电压损失同时，一并记录当时全厂的总输入有功功率$\sum P$，则某线路损耗占全厂总电耗的百分率为

$$\frac{\Delta P}{P_1}\times\frac{P_1}{\sum P}=\frac{\Delta P}{\sum P}$$

全部线路逐条测量后将各条线路的$\Delta P/\sum P$相加，得致全厂的总线路损耗百分率。

(2)测量注意事项。

①应选择线路在正常负荷或较大负荷时进行测量，并记录当时气温备查。

②不能用普通电压表测量，否则得不到准确的结果。

③始末端的测量时间必须一致，相差几秒可能就会失去对比价值。为保证测量的同时性，可用两只秒表定时同步测量。

2. 多分支线路线路损耗的测量—等价负荷计算法

一条线路上往往有数个分支，理论上这条线路上的有功损耗可以在测得各段电流后，根据各段线路电阻分别予以计算后相加。但在实际测量时较为麻烦也易发生误差。下面介绍的“等价负荷计算”法，可以较好地解决多分支线路线路损耗的问题。多分支线路如图2-9所示。

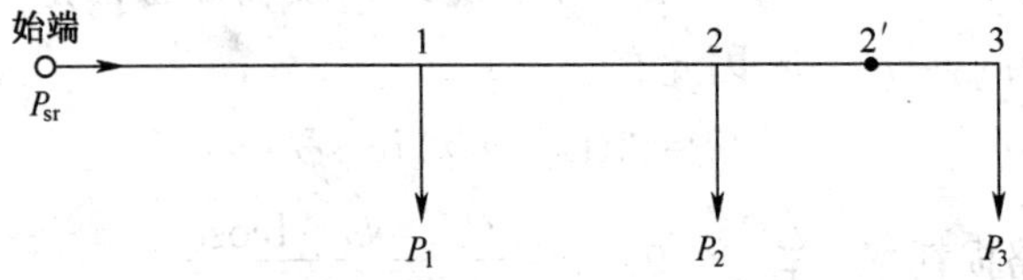

图2-9　多分支线路

先在线段0-1测得$\Delta U_1\%$(即$\Delta P_1\%$)，再测得0-2间$\Delta U_2\%$，0-3间$\Delta U_3\%$，则1-2间有功损耗为$(\Delta U_2-\Delta U_1)\%$，2-3间有功损

耗为$(\Delta U_3-\Delta U_2)\%$，则记

$$(\Delta U_3-\Delta U_2)\%\frac{P_3}{P_2+P_3}+(\Delta U_2-\Delta U_1)\%=\Delta U_{12'}\%$$

式中$\Delta U_{12'}\%$代表2、3点合并的等效负荷点$2'$与1间的有功损耗。$2'$点位置根据$P_3/(P_2+P_3)$比值在2-3点滑动。因此上述电路可简化为图2-10等效电路。

于是这条线路的总线路损耗为

$$\Delta U\%=\Delta U_1\%+\Delta U_{12'}\%\frac{P_2+P_3}{P_1+P_2+P_3}$$

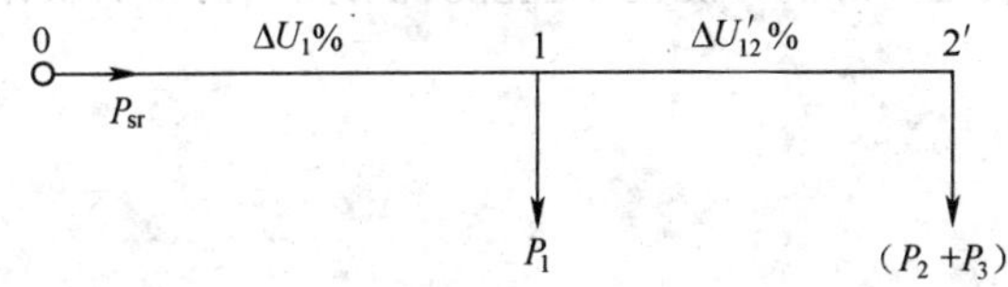

图2-10 等效电路

再多的多支线路只要按以上折算方法从后向前计算就能算出该线路的总线路损耗。

3. 工程实例

【实例】 一条380/220V配电线路如图2-11所示。现用高精度电压表在同一时间用秒表测得线路始、末端的线电压分别为400.1V和381.5V，试求在稳定负荷下该线路年线路损耗是多少？设线路年运行小时数T为3800h。

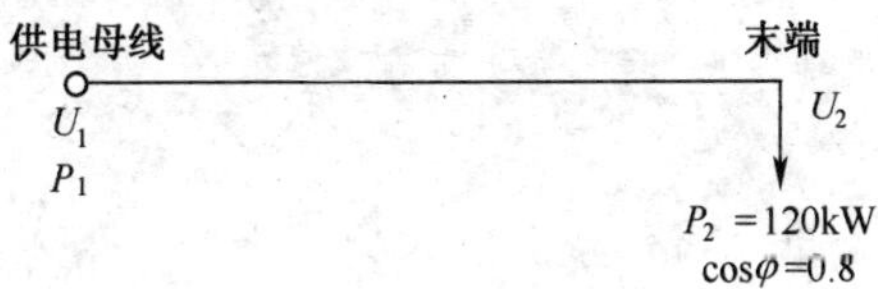

图2-11 某配电线路

解 线路功率损失（百分数）为

$$\Delta P\% \approx \Delta U\% = \frac{U_1 - U_2}{U_1} \times 100 = \frac{400.1 - 381.5}{400.1} \times 100 = 4.65$$

即线路损耗率为4.65%。

根据公式 $\Delta P\% = \frac{\Delta P}{P_1} \times 100 = \frac{\Delta P}{P_2 + \Delta P} \times 100$，得线路损耗为

$$\Delta P = \frac{P_2 \times \Delta P\%}{100 - \Delta P\%} = \frac{120 \times 4.65}{100 - 4.65} = 5.85(\text{kW})$$

年线路损耗电能为

$$A = \Delta PT = 5.85 \times 3800 = 22230(\text{kWh}) \approx 2.2(\text{万 kWh})$$

第三章　变压器节电技术与工程实例

第一节　变压器使用条件

一、油浸式变压器的正常使用条件和温升限值

1. 油浸式变压器的正常使用条件

根据GB 1094.1——1996的规定，变压器的正常使用条件如下：

(1)海拔：不超过1000m。

(2)环境温度：最高气温40℃；最高日平均气温30℃；最高年平均气温20℃；最低气温－25℃(适用户外式)；最低温度－5℃(适用户内式)。

(3)对于水冷却变压器，其冷却器入口处冷却水的最高温度为25℃。

(4)电源电压的波形近似于正弦波。

(5)三相变压器的电源电压应近似对称。

2. 温升限值

国产变压器在正常使用条件下，可以安全运行20～25年。因此规定，油浸式电力变压器(自然循环自冷、风冷)上层油温在环境温度为40℃时不得超过95℃。但为了防止油过快劣化，一般要求油温不要超过85℃。油浸式变压器的温升限值见表3-1；油浸式变压器顶层油温规定值见表3-2；变压器负荷电流和温升限值见表3-3。

二、油浸式变压器过负荷能力

变压器在实际运行中，由于负荷不可能恒定不变，很多时间

表 3-1　油浸式变压器的温升限值　(℃)

部　位	温升限值
绕组:绝缘耐热等级 A	65(电阻法测量)
顶层油	55(温度计测量)
铁心本体	使相邻绝缘材料不受损伤的温升
油箱及结构件表面	80

表 3-2　油浸式变压器顶层油温一般规定值　(℃)

冷却方式	冷却介质最高温度	最高顶层油温
自然循环自冷、风冷	40	95
强迫油循环风冷	40	85
强迫油循环水冷	30	70

表 3-3　变压器负荷电流和温度限值

负荷类型		配电变压器	中型电力变压器	大型电力变压器
正常周期性负荷	负荷电流(标么值)	1.5	1.5	1.3
	热点温度与绝缘材料接触的金属部件的温度(℃)	140	140	120
长期急救周期性负荷	负荷电流(标么值)	1.8	1.5	1.3
	热点温度与绝缘材料接触的金属部件的温度(℃)	150	140	130
短期急救负荷	负荷电流(标么值)	2.0	1.8	1.5
	热点温度与绝缘材料接触的金属部件的温度(℃)	—	160	160

注:负荷电流标准值=负荷电流/变压器额定电流。

低于变压器的额定电流。此外,变压器运行时的环境温度不可能一直处在规定的环境温度。因此在一般运行时变压器没有充分发挥其负荷能力。从维持变压器规定的使用寿命(20 年)来考虑,在必要时变压器完全可以过负荷运行。

1. 变压器正常过负荷能力

《电力变压器运行规程》(水电部,1985 年 5 月版)对变压器正常过负荷规定如下：

①全天满负荷运行的变压器不宜过负荷运行；

②变压器在低负荷期间(负荷率小于 1),而在高峰负荷期间变压器允许的过负荷倍数和持续时间,按年等值环境温度,负荷曲线和负荷前变压器所带的负荷等来规定；

③在夏季低于额定容量负荷运行,每低 1%,冬季可允许过负荷 1%,但仍以过负荷 15%为限。

根据我国目前的设计结构,对于自然循环的油冷变压器和风冷变压器,推荐的正常过负荷的最大值为额定负荷的 30%。

为了便于应用,变压器正常过负荷能力,可按表 3-4 确定。某台变压器的日负荷曲线如图 3-1 所示。

表 3-4　油浸自然循环冷却双绕组变压器的允许过负荷百分数

日负荷曲线填充系数 α	最大负荷在下列持续小时下,变压器过负荷的百分数					
	2	4	6	8	10	12
0.50	28	24	20	16	12	7
0.60	23	20	17	14	10	6
0.70	17.5	15	12.5	10	7.5	5
0.75	14	12	10	8	6	4
0.80	11.5	10	8.5	7	5.5	3
0.85	8	7	6	4.5	3	2
0.90	4	3	2	—	—	—

表中日负荷曲线填充系数,可由下式计算

$$\alpha=\frac{I_{pj}}{I_{max}}=\frac{\sum Ih}{24I_{max}}$$

式中　I_{pj}——负荷电流的平均值(A)；

I_{max}——最大负荷电流(A)；

$\sum Ih$——实际运行负荷曲线的安培小时数或负荷曲线所包围的面积(Ah)。

由表 3-4 可见，若 $\alpha=0.6$，最大负荷昼夜持续 4h，则可以过负荷 20%。

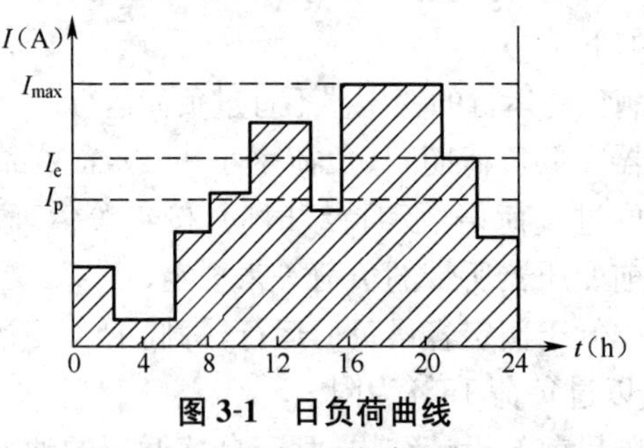

图 3-1　日负荷曲线

图中 I_e 为变压器额定电流。

如果事先不知道日负荷曲线或负荷率，则可按规程中给定的过负荷前上层油温的不同数值，来决定过负荷倍数和持续时间，见表 3-5。

表 3-5　自然冷却或吹风冷却油浸式电力变压器的过负荷允许时间　(h∶min)

过负荷倍数	过负荷前上层油的温度为下列数值时的允许过负荷持续时间						
	18℃	24℃	30℃	36℃	42℃	48℃	54℃
1.0	连续运行						
1.05	5∶50	5∶25	4∶50	4∶00	3∶00	1∶30	—
1.10	3∶50	3∶25	2∶50	2∶10	1∶25	0∶10	—
1.15	2∶50	2∶25	1∶50	1∶20	0∶35	—	—
1.20	2∶50	1∶40	1∶15	0∶45	—	—	—
1.25	1∶35	1∶15	0∶50	0∶25	—	—	—
1.30	1∶10	0∶50	0∶30	—	—	—	—
1.35	0∶55	0∶35	0∶15	—	—	—	—
1.40	0∶40	0∶25	—	—	—	—	—
1.45	0∶25	0∶10	—	—	—	—	—
1.50	0∶15	—	—	—	—	—	—

2. 变压器事故过负荷能力

超过额定容量30%的过负荷为事故过负荷，这种运行方式影响变压器的正常寿命。

有一种事故过负荷发生在并列运行的系统中，当其中一台变压器因事故退出运行时，与其并列运行的变压器便承担原来的全部负荷。这种过负荷一般大于额定容量的30%。因为这种过负荷带有应急的性质，所以又称其为0.5h短期急救过负荷。

短期急救过负荷对变压器绝缘有一定的损坏，对其寿命也有影响。但从某种意义上来讲，短期急救过负荷维持了生产的连续进行，避免发生设备及人身事故，因此仍有积极意义。此时，值班人员应尽快重新调整负荷，将不重要的负荷切除，尽可能地使变压器过负荷率不超过30%。中小型变压器0.5h短期急救过负荷的负荷率β_2见表3-6。

表3-6　变压器0.5h短期急救过负荷的负荷率β_2表

变压器类型	急救过负荷前的负荷率β_1	环境温度(℃)							
		40	30	20	10	0	−10	−20	−25
配电变压器(冷却方式ONAN)	0.7	1.95	2.00	2.00	2.00	2.00	2.00	2.00	2.00
	0.8	1.90	2.00	2.00	2.00	2.00	2.00	2.00	2.00
	0.9	1.84	1.95	2.00	2.00	2.00	2.00	2.00	2.00
	1.0	1.75	1.86	2.00	2.00	2.00	2.00	2.00	2.00
	1.1	1.65	1.80	1.90	2.00	2.00	2.00	2.00	2.00
	1.2	1.55	1.68	1.84	1.95	2.00	2.00	2.00	2.00
中型变压器(冷却方式ONAN或ONAF)	0.7	1.80	1.80	1.80	1.80	1.80	1.80	1.80	1.80
	0.8	1.76	1.80	1.80	1.80	1.80	1.80	1.80	1.80
	0.9	1.72	1.80	1.80	1.80	1.80	1.80	1.80	1.80
	1.0	1.64	1.75	1.80	1.80	1.80	1.80	1.80	1.80
	1.1	1.54	1.66	1.78	1.80	1.80	1.80	1.80	1.80
	1.2	1.42	1.56	1.70	1.80	1.80	1.80	1.80	1.80

续表 3-6

变压器类型	急救过负荷前的负荷率β_1	环境温度(℃)							
		40	30	20	10	0	−10	−20	−25
中型变压器(冷却方式 OFAF 或 OFWF)	0.7	1.50	1.62	1.70	1.78	1.80	1.80	1.80	1.80
	0.8	1.50	1.58	1.68	1.72	1.80	1.80	1.80	1.80
	0.9	1.48	1.55	1.62	1.70	1.80	1.80	1.80	1.80
	1.0	1.42	1.50	1.60	1.68	1.78	1.80	1.80	1.80
	1.1	1.38	1.48	1.58	1.66	1.72	1.80	1.80	1.80
	1.2	1.34	1.44	1.50	1.62	1.70	1.76	1.80	1.80
中型变压器(冷却方式 ODAF 或 ODWF)	0.7	1.45	1.50	1.58	1.62	1.68	1.72	1.80	1.80
	0.8	1.42	1.48	1.55	1.60	1.66	1.70	1.78	1.80
	0.9	1.38	1.45	1.50	1.58	1.64	1.68	1.70	1.70
	1.0	1.34	1.42	1.48	1.54	1.60	1.65	1.70	1.70
	1.1	1.30	1.38	1.42	1.50	1.56	1.62	1.65	1.70
	1.2	1.26	1.32	1.38	1.45	1.50	1.58	1.60	1.70

注：ONAN—油浸自冷；
　　ONAF—油浸风冷；
　　OFAF—强迫油循环风冷(流经绕组内部的油流是热对流循环)；
　　OFWF—强迫油循环水冷(流经绕组内部的油流是热对流循环)；
　　ODAF—强迫导向油循环风冷(在主要绕组内的油流是强迫导向循环)；
　　ODWF—强迫导向油循环水冷(在主要绕组内的油流是强迫导向循环)。

若不知道变压器负荷率等资料，变压器事故过负荷倍数与允许延续时间可按表 3-7 和表 3-8 所列数值选取。

表 3-7　变压器事故过负荷允许延续时间

过负荷倍数	允许过负荷延续时间	
	室　外	室　内
1.3	2h	1h
1.6	30min	15min
1.75	15min	8min
2	7.5min	4min
3	1.5min	1min

表 3-8 油浸自然循环冷却变压器事故过负荷允许时间(h:min)

过负荷倍数 \ 环境温度(℃)	0	10	20	30	40
1.1	24:00	24:00	24:00	19:00	7:00
1.2	24:00	24:00	23:00	5:50	2:45
1.3	23:00	10:00	5:00	3:00	1:30
1.4	8:30	5:10	3:10	1:45	0:55
1.5	4:45	3:10	2:00	1:10	0:35
1.6	3:00	2:05	1:20	0:45	0:18
1.7	2:05	1:25	0:55	0:25	0:09
1.8	1:30	1:00	0:30	0:13	0:06
1.9	1:00	0:35	0:18	0:09	0:05
2.0	0:40	0:22	0:11	0:06	—

需要特别指出的是,绕组的稳定温升只要 20～30min,而油的稳定温升要 10～18h,甚至更长。因此,在过负荷运行时,上层油温并不能准确地反映绕组的实际温度,值班电工必须严格按允许过负荷倍数和延续时间掌握变压器的过负荷,而不能仅从上层油温是否达到极限值来控制负荷。

三、干式变压器的正常使用条件和温升限值

1. 干式变压器的正常使用条件

根据 GB 6450——1986 的规定,干式变压器的正常使用条件如下:

(1)海拔:海拔不超过 1000m。超过时,作为特殊使用条件。

(2)环境温度:最高气温 40℃,最高年平均气温 20℃。最高日平均气温 30℃,最低气温－30℃(适用于户外式变压器);最低气温－5℃(适用于户内式变压器)。超过上述规定时,作为特殊使用条件。

2. 干式变压器的温升限值(GB 6450——1986)

在满足干式变压器正常使用条件下,其绕组、铁心和金属部

件的温升均不应超过表 3-9 中的规定限值。

表 3-9　温升限值(℃)

部　位	绝缘系统温度	最高温升
绕组(用电阻法测量的温升)	105(A 级)	60
	120(E 级)	75
	130(B 级)	80
	155(F 级)	100
	180(H 级)	125
	220(C 级)	150
铁心、金属部件和其他相邻的材料	—	在任何情况下，不会出现使铁心本身、金属部件及与其相邻的材料受到损害的温度

四、干式变压器过负荷能力

(1)在 30min 内，过负荷能力比油浸式变压器强。

(2)在 0.5～8h 内，过负荷能力比油浸式变压器强。

(3)长期运行与油浸式变压器没差别。干式变压器过负荷能力见表 3-10。

表 3-10　干式变压器过负荷能力

过电流(%)	允许运行时间(min)
20	60
30	45
40	32
50	18
60	5

第二节　变压器基本参数及计算

一、变比、容量和等效阻抗

1. 变比

当变压器一次侧接到频率为 f 和电压为 U_1 的正弦电流时，

U_1、U_2 与 f 的关系为

$$U_1=E_1=4.44fW_1\Phi_{Zm}$$

$$U_2=E_2=4.44fW_2\Phi_{Zm}$$

因为 $$I_1W_1=I_2W_2$$

故变比 $$k=k_{12}=\frac{U_1}{U_2}=\frac{E_1}{E_2}=\frac{W_1}{W_2}=\frac{I_2}{I_1}$$

式中　E_1、E_2——变压器一次和二次的感应电势；

f——电源频率；

W_1、W_2——变压器一次和二次绕组的匝数；

Φ_{Zm}——变压器铁心磁通最大值；

I_1、I_2——变压器一次和二次电流。

2. 容量

单相变压器的容量为

$$S_e=U_1I_1=U_2I_2$$

三相变压器的容量为

$$S_e=\sqrt{3}U_1I_1=\sqrt{3}U_2I_2$$

3. 变压器等效阻抗

(1)变压器等效电阻。

按变压器已知参数计算如下：

$$R_{12}=\frac{P_d}{3I_{1e}^2}\times10^3=\frac{P_dU_{1e}^2}{S_e^2}\times10^3$$

$$R_{21}=\frac{P_d}{3I_{2e}^2}\times10^3=\frac{P_dU_{2e}^2}{S_e^2}\times10^3$$

式中　R_{12}、R_{21}——变压器每相等效电阻折算到一次侧值和二次侧值(Ω)，详见表 3-11～表 3-13；

P_d——变压器额定电流时的铜耗，即负载损耗(kW)，可由产品目录查得；

I_{1e}、I_{2e}——变压器一次和二次额定电流(A)；

I_{1e}、U_{2e}——变压器一次和二次额定线电压(kV)；

S_e——变压器额定容量(kVA)。

表 3-11　S7 系列变压器的等效电阻和等效漏抗

容量 (kVA)	变压比 (kV/kV)	连接组	R_{12} (Ω)	R_{21} (Ω)	X_{D12} (Ω)	X_{D21} (Ω)
50	10/0.4	Y,yn0	35	0.056	80	0.128
100			14.5	0.0232	40	0.064
160			8.125	0.013	25	0.04
200			6.175	0.00988	20	0.032
250			4.672	0.00748	16	0.0256
315			3.497	0.00559	12.69	0.0203
400			2.6	0.00416	10	0.016
500			1.968	0.00315	8	0.0128
630			1.461	0.00234	7.94	0.0127
800			1.125	0.0018	6.25	0.01
1000			1.0	0.0016	5	0.008
1250			0.736	0.00118	4	0.0064
1600			0.547	0.00088	3.13	0.005

表 3-12　SL7 系列变压器的等效电阻和等效漏抗

容量 (kVA)	变压比 (kV/kV)	连接组	R_{12} (Ω)	R_{21} (Ω)	X_{D12} (Ω)	X_{D21} (Ω)
30	10/0.4	Y,yn0	88.889	0.14222	113.33	0.2133
50			46	0.0736	80	0.16
63			35.273	0.05637	63.49	0.1016
80			25.781	0.04125	50	0.08
100			16.5	0.0264	40	0.064
125			15.68	0.02509	32	0.0512
160			11.133	0.01781	25	0.04
200			8.5	0.0136	20	0.032
250			6.4	0.01024	16	0.0256
315			4.837	0.00774	12.69	0.0203
400			3.625	0.0058	10	0.016
500			2.76	0.00442	8	0.0078
630			2.041	0.00327	7.14	0.0114
800			1.547	0.00248	5.63	0.009

续表 3-12

容量 (kVA)	变压比 (kV/kV)	连接组	R_{12} (Ω)	R_{21} (Ω)	X_{D12} (Ω)	X_{D21} (Ω)
1000	10/0.4	Y,yn0	1.16	0.00186	4.5	0.0072
1250			0.88	0.00141	3.6	0.0058
1600			0.645	0.00103	2.81	0.0045
2000	10/6.3	Y,d11	0.495	0.19647	2.75	1.0915
2500			0.368	0.14606	2.2	0.8732
3150			0.272	0.10796	1.75	0.693
4000			0.2	0.07938	1.38	0.5457
5000			0.147	0.05834	1.1	0.4366
6300			0.103	0.04088	0.87	0.3465

表 3-13　S9 系列变压器的等效电阻和等效漏抗

容量 (kVA)	变压比 (kV/kV)	连接组	R_{12} (Ω)	R_{21} (Ω)	X_{D12} (Ω)	X_{D21} (Ω)
30	10/0.4	Y,yn0	66.667	0.10667	113.33	0.2133
50			34.8	0.05568	80	0.16
63			26.2	0.04192	63.49	0.1016
80			19.531	0.03125	50	0.08
100			12.5	0.02	40	0.064
125			11.52	0.01843	32	0.0512
160			8.594	0.01375	25	0.04
200			6.5	0.0104	20	0.032
250			4.88	0.00781	16	0.0256
315			3.679	0.00589	12.69	0.0203
400			2.688	0.0043	10	0.016
500			2.04	0.00326	8	0.0078
630			1.562	0.0025	7.14	0.0114
800			1.172	0.00188	5.63	0.009
1000			1.03	0.00165	4.5	0.0072
1250			0.768	0.00123	3.6	0.0058
1600			0.566	0.00091	2.81	0.0045

(2)变压器等效漏抗。变压器等效漏抗为

$$X_D = U_d\% \frac{10S_e}{3I_e^2} = U_d\% \frac{10U_e}{\sqrt{3}I_e} = U_d\% \frac{10U_e^2}{S_e}$$

式中　X_D——变压器每相等效漏抗(Ω)，可以折算到一次侧(X_{D12})，也可以折算到二次侧(X_{D21})；

I_e、U_e——同前，与 X_{D12}(或 X_{D21})对应，折算到一次侧(或二次侧)的电流和电压(A、kV)；

$U_d\%$——变压器阻抗电压百分数，可由产品目录查得。

二、负荷率和效率

1. 负荷率

变压器负荷率可按下式计算

$$\beta=\frac{S}{S_e}=\frac{I_2}{I_{2e}}=\frac{P_2}{S_e\cos\varphi_2}$$

当测量 I_2 有困难时，也可近似用 I_1/I_{1e} 求取变压器的负荷率。

由于变压器在实际运行中负荷是不断变化时，所以不能根据变压器某一瞬时的负荷来计算负荷率，而应取一段时期内(一个周期)的平均负荷率。对于企业，可以一天(24h)作为变压器负荷变化的周期。图 3-2(a)为某企业正常生产日变压器视在功率变化曲线。

变压器负荷率的计算公式为

$$\beta=\frac{\sqrt{\frac{1}{24}\int_0^{24}S^2\mathrm{d}t}}{S_e}$$

为了便于计算，可近似认为在 Δt 时间内负荷恒定不变，则

$$\beta=\sqrt{\frac{\Delta t}{24}\sum_{i=1}^{24/\Delta t}S_i^2}/S_e=S_j/S_e$$

式中　S_j——视在功率的均方根值(kVA)。

$$S_j=\sqrt{\frac{\Delta t}{24}\sum_{i=1}^{24/\Delta t}S_i^2}=\sqrt{\frac{1}{n}\sum_{i=1}^{n}S_i^2}$$

$n=24/\Delta t$，即一天时间里测量变压器负荷的次数。当 Δt 取 1 时，$24/\Delta t=24$，即每小时测量一次，并认为每小时内负荷不变，如

图 3-2(b)所示。Δt 的大小视具体情况而定。当负荷变化较大时，Δt 可以小一些，即变压器负荷的测量次数应多一些；反之可以大一些，即变压器负荷的测量次数可以少一些。

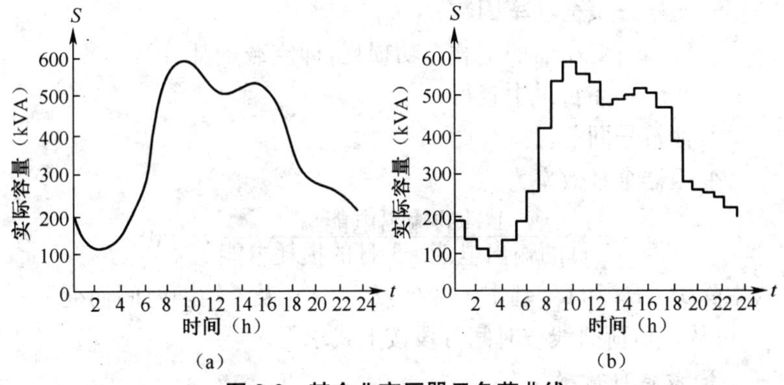

图 3-2　某企业变压器日负荷曲线

若所测的是变压器二次电流，则

$$\beta=\sqrt{\frac{1}{n}\sum_{i=1}^{n}I_{2i}^{2}}\Big/I_{2e}=I_{j}/I_{2e}$$

式中　I_j——变压器二次侧均方根电流(A)，

$$I_{j}=\sqrt{\frac{1}{n}\sum_{i=1}^{n}I_{2i}^{2}}$$

2. 效率

变压器效率为变压器输出功率与输入功率之比，即

$$\eta=\frac{P_2}{P_1}\times100\%=\frac{P_2}{P_2+P_0+\beta^2P_d}\times100\%$$

$$=\frac{\beta S_e\cos\varphi_2}{\beta S_e\cos\varphi_2+P_0+\beta^2P_d}\times100\%$$

$$=\frac{\sqrt{3}U_2I_2\cos\varphi_2}{\sqrt{3}U_2I_2\cos\varphi_2+P_0+\beta^2P_d}\times100\%$$

式中　P_1——变压器输入功率(kW)；

P_2——变压器输出功率(kW)；

U_2——变压器二次线电压(kV)；

I_2——变压器二次电流(A)；

$\cos\varphi_2$——负荷功率因数；

P_0——变压器的空载有功损耗，即空载损耗(kW)，可从产品目录中查得；

其他符号同前。

变压器全日效率为

$$\eta_{日}=\frac{1\text{ 日的输出电能}}{1\text{ 日的输出电能}+1\text{ 日的损耗电能}}\times 100\%$$

式中除 P_0、P_d 和 U_2 基本不变外，I_2、$\cos\varphi_2$ 及 β 均随时间而变化。$\eta_{日}$ 可从日负荷曲线按时间分段按上式求得。

3. 最佳负荷率

最佳负荷率即变压器最大效率时的负荷率。最佳负荷率 β_m 可按下式计算

$$\beta_m=\sqrt{\frac{P_0+KQ_0}{P_d+KQ_d}}$$

式中　Q_0——变压器的空载无功损耗(即励磁无功损耗)(kvar)，

$$Q_0=\sqrt{3}U_{1e}I_0\sin\varphi_0=\sqrt{S_{s0}^2-P_0^2}\approx S_{s0}=\sqrt{3}U_{1e}I_0$$
$$=\sqrt{3}U_{1e}I_0\frac{S_e}{\sqrt{3}U_{1e}I_e}=I_0\%S_e\times 10^{-2}；$$

Q_d——变压器的短路无功损耗(即漏磁无功损耗)(kvar)，

$$Q_d=\sqrt{S_{sd}^2-P_d^2}\approx S_{sd}=\sqrt{3}U_dI_{1e}=U_d\%S_e\times 10^{-2}；$$

$I_0\%$——空载电流百分数，可由产品目录查得，$I_0\%=I_0/I_{1e}\times 100$，中小型变压器一般为 2～8，大型变压器则往往小于 1；

$U_d\%$——短路电压(即阻抗电压)百分数，可由产品目录查得；

S_{s0}——变压器的空载视在功率(kVA)；

S_{sd}——变压器的负载视在功率(kVA)；

S_e——变压器的额定容量(kVA)；

K——无功经济当量(kW/kvar)，是指变压器连接处的无功经济当量。表3-14给出了无功经济当量概略值，供参考。

表3-14　无功经济当量K值

变压器安装地点的特征	K(kW/kvar)	
	最大负荷时	最小负荷时
直接由发电厂母线供电的变压器	0.02	0.02
由发电厂供电(发电机电压)的线路变压器	0.07	0.04
由区域线路供电的35～110kV的降压变压器	0.1	0.06
由区域线路供电的10～6/0.4kV的降压变压器	0.15	0.1

从而可得出变压器最佳的经济负荷S_{zj}为

$$S_{zj}=\beta_m S_e$$

当需要粗略估算变压器最佳负荷率，(即只计及变压器有功功率损耗)时，上述公式可写成$\beta_m=\sqrt{P_0/P_d}$，对于国产油浸式电力变压器β_m一般为0.4～0.6；干式变压器β_m一般为0.55～0.62。

须指出，在实际运行中，应从节能性和经济性(如企业电费开支)等方面综合考虑来确定变压器的经济负荷率。详见本章第三节。

4. 最大效率

对应于变压器最佳负荷率时的变压器效率为最大效率，其公式如下：

$$\eta_{max}=\left(1-\frac{2P_0}{\sqrt{P_0/P_d}S_e\cos\varphi_2+2P_0}\right)\times100\%$$

第三节　常用变压器技术数据

一、常用变压器基本结构

S7、SL7、S9、SH-M系列变压器均为油浸自冷式变压器。其中:SL7 为铝线绕组,其余为铜线绕组,SH 为非晶合金铁心。S7 系列变压器绕组采用铜导线,铁心采用 DQ151-35 冷轧取向硅钢片,调压范围±5%,温升标准:绕组 65℃,油顶层 55℃。S9 系列变压器绕组采用铜导线,铁心采用 DQ147-30 冷轧取向硅钢片,调压范围±5%,温升标准:绕组 65℃,油顶层 55℃。

S7 系列及 SL7 系列变压器属淘汰产品。

10kV 级 SC 系列三相环氧树脂浇注铜心干式电力变压器。其铁心采用高导磁冷轧取向硅钢片,45°全斜接缝无冲孔结构,使空载损耗下降。一次绕组采用铜导线,二次绕组采用铜箔绕制。F 级绝缘。冷却方式有空气自冷(AN)和强迫风冷(AF)两种。在强迫风冷条件下,变压器额定容量可增加 50%。当变压器安装在地下室或其他通风效果较差的环境时,应考虑通风问题。为了保证变压器在正常运行时有足够的通风量,最低冷却空气要求为 $4m^3/min \cdot kW$。

10kV 级 SCL 系列三相环氧树脂浇注铝心干式电力变压器为空气自冷式。铁心采用冷轧取向硅钢片,全斜接缝叠装式。绕组由铝导线或铝箔绕制,B 级绝缘。强迫风冷时可增容 30%。

二、S7、SL7、S9、SH-M、SC、SCL 系列变压器技术数据

1. S7 系列电力变压器技术数据

见表 3-15。

2. SL7 系列电力变压器技术数据

见表 3-16。

3. S9 系列电力变压器技术数据

见表 3-17。

4. SH-M 型电力变压器技术数据

见表 3-18。

5. SC 系列环氧树脂浇注式干式电力变压器技术数据

见表 3-19。

6. SCL系列环氧树脂浇注式干式电力变压器技术数据见表3-20。

表3-15　S7系列电力变压器主要技术数据

额定容量(kVA)	连接组	额定电压(kV)		损耗(W)		阻抗电压(%)	空载电流(%)	质量(kg)
		高压	低压	空载	负载			
30	Y,yn0	6±5%,6.3±5%,10±5%	0.4	150	800	4	2.8	330
50				190	1150		2.6	450
63				220	1400		2.5	470
80				270	1650		2.4	535
100				320	2000		2.3	615
125				370	2450		2.2	725
160				460	2850		2.1	825
200				540	3400		2.1	995
250				640	4000		2.0	1110
315				760	4800		2.0	1320
400				920	5800		1.9	1530
500				1080	6900		1.9	1790
630				1300	8100	4.5	1.8	2535
800				1540	9900		1.5	2970
1000				1800	11600		1.2	3485
1250				2200	13800		1.2	4345
1600				2650	165000		1.1	4790

表3-16　SL7系列低损耗电力变压器的主要技术数据

额定容量(kVA)	连接组	额定电压(kV)		损耗(W)		阻抗电压(%)	空载电流(%)	质量(kg)
		高压	低压	空载	负载			
30	Y,yn0	6,6.3,10	0.4	150	800	4	2.5	300
50				190	1150		2.8	460
63				220	1400		2.8	515
80				270	1650		2.7	570
100				320	2000		2.6	670
125				370	2450		2.5	780
160				460	2850		2.4	945
200				540	3400		2.4	1070
250				640	4000		2.3	1255

续表 3-16

额定容量(kVA)	连接组	额定电压(kV)		损耗(W)		阻抗电压(%)	空载电流(%)	质量(kg)
		高压	低压	空载	负载			
315	Y,yn0	6,6.3,10	0.4	760	4800	4	2.3	1525
400				920	5800		2.1	1775
500				1080	6900		2.1	2055
630	Y,d11	6,6.3/10	(3.15)/(3.15)6.3	1300	8100	4.5	2.0	2935
800	Y,yn0	6,6.3,10	0.4	1540	9900	4.5/5.5	1.7	3305
	Y,d11	6,6.3/10	(3.15)/(3.15)6.3					3160
1000	Y,yn0	6,6.3,10	0.4	1800	11600		1.4	4135
	Y,d11	6,6.3/10	(3.15)/(3.15)6.3					3590
1250	Y,yn0	6,6.3,10	0.4	2200	13800		1.4	5030
	Y,d11	6,6.3/10	(3.15)/(3.15)6.3					4135
1600	Y,yn0	6,6.3,10	0.4	2650	16500		1.3	6000
	Y,d11	6,6.3/10	(3.15)/(3.15)6.3					4935
2000		6,6.3/10	(3.15)/(3.15)6.3	3100	19800	5.5	1.2	5575
2500		6,6.3/10	(3.15)/(3.15)6.3	3650	23000		1.2	6685
3150		6,6.3/10	(3.15)/(3.15)6.3	4400	27000		1.1	7830
4000		10	(3.15)6.3	5300	32000		1.1	9040
5000		10	(3.15)6.3	6400	36700		1.0	10650
6300		10	(3.15)6.3	7500	41000		1.0	12705

注:括号内数据尽量不采用。

表 3-17 S9 系列电力变压器主要技术数据

额定容量(kVA)	连接组	额定电压(kV)		损耗(W)		阻抗电压(%)	空载电流(%)	质量(kg)
		高压	低压	空载	负载			
30	Y,yn0	6.0±5%,6.3±5%,10±5%	0.4	130	600	4	2.1	340
50				170	870		2.0	460

续表 3-17

额定容量(kVA)	连接组	额定电压(kV)		损耗(W)		阻抗电压(%)	空载电流(%)	质量(kg)
		高压	低压	空载	负载			
63	Y,yn0	6.0±5%,6.3±5%,10±5%	0.4	200	1040	4	1.9	510
80				240	1250		1.8	600
100				290	1500		1.6	650
125				340	1800		1.5	790
160				400	2200		1.4	930
200				480	2600		1.3	1050
250				560	3050		1.2	1250
315				670	3650		1.1	1430
400				800	4300		1.0	1650
500				960	5100		1.0	1900
630				1200	6200	4.5	0.9	2830
800				1400	7500		0.8	3220
1000				1700	10300		0.7	3950
1250				1950	12000		0.6	4650
1600				2400	14500		0.6	5210

表 3-18　SH-M 型非晶合金铁心电力变压器主要技术数据

额定容量(kVA)	连接组	高压电压(kV)	高压分接范围(%)	低压电压(kV)	损耗(W)		阻抗电压(%)	空载电流(%)
					空载	负载		
50	D,yn11	10	±2×2.5 或 $^{+3}_{-1}$×2.5	0.4	34	870	4	1.5
80					50	1250		1.2
100					60	1500		1.1
160					80	2200		0.9
200					100	2600		0.9
250					120	3050		0.8
315					140	3650		0.8
400					170	4300		0.7
500					200	5100		0.6
630					240	6200	4.5	0.6
800					300	7600		0.5
1000					340	10300		0.5
1250					400	12000		0.5
1600					500	14500		0.5
2000					600	18000		0.5
2500					700	21500		0.5

表 3-19　SC 系列干式电力变压器主要技术数据

额定容量(kVA)	连接组	额定电压(kV)		损耗(W)		阻抗电压(%)	空载电流(%)	噪声水平(dB)	质量(kg)
		高压	低压	空载	负载				
30	D,yn11; Y,yn0	11 10.5 10 6.3 6 3.15	0.4 (6.3, 6,3.15, 3,0.69, 0.415)	240	560	4	3.2	54	330
50				290	960		2.8	54	350
80				360	1380		2.2	55	470
100				400	1590		2.2	55	530
125				440	1880		2.2	58	610
160				540	2150		2.2	58	800
200				650	2500		2.2	58	880
250				750	2880		1.8	58	1010
315				840	3250		1.8	60	1225
400				1030	3750		1.8	60	1450
500				1200	4620		1.8	62	1820
630				1450	5950		1.8	62	2405
630				1400	6400	6	1.3	62	2020
800				1650	7950		1.3	64	2445
1000				2100	9350		1.3	64	2930
1250				2400	11300		1.3	65	3580
1600				2900	13700		1.3	66	4555
2000				3500	16300		1.3	66	4840
2500				4200	19000		1.3	71	5780

注:本产品为无载调压,调压范围±5%或 2×2.5%(用户需要时)。

表 3-20　SCL 系列干式电力变压器技术数据

额定容量(kVA)	连接组	额定电压(kV)		损耗(W)		阻抗电压(%)	空载电流(%)	噪声水平(dB)	质量(kg)
		高压	低压	空载	负载				
30	D,yn11 Y,yn0	11 10.5 10 6.6 6.3 6	0.4	245	650	4	3.5	50	305
50				350	940		3	50	410
80				490	1250		2.5	50	590
100				570	1530		2.5	50	700
125				680	1870		2.5	50	
160				800	2150		2.5	57.2	870
200				930	2540		2.5	57.2	1090
250				1050	3010		2	57.2	1240
315				1280	3580		2	57.2	1530

续表 3-20

额定容量(kVA)	连接组	额定电压(kV)		损耗(W)		阻抗电压(%)	空载电流(%)	噪声水平(dB)	质量(kg)
		高压	低压	空载	负载				
400	D,yn11 Y,yn0	11 10.5 10 6.6 6.3 6	0.4	1590	4290	4	2	57.2	1850
500				1850	5100		2	57.4	2100
630				2100	6050		2	57.4	2400
630				2000	6700	6	1.5	57.4	2500
800				2200	7630		1.5	57.4	2600
1000				2540	8850		1.5	56	3150
1250				3280	10830		1.5	54.4	3900
1600				3600	13420		1.5		4900
2000				4800	16100		1.5		5940

注：本产品为无载调压，调压范围±5%或 2×2.5%(用户需要时)。

第四节　变压器经济容量选择与工程实例

一、按综合经济效果选择变压器容量与工程实例

1. 选择的方法步骤

选择变压器容量，不但要考虑变压器年电能损耗最小，还要考虑基建投资(一次投资)、电价制度、变压器维修费用及折旧费用等因素。因此，对用户来说，按综合经济效果选择变压器能较全面地反映选择变压器的经济性与合理性。

具体地说，就是在满足供电质量、可靠性、运行合理、维护方便等条件的前提下，按以下各项指标进行经济比较，从多个方案的比较中选择基建投资少、运行费用低的方案作为最佳方案。计算方法步骤如下：

(1)计算基建投资。计算公式为

$$C_t = C_{b1} + C_{b2}$$

式中　C_t——基建投资(万元)；

C_{b1}——变压器的价格、附属设施和安装、土建费(万元)；

C_{b2}——向地区电业部门缴纳贴费(万元)，原为 100～

140 元/kVA,2000 年开始逐渐取消该项收费。

(2)计算年运行费。计算公式为

$$C_y = C_1 + C_2 + C_3 + C_4 + C_5$$

式中 C_y——年运行费(万元/年);

C_1——折旧费,C_1=变压器价格×折旧率 C_n,年折旧率 C_n 取 5%;

C_2——维护费,C_2=变压器价格×维护费率 C_m,年维护费率 C_m 取 2%~3%;

C_3——运行人员工资,因占总运行费比例小,且为相同项,故在方案比较中可不计入;

C_4——年基本电价费,C_4=12×月基本电价费×变压器容量,月基本电价取元/kVA·月;

C_5——年电能损耗费,$C_5 = C_5' + C_5''$;

C_5'——变压器负荷年用电费(万元/年);

C_5''——变压器年电能损耗费,对于企业用变压器,$C_5'' = [(P_0 + K_G Q_0)T + (\beta^2 P_d + K_G \beta^2 Q_d)\tau]\delta \times 10^{-4}$(万元/年);

K_G——无功电价等效当量,见表 3-21;

T——变压器年运行小时数,即接于电网时间;

τ——变压器正常负荷下的工作小时数,参见表 3-22;

δ——电价,约 0.5 元/kWh;

其他符号意义同前。

表 3-21 无功电价等效当量 K_G 表

(1)$\cos\varphi$=0.9 为基准的企业

月 $\cos\varphi$	0.5~0.55	0.55~0.6	0.6~0.65	0.65~0.7	0.7~0.75	0.75~0.8	0.8~0.85
K_G	0.464	0.541	0.621	0.668	0.179	0.191	0.191
月 $\cos\varphi$	0.85~0.9	0.9~0.92	0.92~0.94	0.94~0.96	0.96~0.98	0.98~1	
K_G	0.183	0.34	0.032	0.042	0.023	0.037	

续表 3-21

(2)$\cos\varphi$=0.85 为基准的企业

月 $\cos\varphi$	0.5～0.55	0.55～0.6	0.6～0.65	0.65～0.7	0.7～0.75	0.75～0.8	0.8～0.85
K_G	0.464	0.541	0.621	0.668	0.179	0.191	0.191

月 $\cos\varphi$	0.85～0.86	0.86～0.88	0.88～0.9	0.9～0.92	0.92～0.94	0.94～0.96	0.96～0.98	0.98～1
K_G	0.191	0.09	0.09	0.085	0.032	0.042	0.023	0.037

表 3-22　生产班制及各种时间(参考值)

生产班制	正常负荷下工作小时数 τ	年运行小时数 T	最大负荷年利用小时数 T_{max}
一班制	2300	8000	1500
二班间断	4600	8000	3000
三班间断	6900	8000	4500
三班连续	8000	8000	7500

(3)计算无功补偿装置费用。当功率因数达不到电业部门的规定值时,需加装移相电容器。将无功补偿装置的投资计入第 1 项中,而运行费用计入第 2 项中。

(4)计算结果比较,确定最佳方案。在几个方案中,会出现投资少而年运行费用多,或投资多而年运行费用少的情况,应选择其中综合经济效果最好的方案。在此,引入“折返年限”权衡取舍。折返年限的计算公式为

$$N=\frac{C_t\text{Ⅰ}-C_t\text{Ⅱ}}{C_y\text{Ⅱ}-C_y\text{Ⅰ}}$$

式中　N——折返年限(年);

C_tⅠ、C_tⅡ——两方案的基建投资(万元);

C_yⅠ、C_yⅡ——两方案的年运行费用(万元/年)。

当 N=3～5 年时,选取投资多的方案。对于基建周期较长的企业(如冶金矿山)取上限,对周期短者(如轻工业)取下限。

按照综合经济效果所选取的变压器,其负荷率一般较高,为 0.7～0.8。

(5)两点说明。在计算年电能损耗费 C_5 的公式中,只计入了电能的商品价格,而每千瓦时电能所创造的价值远比它本身的商品价格高。因此在比较各种方案时,若差别不大,则应从节能原则来选择变压器容量。

以上计算公式未考虑投资和运行费的利率,实际上应加以考虑。

2. 工程实例

【实例】 某三班制企业,设备装机容量为 740kVA,实际使用的负荷量为 S 为 400kVA(为了使问题简化,设其为常量),平均功率因数为 0.95(补偿后),设变压器年运行小时数 T 为 8700h,正常负荷下工作小时数 τ 为 6900h。试问:配备均能满足负荷需要的 10/0.4kV、S9-800kVA 或 S9-630kVA 变压器,哪一种变压器对企业更为合适?该厂是以 $\cos\varphi=0.9$ 为基准考核的企业。

解 分别对 800kVA 和 630kVA 变压器进行计算。

(1)S9-800kVA 变压器技术数据:$P_0=1.2\text{kW}$,$P_d=7.5\text{kW}$,$I_0\%=0.8$,$U_d\%=4.5$,变压器价格 8.8 万元,综合造价 12.4 万元,变压器负荷率 $\beta=S/S_e=400/800=0.5$。

基建投资:$C_t=C_{b1}+C_{b2}=12.4+0=12.4$(万元)

年运行费:$C_y=C_1+C_2+C_3+C_4+C_5$

其中折旧费和维护费:$C_1+C_2=8.8\times(5+3)\%=0.7$ 万元/年

运行人员工资:C_3 略去不计(且该项在两方案中相等)

年基本电价费:$C_4=12\times4\times800\times10^{-4}=3.84$ 万元/年

变压器负荷年用电费:$C_5'=P_2\tau\delta\times10^{-4}=P\cos\varphi\tau\delta=400\times0.95\times6900\times0.5\times10^{-4}=131.1$(万元/年)(其实该项在两方案中相等,本可不参加比较)

变压器年电能损耗费

$$C_5''=[(P_0+K_GQ_0)T+(\beta^2P_d+K_G\beta^2Q_d)\tau]\delta\times10^{-4}$$

查表 3-21 得无功电价等效当量 $K_G=0.042$,设电价 $\delta=0.5$

元/(kWh)。

$$Q_0 = I_0\%Se \times 10^{-2} = 0.8 \times 800 \times 10^{-2} = 6.4(\text{kvar})$$

$$Q_d = U_d\%Se \times 10^{-2} = 4.5 \times 800 \times 10^{-2} = 36(\text{kvar})$$

$$C_5'' = [(1.2 + 0.042 \times 6.4) \times 8700 + (0.5^2 \times 7.5 + 0.042 \times 0.5^2 \times 36) \times 6900] \times 0.5 \times 10^{-4} = 1.4(\text{万元/年})$$

故　$C_y = 0.7 + 3.84 + (131.1 + 1.4) = 137$(万元/年)

(2)S9-630kVA 变压器技术数据：$P_0 = 1.2\text{kW}$，$P_d = 6.2\text{kW}$，$I_0\% = 0.9$，$U_d\% = 4.5$，变压器价格 8.1 万元，综合造价 10.5 万元，变压器负荷率 $\beta = 400/630 = 0.635$。计算结果如下：

基建投资：$C_t = 10.5$(万元)

年运行费：$C_y = 0.65 + 3.02 + (131.1 + 0.79) = 135.6$(万元/年)

(3)方案比较，将上述结果列于表 3-23 中。从表中可见，选用 630kVA 变压器，基建投资节省 1.9 万元，年运行费用节省 1.4 万元。因此，应选用 S9-630kVA 变压器。

表 3-23　方案比较

经济指标 / 变压器容量(kVA)	基建投资(万元)			年运行费(万元/年)			
	综合造价	贴费	合计	年折旧维护费	年基本电价费	年电能耗用费	合计
S9-800	12.4	0	12.4	0.7	3.84	131.1 (1.4)	137
S9-630	10.5	0	10.5	0.65	3.02	131.1 (0.79)	135.6

注：1. 括号内数字为变压器年电能损耗费。

2. 变压器价格及造价仅供参考。

二、应用现值系数法选择变压器容量与工程实例

1. 现值系数与投资资金回收系数

现值系数的概念已在第一章第二节中作过介绍。

现值系数 C/L 可由下式表示

$$\frac{C}{L}=\frac{1-\left(\frac{1+\alpha}{1+i}\right)^{n}}{i-\alpha}$$

式中　C——节电改造工程的投资(元)；

L——采取节电工程后的年节约费用(即年收益)(元/年)；

i——年利率；

α——年通货膨胀率。

投资资金回收系数

$$\frac{L}{C}=\frac{i-\alpha}{1-\left(\frac{1+\alpha}{1+i}\right)^{n}}$$

2. 选择方法步骤

(1)计算变压器总拥有费用 T。

$$T=Y+AP_0+BP_d$$

式中　T——变压器总拥有费用(元)；

Y——变压器初始投资费用(包括变压器价格、运费、营业税及其他供电设备费用)；

P_0——变压器额定空载损耗(kW)；

P_d——变压器额定负载损耗(kW)；

A——变压器寿命期间空载损耗每千瓦的资本费用(元/kW)；

B——变压器寿命期间负载损耗每千瓦的资本费用(元/kW)。

(2)确定损耗系数 A 和 B。

①系数 A。A 的数值主要由电价来决定，等效于初始费用的现值表达式为

$$A=\frac{L}{C}(12E_1+E_2T)$$

式中　E_1——两部电价中的基本电费[元/(kW·月)]；

E_2——两部电价中的电能电费[元/(kWh)]；

T——年运行小时数，一般按 8760h 计。

②系数 B。B 的数值除了电价因素外，主要与变压器所带负荷特征有关。负荷特征可用年最大负荷损耗小时数（由最大负荷利用小时数 T_{max} 和功率因数确定）以及负荷率表示。重负荷、运行时间长、负荷率高的企业，其系数 B 就大，反之则小。系数 B 的数值等效于初始费用的现值表达式为

$$B=\frac{L}{C}(12E_1+E_2\tau)\beta^2$$

式中　τ ——年最大负荷损耗小时数（h），由最大负荷利用小时数 T_{max} 及功率因数 $\cos\varphi$ 确定，见表 3-24 或由 $\tau=T_{max}^2(\cos\varphi_{max}/\cos\varphi_{pj})^2\times(1/8760)$ 计算得到（$\cos\varphi_{max}$ 和 $\cos\varphi_{pj}$ 分别为最大和平均功率因数）；

β ——变压器负荷率。

表 3-24　τ 与 T_{max} 的关系表

$\cos\varphi$ / $T_{max}(h)$	τ(h)				
	0.8	0.85	0.9	0.95	1
2000	1500	1200	1000	800	700
2500	1700	1500	1250	1100	950
3000	2000	1800	1600	1400	1250
3500	2350	2150	2000	1800	1600
4000	2750	2600	2400	2200	2000
4500	3150	3000	2900	2700	2500
5000	3600	3500	3400	3200	3000
5500	4100	4000	3950	3750	3600
6000	4650	4600	4500	4350	4200
6500	5250	5200	5100	5000	4850
7000	5950	5900	5800	5700	5600
7500	6650	6600	6550	6500	6400
8000	7400	7370	7350	7300	7250

不同用电行业的 A、B 值见表 3-25。

表 3-25　不同用电行业的 A、B 值

行业名称	T_{max} (h)	τ(h) ($\cos\varphi=0.9$)	A (元/kW)	B(元/kW) 负荷率		
				$\beta=1.0$	$\beta=0.75$	$\beta=0.5$
铝电解	8200	8000	48672	44647	25114	11162
有色电解	7500	6550	48672	36970	20796	9243
化工	7300	6375	48672	36048	20277	9012
有色冶炼	6800	5500	48672	31410	17668	7853
纺织、地铁	6000	4500	48672	26115	14690	6529
机械制造	5000	3400	48672	20290	11413	5073
食品工业	4500	2900	48672	17643	9924	4411
电线厂	3500	2000	48672	12877	7243	3219
农业灌溉	2800	1600	48672	10759	6052	2690
生活用电	2500	1250	48672	8906	5010	2227
农村照明	1500	750	48672	6259	3521	1565

注：计算条件：$E_1=18$ 元(kW·月)，$E_2=0.5$ 元/(kWh)，变压器寿命期 $n=20$，$i=7\%$，$\alpha=0$，$\cos\varphi=0.9$。

3. 工程实例

【实例】 某机械制造厂，设计变压器容量为 800kVA，变压器负荷率 β 为 0.75，$\cos\varphi$ 为 0.9，年最大负荷运行小时数 T_{max} 为 5000h。试计算：

(1)选用 S9-800kVA 变压器 20 年的总费用；

(2)比较 S7 变压器，S9 多付投资的回收年限。

设年利率 $i=0.07$，年通货膨胀率 $\alpha=0.02$，变压器寿命 $n=20$ 年。

解　(1)根据 $T_{max}=5000$h、$\beta=0.75$，查表 3-25，取 $A=48672$，$B=11413$。

已知 S9-800kVA 变压器 $P_{01}=1.4$kW，$P_{d1}=7.5$kW，价格 $Y_1=91100$ 元，因此 20 年的总费用为

$$T=Y_1+AP_{01}+BP_{d1}=91100+48672\times1.4+11413\times7.5=244838(\text{元})$$

(2)已知 S7-800kVA 变压器价格 $Y_2=75900$ 元，$P_{02}=$

1.54kW，$P_{d2}=9.9$kW。

投资资金回收系数为

$$\frac{L}{C}=\frac{i-\alpha}{1-\left(\frac{1+\alpha}{1+i}\right)^{n}}=\frac{0.07-0.02}{1-\left(\frac{1+0.02}{1+0.07}\right)^{20}}=\frac{0.05}{0.616}=0.081$$

S9 的回收年限＝S9 与 S7 变压器价差/S7 与 S9 变压器损耗费价差

$$=(Y_1-Y_2)/\{[A(P_{02}-P_{01})+B(P_{d2}-P_{d1})]\times(L/C)\}$$

$$=(91100-75900)/\{[48672\times(1.54-1.4)+11413\times(9.9-7.5)]\times0.081\}$$

$$=15200/[(6814.1+27391.2)\times0.081]$$

$$\approx5.5(年)$$

说明：变压器价格仅供参考。

三、农村配电变压器经济容量选择与工程实例

1. 计算公式

根据《农村低压电力技术规程》DT/T499——2001，国家经贸委电力司制订规定，选择配电变压器容量时应考虑 5 年内电力增长计划。

(1)若 5 年内电力增长计划明确，变动不大，且当年负荷不低于变压器容量的 30%，则可按下式计算配电变压器容量：

$$S_e=\frac{K_s\sum P_H}{\eta\cos\varphi}$$

式中 S_e——配电变压器在 5 年内所需容量(kVA)；

$\sum P_H$——5 年内的有功负荷(kW)；

K_s——同期率，一般为 0.6～0.7；

η——变压器效率，一般为 0.8～0.9；

$\cos\varphi$——功率因数，一般为 0.8～0.85。

当取 $K_s=0.7$，$\eta=0.8$，$\cos\varphi=0.8$ 时，则配电变压器的容量为

$$S_e=\frac{0.7\sum P_H}{0.8\times 0.8}\approx 1.1\sum P_H$$

(2)若5年内电力增长计划不明确或是否实施的变动性很大,而当年的电力负荷比较明确时,则可按下式计算：

$$S_e=\frac{K_1K_2}{\beta_m\cos\varphi}P_H$$

式中　P_H——当年的用电负荷(kW)；

K_1——负荷分散系数,取1.1；

K_2——负荷增长系数,取1.3～1.5；

β_m——配电变压器经济负荷率,一般为0.6～0.7；

其余符号意义同前。

当取$K_1=1.1$,$K_2=1.4$,$\beta_m=0.65$,$\cos\varphi=0.8$时,则配电变压器的容量为

$$S_e=\frac{1.1\times 1.4}{0.65\times 0.8}\times P_H\approx 3P_H$$

2. 工程实例

【实例1】 某村庄目前有动力负荷80kW,照明及家电等负荷8kW,预计5年内新增11kW机泵2台及照明负荷等5kW,现在使用的是一台S9-80kVA变压器,试选择变压器容量。

解　设负荷周期使用率$K_s=0.6$、$\cos\varphi=0.8$,变压器效率$\eta=0.85$。

根据目前的用电负荷,实际用电容量约为

$$S=\frac{K_s\sum P_H}{\eta\cos\varphi}=\frac{0.6\times(80+8)}{0.85\times 0.8}=77.6(\text{kVA})$$

现用的80kVA变压器能满足要求。

5年内所需变压器容量为

$$S'=\frac{K_s\sum P'_H}{\eta\cos\varphi}=\frac{0.6\times(80+8+11\times 2+5)}{0.85\times 0.8}=101.5(\text{kVA})$$

可见,目前80kVA变压器容量已不够使用,如果淘汰这台

80kVA 变压器而新增一台 100kVA 变压器，投资太大，不经济。为此，新购一台 30kVA 的变压器专供 2 台 11kW 机泵使用。由于机泵属季节性用电，不用时可将 30kVA 变压器退出运行，以节约用电。而将新增 5kW 照明等负荷接在原 80kVA 的变压器上。这时该变压器所承受负荷约为

$$S=\frac{0.6(80+8+5)}{0.85\times0.8}=82(\text{kVA})$$

虽有所超负荷，但农村用变压器受季节影响较大，低谷用电在一年内有相当长时间，因此该变压器完全能胜任工作。

【实例 2】 某村庄现有照明负荷 33kW、动力负荷 10kW，由一台 S7-50/10 型变压器供电，明年准备新上一个小型服装加工厂，用电负荷约为 30kW，以后 5 年内不准备上项目。试选择变压器。

解　(1)变压器容量的计算。因该村电力发展目标明确，总负荷为

$$\sum P_{\text{H}}=33+10+30=73(\text{kW})$$

令 $K_{\text{s}}=0.7$、$\cos\varphi=0.8$、$\eta=0.8$，则变压器容量为

$$P_{\text{e}}=1.1\sum P_{\text{H}}=1.1\times73=80.3(\text{kW})$$

因此，初步选择变压器容量为 100kVA。

(2)几种变压器运行费用比较。S7-50/10 型、S9-50/10 型及 SH-100/10 型变压器运行费用等比较如下：设农村照明电价为 0.7 元/kWh，变压器年负荷利用小时数按 2600h 计算，最大负荷年损耗小时数按 1000h 计算(具体计算请见本节一项)。

S7-50/10 型：价格 8770 元，年电能损耗费 2614 元；

S9-50/10 型：价格 10850 元，年电能损耗费 2077 元；

SH-100/10 型：价格 25100 元，年电能损耗费 2258 元。

(3)几种方案的比较。由于原有一台 50kVA 变压器，可供选择的方案有以下两个：

方案一：原有 S7-50/10 型变压器不动，再增加一台 S9-50/10 变压器并联运行。此方案当两变压器有一台故障或检修时，不会造成全村停电，供电可靠性较好。

方案二：把原有 S7-50/10 型变压器换掉，而用一台 S9 或 SH 型 100kVA 变压器代替。

方案比较：若方案二采用 SH-100/10 型变压器。方案一比方案二少投资 25100－10850＝14250(元)，但方案一比方案二要多增加一套高、低压配电装置及附属设施，增加费用约 7000 元，这样两方案一次性投资相差为 14250－7000＝7250(元)。但方案二的运行费用低，一台 S7-50/10 和一台 S9-50/10 变压器年损耗费总共为 2614＋2077＝4691(元)，而一台 SH-100/10 型变压器年损耗费为 2258 元，两者差额为 2433 元，回收差额年限为 7250/2433＝2.98(年)。也就是说，方案二比方案一虽一次性投资大，但不足 3 年就可回收投资差额部分。以后十几年即可得到可观的经济回报。

以上计算还尚未计入所换掉的 S7-50/10 型变压器的剩余价值。

说明：变压器价格仅供参考。

四、电力排灌站变压器容量选择与工程实例

1. 方法一

小型电力排灌站的变压器一般为单台，容量为 320kVA 及以下，电压为 10/0.4kV。

变压器容量可按下式选择：

$$S=\sum\left(\frac{K_1P_1}{\eta\cos\varphi}\right)+K_2P_2$$

式中　S——变压器容量(kVA)；

P_1——电动机的额定功率(kW)；

η——电动机的效率；

$\cos\varphi$——电动机的功率因数；

$\sum\left(\frac{K_1P_1}{\eta\cos\varphi}\right)$——同时投入运行的电动机功率总和；

K_1——电动机负荷率，$K_1=\frac{K_3P_3}{P_1}$；

P_3——水泵的轴功率(kW)；

K_3——换算系数，当 $P_3/P_1=0.8\sim1$ 时，K_3 可取 1；当 $P_3/P_1=0.7\sim0.8$ 时，K_3 取 1.05；当 $P_3/P_1=0.6\sim0.7$ 时，K_3 取 1.1；当 $P_3/P_1=0.5\sim0.6$ 时，K_3 取 1.2；

P_2——照明用电总功率(kW)；

K_2——照明用电同时系数，一般取 0.8～0.9。

2. 方法二

变压器容量也可按以下简化公式选择：

$$S=\sum P(1+25\%)$$

式中　$\sum P$——电动机总容量(kW)。

式中考虑同时率为 1。若按此式所算得的变压器容量较小，使电动机不能直接起动时，应采用减压起动方式。

3. 方法三

一般电动机和变压器的配合可参见表 3-26。

表 3-26　电动机和变压器容量配合参考表

电动机(kW)	变压器(kVA)
10～15	20
20～24	30
30～40	50、63
50～80	75、80
70～90	100、125
100	125、180

4. 工程实例

【实例】 某排灌站有 2 台 30kW 和 6 台 15kW 水泵，电动机的效率及功率因数分别为 $\eta=0.9$、$\cos\varphi=0.85$ 和 $\eta=0.88$、$\cos\varphi=0.81$；照明用电总共 1.5kW，试选择该排灌站的变压器容量。

解 (1)方法一。根据水泵的扬程 H 和流量 Q，可计算出水泵的轴功率(具体计算请见第六章第四节)。

现设 30kW 水泵的轴功率 $P_3=23\text{kW}$，15kW 水泵的轴功率 $P_3=13\text{kW}$。

对于 30kW 水泵，$P_3/P_1=23/30=0.77$，故换算系数 $K_3=1.05$，电动机负荷率 $K_1=K_3P_3/P_1=1.05\times23/30=0.805$。

对于 15kW 水泵，$P_3/P_1=13/15=0.87$，$K_3=1$，电动机负荷率 $K_1=K_3P_3/P_1=1\times13/15=0.867$。

取照明用电同时系数 $K_2=0.8$。

变压器容量为

$$S=\sum\left(\frac{K_1P_1}{\eta\cos\varphi}\right)+K_2P_2$$

$$=\frac{0.805\times2\times30}{0.9\times0.85}+\frac{0.867\times6\times15}{0.88\times0.81}+0.8\times1.5$$

$$=63.14+109.5+1.2=173.84(\text{kVA})$$

因此可以选用 180kVA 的变压器。

(2)方法二。变压器容量为

$$S=\sum P(1+25\%)=1.25\sum P$$

$$=1.25\times(2\times30+6\times15)=187.5(\text{kVA})$$

可选用 180kVA 的变压器。

(3)方法三。水泵电动机总功率 $\sum P=2\times30+6\times15=150(\text{kW})$，如果考虑水泵同时使用率 $K=0.7$，则实际电动机功率为 $0.7\times150=105(\text{kW})$，由表 3-26 查得，可选用 180kVA 的变压器。

实际上，180kVA 变压器的额定二次电流为

$$I_e=\frac{S_e}{\sqrt{3}U_e}=\frac{180}{\sqrt{3}\times0.38}=273(\text{A})$$

而 30kW 水泵电动机额定电流为 $I_1=59.5\text{A}$，15kW 水泵电动机额定电流为 $I_2=31.6\text{A}$。所有电动机满负荷电流为 $I=2I_1+6I_2=2\times59.5+6\times31.6=308.6(\text{A})$。事实上一般水泵不

会满负荷运行，所以总电流不可能达到 308.6A，何况排灌站多为季节性负荷，因此 180kVA 的变压器容量完全可以承担。

第五节　节能型变压器节电效益比较

一、S9 系列变压器与 S7 系列变压器的比较

我国在 1980 年以后推出 S7 系列变压器，按 1973 年配电变压器标准属于节能型，但同 20 世纪 80 年代中期全国统一设计的 S9 系列变压器相比，S7 系列变压器则属于高耗损型。

1. 主要经济指标的比较

(1)空载损耗 P_0。S9 系列比 S7 系列降低约 8%；

(2)负载损耗 P_d。S9 系列比 S7 系列降低约 25%；

(3)价格及节电回收年限。虽然 S9 系列比 S7 系列平均高 20%左右，但 S9 初投资多付的资金 3～5 年左右可以回收(视负荷率和变压器容量)。

按变压器 20 年使用年限计算，S9 各种规格的总拥有费用均低于 S7。为了节约电能，推广新技术、新产品，国家已明令 1998 年底淘汰 S7 和 SL7 系列产品。S9 系列变压器是目前农网改造的通用产品。

2. S9 系列变压器的技术参数

见表 3-27。

表 3-27　S9 系列变压器的空载损耗和负载损耗

容量(kVA)	空载损耗		负载损耗	
	有功(W)	无功(var)	有功(W)	无功(var)
100	290	1600	1500	4000
125	340	1870	1800	5000
160	400	2240	2200	6400
200	480	2600	2600	8000
250	560	3000	3050	1000
315	670	3465	3650	12600

3. S9 系列变压器投资年费用、维护费用

见表 3-28。

表 3-28 S9 系列变压器投资年费用、维护费用

容量 (kVA)	单价 (元)	投资年费用 (元/年)	维护费 (元/年)
100	16150	2216	242
125	18250	2504	274
160	20800	2854	312
200	24000	3293	360
250	28490	3909	427
315	33560	4605	503

二、新 S9 系列变压器与 S11 系列及非晶合金铁心变压器的比较

目前常用的低损耗 10kV 配电变压器有新 S9 系列、S11 系列及非晶合金系列等。新 S9 系列低损耗变压器是在 S9 型变压器的基础上改进而来的。在改进过程中,通过采用新组件、新工艺并完善部分结构,来提高产品的电气强度、机械强度及散热能力,以提高变压器的节能效益。低损耗配电变压器优越性主要体现在以下几个方面:

1. 新 S9 系列

新 S9 系列变压器的空载损耗、空载电流和噪声都较低,产品质量可靠、价格便宜。新 S9 系列与老 S9 系列变压器技术指标对比见表 3-29。

2. S11 系列与新 S9 系列比较

根据原国家经贸委电力[2002]112 号文通知,S11 系列卷铁心变压器具有绕制工艺简单、质量轻、体积小、空载损耗比新 S9 系列降低 25%～30%、维护方便、运行费用省、节能效果明显等优点,比较适合我国农村电网的负荷特性和技术要求。

3. S11-M·R 系列与新 S9 系列比较

S11-M·R 系列三相卷铁心全密封配电变压器采用了特殊的

卷铁心材料，其空载损耗降低30%，空载电流降低50%～80%，噪声降低6～10dB。经计算S11-M·R系列变压器年综合损耗电量比新S9系列降低13%～17%，具有良好的节能效果。同时，因产品价格相对较低，其增量投资效益指标（与新S9系列相比）优势十分明显，静态投资回收期为5～8年，动态内部收益率为12%～24%，具有较好的投资效益。该产品的315kVA及以下小容量变压器具有质量可靠、增量投资效益明显等特点。S11-M·R型变压器与新S9系列变压器投资效益分析见表3-30。

4. SBH11-M系列与新S9系列比较

SBH11-M系列合金铁心密封式配电变压器，铁心采用非晶合金带材卷制而成，具有超低损耗特性，其空载损耗比同容量的新S9系列产品平均降低75%，是目前10kV配电变压器节能效果最佳产品。经分析，SBH11-M系列变压器年综合损耗电量比新S9系列的降低40%～42%，其节能效果极佳。但产品价格较高，增量投资效益指标（与新S9系列相比）不明显，如静态投资回收期为8～24年，动态内部收益率为0%～13%，但对于315kVA及以上的大容量配电变压器，仍具有节电性能好、投资回收期合理、产品质量可靠的优点。SBH11-M型变压器与新S9系列变压器投资效益分析见表3-31，空载损耗比较见表3-32。

表3-29　新S9系列与老S9系列30～1600kVA配电变压器技术指标对比表

型号	性能参数				新S9						
容量(kVA)	空载损耗(W)	负载损耗(W)	空载电流(%)	阻抗电压(%)	硅钢片质量(kg)	铜导线质量(kg)	油质量(kg)	油箱及附件质量(kg)	器身质量(kg)	总质量(kg)	主要材料成本(元)
30	130	600	2.1	4	80.5	42.4	70	75	140	280	2893.5
50	170	870	2.0	4	111.7	64.2	80	90	205	375	4060.1
63	200	1040	1.9	4	127.9	76.4	90	100	235	430	4704.7
80	250	1250	1.8	4	161.3	82.1	100	110	280	490	5389.9
100	290	1500	1.6	4	180.3	100.7	110	125	325	560	6289.9
125	340	1800	1.5	4	220	106.5	125	150	375	650	7130

续表 3-29

型号	性能参数				新 S9						
容量（kVA）	空载损耗（W）	负载损耗（W）	空载电流（%）	阻抗电压（%）	硅钢片质量（kg）	铜导线质量（kg）	油质量(kg)	油箱及附件质量(kg)	器身质量（kg）	总质量（kg）	主要材料成本（元）
160	400	2200	1.4	4	270	118.8	140	170	450	760	8284
200	480	2600	1.3	4	317	138.7	165	195	525	875	9692
250	560	3050	1.2	4	378.8	162.6	190	225	625	1040	11427.4
315	670	3650	1.1	4	457	191.6	220	260	745	1225	13569
400	800	4300	1.0	4	550.3	234.6	275	285	905	1465	16421.9
500	960	5150	1.0	4	639	272.8	305	360	1050	1715	19096
630	1200	6200	0.9	4.5	748.5	364.3	395	435	1280	2110	23939.5
800	1400	7500	0.8	4.5	909.1	403.3	455	550	1510	2575	27842.3
1000	1700	10300	0.7	4.5	1021	436.3	525	665	1675	2860	30982
1250	1950	12000	0.6	4.5	1200.1	500.2	585	795	1955	3330	35917.3
1600	2400	14500	0.6	4.5	1479.2	600.6	670	915	2390	3970	43342.6

型号	老 S9							新 S9 比老 S9 指标下降百分数		
容量	硅钢片质量(kg)	铜导线质量（kg）	油质量（kg）	油箱及附件质量(kg)	器身质量（kg）	总质量（kg）	主要材料成本（元）	器身质量（%）	总质量(%)	主要材料成本（%）
30	91.5	52.6	90	85	165	340	3472.5	15.15	17.65	16.67
50	139	85.2	100	95	260	455	5148	21.15	17.58	21.13
63	157	90.2	115	110	280	505	5652	16.07	14.85	16.76
80	193	102.2	130	120	340	590	6585	17.65	16.95	18.15
100	215	114	140	130	380	650	7305	14.47	13.85	13.90
125	245	135	175	175	440	790	8635	14.77	17.72	17.43
160	298.8	159	195	205	530	930	10244.4	15.09	18.27	19.14
200	351	173.7	215	225	605	1045	11524	13.22	16.27	15.90
250	426	207.6	255	260	730	1245	13821	14.38	16.47	17.32
315	502.5	242	280	295	855	1430	16077.5	12.87	14.34	15.60
400	591	287	320	315	1010	1645	18838	10.40	10.94	12.83
500	684	320.6	360	375	1155	1890	21435	9.09	9.26	10.91
630	999	496	605	500	1720	2825	32392	25.58	25.31	26.09
800	1136	572.8	680	570	1965	3215	37062	23.16	19.91	24.88
1000	1313	582	870	895	2180	3845	41564	23.17	27.50	25.46
1250	1554	720.3	980	1055	2615	4650	49876	25.24	28.39	27.99
1600	1793	835.2	1115	1130	2960	5205	56628	19.26	23.73	23.46

注：1. 老 S9 系列与新 S9 系列变压器连接组均为 Y，yn0。

2. 老 S9 系列与新 S9 系列变压器高压分接：−5%～+5%。

在表 3-30 和表 3-31 的节电收益一栏所涉及的 10kV 配电变压器损耗电量计算作如下假设：

①变压器年运行时间为 8760h；

②可变损耗电量计算采用最大负荷损耗小时法，设最大负荷利用小时 $T_{max}=3500$h，功率因数 $\cos\varphi=0.80$，最大负荷损耗小时 $\tau=2450$h；

③变压器的最大负荷为 $S_{max}=0.8S_e$。

表 3-30　新 S9 系列与 S11-M·R 系列变压器增量投资收益分析

变压器容量(kVA)	建设资金增量(元)			节电收益(元)	投资回收期(年)	内部收益率(%)
	新 S9 设备费	S11-M·R 设备费	增量投资			
50	7180	8500	1320	219	6.03	19.20
80	9690	11600	1910	285	6.71	16.60
100	10730	13250	2520	394	6.39	17.70
200	16690	20610	3920	657	5.97	19.45
315	21340	26360	5020	964	5.21	23.32

表 3-31　新 S9 系列与 SBH11-M 系列变压器增量投资收益分析

变压器容量(kVA)	建设资金增量(元)			节电收益(元)	投资回收期(年)	内部收益率(%)
	新 S9 设备费	SBH11-M 设备费	增量投资			
50	7180	17860	10680	596	17.93	1.19
80	9690	23450	13760	832	16.53	2.10
100	10730	25360	14630	1007	14.52	3.65
200	16690	37150	20460	1664	12.29	5.84
315	21340	46490	25150	2321	10.83	7.67

表 3-32　SBH-11 系列和新 S9 系列变压器空载损耗比较

额定容量(kVA)	30	50	80	100	125	160	200	250
P_0(非量)(W)	32	42	62	72	85	100	120	140
P_0(新 S9)(W)	130	170	250	290	340	400	480	560
额定容量(kVA)	315	400	500	630	800	1000	1250	1600
P_0(非量)(W)	167	200	240	300	350	425	487	600
P_0(新 S9)(W)	670	800	960	1200	1400	1700	1950	2400

以 800kVA 变压器为例，SBH11 型变压器与新 S9 系列变压器相比，空载损耗减少为 $\Delta P_0 = 1.05\text{kW}$，而两者的负载损耗是一样的，即 $\Delta P_d = 0$，据此计算出一台产品每年可减少的电能损耗为

$$\Delta A = (\Delta P_0 + \beta^2 \Delta P_d)T = (1.05 + 0.6^2 \times 0) \times 8760 = 9198(\text{kWh})$$

三、SN9 系列、SH10 系列和 DZ10 系列变压器与 S9 系列变压器的比较

经调查，大多数农村电网中的变压器长期处于轻载或空载状态(据统计，全国农网配电变压器平均负荷率不到 30%)，在负荷率较低的农网中使用 S9 系列变压器不能充分发挥其应有的节能效果。为此，针对农村电网负荷率低的特点，开发出适合农村电网低负荷率场合使用的 SN9 系列、SH10 系列三相变压器和 DZ10 系列单相柱上变压器。

1. SN9 系列非晶合金变压器

其空载损耗较 S9 系列变压器降低了约 20%～25%，负载损耗较 S9 系列增加了约 10%，使损耗比(负载损耗/空载损耗)提高到 7 左右。其他性能参数保持了 S9 系列变压器的性能参数。使用 SN9 系列变压器在 50%以下负荷率的条件下，较 S9 系列变压器都节能，且负荷率越低节能效果越明显。SN9 系列变压器成本与 S9 系列变压器相当。

2. SH10 系列非晶合金变压器

它采用三相五柱式两行矩形排列铁心，具有低噪声、低损耗、励磁电流小的特点，成本比 S9 系列高的不太多，也非常适合在农村低负荷率电网中使用，具有显著的节电效果。

3. DZ10 系列单相柱上配电变压器

针对某些农村电网用户分散、用电量小的特点，采用单相柱上配电变压器单相两线或三线供电，以代替三相变压器供电，可以节能。

DZ10 系列单相柱上配电变压器产品的额定容量有 5、10、15、

20、25、30kA 和 50kVA 七种；高压侧电压为 10、10.5、11±5% kV，低压侧分为单绕组结构 0.22、0.23kV，双绕组结构为 0.22/0.44、0.23/0.46kV。DZ10 系列变压器是按 S10 标准设计和生产的，从变压器自身损耗上比 S9 系列三相变压器更先进，其性能如表 3-33 所示。

表 3-33　DZ10 系列柱上配电变压器参数

容量 (kVA)	空载损耗 (W)	负载损耗 (W)	空载电流 (%)	阻抗电压 (%)
5	42	145	5.3	4
10	55	255	2.5	4
20	85	425	2.3	4
30	100	570	1.7	4

采用 DZ10 系列单相变压器的好处如下：

(1)在相同容量下空载损耗下降显著。例如一台容量为 10kVA 的 DZ10 型单相变压器，其空载损耗为 48W，而相同容量下 S9 系列三相变压器的空载损耗为 80W，两者相差 32W，按年运行 8000h 计，DZ10 系列比 S9 系列少损失电量 256kWh。

(2)采用单相变压器供电，高压线路可按两线架设、低压线路可按两线或三线架设，而采用三相变压器供电，高压线路须按三线架设、低压线路按四线架设。从工程费用来看，采用单相变压器供电高压线路建设可节省 1/5 工程造价，低压线路建设可节省 1/4 工程造价。

(3)从台区建设费用来看，建一个 H 型配电台区需经费 6000 元左右，而单相配电变压器采用单杆悬挂式需要经费不足 2000 元。因此，台区费用可节省 2/3 资金。

四、S9-T 系列调容量变压器与 S9 系列变压器的比较

调容量变压器适用于农村电网。农村电网的负荷性质是线路长、面广、负荷率低。农业生产用电的特点是：农业生产中大多有打场、抗旱、排涝等情况，所以季节性比较明显。农网在负荷低谷时负荷率很低，甚至接近空载；用电高峰季节，则负荷率显著提高。为此，采用调容量变压器，在负荷低谷时期用小容量，在用电高峰季节，改用大容量，从而有效地节约电能。

1. 调容量变压器的基本原理

调容量变压器采用两种连接组方式：大容量时为 D，yn11，小容量时为 Y，yn0。如果由大容量调为小容量，高压绕组连接方式由 Δ 接线改变为 Y 接线，相电压就相应地为大容量时的 $1/\sqrt{3}$，低压侧输出电压也会以同样倍数降低。为稳定输出电压，绕组采用特殊的连接绕制方法，高压绕组在大小容量时匝数保持不变，仅改变其连接方式；而低压绕组不改变其连接方式，将其总匝数分为 73%和 27%两部分，并把 73%部分设计为两股并联绕制，每股导线的截面积约为 27%部分导线总截面积的一半。在大容量时，并联的 73%部分与另外的 27%的线匝串联起来（视为 100%）运行；在小容量时，并联的 73%部分转为串联，再与另外的 27%的线匝串联起来（视为 173%）运行，这样低压绕组的匝数就增为原来（大容量时）的 1.73（约为$\sqrt{3}$）倍，使低压侧电压同倍数增加，抵消了高压绕组由 Δ 接线改变为 Y 接线时，相电压降为 $1/\sqrt{3}$倍的因素，使输出电压保持稳定不变。

2. 调容量变压器的节能特性

(1)空载损耗。变压器（铁心柱与铁轭截面相同时）的空载损耗可按下式计算

$$P_0 = K_{P0} P_C G_{Fe}$$

式中　P_0——空载损耗(W)；

K_{P0}——空载损耗附加系数；

P_C——硅钢片单位损耗(W/kg)；

G_{Fe}——铁心的总质量(kg)。

对于 K_{P0} 及 G_{Fe} 在大小容量时是不变的，而 $P_C \propto B_C^2$（B 为磁通

密度)，在变压器调为小容量时，B_C 降为大容量时的 $1/\sqrt{3}$倍，所以 P_C 降为原来(大容量时)的 1/3，从而使空载损耗 P_0 大幅度降低。

(2)负载损耗。在设计调容量变压器时，绕组导线的截面是按大容量时选取的，在调为小容量后，由于相电流大为降低，使导线的电流密度大大变小。

负载损耗(即三相铜绕组的损耗)可按下式计算

$$P_d = 7.2j^2G$$

式中　P_d——绕组电阻损耗(W)；

j——导线的电流密度(A/mm^2)；

G——导线的质量(kg)。

可见，电阻损耗大大降低(即使有一部分效果被导线相对较重抵消)，从而负载损耗降低。

3. S9-T 系列调容量变压器与 S9 系列变压器损耗对比

S9-T 系列调容量变压器与 S9 系列变压器损耗对比见表 3-34。

表 3-34　S9-T 系列与 S9 系列变压器损耗对比

使用容量(kVA)	损　耗	S9-T 系列(实测值)	S9 系列(标准值)
100	空载损耗 P_0(W)	276	290
(D,yn11)	负载损耗 P_d(W)	1615	1620
30	空载损耗 P_0(W)	80	130
(Y,yn0)	负载损耗 P_d(W)	433	600

五、节能型干式变压器和组合式箱式变压器

1. 节能型干式变压器

采用环氧树脂绝缘的干式变压器，具有难燃、自熄、耐潮性能强、绝缘性能稳定、抗短路能力强、损耗低、噪声小、运行可靠、安装维护方便等优点，已成为高层建筑及其他重要场所的一种供电设备。在欧美等发达国家中，干式变压器已占到配电变压器总容量的 40%～50%；我国干式变压器在大中城市中占 15%～20%，

尤其在北京、上海、广州、深圳等城市已占到50%左右。

(1)SC9 系列和 SC10 系列节能型干式变压器的技术数据，见表 3-35。

表 3-35 SC9 系列和 SC10 系列干式变压器的技术数据

型号	空载损耗(W)	各绝缘耐热等级下的负载损耗(W)			技术标准
		75℃	120℃(F)	145℃(H)	
SC9-100/10	400	1450	1660	1780	GB/T 10228—1997
SC9-1000/10	1600	7510	8600	9210	
SC10-100/10	350	1370	1570	1680	
SC10-1000/10	1550	7100	8130	8700	

干式变压器的运行效率值最高点一般在负荷率的 60%左右。但在实际运行中，应从节能性和经济性等方面综合考虑，最佳负荷率 β_m 宜取 70%～80%较好。

目前，非晶合金铁心和卷铁心干式变压器也已投入使用，其空载损耗更低。

(2)干式变压器的合闸涌流。用环氧树脂绝缘的干式变压器的空载合闸涌流特别大，在使用时应加以注意。有 50%左右的机会会超过 5 倍变压器额定电流，在 20%左右的机会会超过额定电流 8 倍，有 7%左右的机会会超过额定电流 10 倍。而油浸式变压器一般不会超过 3 倍。因此，对于干式变压器的电流速断保护动作电流应按下式整定：

$$I_{dz}=(8\sim10)I_e$$

式中 I_{dz}——电流速断保护的动作电流(A)；

I_e——干式变压器的额定电流(A)。

2. 组合式箱式变压器(简称箱变)

采用节能型变压器与之配套。如 ZGS11-10/10 型环铁心组合变压器，其空载损耗为 203W，负载损耗为 1500W；ZGS11-1000/10 型环铁心组合变压器，其空载损耗为 1172W，负载损耗为 10300W。空载损耗比 S9 系列变压器低 30%左右。

第六节　变压器年电能损耗及经济负荷率计算与工程实例

一、计算公式

变压器年负荷率 β_n 可按下式计算：

$$\beta_n=\frac{A_P}{TS_e\cos\varphi_n}$$

式中　$\cos\varphi_n$——年(加权)平均功率因数，可根据 $\tan\varphi_n=A_Q/A_P$，由三角函数表查得；

A_P、A_Q——根据电能表(电能表装在降压变压器的高压侧)示值，在所计算时间内(这里是 1 年)的有功电量和无功电量(kWh、kvarh)；

S_e——变压器额定容量(kVA)；

T——变压器年运行小时数(h)。

变压器年电能损耗为：

$$\begin{aligned}\Delta A&=\Delta A_P+K\Delta A_Q\\&=(P_0T+\beta_n^2P_d\tau)+K(Q_0T+\beta_n^2Q_d\tau)\\&=(P_0T+\beta_n^2P_d\tau)+K(I_0\%S_eT+\beta_n^2U_d\%S_e\tau)\times10^{-2}\end{aligned}$$

式中　ΔA——变压器年电能损耗(kWh)；

τ——变压器正常负荷下的工作小时数，参见表 3-36；

K——无功经济当量，见表 3-14；

其他符号同前。

年综合电能损耗最小的变压器经济负荷率为：

$$\beta_m=\sqrt{\frac{(P_0+KI_0\%S_e\times10^{-2})T}{(P_d+KU_d\%S_e\times10^{-2})\tau}}$$

式中符号同前。

表 3-36　生产班制及各种时间(参供值)

生产班制	正常负荷下工作时间 τ(h)	年运行时间 T(h)	最大负荷年利用时间 T_{max}(h)
一班制	2300	8000	1500
二班间断	4600	8000	3000
三班间断	6900	8000	4500
三班连续	8000	8000	7500

二、工程实例

某三班连续生产的企业，由 2 台 S9-800kVA 变压器供电，变电所内高压侧装有三相有功电能表和无功电能表。查记录，该企业在一年内有功电能耗用 50.05 万 kWh，无功电能耗用 31.01 万 kvarh，试求：

(1)该变压器年电能损耗是多少？

(2)变压器负荷率是否处于年综合电能损耗最小的负荷率范围？

解　(1)变压器年电能损耗计算。根据耗用有功电能 $A_P=$ 50.05 万 kWh 和无功电能 $A_Q=31.01$ 万 kvarh，$\tan\varphi_n=A_Q/A_P=31.01/50.05=0.62$，故年平均功率因数为 $\cos\varphi_n=0.85$。

由表 3-36 查得，$T=8000h$，$\tau=8000h$

变压器年负荷率为

$$\beta_n=\frac{A_P}{TS_e\cos\varphi_n}=\frac{50.05}{8000\times(2\times800)\times0.85}=0.46$$

根据 S9-800kVA 变压器，由表 3-17 查得 $P_0=1.4kW$，$P_d=7.5kW$，$I_0\%=0.8$，$U_d\%=4.5$，设无功经济当量 $K=0.15$，则 2 台变压器年电能损耗为

$$\begin{aligned}\Delta A&=2\times[(P_0T+\beta_n^2P_d\tau)+K(I_0\%S_eT+\beta_n^2U_d\%S_e\tau)\times10^{-2}]\\&=2\times[(1.4\times8000+0.46^2\times7.5\times8000)+0.15\times\\&\quad(0.8\times800\times8000+0.46^2\times4.5\times800\times8000)\times10^{-2}]\\&=2\times(23896+16821)=81434(kWh)\end{aligned}$$

(2)该变压器经济负荷率的计算。该变压器年综合电能损耗最小时的经济负荷率应为

$$\beta_m=\sqrt{\frac{(P_0+KI\%S_e\times10^{-2})T}{(P_d+KU_d\%S_e\times10^{-2})\tau}}$$

$$=\sqrt{\frac{(1.4+0.15\times0.8\times800\times10^{-2})\times8000}{(7.5+0.15\times4.5\times800\times10^{-2})\times8000}}=\sqrt{\frac{2.36}{12.9}}=0.43$$

$\beta_n=0.46$，与$\beta_m=0.43$接近，所以这两台变压器的负荷率处于年综合能耗最小的负荷率范围，运行是经济的。

如果企业为二班制生产的话，查表3-36，$\tau=4600$h，则变压器年综合电能损耗最小时的经济负荷率应为

$$\beta_m=\sqrt{\frac{2.36T}{12.9\tau}}=\sqrt{\frac{2.36\times8000}{12.9\times4600}}=\sqrt{0.318}=0.56$$

如果企业为一班制生产的话，查表3-36，$\tau=2300$h，则经济负荷率为

$$\beta_m=\sqrt{\frac{2.36\times8000}{12.9\times2300}}=0.8$$

由此可见，变压器经济负荷率除与变压器本身参数有关外，主要决定于年运行小时数T、正常负荷下工作小时数τ和无功经济当量K值。

对于SL7(淘汰产品)和S9系列10/0.4kV低损耗变压器(北京变压器厂产品)，当设$T=8000$h，$K=0.1$kW/kvar时，对应于不同的正常负荷工作小时数τ的经济负荷率β_m值，见表3-37和表3-38。

表3-37　SL7系列变压器对不同的τ值的经济负荷率

型号 SL7	P_0 (kW)	P_d (kW)	$I_0\%$	$U_d\%$	β_m		
					一班制	二班制	三班制
					τ=2300～2800h	τ=4600～5700h	τ=6900～8400h
100	0.32	2.0	4.2	4	1.08～0.98	0.77～0.69	0.63～0.57
200	0.54	3.4	3.5	4	1.06～0.96	0.75～0.67	0.61～0.55
315	0.76	4.8	3.2	4	1.05～0.96	0.75～0.67	0.61～0.55
400	0.92	5.8	3.2	4	1.06～0.96	0.75～0.68	0.61～0.56

续表 3-37

型号 SL7	P_0 (kW)	P_d (kW)	$I_0\%$	$U_d\%$	β_m 一班制 τ=2300～2800h	β_m 二班制 τ=4600～5700h	β_m 三班制 τ=6900～8400h
500	1.08	6.9	3.2	4	1.14～1.04	0.81～0.73	0.66～0.60
630	1.3	8.1	3	4.5	1.05～0.96	0.75～0.67	0.61～0.55
800	1.54	9.9	2.5	4.5	1.0～0.91	0.71～0.64	0.58～0.52
1000	1.8	11.6	2.5	4.5	1.0～0.91	0.71～0.64	0.58～0.52

表 3-38　S9 系列变压器对不同的 τ 值的经济负荷率

型号 S9	P_0 (kW)	P_d (kW)	$I_0\%$	$U_d\%$	β_m 一班制 τ=2300～2800h	β_m 二班制 τ=4600～5700h	β_m 三班制 τ=6900～8400h
100	0.29	1.5	1.6	4	0.95～0.86	0.67～0.60	0.55～0.50
200	0.48	2.6	1.3	4	0.91～0.83	0.64～0.58	0.53～0.48
315	0.67	3.65	1.1	4	0.89～0.81	0.63～0.56	0.51～0.46
400	0.8	4.3	1.0	4	0.88～0.80	0.62～0.56	0.51～0.46
500	0.96	5.1	1.0	4	0.88～0.80	0.62～0.56	0.51～0.46
630	1.2	6.2	0.9	4.5	0.86～0.78	0.61～0.55	0.50～0.45
800	1.4	7.5	0.8	4.5	0.84～0.76	0.59～0.53	0.48～0.44
1000	1.7	10.3	0.7	4.5	0.79～0.71	0.56～0.50	0.45～0.41

由表 3-37 和表 3-38 可知，对于长年持续生产且日负荷变化不大的三班制企业，β_m＝50％～60％（SL7 系列）、β_m＝40％～55％（S9 系列）较节能；对于二班制企业，β_m＝60％～75％（SL7 系列）、β_m＝50％～70％较节能；对于负荷变化较大的单班制企业，宜取较高的 β_m＝90％～110％（SL7 系列）、β_m＝75％～95％。

第七节　变压器更新改造决策分析与工程实例

一、决策分析内容与计算公式

1. 分析内容

变压器是否需要更新，决定于投资的回收年限，一般的原则是：

(1)当回收年限小于5年时，变压器应考虑更新；

(2)当回收年限大于10年时，不应当考虑更新；

(3)当回收年限为5～10年时，应综合考虑，并以临近大修时更新为宜。

2. 计算公式

具体计算如下：

(1)旧变压器使用年限已到期，即没有剩值，其回收年限可按下式计算：

$$T_b=\frac{C_n-C_j-C_c}{G}$$

式中　T_b——回收年限(年)；

C_n——新变压器的购价(元)；

C_j——旧变压器残存价值，可取原购价的10%；

C_c——减少补偿电容器的投资(元)；

G——年节约电费(元/年)。

(2)变压器已到使用年限，且旧变压器需大修，其回收年限可按下式计算：

$$T_b=\frac{C_n-C_{JD}-C_J-C_c}{G}$$

式中　C_{JD}——旧变压器大修费(元)；

其他符号同前。

(3)旧变压器不到使用期限，即还有剩值，其回收年限可按下式计算：

$$T_b=\frac{C_n-C_{bJ}-C_{JD}-C_J-C_c}{G}$$

式中　C_{bJ}——旧变压器的剩值(元)，

$$C_{bJ}=C_b-C_bC_n\%T_a\times10^{-2}$$

C_b——旧变压器的投资(元)；

$C_n\%$——折旧率；

T_a——运行年限(年)；

其他符号同前。

二、工程实例

【实例】 有一台S7-1600/10变压器，现已运行18年，折旧率$C_n\%$为5%(变压器设计经济使用寿命为20年)，现部分绕组已损坏，需要换，并进行大修，大修费C_{JD}为该变压器投资费的40%，该变压器正常负荷率β为70%，年运行小时数τ为7200h。试问：变压器是更新合理，还是大修合理?

解 现将新旧变压器的数据等列于表3-39中。

表3-39　新旧变压器参数比较

变压器(kVA)	P_0(kW)	P_d(kW)	$I_0\%$	Q_0(kvar)	$U_d\%$	Q_d(kvar)	价格(元)
旧 S7-1600	2.65	16.5	1.1	17.6	4.5	72	21000
新 S9-1600	2.4	14.5	0.6	9.6	4.5	72	27000

注：变压器价格仅作参考。

在计算时，旧变压器参数仍取出厂值。

变压器更新后有功功率和无功功率节约为

$$\Delta\Delta P = P_{0B} - P_{0A} + \beta^2(P_{dB} - P_{dA})$$
$$= 2.65 - 2.4 + 0.7^2 \times (16.5 - 14.5) = 1.23(\text{kW})$$

$$\Delta\Delta Q = Q_{0B} - Q_{0A} + \beta^2(Q_{dB} - Q_{dA})$$
$$= 17.6 - 9.6 + 0.7^2 \times (72 - 72) = 8(\text{kvar})$$

年有功电量和无功电量的节约为

$$\Delta\Delta A_P = 1.23 \times 7200 = 8856(\text{kWh})$$

$$\Delta\Delta A_Q = 8 \times 7200 = 57600(\text{kvarh})$$

设每(kvar)电容器的投资为$C_{cd}=80$元/kvar，则变压器更新后减少电容器的总投资为

$$C_c = \Delta\Delta Q C_{cd} = 8\times 80 = 640(元)$$

变压器的剩值为

$$C_{bJ} = C_b - C_b C_n\% T_a \times 10^{-2}$$
$$= 21000 - 21000\times 5\times 18\times 10^{-2} = 2100(元)$$

设电价为 $\delta = 0.5$ 元/kWh,无功电价等效当量 $K_G = 0.2$,则年节约电费为

$$G = (\Delta\Delta A_P + K_G \Delta\Delta A_Q)\delta$$
$$= (8856 + 0.2\times 57600)\times 0.5 = 10188(元/年)$$

旧变压器大修费为

$$C_{JD} = 0.4\times 21000 = 8400(元)$$

回收年限为

$$T_b = \frac{C_n - C_{bJ} - C_{JD} - C_J - C_c}{G}$$
$$= \frac{27000 - 2100 - 8400 - 0.1\times 21000 - 640}{10188}$$
$$= 1.35(年) < 5年$$

因此,更新变压器合理。

根据国家有关规定,S7 系列变压器属于淘汰产品。

第八节 并联变压器投切台数与工程实例

一、同型号、同参数并联变压器投切台数与工程实例

变压器负荷率过低或过高都不经济。在设置几台变压器供电的情况下,可以通过控制变压器参与运行的数量。提高变电站的运行效能。即当负荷小时减少并联台数,负荷大时投入并联台数。

1. 变压器并联运行条件

(1)各变压器具有同样的一次侧额定电压和二次侧额定电压,即各变压器的变比 k 相等(允许差别≤0.5%)。

(2)连接方式相同。

(3)各变压器阻抗电压百分数 $U_d\%$ 相等(允许差别≤±10%)。

(4)变压器容量比不应超过 3∶1。

(5)各变压器相序一致。

2. 计算公式

变压器并联运行投入台数是依据变压器总损耗(包括固定损耗和可变损耗)相等的原则来确定的。

当 1 台变压器运行与 2 台变压器运行的损耗相等时的负荷率为

$$\beta_n=\sqrt{2\frac{P_0+KQ_0}{P_d+KQ_d}}$$

当 2 台变压器运行与 3 台变压器运行的损耗相等时的负荷率为

$$\beta_n=\sqrt{3\times2\frac{P_0+KQ_0}{P_d+KQ_d}}$$

当 n 台变压器运行与 $n+1$ 台变压器运行的损耗相等时的负荷率为

$$\beta_n=\sqrt{n(n-1)\frac{P_0+KQ_0}{P_d+KQ_d}}$$

式中　n——已运行的变压器台数；

P_0、P_d——一台变压器的空载损耗和短路损耗(kW),可由变压器手册查得；

Q_0、Q_d——一台变压器的空载无功损耗和负载无功损耗(kvar),可由变压器手册查得；

K——无功经济当量(kW/kvar),对于由区域线路供电的6～10/0.4kV的降压变压器,K 取 0.15(最大负荷时)或 0.1(最小负荷时)。可参见表 3-14。

因此,若已有 1 台变压器在运行时,当实际负荷率 β 为

$$\beta \leqslant \beta_n = \sqrt{2\frac{P_0 + KQ_0}{P_d + KQ_d}}\text{时,1 台运行}$$

$$\beta \geqslant \beta_n = \sqrt{2\frac{P_0 + KQ_0}{P_d + KQ_d}}\text{时,2 台运行}$$

若已有 2 台变压器在运行时,当实际负荷率 β 为

$$\beta \leqslant \beta_n = \sqrt{6\frac{P_0 + KQ_0}{P_d + KQ_d}}\text{时,2 台运行}$$

$$\beta \geqslant \beta_n = \sqrt{6\frac{P_0 + KQ_0}{P_d + KQ_d}}\text{时,3 台运行}$$

若已有 n 台变压器在运行时,当实际负荷率 β 为

$$\beta \leqslant \beta_n = \sqrt{n(n-1)\frac{P_0 + KQ_0}{P_d + KQ_d}}\text{时,}n\text{ 台运行}$$

$$\beta \geqslant \beta_n = \sqrt{n(n-1)\frac{P_0 + KQ_0}{P_d + KQ_d}}\text{时,}n+1\text{ 台运行}$$

3. 工程实例

【实例】 某工厂变电所有 3 台 S9-630/10 型变压器并联运行,试确定不同负荷下投入并联运行的变压器台数。

解　查产品样本(见表 3-17),S9-630/10 型变压器的技术数据为

$$P_0 = 1.2\text{kW}, P_d = 6.2\text{kW}, I_0\% = 0.9, U_d\% = 4.5$$

该变压器的空载无功损耗为

$$Q_0 = I_0\% S_e \times 10^{-2} = 0.9 \times 630 \times 10^{-2} = 5.67(\text{kvar})$$

负载无功损耗为

$$Q_d = U_d\% S_e \times 10^{-2} = 4.5 \times 630 \times 10^{-2} = 28.35(\text{kvar})$$

设变电所进线处的无功经济当量 $K = 0.12$,则

$$\frac{P_0 + KQ_0}{P_d + KQ_d} = \frac{1.2 + 0.12 \times 5.67}{6.2 + 0.12 \times 28.35} = \frac{1.88}{9.6} = 0.1958$$

(1)当 1 台变压器损耗与 2 台变压器损耗相等时的负荷率为

$$\beta_n = \sqrt{2 \times 0.1958} = 0.626$$

相应的负荷为 $S_j=\beta_n S_e=0.626\times630=394.4$(kVA)

即若实际负荷不大于 394.4kVA 时，1 台变压器运行；若实际负荷不小于 394.4kVA 时，2 台变压器运行。当实际负荷为 394.4kVA 时，可以 1 台或 2 台运行。

(2)当 2 台变压器损耗与 3 台变压器损耗相等时的负荷率为

$$\beta_n=\sqrt{6\times0.1958}=1.08$$

相应的负荷为 $S_j=\beta_n\cdot2S_e=1.08\times2\times630=1360.8$(kVA)

即当实际负荷不小于 394.4kVA 至不大于 1360.8kVA 时，2 台变压器运行；当实际负荷不小于 1360.8kVA 时，3 台变压器运行。

二、不同型号、不同参数并联变压器投切台数与工程实例

1. 计算公式

当并联的变压器型号、容量、特性不同时，不同负荷情况下该投入运行的变压器台数，可由查曲线的方法确定。具体做法如下：

先将每台变压器的损耗与负荷的关系曲线按下式画出：

$$\sum\Delta P_b=(P_0+KQ_0)+(P_d+KQ_d)\left(\frac{S}{S_e}\right)^2$$

式中 S——该台变压器的负荷容量(kVA)；

S_e——该台变压器额定容量(kVA)。

其他符号同第 15 例。

再将 n 台变压器并联运行时的损耗与负荷的关系曲线按下式画出(设各变压器之间的负荷是按其额定容量成比例分配的)：

$$\sum_1^n\left(\sum\Delta P_b\right)=\sum_1^n(P_0+KQ_0)+\left[\frac{S}{\sum\limits_1^n S_e}\right]^2\sum_1^n(P_d+KQ_d)$$

例如，两台变压器并联运行。按上述方法画出三条曲线：变压器 A 的损耗曲线 $\sum\Delta P_{b1}$、变压器 B 的损耗曲线 $\sum\Delta P_{b2}$、两台变压器并联运行时的损耗曲线 $\sum\left(\sum\Delta P_b\right)$，如图 3-3 所示。

图中损耗曲线的交点，就是确定经济运行变压器台数的分界

点。若在 a 点左边，只投入 A 变压器较经济；若在 a 点与 b 点之间，投入 B 变压器较经济；若在 b 点右边，两台同时投入运行最经济。

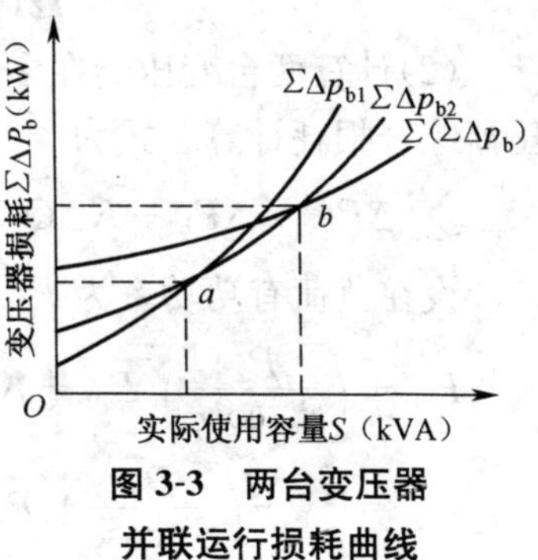

图 3-3　两台变压器并联运行损耗曲线

2. 工程实例

【实例】 某企业原先由一台 S9-1600kVA 变压器供电，现因扩建增容，增加了一台 S9-800kVA 的变压器。全厂总用电负荷约为 1500kW，功率因数为 0.85，负荷有时不固定。试问应如何使用这两台变压器才最节电？设无功经济当量 K 为 0.1kW/kvar。

解　(1)两台变压器基本参数及计算。记 S9-800kVA 变压器为 A，S9-1600kVA 变压器为 B。由表 3-17 查得

S9-800kVA　空载损耗　$P_{0A}=1.4\text{kW}$

负载损耗　$P_{dA}=7.5\text{kW}$

阻抗电压百分数　$U_{dA}\%=4.5$

空载电流百分数　$I_{0A}\%=0.8$

S9-1600kVA　$P_{0B}=2.4\text{kW}$

$P_{dB}=14.5\text{kW}$

$U_{dB}\%=4.5$

$I_{0B}\%=0.6$

S9-800kVA　空载无功损耗　$Q_{0A}=I_{0A}\%S_{eA}\times10^{-2}$

$=0.8\times800\times10^{-2}=6.4(\text{kvar})$

短路无功损耗　$Q_{dA}=U_{dA}\%S_{eA}\times10^{-2}$

$=4.5\times800\times10^{-2}=36(\text{kvar})$

S9-1600kVA　$Q_{0B}=I_{0B}\%S_{eB}\times10^{-2}=0.6\times1600\times10^{-2}$

$=9.6(\text{kvar})$

$Q_{dB}=U_{dB}\%S_{eB}\times10^{-2}=4.5\times1600\times10^{-2}$

$$=72(\mathrm{kvar})$$

(2)计算两台变压器在多大负荷时它们的综合损耗相同。变压器综合损耗计算公式为

$$\sum \Delta P_b = \Delta P_b + K\Delta Q_b = P_0 + \beta^2 P_d + K(Q_0 + \beta^2 Q_d)$$

设在负荷有功功率为 P_2 时它们的综合损耗相同，则有

$$P_{0A}+\left(\frac{P_2}{S_{eA}\cos\varphi}\right)^2 P_{dA}+K\left[Q_{0A}+\left(\frac{P_2}{S_{eA}\cos\varphi}\right)^2 Q_{dA}\right]$$

$$=P_{0B}+\left(\frac{P_2}{S_{eB}\cos\varphi}\right)^2 P_{dB}+K\left[Q_{0B}+\left(\frac{P_2}{S_{eB}\cos\varphi}\right)^2 Q_{dB}\right]$$

$$1.4+\frac{P_2^2}{(800\times0.85)^2}\times7.5+0.1\times\left[6.4+\frac{P_2^2}{(800\times0.85)^2}\times36\right]$$

$$=2.4+\frac{P_2^2}{(1600\times0.85)^2}\times14.5+0.1\times\left[9.6+\frac{P_2^2}{(1600\times0.85)^2}\times72\right]$$

$$P_2^2=\frac{1.32\times1849600}{174-86.5}=\frac{2441472}{87.5}=27902.5$$

$$P_2=\sqrt{27902.5}\approx167(\mathrm{kW})$$

说明当负荷为 167kW(或 $P_2/\cos\varphi=167/0.85=196.5\mathrm{kVA}$)时，两台变压器的综合损耗相同。

(3)当负荷大于 167kW 时两台变压器综合损耗的比较。如果设负荷 P_2 为 280kW，则 S9-800kVA 变压器的综合损耗为

$$\sum \Delta P_A = 1.4+\left(\frac{280}{800\times0.85}\right)^2\times7.5+0.1\times$$

$$\left[6.4+\left(\frac{280}{800\times0.85}\right)^2\times36\right]$$

$$=2.67+2.12=4.79(\mathrm{kW})$$

S9-1600kVA 变压器的综合损耗为

$$\sum \Delta P_B = 2.4+\left(\frac{280}{1600\times0.85}\right)^2\times14.5+0.1\times$$

$$\left[9.6+\left(\frac{280}{1600\times0.85}\right)^2\times72\right]$$

$$=3.01+1.27=4.28(\text{kW})$$

可见 $\sum\Delta P_{\text{B}}<\sum\Delta P_{\text{A}}$

(4)当负荷多大时，两台变压器并联运行才是经济的计算。

①变压器等效漏抗公式为

$$X_{\text{D}}=U_{\text{d}}\%\frac{10U_{\text{e}}^2}{S_{\text{e}}}$$

由于变压器 A 和 B 的 $U_{\text{d}}\%$ 和 U_{e}(额定电压)分别相等，所以有

$$X_{\text{DA}}/X_{\text{DB}}=S_{\text{eB}}/S_{\text{eA}}$$

当并联运行供给负荷为 S(kVA)时，变压器 A 负担的负荷为 S_{A}、变压器 B 负担的负荷为 S_{B}，则有

$$S=S_{\text{A}}+S_{\text{B}}$$

$$S_{\text{A}}=S\frac{X_{\text{DB}}}{X_{\text{DA}}+X_{\text{DB}}}=S\frac{S_{\text{A}}}{S_{\text{A}}+S_{\text{B}}}=\frac{800}{800+1600}S=S/3$$

$$S_{\text{B}}=S\frac{S_{\text{B}}}{S_{\text{A}}+S_{\text{B}}}=\frac{1600}{800+1600}S=2S/3$$

②设切换的负荷容量为 S，则这时两台变压综合损耗分别为

$$\sum\Delta P_{\text{A}}=1.4+\left(\frac{S/3}{800}\right)^2\times7.5+0.1\times\left[6.4+\left(\frac{S/3}{800}\right)^2\times36\right]$$

$$=2.04+1.925\times10^{-6}S^2$$

$$\sum\Delta P_{\text{B}}=2.4+\left(\frac{2S/3}{1600}\right)^2\times14.5+0.1\times\left[9.6+\left(\frac{2S/3}{1600}\right)^2\times72\right]$$

$$=3.36+2.37\times10^{-6}S^2$$

并联运行时的损耗为

$$\sum\Delta P_{\text{A}}+\sum\Delta P_{\text{B}}=5.4+4.295\times10^{-6}S^2$$

设当 S9-1600kVA 变压器单独供给 S 负荷时的综合损耗为

$$\sum\Delta P'_{\text{B}}=2.4+\left(\frac{S}{1600}\right)^2\times14.5+0.1\times\left[9.6+\left(\frac{S}{1600}\right)^2\times72\right]$$

$$=3.36+8.47\times10^{-6}S^2$$

按题意　$\sum \Delta P_A + \sum \Delta P_B = \sum \Delta P'_B$

$$5.4 + 4.295 \times 10^{-6} S^2 = 3.36 + 8.47 \times 10^{-6} S^2$$

得

$$S = 699(\mathrm{kVA})$$

即有功功率为 $P = S\cos\varphi = 699 \times 0.85 = 594(\mathrm{kW})$

(5)结论。通过以上计算，可得出以下结论：

①当负荷小于 167kW（或 196kVA）时投入 S9-800kVA 变压器；

②当负荷大于 167kW（或 196kVA）时，投入 S9-1600kVA 变压器，退出 S9-800kVA 变压器；

③当负荷大于 594kW（或 699kVA）时，两台变压器并联运行。

按以上结论使用变压器最经济，也最节电。但具体操作应根据该厂实际用电情况进行，不可投切变压器操作过于频繁。如果负荷较长时间稳定在 594kW 以上，则投入两台变压器并联运行；如果负荷较长时间在 167～594kW 范围内，则投入 S9-1600kVA 变压器运行；如果负荷一直较小及节假检修日，可投入 S9-800kVA 变压器运行。

负荷功率可根据变电所高压侧电流表电流值按 $P_2 = \sqrt{3} UI\cos\varphi$ 及 $S = \sqrt{3}UI$ 的公式来确认。

须指出，如果无功经济当量 K 值难以确定，也可采用以下简化公式估算，即只计及变压器的有功损耗。这时两台变压器的有功损耗分别为

$$\Delta P_A = P_{0A} + \beta_A^2 P_{dA} = 1.4 + \left(\frac{S/3}{800}\right)^2 \times 7.5 = 1.4 + 1.3 \times 10^{-6} S^2$$

$$\Delta P_B = P_{0B} + \beta_B^2 P_{dB} = 2.4 + \left(\frac{2S/3}{1600}\right)^2 \times 14.5 = 2.4 + 1.12 \times 10^{-6} S^2$$

并联运行时的损耗为

$$\Delta P_A + \Delta P_B = 3.8 + 2.42 \times 10^{-6} S^2$$

设当 S9-1600kVA 变压器单独运行时供给 S 负荷的损耗为

$\Delta P'_B$，则

$$\Delta P'_B = 2.4 + \left(\frac{S}{1600}\right)^2 \times 14.5 = 2.4 + 5.66 \times 10^{-6} S^2$$

令
$$\Delta P_A + \Delta P_B = \Delta P'_B$$

$$3.8 + 2.42 \times 10^{-6} S^2 = 2.4 + 5.66 \times 10^{-6} S^2$$

得 $S = 657$kVA，即有功功率为 $P = 657 \times 0.85 = 558$(kW)

其结果与计及无功损耗部分的变压器综合损耗的计算结果相近，这在工程上还是可行的。

三、非三班制生产企业供电变压器投切台数与工程实例

一班制或二班制生产企业，在不生产的时间段仍按生产时配用变压器，必然会造成变压器严重轻载运行，负荷率极低，变压器损耗很大，是不经济之举。明智的做法是，在生产期间投入全部变压器，在不生产期间只留用一台容量小的变压器维持照明及检修等使用。

1. 计算公式

(1)变压器经济运行节约电量的计算。

$$\Delta\Delta A_P = \Delta\Delta P T_j$$

$$\Delta\Delta A_Q = \Delta\Delta Q T_j$$

$$\Delta\Delta A_z = \Delta\Delta A_p + K\Delta\Delta A_Q$$

式中 $\Delta\Delta A_P$——节约的有功电量(kWh)；

$\Delta\Delta A_Q$——节约的无功电量(kvarh)；

$\Delta\Delta A_z$——节约的综合电量(kWh)；

T_j——经济运行时间(h)；

K——无功经济当量(kW/kvar)。

(2)经济效益计算。对于企业变压器

$$G = (\Delta\Delta A_P + K_G \Delta\Delta A_Q)\delta$$

对于电力系统变压器 $G = \Delta\Delta A_z \delta$

式中 G——节约资金(元)；

δ——电价(元/kWh)；

K_G——无功电价等效当量，见表 3-21。

所谓无功电价等效当量 K_G，是指功率因数在 $\cos\varphi_{I}\sim\cos\varphi_{II}$ 区间内，1kvarh 的无功电量电价相当于有功电度电价的倍数。其中，$\cos\varphi$ 是变压器电源侧月功率因数。

表 3-21 的使用方法：根据变压器经济运行月功率因数及本单位所执行的功率因数电价基准（$\cos\varphi=0.85$ 或 $\cos\varphi=0.9$），从表 3-21(1)、(2)查出相应的 K_G 值。

2. 工程实例

【实例】 某企业由一台 S9-1000/10 型变压器供电，低压为 0.4kV，一班 8h 生产，平均负荷为 850kW，$\cos\varphi_2$ 为 0.85，其余 16h 不生产，负荷仅为 30kW，$\cos\varphi_2$ 为 1，但仍由该变压器供电。为了节电，欲选一台小容量变压器代替原变压器在小负荷时运行，问选择多大容量变压器最合理。并计算节电效果及小变压器投资回收年限。已知该企业是以功率因数 0.9 为基准的。

解　现将 S9 型 30、50、63kVA 变压器进行计算并比较。各变压器的技术数据见表 3-40。

表 3-40　各变压器技术参数

S_e(kVA)	1000	30	50	63
P_0(kW)	1.7	0.13	0.17	0.20
P_d(kW)	10.3	0.60	0.87	1.04
I_0%	0.7	2.1	2.0	1.9
U_d%	4.5	4	4	4

根据前面介绍的公式，计算出当负荷为 30kW、$\cos\varphi=1$ 时各种运行方式的有功损耗 ΔP、无功损耗 ΔQ、全日有功损耗电量 ΔA_{rP} 和全日无功损耗电量 ΔA_{rQ} 等值，其结果列于表 3-41。

表 3-41　【实例】计算结果

S_e(kVA)	1000	30	50	63
ΔP(kW)	1.709	0.73	0.483	0.436
ΔQ(kvar)	7.04	1.83	1.72	1.768
ΔA_{rP}(kWh)	123.35	98.08	103.73	102.97
ΔA_{rQ}(kvarh)	528.24	402.28	417.8	401.29

应用基本公式为

$$\Delta A_{rP}=24P_0+\sum_{i=1}^{24}\beta_i^2 T_i P_d$$

$$\Delta A_{rQ}=24Q_0+\sum_{i=1}^{24}\beta_i^2 T_i Q_d$$

负荷率　$\beta=\dfrac{P_2}{S_e\cos\varphi}$

对于 1000kVA 变压器，各项参数计算如下：

$$\Delta P=P_0+\beta^2 P_d=1.7+0.03^2\times10.3=1.709(\text{kW})$$

$$\Delta Q=Q_0+\beta^2 Q_d=(I_0\%S_e+\beta^2 U_d\%S_e)\times10^{-2}$$
$$=(0.7\times1000+0.03^2\times4.5\times1000)\times10^{-2}=7.04(\text{kvar})$$

$$\Delta A_{rP}=24P_0+8\beta_D^2 P_d+16\beta_x^2 P_d$$
$$=24\times1.7+8\times1^2\times10.3+16\times0.03^2\times10.3=123.35(\text{kWh})$$

$$\Delta A_{rQ}=(24I_0\%S_e+8\beta_D^2 U_d\%S_e+6\beta_{xD}^2 U_d\%S_e)\times10^{-2}$$
$$=(24\times0.7\times1000+8\times1^2\times4.5\times1000$$
$$+6\times0.03^2\times4.5\times1000)\times10^{-2}$$
$$=528.24(\text{kvarh})$$

如 8h 用 1000kVA 变压器，16h 用小容量（如 50kVA）变压器，则有

$$\Delta P=P_0+\beta^2 P_d=0.17+0.6^2\times0.87=0.483(\text{kW})$$

$$\Delta Q=(I_0\%S_e+\beta^2 U_d\%S_e)\times10^{-2}$$
$$=(2\times50+0.6^2\times4\times50)\times10^{-2}=1.72(\text{kvar})$$

$$\Delta A_{rP}=(8P_{0D}+8\beta_D^2 P_{dD})+(16P_{0X}+16\beta_X^2 P_{dX})$$
$$=(8\times1.7+8\times1^2\times10.3)+(16\times0.17+16\times0.6^2\times0.87)$$
$$=96+7.73=103.73(\text{kWh})$$

$$\Delta A_{rQ}=(8I_{0D}\%S_{eD}+8\beta_D^2 U_{dD}\%S_{eD})\times10^{-2}$$
$$+(16I_{0X}\%S_{eX}+16\beta_{XX}^2 U_{dX}\%S_{eX})\times10^{-2}$$
$$=(8\times0.7\times1000+8\times1^2\times4.5\times1000)\times10^{-2}$$
$$+(16\times2\times50+16\times0.6^2\times4\times50)\times10^{-2}$$

$=373+44.8=417.8(\text{kvarh})$

同样可计算出 30kW、$\cos\varphi=1$ 负荷时，选用 30kVA 和 63kVA 的各项参数。

选用小容量变压器节约功率和节电量，如表 3-42 所示。

表 3-42　日有功损耗、无功损耗及电量的节约量

S_e(kVA)	30	50	63
$\Delta\Delta P$(kW)	0.979	1.226	1.273
$\Delta\Delta Q$(kvar)	5.21	5.32	5.272
$\Delta\Delta A_{rP}$(kWh)	25.27	19.62	20.38
$\Delta\Delta A_{rQ}$(kvarh)	125.96	110.44	126.95

查表 3-21，得无功电价等效当量 $K_G=0.191$；每 kvar 电容器的投资（包括安装及配套设备）为 $C_{cd}=80$ 元/kvar；电价 $\delta=0.5$ 元/kWh；算得结果见表 3-43。表 3-43 中，年节约有功电量为 $\Delta\Delta A_P$、年节约无功电量为 $\Delta\Delta A_Q$、年小时平均节约无功功率为 $\Delta\Delta Q_P$、增设小容量变压器投资（包括附属设施）为 C_x、减少电容器的投资为 C_c（$C_c=\Delta\Delta Q_P C_{cd}$）、年节约电费为 G 和投资回收年限 T_b。

表 3-43　计算结果

Se(kVA)	30	50	163
$\Delta\Delta A_P\times10^3$(kWh)	8.84	6.87	7.13
$\Delta\Delta A_Q\times10^3$(kvarh)	44.09	38.65	44.43
$\Delta\Delta Q_P$(kvar)	5.25	4.60	5.29
C_x(元)	7000	10400	11000
C_c(元)	420	368	423
ΔC(元)	6580	10032	10577
G(元)	8631	7126	7808
T_b(年)	0.76	1.41	1.35

说明：

(1)全年电容器的运行时间按 350 天计算，则全年每小时平均节约的无功功率为：$\Delta\Delta Q_P=\dfrac{\Delta\Delta A_Q}{8400}$

(2)年节约电费为：$G=(\Delta\Delta A_P+K_G\Delta\Delta A_Q)\delta$

(3)投资回收年限为：$T_b=\Delta C/G$

由上述分析计算结果可知：选用 30～63kVA 变压器，虽然需要 6580～10577 元投资，但由于年节约有功电量 8840～7130kWh，无功电量约 44000kvarh，而投资 0.76～1.35 年即可收回。仅从回收年限这一点来看选用 30kVA 变压器较为合适，但变压器容量达到了满载。若选用 50kVA 变压器，回收年限为 1.41 年，还存有一定的裕量(若考虑发展也有必要)，且节电效也很好。

(4)由表 3-21 可见，当功率因数小于 0.9 时，无功电价等效当量 K_G 大于无功经济当量 K 值。这说明按 K_G 来考虑变压器经济运行比较 K 来考虑其无功作用更大些。

(5)在计算企业节约电费时，应按无功电价等效当量 K_G 进行计算。但当计算总的节电量时，仍应按无功经济当量 K 进行计算。

四、并联变压器自动投切控制器的制作

采用变压器自动投切控制器，能大大减轻变电所值班人员并联变压器的投切操作工作量，而且操作准确、及时，有利于变压器经济运行。

两台并联运行变压器的自动投切控制器电路如图 3-4 所示。首先计算出两台变压器的经济运行点，再根据经济运行点处的容量换算成对应的电流 I_j。当负荷电流小于 I_j 时，退出一台变压器；当负荷电流大于 I_j 时，两台变压器并联运行。

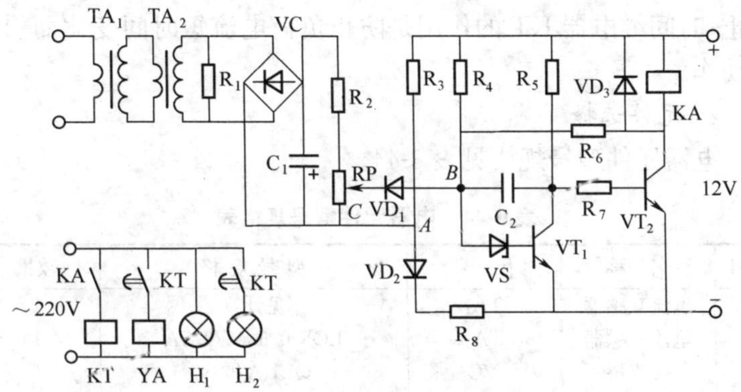

图 3-4　两台并联变压器自动投切控制器电路

1. 工作原理

电流互感器 TA_1 装设于低压母线，用于两台变压器并联运行，可测到两台变压器共同的负荷电流。由电流互感器 TA_1、TA_2 及整流桥 VC、电容 C_1、电阻 R_2 和电位器 RP 组成测量电路。由电流互感器 TA_1 次级输出的电流信号，经电流互感器 TA_2 在负荷电阻 R_1 上形成电压信号。然后经整流桥 VC 整流，电容 C_1 滤波，分压器 R_2、RP 分压，从 RP 滑臂送出。要求当电流互感器 TA_1 次级输出的电流为 5A 时，C_1 上的电压约为 10V。

当电流信号未达到设定值时，输入信号电压 $U_{AC}<U_{AB}$，U_{CB} 为正，二极管 VD_1 截止，将信号电路与放大电路隔离；晶体管 VT_1 基极处于高电位，VT_1 导通，而 VT_2 截止，继电器 KA 不吸合，这时为一台变压器运行。当电流信号达到设定值时，$U_{AC}>U_{AB}$，U_{CB}为负，VD_1 导通，VT_1 基极电位下降，VT_1 截止，而 VT_2 导通，KA 吸合，其常开触点闭合，时间继电器 KT 线圈通电。经过一段延时后，KT 延时闭合常开触点闭合，接通断路器的合闸线圈 YA，断路器合闸，另一台变压器投入并联运行。同时，绿色指示灯 H_2 点亮，表示并联运行。

图中，二极管 VD_2 起温度补偿作用；C_2 为抗干扰电容；R_5 为正反馈电阻，当 VT_2 截止时，加深 VT_1 的饱和导通，使 VT_2 可靠截止；时间继电器 KT 的作用是防止负荷电流短时间变化而引起误动作。

2. 元件选择

电器元件型号规格见表 3-44。

表 3-44 电器元件型号规格表

序号	名 称	代 号	型 号 规 格	数量
1	电流互感器	TA_1	见计算	1
2	电流互感器	TA_2	LQR-0.5 5/0.5A	1
3	整流桥	VC	QL1 A/50V	1
4	晶体管	VT_1	3DG8 $\beta\geqslant50$	1

续表 3-44

序号	名　称	代　号	型号规格	数　量
5	晶体管	VT_2	3DG130 $\beta \geqslant 50$	1
6	稳压管	VS	2CW55 $V_z=6.2 \sim 7.5V$	1
7	二极管	$VD_1 \sim VD_3$	1N4001	3
8	继电器	KA	JRX-13F DC12V	1
9	时间继电器	KT	JS7-2A 220V	1
10	合闸线圈	YA	断路器自带 AC220V	1
11	被釉电阻	R_1	ZG11-200Ω 25W	1
12	金属膜电阻	R_2	RJ-200Ω 1/2W	1
13	金属膜电阻	R_3	RJ-3.9kΩ 1/2W	1
14	金属膜电阻	R_4	RJ-3kΩ 1/2W	1
15	金属膜电阻	R_5	RJ-120Ω 1/2W	1
16	金属膜电阻	R_6	RJ-10kΩ 1/2W	1
17	金属膜电阻	R_7	RJ-100Ω 1/2W	1
18	金属膜电阻	R_8	RJ-1.8kΩ 1/2W	1
19	电解电容器	C_1	CD11 10μF 15V	1
20	电容器	C_2	CBB22 0.047μF 63V	1
21	指示灯	H_1	AD11-25/40 220V(红)	1
22	指示灯	H_2	AD11-25/40 220V(绿)	—

3. 计算与调试

(1)电流互感器 TA_1 的选择。电流互感器 TA_1 的二次电流选为 5A，而一次电流由两台变压器二次额定电流之和决定。设两台变压器容量均为 630kVA，二次电压为 400V，则二次额定电流为 $I_{2e}=\dfrac{S_e}{\sqrt{3}U_e}=\dfrac{630}{\sqrt{3}\times 0.4}=909(A)$，两台共计 1818A，可选用 LMZ_1-0.66，2000/5A 的电流互感器。

(2)调试。首先调试比较电路(由电阻 R_3、R_4、R_8 和二极管 VD_1、VD_2 等组成)和控制执行电路(由稳压管 VS、晶体管 VT_1、VT_2 及继电器 KA、时间继电器 KT 和断路器合闸线圈 YA 等组成)；暂将二极管 VD_1 负极断开，让它接在直流稳压电源的负极，图中 A 端接在直流稳压电源的正极。接通 12V 直流电源，调节直流稳压电源的电压，当 $U_{AC}<U_{AB}$(用万用表监测)时，继电器

KA 释放；而当 $U_{AC}>U_{AB}$时，KA 应吸合。如果没有上述现象，则应检查线路接线及电子元件是否良好。上述试验正常后，再接通时间继电器 KT 和断路器合闸线圈 YA 的交流 220V 电源进行试验。延时时间根据具体情况调整，一般可整定为数分钟至十余分钟。

然后进行现场整定：先计算出两台变压器的经济运行点，设电流为 I_j。设 1 号变压器为常用，2 号变压器为备用。当负荷电流为 I_j 时，调节电位器 RP，使继电器 KA 刚可靠吸合，2 号变压器的断路器的合闸线圈 YA 吸合，2 号变压器投入并联运行。

须指出，投切点也不一定设在 I_j 点处，如果在 I_j 点附近负荷经常变化，就应避开此点。否则，自动切换装置动作过于频繁（虽有延时运作），即变压器投切操作过于频繁，对操作机构及变压器（电流、电压冲击）都不利。

第九节 改善变压器运行条件的措施与工程实例

一、调整变压器三相负荷的措施与工程实例

变压器运行规程规定，运行中的变压器的中性线电流不得大于变压器低压侧额定电流的 25%。调整三相负荷，使其基本平衡，不但能减少输电线路的线损（具体实例见第二章第四节七项），而且还能减少变压器损耗，使变压器容量得到充分的发挥。

1. 计算公式

(1)Y，y 连接的变压器负荷不对称附加铜耗的计算。变压器在三相负荷不对称的状态下运行，与负荷对称的状态下运行相比，铜耗增加。所增加的损耗，称附加铜耗。

当忽略三相间的功率因数差异时，其附加铜耗可按下式计算：

$$\Delta P_{fj}=\frac{(I_u-I_v)^2+(I_v-I_w)^2+(I_w-I_u)^2}{3}R_{21}\times10^{-3}$$

式中 ΔP_{fj}——附加铜耗(kW)；

R_{21}——折算到二次侧的变压器等效电阻(Ω)，见表 1-1～表 1-3；

I_u、I_v、I_w——变压器二次侧 u、v、w 相的电流(A)。

(2)Y，yn0 连接的变压器负荷不对称附加铜耗的计算。Y，yn0 连接的变压器在负荷不对称状态下运行时，由于变压器二次侧相电流有零序分量，而一次侧相电流没有零序分量，变压器一次侧各相电流有效值与二次侧各相电流有效值不成比例。对于这种情况，需分别计算(或测定)变压器一次和二次侧的各相电流，然后代入下式近似计算变压器的附加铜耗。

$$\Delta P_{fj}\approx\frac{(I_U-I_V)^2+(I_V-I_W)^2+(I_W-I_U)^2}{3}R_1\times10^{-3}+\frac{(I_u-I_v)^2+(I_v-I_w)^2+(I_w-I_u)^2}{3}R_2\times10^{-3}$$

式中 R_1、R_2——变压器一次和二次绕组的电阻(Ω)；

I_U、I_V、I_W——变压器一次侧 U、V、W 相的电流(A)；

I_u、I_v、I_w——变压器二次侧 u、v、w 相的电流(A)。

(3)Y，d 连接的变压器负荷不对称附加铜耗的计算。这种场合，变压器附加铜耗可按下式计算：

$$\Delta P_{fi}=\frac{(I_U-I_V)^2+(I_V-I_W)^2+(I_W-I_U)^2}{3}R_{12}\times10^{-3}$$

式中 R_{12}——折算到一次侧的变压器等效电阻(Ω)，见表 3-11～表 3-13；

其他符号同前。

(4)D，yn0 与 D，y 连接的变压器负荷不对称附加铜耗的计算。在这两种连接方式的变压器中，一次绕组与二次绕组各相电流是成正比的。故变压器的附加铜耗可按下式计算：

$$\Delta P_{fj}=\frac{(I_u-I_v)^2+(I_v-I_w)^2+(I_w-I_u)^2}{3}R_{21}\times 10^{-3}$$

式中　R_{21}——折算到二次侧的变压器等效电阻(Ω)；

其他符号同前。

(5)变压器负荷不对称附加铜耗的通用计算公式。我们可以把变压器的负载损耗(铜耗)看成三台单相变压器的铜耗之和。

在任意负荷下变压器运行的功率损耗为：

$$\Delta P_Z=P_0+\frac{1}{3}P_d(\beta_U^2+\beta_V^2+\beta_W^2)$$

式中　ΔP_Z——变压器的功率损耗(kW)；

P_0——变压器空载损耗(kW)；

P_d——变压器短路损耗(kW)；

β_U、β_V、β_W——变压器 U、V、W 相的负荷率，$\beta_U=\frac{I_U}{I_e}$、$\beta_V=\frac{I_V}{I_e}$、$\beta_W=\frac{I_W}{I_e}$；

I_U、I_V、I_W——变压器一次侧 U、V、W 相的电流(A)；

I_e——变压器一次额定电流(A)。

若将三相负荷调整均匀，则负荷率为：

$$\beta=\frac{\beta_U+\beta_V+\beta_W}{3}$$

此时变压器的功率损耗为：

$$\Delta P=P_0+\beta^2P_d=P_0+\frac{(\beta_U+\beta_V+\beta_W)^2}{9}P_d$$

变压器负荷不对称附加铜耗为：

$$\begin{aligned}\Delta P_{fj}&=\Delta P_Z-\Delta P\\&=\frac{P_d}{3}\left[(\beta_U^2+\beta_V^2+\beta_W^2)-\frac{1}{3}(\beta_U+\beta_V+\beta_W)^2\right]\end{aligned}$$

注：上式不适用 Y，yn0 连接的变压器。

2. 工程实例

【实例】 某企业使用一台 S9-1600kVA 变压器，10/0.4kV，Y，yn0 连接。实测变压器二次电流分别为 I_u 为 2100A，I_v 为 1500A，I_w 为 800A，各相功率因数相同。经调整，三相负荷基本相同，试计算整改后较整改前年节约电费多少？设变压器年运行小时数 τ 为 6900h，电价 δ 为 0.5 元/kWh。

解　分别用两种方法计算。

由表 3-17 查得，该变压器的技术数据：$P_0=2.4\text{kW}$，$P_d=14.5\text{kW}$，$U_d\%=4.5$。又由表 3-13 查得，变压器的等效电阻为 $R_{21}=0.00091\Omega$。

(1)方法一。

①变压器的附加铜耗为

$$\Delta P_{fj}=\frac{(I_u-I_v)^2+(I_v-I_w)^2+(I_w-I_u)^2}{3}R_{21}\times10^{-3}$$

$$=\frac{(2100-1500)^2+(1500-800)^2+(800-2100)^2}{3}\times0.00091\times10^{-3}$$

$$=0.77(\text{kW})$$

②三相负荷调整均匀后，变压器的二次侧各相电流为

$$I_d=\frac{I_u+I_v+I_w}{3}=\frac{2100+1500+800}{3}=1467(\text{A})$$

该变压器的基本铜耗为

$$\Delta P_j=3I_d^2R_{21}\times10^{-3}=3\times1467^2\times0.00091\times10^{-3}=5.88(\text{kW})$$

③变压器负荷不对称附加铜耗与基本铜耗之比为

$$K=\Delta P_{fj}/\Delta P_j=0.77/5.88=0.13，即 13\%。$$

④三相负荷调整后年节约电能及电费为

$$\Delta A=\Delta P_{fj}\tau=0.77\times6900=5313(\text{kWh})$$

$$F=\Delta A\delta=5313\times0.5=2656.5(元)$$

(2)方法二。

①变压器在负荷不对称状态运行的有功损耗为

$$\Delta P_Z = P_0 + \frac{1}{3} P_d(\beta_v^2 + \beta_v^2 + \beta_w^2)$$

$$= 2.4 + \frac{1}{3} \times 14.5 \times \left[\left(\frac{2100}{2309}\right)^2 + \left(\frac{1500}{2309}\right)^2 + \left(\frac{800}{2309}\right)^2 \right]$$

$$= 9.02(\text{kW})$$

式中，2309 为变压器二次额定电流(A)。

②三相负荷调整后，变压器在对称负荷下运行的有功损耗为

$$\Delta P = P_0 + \beta^2 P_d$$

$$= 2.4 + \left(\frac{1467}{2309}\right)^2 \times 14.5 = 8.25(\text{kW})$$

③变压器在不对称负荷状态下运行的附加铜耗为

$$\Delta P_{fj} = \Delta P_Z - \Delta P = 9.02 - 8.25 = 0.77(\text{kW})$$

可见，以上两种计算方法的结果是一致的。

二、降低变压器运行温度的措施与工程实例

变压器的运行温度不仅影响变压器的使用寿命，还影响变压器的有功损耗，因此要严格管理。

1. 变压器允许温升及计算

变压器绝缘的使用寿命与长期运行温度有关，温度高，绝缘老化快，使用寿命短；反之，使用寿命就长。变压器寿命与运行温度的关系可用下面的经验公式表示

$$\tau = 20 \times 2^{\frac{98}{6}} \times 2^{-\frac{t}{6}}$$

式中　τ ——变压器寿命(年)；

t ——绝缘运行温度(℃)，不得超过 140℃。

由上式可见，当变压器长期运行在 98℃时，使用寿命为 20 年，正好与设计经济使用寿命相同；运行在 104℃时为 10 年；运行在 92℃时为 40 年。为了保证变压器的使用不低于 20 年，必须对绕组的工作温度加以限制。我国规定，油浸变压器在额定条件下长期运行时，绕组的温升应不超过 65℃。这是因为，变压器绕组一般都是 A 级绝缘，其允许温度为 105℃。当环境温度为 40℃

时，绕组的最高允许温升为 105－40＝65(℃)。由于变压器油温比绕组低 10℃，故变压器油的允许温升为 55℃。然而根据经验可知，油温平均温度每升高 10℃，油的劣化速度就增加 1.5～2 倍。因此应适当限制油温。一般要求上层油面温升不超过 45℃。即在实际运行时将上层油温限制在 85℃以下，要比将变压器油的允许温度规定在 95℃，对油的运行有利得多。

综上所述，考虑变压器绝缘寿命和油劣化的因素，油浸变压器运行中上层油允许温升为 55℃，最高油温不得超过 95℃。为了避免变压器油老化过快，上层油温不宜经常超过 85℃。

油浸变压器的温升限值见表 3-1，顶层油温一般规定值见表3-2。

2. 降低变压器温度节约电能的计算公式

变压器绕组的电阻随着温度的升高而增大。变压器的负载损耗 P_d 是指额定负荷条件下、温度 75℃时的功率损耗。如果温度不是 75℃，而是 t℃时，则有功功率损耗为

铜绕组：$$P_{dt}=\frac{234.5+t}{234.5+75}P_d=\frac{234.5+t}{309.5}P_d$$

铝绕组：$$P_{dt}=\frac{225+t}{225+75}P_d=\frac{225+t}{300}P_d$$

式中 P_{dt}——变压器运行温度为 t℃时的有功功率损耗(kW)；

P_d——变压器负载损耗(kW)。

由以上两式可知，当变压器温度每降低 1℃时，功率损耗下降 0.32%(铜绕组)和 0.33%(铝绕组)。所以降低变压器温度可以节电。

对于同一台变压器，若负荷相同、冷却条件相同，则变压器运行温度应是相同的。可见变压器运行温度直接取决于环境温度，降低环境温度可以节电。

降低变压器环境温度以节约有功功率可按下式计算

铜绕组：$$\Delta P=\beta^2\left(\frac{t_1-t_2}{309.5}\right)P_d$$

铝绕组：
$$\Delta P=\beta^2\left(\frac{t_1-t_2}{300}\right)P_d$$

式中 ΔP——节约的有功功率(kW)；

β——负荷率；

t_1、t_2——降温前和降温后变压器的环境温度(℃)；

P_d——同前。

3. 工程实例

【实例 1】 某企业由二台 S9-1000kVA 变压器供电，一台安装在通风良好的室外，一台安装在室内。由于建筑条件的限制，室内一台通风条件较差。二台变压器所带负荷相同，负荷率 β 均为 0.8。除冬季外 9 个月测得室外一台变压器的平均油温（观察油温计）为 60℃，室内一台变压器的平均油温为 78℃。试求：

①二台变压器的有功损耗各为多少？

②现用二台 100W 排风机给室内一台变压器散热，在相同的负荷下，测得变压器平均油温降至 58℃，问采用这种方法降温是否节电？

解 设 9 个月变压器运行时间 τ 为 4500h，风机实际运行时间 t 为 4000h。由表 3-17 查得 S9-1000kVA 变压器的负载损耗 P_d＝10.3kW。另外，变压器绕组温度要比上层油温高 10℃左右。

①二台变压器有功损耗计算。

室外变压器

$$P_{dt}=\frac{234.5+t}{309.5}P_d=\frac{234.5+(60+10)}{309.5}\times 10.3=10.13(\text{kW})$$

室内变压器

$$P_{dt}=\frac{234.5+(78+10)}{309.5}\times 10.3=10.73(\text{kW})$$

两者相差 $\Delta P_{dt}=10.73-10.13=0.6(\text{kW})$

②采用风机冷却时的有功损耗计算。

$$P'_{dt}=\frac{234.5+(58+10)}{309.3}\times 10.3=10.07(\text{kW})$$

二台风机总功率为 $P_f=2\times100=200(W)$

设电价 δ 为 0.5 元/kWh，则使用风机后年节约电费为

$$F=[(P_{dt}-P'_{dt})\tau-P_{ft}]\delta$$
$$=[(10.73-10.07)\times4500-0.2\times4000]\times0.5=1085$$

由于风机价格不贵，维护费用不多，每半年左右保养一次，使用寿命也很长。即使损坏了，更换一台也花不了多少钱，因此采用该方法降低变压器运行温度以减少其有功损耗的效果是好的。

在冬季等气温较低时，不需要风机散热，可停用风机，也可以采用风机自控装置，当变压器温度超过设定温度时，起动风机；当变压器低于设定温度时，风机停止运行。

【实例 2】 一台 S9-1600kVA 变压器安装在室外，测得夏季三个月环境平均温度为 27℃，冬季三个月平均温度为－5℃，设变压器在夏季和冬季的负荷率 β 均为 0.8，试求冬季比夏季的节电量。

解　由表 3-17 查得 S9-1600kVA 变压器的负载损耗 $P_d=14.5kW$。节约有功功率为

$$\Delta P=\beta^2\left(\frac{t_1-t_2}{309.5}\right)P_d=0.8^2\times\left[\frac{27-(-5)}{309.5}\right]\times14.5$$
$$=0.96(kW)$$

三个月的节电量为

$$\Delta A=3\times30\times24\times0.96=2074(kWh)$$

4. 改善变压器散热条件的具体方法

(1)正确设计变压器室与通风窗的面积。对于新建的变电所或车间变压器室，必须按规定要求设计变压器室的面积和高度，(需考虑到今后负荷发展增容的可能，高度一般不低于 4.5m)，以及通风窗的面积。

①变压器室的布置要求。6～10kV 变配电所常用的室内布置如图 3-5 所示。

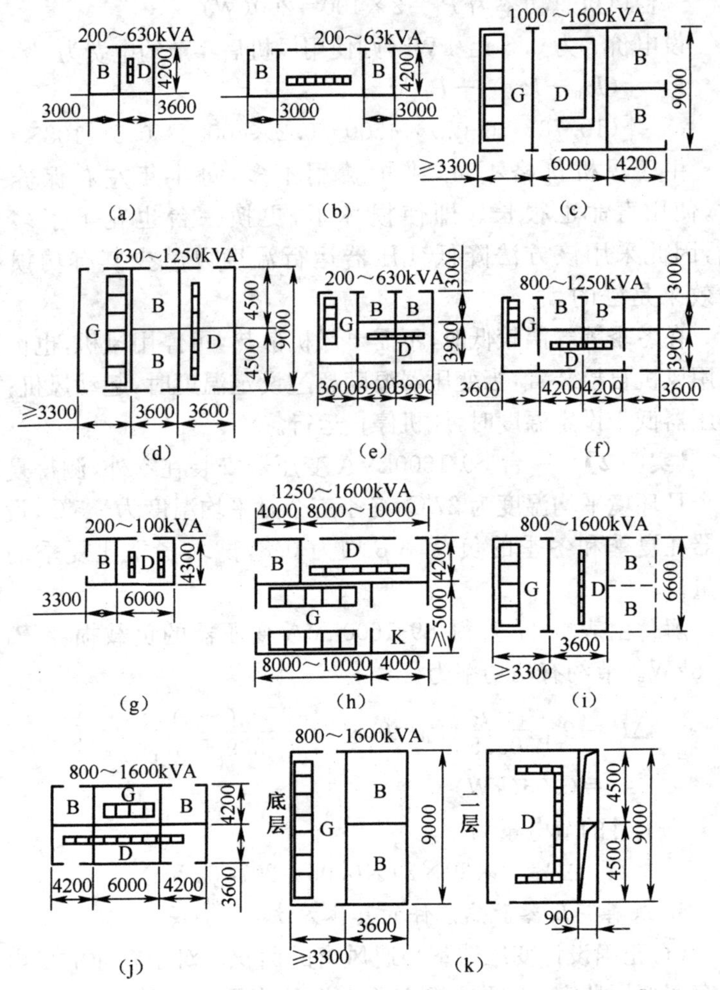

图 3-5　6～10kV 变配电所常用的室内布置示意图

B. 变压器室　D. 低压配电室　G. 高压开关室　K. 值班、控制室

②变压器室通风窗的设计。为了保证变压器安全经济运行，使温升不超过允许限值，户内安装的变压器必须有良好的通风条件。变压器室的通风形式一般有三种，如图 3-6 所示。

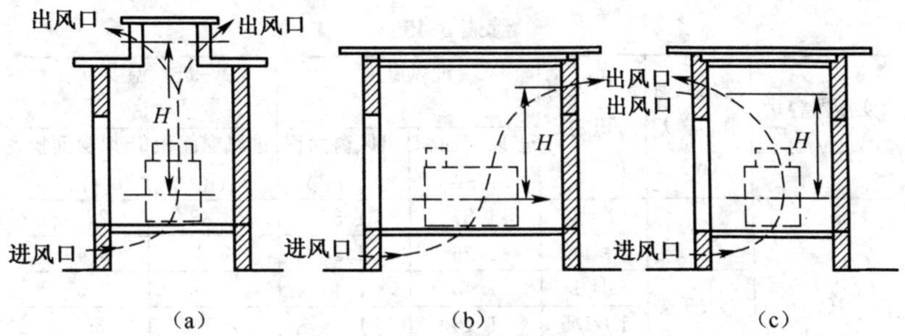

图 3-6 变压器室通风形式

(a)一进一出 (b)一进一出(异侧) (c)一进一出(同侧)

S9 系列变压器室通风窗的面积可查表 3-45 确定。

表 3-45 S9 系列变压器室通风窗有效面积查求表

变压器容量(kVA)	进出风窗中心高差(m)	进出风窗面积之比 $F_j:F_c$	进风温度 $t_j=30℃$ 进风窗面积 $F_j(m^2)$	进风温度 $t_j=30℃$ 出风窗面积 $F_c(m^2)$	进风温度 $t_j=35℃$ 进风窗面积 $F_j(m^2)$	进风温度 $t_j=35℃$ 出风窗面积 $F_c(m^2)$
630	2.0	1:1	0.84	0.84	1.55	1.55
		1:1.5	0.67	1.0	1.24	1.86
	2.5	1:1	0.76	0.76	1.39	1.39
		1:1.5	0.61	0.91	1.11	1.67
	3.0	1:1	0.69	0.69	1.27	1.27
		1:1.5	0.55	0.83	1.02	1.52
	3.5	1:1	0.64	0.64	1.17	1.17
		1:1.5	0.51	0.77	0.94	1.4
1000	2.0	1:1	1.37	1.37	2.5	2.5
		1:1.5	1.1	1.64	2.0	3.0
	2.5	1:1	1.22	1.22	2.25	2.25
		1:1.5	0.98	1.46	1.8	2.7
	3.0	1:1	1.11	1.11	2.05	2.05
		1:1.5	0.89	1.33	1.64	2.46
	3.5	1:1	1.03	1.03	1.9	1.9
		1:1.5	0.82	1.24	1.52	2.28
1600	2.0	1:1	1.92	1.92	3.53	3.53
		1:1.5	1.54	2.3	2.82	4.24
	2.5	1:1	1.72	1.72	3.16	3.16
		1:1.5	1.38	2.06	2.53	3.79

续表 3-45

变压器容量(kVA)	进出风窗中心高差(m)	进出风窗面积之比 $F_j:F_c$	进风温度 $t_j=30℃$		进风温度 $t_j=35℃$	
			进风窗面积 $F_j(m^2)$	出风窗面积 $F_c(m^2)$	进风窗面积 $F_j(m^2)$	出风窗面积 $F_c(m^2)$
1600	3.0	1∶1	1.57	1.57	2.88	2.88
		1∶1.5	1.26	1.88	2.3	3.46
	3.5	1∶1	1.45	1.45	2.67	2.67
		1∶1.5	1.16	1.74	2.14	3.2
	4.0	1∶1	1.36	1.36	2.5	2.5
		1∶1.5	1.09	1.63	2.0	3.0

(2)采用外部水冷的方法。在变压器散热片的上部，安装一根直径约为15mm的环形水管，在水管与对应散热片的位置上钻一个直径为2～3mm的小孔，环形管与自来水管接通，阀门开启后，水通过环形管小孔喷淋在散热片上，水流愈细愈分散愈好，达到加速散热的目的。

采用外部水冷后，油箱与散热片容易生锈，每年应在不淋水季节铲锈涂漆。

(3)采用风机散热。可根据具体情况选用排风扇的功率和台数，也可试验确定。为了让风机在变压器需要散热冷却时开启运行，在不需要冷却时停机(这有利于节电和保护风机)，可设置冷却风机自起动装置。

变压器的冷却风扇，通常使用电接点式温度计控制。当温度达到某一上限值时，温度计上限接点闭合，带动中间继电器起动冷却风扇；当温度下降到某一下限值时，温度计下限接点闭合，中间继电器失电释放，冷却风扇停止运行。

温度在升降过程中会频繁通过临界点，由于温度计接点不能迅速动作而常常发生火花，烧毛接点，使接点的接触电阻增大，以致自控失灵。为此，可采用如图3-7所示的自动起动线路。在该线路中，电接点温度计的接点不是直接起动中间继电器，而是经过开关晶体管再去起动中间继电器，可以有效避免上述故障发生。

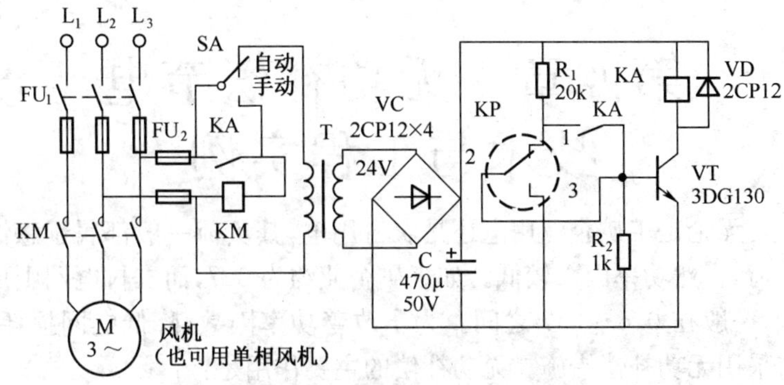

图 3-7　冷却风扇自起动线路

工作原理：当温度达到上限值（电力变压器为 85℃）或需要的设定值时，电接点温度计 KP 指针动接点 2 与上限接点 1 闭合，晶体管 VT 导通，中间继电器 KA 得电吸合，其常闭触点闭合，接触器 KM 得电吸合，冷却风扇起动运行。KA 的另一副常开触点闭合，接通晶体管的基极回路。这样，当被冷却设备（如变压器）开始降温，温度计上限接点断开，也不会使基极失去电流。只有当温度下降到下限值（变压器为 65℃）或需要的设定值时，温度计指针动接点 2 与下限接点 3 闭合，晶体管 VT 失去基极电流而截止，继电器 KA 失电释放，KM 失电释放，冷却风扇停止运行。如此反复，达到自动控制的目的。

第四章　无功补偿节电技术与工程实例

无论是工矿企业用电还是农村用电，其负荷一般都属于感性负荷，自然功率因数较低。如工矿企业约为0.7，而农村电网则更低，一般在0.5～0.7之间。为了改善功率因数，降低电网损耗，需采用无功补偿措施。无功补偿的主要作用是：

(1)提高电网及负载的功率因数，减少线路及设备的损耗，节约电能。

(2)提高并稳定电网电压，改善供电电能质量。在长距离输电线路中安装合适的无功补偿装置可提高系统的稳定性及输电能力。

(3)在三相负荷不平衡的场合，可对三相视在功率起到平衡作用。

(4)增加变压器、发电机、供电线路等的备用量，减少变压器内及供电线路的电压降，提高供电电压水平。

(5)减少用户的契约电力及节约电费。

第一节　基本关系式及功率因数测算

一、功率因数、电容容抗、容量等计算

1. 功率因数

功率因数按下式计算

$$\cos\varphi = P/S$$

又有

$$\sin\varphi = Q/S$$

$$\tan\varphi = Q/P$$

式中　S——视在功率(kVA)；

P——有功功率(kW)；

Q——无功功率(kvar)。

2. 千乏与法拉间的换算

(1)电容器容抗 X_C。

$$X_C=\frac{1}{\omega C}=\frac{1}{2\pi fC}$$

式中　X_C——电容器容抗(Ω)；

C——电容器电容量(F)；

ω——角频率(rad/s)，$\omega=2\pi f$，f 为电网频率，我国工频为 50Hz。

(2)电容器容量与法拉之间的关系是

$$Q_c=U_e I_C\times10^{-3}=U_e(U_e/X_C)\times10^{-3}$$
$$=2\pi fCU_e^2\times10^{-9}$$
$$C=0.0885\varepsilon_r\frac{S}{b}\times10^{-6}$$
$$I_C=\omega CU_e\times10^{-6}=2\pi fCU_3\times10^{-6}$$

式中　X_C——电容器容抗(Ω)；

Q_c——电容器容量(kvar)；

U_e——电容器额定电压(V)；

I_C——流过电容器的电流(A)；

C——电容器电容量(μF)；

ε_r——介质的相对介电系数，油浸纸介 ε_r，当用矿物性绝缘油时为 3.5～4.5；当用合成绝缘油时为 5～7；

S——电极的有效面积(cm^2)；

b——介质厚度(cm)。

二、运行电压升高对移相电容器的影响

1. 运行电压升高对电容器补偿容量的影响

运行电压升高，会使补偿容量增加。当电容器实际运行电压

不等于额定电压时，补偿容量应按下式修正

$$Q'_e = Q_e\left(\frac{U}{U_e}\right)^2$$

式中　Q'_e——电容器在实际运行电压下的容量(kvar)；

Q_e——电容器的额定容量，即铭牌上的标值(kvar)；

U——电容器实际运行电压(V)；

U_e——电容器的额定电压，即铭牌上的标值(V)。

由上式可见，无功功率 Q 与 U 的平方成正比，当电容器的运行电压为额定电压的 90%时，Q 降低了 19%；而当运行电压为额定电压的 110%时，Q 增加了 21%。因此，如果 10kV 电容器用于 6kV 系统中，补偿容量将大为降低，不能充分发挥该电容器的作用，这是不经济的。

2. 运行电压升高对电容器寿命的影响

运行电压升高，会使电容器的功率损耗和发热增加，容易损坏电容器及降低其寿命。电容器的电压升高 15%，其寿命就要缩短到运行于额定电压时的 32.7%～37.6%。因此，严格保持移相电容器运行电压在允许范围之内，是保证电容器安全运行的重要措施。

三、功率因数的测算

1. 测算方法和计算公式

功率因数可以从所接电网的功率因数表中直接读出。由于工厂用电功率因数，随着用电负荷的变化和电压波动而经常变化，故通常采用按月统计考核的加权平均功率因数。即以一个月消耗的有功电量和无功电量来计算。加权平均功率因数计算公式如下

$$\cos\varphi = \frac{A_P}{\sqrt{A_P^2 + A_Q^2}} = \frac{A_P}{\sqrt{1-\left(\frac{A_Q}{A_P}\right)^2}} = \frac{A_P}{\sqrt{1-\tan^2\varphi}}$$

式中　A_P——有功电量(kWh)；

A_Q——无功电量(kvarh)。

具体可分以下几种情况：

(1)装有有功电能表和无功电能表的线路(或企业)求功率因数的方法。

①先从电能表中记录当月(或季)的有功电量 A_P 和无功电量 A_Q；

②按下式计算出 $\tan\varphi$：

$$\tan\varphi = A_Q / A_P$$

③再查表 4-1,求出 $\cos\varphi$。

当计算出的 $\tan\varphi < 0.2$ 时,可按下式计算功率因数

$$\cos\varphi = 1 - \frac{1}{2}\tan^2\varphi$$

表 4-1 tanφ 与 cosφ 对应表

$\tan\varphi$	3.22	2.65	2.30	2.17	2.01	1.91	1.82	1.74	1.62	1.55	1.47
$\cos\varphi$	0.30	0.35	0.40	0.42	0.44	0.46	0.48	0.50	0.52	0.54	0.56
$\tan\varphi$	1.39	1.34	1.26	1.19	1.14	1.08	1.02	0.96	0.90	0.84	0.79
$\cos\varphi$	0.58	0.60	0.62	0.64	0.66	0.68	0.70	0.72	0.74	0.76	0.78
$\tan\varphi$	0.75	0.68	0.64	0.58	0.53	0.48	0.42	0.36	0.29	0.2	0
$\cos\varphi$	0.80	0.82	0.84	0.86	0.88	0.90	0.92	0.94	0.96	0.98	1.0

(2)没有装无功电能表的线路(或企业)求功率因数的方法。

①先按下式测算正常用电下的有功功率(多测几次,取其平均值)。

$$P = \frac{nK_{TA}K_{TV}}{Kt} \times 3600$$

式中 P——有功功率(kW)；

n——所测电能表转数(r)；

K——电能表常数[r/(kWh)],见铭牌；

t——所测用的时间(s)；

K_{TA}——电流互感器倍率；

K_{TV}——电压互感器倍率。

②再按下式求出功率因数。

$$\cos\varphi=\frac{P}{UI}\times10^3 \quad (\text{单相交流电})$$

$$\cos\varphi=\frac{P}{\sqrt{3}UI}\times10^3 \quad (\text{三相交流电})$$

式中　U、I——测试期间电压和电流的平均值(三相交流电时为线电压和线电流)(V、A)。

(3)正在进行设计线路(或企业),其用电功率因数的计算方法。

①最大负荷时的功率因数计算。补偿前最大负荷时的功率因数 $\cos\varphi_1$ 为

$$\cos\varphi_1=\frac{P_{js}}{S_{js}}=\frac{P_{js}}{\sqrt{P_{js}^2+Q_{js}^2}}$$

补偿后最大负荷时的功率因数 $\cos\varphi_2$ 为

$$\cos\varphi_2=\frac{P_{js}}{S'_{js}}=\frac{P_{js}}{\sqrt{P_{js}^2-(Q_{js}-Q_c)^2}}$$

式中　P_{js}——全厂的有功计算负荷(kW);

Q_{js}——全厂的无功计算负荷(kvar);

Q_c——全厂的无功补偿容量(kvar);

S_{js}、S'_{js}——全厂补偿前、后的视在计算功率(kVA)。

②总平均功率因数的计算。补偿前总平均功率因数(即自然总平均功率因数)为

$$\cos\varphi_{1pj}=\frac{P_{pj}}{S_{pj}}=\sqrt{\frac{1}{1+\left(\frac{\beta Q_{js}}{\alpha P_{js}}\right)^2}}$$

补偿后总平均功率因数为

$$\cos\varphi_{2pj}=\frac{P_{pj}}{S'_{pj}}=\sqrt{\frac{1}{1+\left(\frac{\beta Q_{js}-Q_c}{\alpha P_{js}}\right)^2}}$$

$$P_{pj}=\alpha P_{js}$$

$$Q_{pj}=\beta Q_{js}$$

式中　P_{pj}——全厂的有功平均计算负荷(kW)；

Q_{pj}——全厂的无功平均计算负荷(kvar)；

α、β——有功和无功的月平均负荷率；

S_{pj}、S'_{pj}——全厂补偿前、后的平均视在功率计算值(kvar)；

其他符号同前。

2. 工程实例

【实例 1】 某企业 10kV 变配电所电源进线装有有功电能表和无功电能表。测得某月有功电量 A_P 为 26800kWh，无功电量 A_Q 为 14200kvarh，试求该企业该月的加权平均功率因数。

解

$$\tan\varphi=\frac{A_Q}{A_P}=\frac{14200}{26800}=0.53$$

故该月加权平均功率因数为

$$\cos\varphi=\sqrt{\frac{1}{1+\tan^2\varphi}}=\sqrt{\frac{1}{1+0.53^2}}=0.88$$

【实例 2】 某企业变配电所电源进线电压互感器变比为 10000/100V，电流互感器变比为 75/5A。现用秒表测得有功电能表铝盘每转 40 圈，走时 32s；无功电能表铝盘转每转 10 圈，走时 20s。由电能表铭牌可知，有功电能表和无功电能表的常数分别为 2500r/kWh 和 2500r/kvarh。试求测试时间段的功率因数。

解　有功功率为

$$P=\frac{3600n}{Kt}K_{TA}K_{TV}$$

$$=\frac{3600\times40}{2500\times32}\times75/5\times10000/10$$

$$=27000(\mathrm{kW})$$

无功功率为

$$Q=\frac{3600\times10}{2500\times20}\times75/5\times10000/10$$

$=10800(\text{kvar})$

得测试时间段(即瞬时)功率因数为

$$\cos\varphi=\frac{P}{\sqrt{P^2+Q^2}}=\frac{27000}{\sqrt{27000^2+10800^2}}=0.93$$

四、常用并联电容器的技术数据

常用并联电容器的主要技术数据见表4-2。

表4-2　常用并联电容器的主要技术数据

型　号	额定电压(kV)	标称容量(kvar)	标称电容(μF)	相数	外形尺寸(mm)			质量(kg)
					长	宽	高	
BCMJ0.23-2.5-1/3	0.23	2.5	151	1/3	220	80	253	2
BCMJ0.23-5-3		5	302	3	220	80	253	2.3
BCMJ0.23-10-3		10	—	3	140	405	184	8.8
BCMJ0.23-15-3		15	—	3	140	405	276	13.2
BCMJ0.23-20-3		20	—	3	140	405	318	17.6
BCMJ0.23-25-3		25	—	3	140	405	460	22
BCMJ0.4-4-3	0.4	4	80	3	140	46	405	2.2
BCMJ0.4-5-3		5	—	3	140	46	405	2.2
BCMJ0.4-8-3		8	160	3	140	92	405	4.5
BCMJ0.4-10-3		10	200	3	140	92	405	4.5
BCMJ0.4-12-1/3		12	238.8	1/3	220	80	253	2.3
BCMJ0.4-14-3		14	278.6	3	220	80	253	2.3
BCMJ0.4-15-1/3		15	—	1/3	138	140	405	6.6
BCMJ0.4-16-3		16	318.5	3	173	70	340	4.0
BCMJ0.4-20-3		20	390	3	140	184	405	9.0
BCMJ0.4-25-3		25	498	3	345	100	270	11.5
BCMJ0.4-30-3		30	—	3	140	230	405	14.2
BCMJ0.4-40-3		40	—	3	140	368	405	18.0
BCMJ0.4-45-3		45	—	3	110	380	410	20.5
BCMJ0.4-50-3		50	—	3	140	460	410	23
BKMJ0.23-15-1/3	0.23	15	300	1/3	346	152	310	12
BKMJ0.23-20-1/3		20	400	1/3	346	152	310	17

续表 4-2

型　　号	额定电压(kV)	标称容量(kvar)	标称电容(μF)	相数	外形尺寸(mm)			质量(kg)
					长	宽	高	
BKMJ0.4-6-1/3		6	120	1/3	152	96	245	2.2
BKMJ0.4-12-1/3		12	240	1/3	152	96	245	2.6
BKMJ0.4-15-1/3		15	300	1/3	152	96	245	2.75
BKMJ0.4-20-1/3	0.4	20	400	1/3	350	64	300	—
BKMJ0.4-25-1/3		25	500	1/3	346	152	310	11
BKMJ0.4-30-1/3		30	600	1/3	346	152	310	12
BKMJ0.4-40-1/3		40	800	1/3	350	64	300	17
BZMJ0.4-5-1/3		5	100	1/3	173	70	180	2.0
BZMJ0.4-7.5-1/3		7.5	150	1/3	173	70	180	2.3
BZMJ0.4-10-1/3		10	199	1/3	173	70	240	2.8
BZMJ0.4-12-1/3		12	239	1/3	173	70	260	3.1
BZMJ0.4-14-1/3		14	279	1/3	173	70	300	3.6
BZMJ0.4-16-1/3	0.4	16	318	1/3	173	70	300	3.8
BZMJ0.4-20-1/3		20	398	1/3	354	100	245	9.7
BZMJ0.4-25-1/3		25	498	1/3	354	100	265	10.7
BZMJ0.4-30-1/3		30	597	1/3	354	100	295	12.2
BZMJ0.4-40-1/3		40	796	1/3	354	100	335	14.2
BZMJ0.4-50-1/3		50	995	1/3	354	100	375	—
BGMJ0.4-2.5-3		2.5	55	3	ϕ60×215			—
BGMJ0.4-3.3-3		3.3	66	3	ϕ60×215			—
BGMJ0.4-5-3		5	99	3	ϕ60×290			—
BGMJ0.4-10-3		10	198	3	232	65	265	—
BGMJ0.4-12-3	0.4	12	239	3	232	65	295	—
BGMJ0.4-15-3		15	298	3	322	65	265	—
BGMJ0.4-20-3		20	398	8	232	130	295	—
BGMJ0.4-25-3		25	498	3	232	130	325	—
BGMJ0.4-30-3		30	598	3	232	130	325	—
BWF0.4-14-1/3		14	279	1/3	340	115	420	18
BWF0.4-20-1/3	0.4	20	398	1/3	375	122	360	26
BWF0.4-25-1/3		25	497.6	1/3	380	115	420	25
BWF0.4-75-1/3		75	1500	1/3	422	163	722	60

续表 4-2

型号	额定电压(kV)	标称容量(kvar)	标称电容(μF)	相数	外形尺寸(mm)			质量(kg)
					长	宽	高	
BWF10.5-16-1	10.5	16	0.462	1	440	115	595	25
BWF10.5-25-1		25	0.722	1	440	115	595	25
BWF10.5-30-1		30	0.866	1	440	115	595	25
BWF10.5-40-1		40	1.155	1	440	115	595	25
BWF10.5-50-1		50	1.44	1	440	115	595	34
BWF10.5-100-1		100	2.89	1	440	165	880	60
BWF11/$\sqrt{3}$-16-1	11/$\sqrt{3}$	16	1.26	1	440	115	595	25
BWF11/$\sqrt{3}$-25-1		25	1.97	1	440	115	595	25
BWF11/$\sqrt{3}$-30-1		30	2.37	1	440	115	595	25
BWF11/$\sqrt{3}$-40-1		40	3.16	1	440	115	595	25
BWF11/$\sqrt{3}$-50-1		50	3.95	1	440	105	595	34
BWF11/$\sqrt{3}$-100-1		100	7.89	1	440	165	880	60
BFF10.5-50-1W	10.5	50	1.44	1	372	122	570	24
BFF10.5-100-1W		100	2.89	1	443	163	680	45
BFF10.5-200-1W		200	5.78	1	443	163	1030	78
BFF10.5-334-1W		334	9.65	1	699	174	1030	130
BFF11/$\sqrt{3}$-50-1W	11/$\sqrt{3}$	50	3.95	1	372	122	570	24
BFF11/$\sqrt{3}$-100-1W		100	7.9	1	443	163	680	45
BFF11/$\sqrt{3}$-200-1W		200	15.79	1	443	163	1030	78
BFF11/$\sqrt{3}$-334-1W		334	26.37	1	699	174	1030	128
BAM10.5-100-1W	10.5	100	2.89	1	443	123	600	25
BAM10.5-200-1W		200	5.78	1	443	123	890	48
BAM10.5-334-1W		334	9.65	1	443	163	1030	72
BAM11/$\sqrt{3}$-100-1W	11/$\sqrt{3}$	100	7.90	1	443	123	600	25
BAM11/$\sqrt{3}$-200-1W		200	15.79	1	443	123	890	48
BAM11/$\sqrt{3}$-334-1W		334	26.37	1	443	163	1030	72
BGF10.5-50-1W	10.5	50	1.44	1	443	123	603	25
BGF10.5-100-1W		100	2.89	1	450	110	903	22
BGF11/$\sqrt{3}$-50-1W	11/$\sqrt{3}$	50	3.95	1	450	110	603	25
BGF11/$\sqrt{3}$-100-1W		100	7.89	1	450	110	903	44
BGF11/$\sqrt{3}$-200-1W		200	15.1	1	646	140	903	80
BBM11/$\sqrt{3}$-100-1W	11/$\sqrt{3}$	100	7.89	1	380	130	618	29.2
BBM11/$\sqrt{3}$-200-1W		200	15.8	1	343	130	778	37.8
$BBM_2$11/$\sqrt{3}$-100-1W		100	7.89	1	380	122	618	29.2
$BBM_2$11/$\sqrt{3}$-200-1W		200	15.8	1	380	122	848	37.8
$BBM_2$11/$\sqrt{3}$-334-1W		334	26.36	1	510	178	848	63

第二节　变电所集中无功补偿容量的确定与工程实例

一、变电所集中无功补偿容量的确定

在变电所高压母线或低压母线上接入移相电容(并联电容)可改善供电负荷线路的功率因数。补偿量的大小决定于电力负荷的大小、补偿前负荷的功率因数以及补偿后提高的功率因数。

1. 计算公式

(1)计算法求补偿容量。

$$Q_c=P\left(\frac{\sqrt{1-\cos^2\varphi_1}}{\cos\varphi_1}-\frac{\sqrt{1-\cos^2\varphi_2}}{\cos\varphi_2}\right)\quad(\text{kvar})$$

式中　P——用电设备功率(kW)；

$\cos\varphi_1$——补偿前的功率因数,即自然功率因数,采用最大负荷月平均功率因数；

$\cos\varphi_2$——补偿后的功率因数,即目标功率因数。

(2)查表法求补偿容量。根据以上公式可得出每千瓦有功功率所需的补偿容量,见表 4-3。

表 4-3　1kW 有功功率所需补偿电容器的补偿容量 (kvar)

$\cos\varphi_1$ \ $\cos\varphi_2$	0.80	0.82	0.84	0.86	0.88	0.90	0.92	0.94	0.96
0.40	1.54	1.60	1.65	1.70	1.75	1.81	1.87	1.94	2.00
0.42	1.41	1.40	1.52	1.57	1.62	1.68	1.74	1.80	1.87
0.44	1.29	1.34	1.39	1.45	1.50	1.55	1.61	1.68	1.75
0.46	1.18	1.23	1.29	1.34	1.39	1.45	1.50	1.57	1.64
0.48	1.08	1.13	1.18	1.23	1.29	1.34	1.40	1.46	1.54
0.50	0.98	1.04	1.09	1.14	1.19	1.25	1.31	1.37	1.44
0.52	0.89	0.94	1.00	1.05	1.10	1.16	1.21	1.28	1.35
0.54	0.81	0.86	0.91	0.97	1.02	1.07	1.13	1.20	1.27
0.56	0.73	0.78	0.83	0.89	0.94	0.99	1.05	1.12	1.19
0.58	0.66	0.71	0.76	0.81	0.87	0.92	0.98	1.04	1.12

续表 4-3

$\cos\varphi_2$ / $\cos\varphi_1$	0.80	0.82	0.84	0.86	0.88	0.90	0.92	0.94	0.96
0.60	0.58	0.64	0.69	0.74	0.79	0.85	0.91	0.97	1.04
0.62	0.52	0.57	0.62	0.67	0.73	0.78	0.84	0.90	0.98
0.64	0.45	0.50	0.56	0.61	0.66	0.72	0.77	0.84	0.91
0.66	0.39	0.44	0.49	0.55	0.60	0.65	0.71	0.78	0.85
0.68	0.33	0.38	0.43	0.48	0.54	0.59	0.65	0.71	0.79
0.70	0.27	0.32	0.38	0.43	0.48	0.54	0.59	0.66	0.73
0.72	0.21	0.27	0.32	0.37	0.42	0.48	0.54	0.60	0.67
0.74	0.16	0.21	0.26	0.31	0.37	0.42	0.48	0.54	0.62
0.76	0.10	0.16	0.21	0.26	0.31	0.37	0.43	0.49	0.56
0.78	0.05	0.11	0.16	0.21	0.26	0.32	0.38	0.44	0.51

2. 工程实例

【实例 1】 某企业昼夜平均有功功率 P 为 420kW，负荷的自然功率因数（可由功率因数表实测值加权平均）$\cos\varphi_1$ 为 0.65，欲提高到功率因数 $\cos\varphi_2$ 为 0.9，试求需要装设的补偿电容器的总容量，并选择电容器（电容器安装在变电所低压母线上）。

解　(1)计算法求补偿容量。

$$Q_c = P\left(\frac{\sqrt{1-\cos^2\varphi_1}}{\cos\varphi_1} - \frac{\sqrt{1-\cos^2\varphi_2}}{\cos\varphi_2}\right)$$

$$= 420\times\left(\frac{\sqrt{1-0.65^2}}{0.65} - \frac{\sqrt{1-0.9^2}}{0.9}\right) = 287.7(\text{kvar})$$

(2)查表法求补偿容量。从表 4-3 中改进前的功率因数 $\cos\varphi_1$ 处（栏内无 0.65，取 0.64 与 0.66 之间）横向找到改进后功率因数 $\cos\varphi_2$ 为 0.9 相交处，用插入法查算得 1kW 有功功率所需补偿容量为(0.65+0.72)/2=0.685(kvar)，则所需补偿电容器的总容量为

$$Q_c = kP = 0.685\times420 = 287.7(\text{kvar})$$

由表 4-2 查得，可选用 BZMJ0.4-25-1/3 型电容器。其额定电压为 0.4kV，标称容量为 25kvar，标称电容为 498μF。共 4 组，

每组由 3 只电容器组成，电容器接成△形，接线如图 4-1 所示。

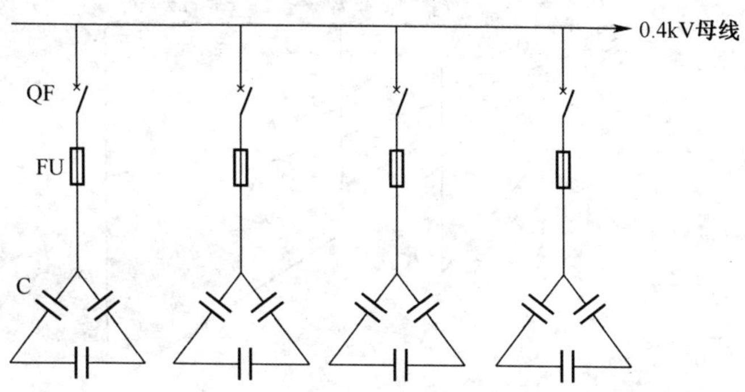

图 4-1　电容器接线示意图

总补偿电容器容量为

$$Q_c = 3 \times 4 \times 25 = 300(\text{kvar})$$

【实例 2】 某变电所负荷容量为 5600kW，功率因数为 0.82，现要增加 2000kW、功率因数为滞后 0.79 的新负荷。拟对这些负荷进行无功补偿，使变电所的总功率因数提高到 0.9，试求补偿电容容量。

解 设原负荷的视在功率、有功功率和无功功率分别为 S_1、P_1、Q_1；新增负荷的各相应值为 S_2、P_2、Q_2；改善功率因数用的补偿电容容量为 Q_c，则使总功率因数提高到 0.9 时的功率矢量图如图 4-2 所示。其中，$\varphi_1 = \arccos 0.82 = 34.9°$，$\varphi_2 = \arccos 0.79 = 37.8°$，$\varphi = \arccos 0.9 = 25.8°$。

总视在功率为

$$S = P/\cos\varphi = (5600 + 2000)/0.9 \approx 8444(\text{kVA})$$

无功功率为

$$Q = P\tan\varphi = 7600\tan 25.8° = 3674.0(\text{kvar})$$

$$Q_1 = P_1\tan\varphi_1 = 5600\tan 34.9° = 3906.6(\text{kvar})$$

$$Q_2 = P_2\tan\varphi_2 = 2000\tan 37.8° = 1551.4(\text{kvar})$$

因此，补偿电容容量为

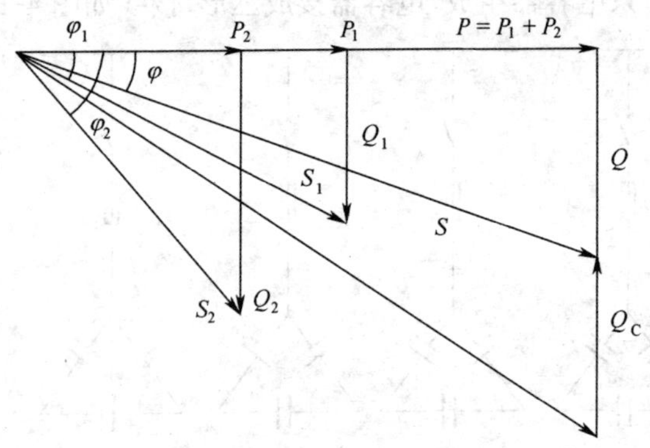

图 4-2　实例的功率矢量图

$$
\begin{aligned}
Q_c &= Q_1 + Q_2 - Q \\
&= 3906.6 + 1551.4 - 3674.0 = 1784 (\text{kvar})
\end{aligned}
$$

二、变压器随器无功补偿容量的确定与工程实例

随器无功补偿是指将低压电容器通过低压熔断器接在配电变压器二次侧，以补偿配电变压器空载无功的补偿方式。

1. 计算公式

(1)变压器空载励磁无功功率的计算。

$$Q_o = I_o\% S_e \times 10^{-2}$$

式中　Q_o——变压器空载励磁无功功率(kvar)；

$I_o\%$——变压器空载电流百分数，10kV 配电变压器，$I_o\% =$ 0.9～2.8，具体可由产品目录查得；

S_e——变压器额定容量(kVA)。

(2)随器补偿电容量的确定。随器补偿只能补偿配电变压器的空载无功 Q_o。如果补偿容量 $Q_c > Q_o$，则在配电变压器接近空载时造成过补偿，且当出现配电变压器非全相运行时，易产生铁磁谐振。因此推荐选用

$$Q_c = (0.95 \sim 0.98) Q_o$$

随器补偿电容量也可查表 4-4 确定。

表 4-4　随器无功补偿容量(配 S9 系列变压器)

变压器容量(kVA)	补偿容量(kvar)	变压器容量(kVA)	补偿容量(kvar)
80	1.4	315	3.3
100	1.5	400	3.8
125	1.8	500	4.8
160	2.2	630	5.4
200	2.5	800	6.1
250	2.9	1000	6.7

2. 工程实例

【实例】　一台 S9-630kVA、10kV 变压器,试确定随器无功补偿容量。

解　(1)计算法。由表 3-17 查得,该变压器的空载电流百分数为 $I_o\%=0.9$,因此该变压器的空载励磁无功功率为

$$Q_o=I_o\%S_e\times10^{-2}=0.9\times630\times10^{-2}=5.67(\text{kvar})$$

随器补偿容量为

$$Q_c=(0.95\sim0.98)Q_o=5.39\sim5.56(\text{kvar})$$

(2)查表法。由表 4-4 查得,S9-630kVA、10kV 变压器的随器补偿容量为 5.4kvar。

三、变电所低压集中无功补偿提高供电能力、减少损耗的实例

由于移相电容器供给了相位超前的无功电流,减少了流入负荷的滞后的无功电流,因此能减少变压器及线路等的负荷,降低变压器及线路的损耗,即增加了这些设备的容量。变压器供电能力的提高,相对而言,使原先欲增容的容量不必再增容,从而减少了变压器的契约容量,这对于用户来说,节约了很大的一笔开支。

1. 计算公式

变电所安装无功补偿电容后,增加变压器的供电能力可按以下公式计算

(1)公式一。

$$\Delta S_b=\left[\frac{Q_c}{S_e}\sin\varphi_1-1+\sqrt{1-\left(\frac{Q_c}{S_e}\right)^2\cos^2\varphi_1}\right]S_e$$

式中　ΔS_b——功率因数提高后，变压器增加的供电能力(kVA)；

S_e——变压器额定容量(kVA)；

Q_c——无功补偿容量(kvar)，能使功率因数提高到 $\cos\varphi_2$；

$\cos\varphi_1$——补偿前的功率因数。

(2)公式二。

$$\Delta S_b=\left(1-\sqrt{\cos^2\varphi_1+\left(\sin\varphi_1-\frac{Q_c}{S_e}\right)^2}\right)S_e$$

(3)安装补偿电容后变压器铜耗减少的计算。功率因数提高，负荷电流会减少，变压器铜损也会相应减少。

设变压器负载损耗为 P_d，二次额定电流为 I_{2e}，当电流为 I_1(功率因数改善前)时的铜损为

$$P_{d1}=P_d\left(\frac{I_1}{I_{2e}}\right)^2$$

当电流为 I_2(功率因数改善后)时的铜损为

$$P_{d2}=P_d\left(\frac{I_2}{I_{2e}}\right)^2$$

因此铜损减少量为

$$\Delta P_d=P_{d1}-P_{d2}=P_d\left(\frac{I_1^2-I_2^2}{I_{2e}^2}\right)$$

式中各电流分别为

$$I_1=\frac{P\times10^3}{\sqrt{3}U\cos\varphi_1},I_2=\frac{P\times10^3}{\sqrt{3}U\cos\varphi_2},I_{2e}=\frac{S_e\times10^3}{\sqrt{3}U}$$

将以上各式代入 ΔP_d 的计算公式，得

$$\Delta P_d=P_d\left(\frac{\left(\frac{P}{\sqrt{3}U}\right)^2\left(\frac{1}{\cos^2\varphi_1}-\frac{1}{\cos^2\varphi_2}\right)\times10^6}{\left(\frac{S_e}{\sqrt{3}U}\right)^2\times10^6}\right)$$

$$=P_d\left(\frac{P}{S_e\cos\varphi_1}\right)^2\left(1-\frac{\cos^2\varphi_1}{\cos^2\varphi_2}\right)$$

式中　ΔP_d——变压器铜耗减少量(kW)；

S_e——变压器额定容量(kVA)，$S_e=\sqrt{3}U_{2e}I_{2e}\times10^{-3}$，此处，$U_{2e}=U$(V)，即二次额定线电压；

$\cos\varphi_2$——补偿后的功率因数；

P——负荷功率(kW)。

(4)安装补偿电容后变压器本身电压降减少的计算。

用电压降减少百分数表示，可用下式近似计算

$$\Delta\Delta U_b\%\approx\frac{Q_cU_d\%}{S_e}$$

式中　$\Delta\Delta U_b\%$——变压器电压降减少的百分数；

Q_c——无功补偿容量(kvar)；

$U_d\%$——变压器阻抗电压百分数；

S_e——变压器额定容量(kVA)。

投入电容器后变压器电压降减少的数据参见表4-5。

表4-5　投入电容器后变压器电压降减少的数据

项　　目	S9系列变压器容量(kVA)							
	315	400	500	630	800	1000	1250	1600
投入100kvar电容器后电压提高值(%)	1.27	1.00	0.8	0.71	0.56	0.45	0.36	0.28
电压提高1%需投入电容器容量(kvar)	79	100	125	140	178	222	278	357

2. 工程实例

【实例】　某工厂10kV变电所，由三台S9-1000kVA变压器并联运行，供电给功率P_1为1800kW，自然功率因数$\cos\varphi_1$为0.75的负荷，欲使功率因数提高到$\cos\varphi_2=0.85$，试求：

(1)该变电所需要安装多大容量的补偿电容？

(2)安装补偿电容后，变电所能增加多少容量？

(3)变压器铜耗减少多少？变压器电压升高多少？

(4)该变电所可能要增加 620kW、功率因数 $\cos\varphi$ 为 0.9 的负荷，三台变压器能否胜任？

(5)补偿及新增负荷前后的变压器负荷率。

解 (1)补偿电容容量为

$$Q_c = P_1\left(\frac{\sqrt{1-\cos^2\varphi_1}}{\cos\varphi_1}-\frac{\sqrt{1-\cos^2\varphi_2}}{\cos\varphi_2}\right)$$

$$=1800\times\left(\frac{\sqrt{1-0.75^2}}{0.75}-\frac{\sqrt{1-0.85^2}}{0.85}\right)=471.6(\text{kvar})$$

可选用总容量为 471kvar 补偿电容(注意，此值要能被 3 除尽)。

(2)投入补偿电容后变电所增加的容量为

$$\Delta S_b = \left[\frac{Q_c}{S_e}\sin\varphi_1-1+\sqrt{1-\left(\frac{Q_c}{S_e}\right)^2\cos^2\varphi_1}\right]S_e$$

$$=\left[\frac{471}{3000}\times0.66-1+\sqrt{1-\left(\frac{471}{3000}\right)^2\times0.75^2}\right]\times3000$$

$$=0.0967\times3000=290(\text{kVA})$$

(3)变压器铜耗减少和电压升高计算。

①变压器铜耗减少计算。由表 3-17 查得，S9-1000kVA、10/0.4kV 变压器的负载损耗 $P_d=10.3\text{kW}$。将 $P=1800\text{kW}$、$\cos\varphi_1=0.75$、$\cos\varphi_2=0.85$、$S_e=1000\text{kVA}$ 代入下式，得三台变压器无功补偿后铜耗减少为

$$\Delta P_d = P_d\left(\frac{P}{S_e\cos\varphi_1}\right)^2\left(1-\frac{\cos^2\varphi_1}{\cos^2\varphi_2}\right)$$

$$=3\times10.3\times\left(\frac{1800}{3000\times0.75}\right)^2\times\left(1-\frac{0.75^2}{0.85^2}\right)$$

$$=30.9\times0.64\times0.2215$$

$$=4.38(\text{kW})$$

②变压器电压升高计算。投入补偿电容后变压器电压降减

少百分数

$$\Delta\Delta U_b\%\approx\frac{Q_c U_d\%}{S_e}=\frac{471\times4.5}{3000}=0.7065$$

式中 $U_d\%=4.5$ 为 S9-1000kVA 变压器的阻抗电压百分数。

如果补偿前变电所低压母线电压为 $U_2=400\text{V}$，则补偿后母线电压为

$$\begin{aligned}U_2'&=U_2+\Delta\Delta U_b\%U_2\times10^{-2}=1.007065U_2\\&=1.007065\times400=402.8(\text{V})\end{aligned}$$

(4)新增负荷的计算。

原有负荷 $P_1=1800\text{kW}$

$$Q_1=P_1\tan\varphi_1=1800\times0.88=1584(\text{kvar})$$

设新增负荷为 x(kW)，则变电所的有功功率为

$$P_2=P_1+x=1800+x$$

由于新增负荷的功率因数 $\cos\varphi=0.9$，$\tan\varphi=0.48$，故新增负荷的无功功率为

$$Q_2=x\tan\varphi=0.48x$$

所以视在功率为

$$S_e^2=P_2^2+(Q_1-Q_c+Q_2)^2$$

$$3000^2=(1800+x)^2+(1584-471+0.48x)^2$$

经整理，得

$$x^2+3794.28x-3674602=0$$

$x=799\text{kW}$(另一个解为负值，不合题意，舍去)。即可新增最大容量($\cos\varphi=0.9$)为

$$S=x/\cos\varphi'=799/0.9=888(\text{kVA})$$

实际上三台变压器总共剩余容量也可按下式计算

$$\begin{aligned}S&=S_e-S_1+\Delta S_b=S_e-P_1/\cos\varphi_1+\Delta S_b\\&=3000-1800/0.75+290=890(\text{kVA})\end{aligned}$$

两者计算结果一致(数字稍有出入为计算误差)。

由于最大可增加 $\cos\varphi'=0.9$ 的有功负荷为 $x=798\text{kW}$ 大于

题中所要求的 620kW，因此三台变压器能够胜任。

(5)补偿及新增负荷前后变压器负荷率计算。

①补偿前变压器的负荷率为

$$\beta=\frac{S}{S_e}=\frac{P_1/\cos\varphi_1}{S_e}=\frac{1800/0.75}{3000}=0.8$$

②补偿后变压器的负荷率为

$$\beta=\frac{S'}{S_e}=\frac{2117.9}{3000}=0.71$$

其中，补偿后的负荷视在功率为

$$S'=\sqrt{P_1^2+(Q_1-Q_c)^2}=\sqrt{1800^2+(1587-471)^2}$$
$$=2117.9(\text{kVA})$$

③新增负荷后变压器的负荷率为

$$\beta=\frac{S'+620/0.9}{S_e}=\frac{2117.9+688.9}{3000}=0.94$$

变压器负荷率与变压器经济运行有关。最佳负荷率除与变压器本身参数有关外，主要决定于年运行小时数 T、正常负荷下工作小时数(生产班制)和无功经济当量 K 值。

对于企业来说，变压器负荷率究竟多大为最节能、最经济(即综合经济效益最佳)，要结合具体情况全面考虑计算决定。详见第三章第四节至第九节中有关内容。

第三节　电力线路无功补偿容量的确定与工程实例

一、配电线路无功补偿最佳位置及补偿容量的确定与工程实例

1. 配电线路无功补偿最佳位置的确定

配电线路负荷的分布一般都不规则，很难精确计算最佳安装地点，但可简化成简单的几类线路，各种典型负荷分布线路的无

功补偿安装最佳位置见表 4-6。最佳补偿点确定的基础是使补偿后总的有功损耗最小。

表 4-6　无功补偿最佳位置及补偿效果

负荷分布	组数		补偿位置	补偿容量	补偿度(%)	线损下降(%)
集中	一		L	$Q_c=Q$	100	100
	一		$2/3L$	$2/3Q$	66.7	88.9
均匀	二	1	$2/5L$	$2/5Q$	80	96
		2	$4/5L$	$2/5Q$		
	三	1	$2/7L$	$2/7Q$	86	98
		2	$4/7L$	$2/7Q$		
		3	$6/7L$	$2/7Q$		
递增	一		$0.775L$	$0.8Q$	80	93
	二	1	$0.54L$	$0.368Q$	90.4	97.6
		2	$0.86L$	$0.518Q$		
递减	一		0.4422	$0.628Q$	62.3	85.8
	二	1	$0.253L$	$0.42Q$	76.8	94.6
		2	$0.588L$	$0.348Q$		

线路分散补偿容量可按下式确定：

$$Q_c = (0.95 \sim 0.98) I_o\% \sum_{1}^{n} S_{ei} \times 10^{-2}$$

式中　Q_c——补偿容量(kvar)；

$I_o\%$——取线路所有配电变压器空载电流百分数的加权平均值；

S_{ei}——单台变压器的容量(kVA)。

对于农网，每间隔 2～3km 设置一组 30kvar 电容器。电容器安装方式采用露天式杆上安装。

2. 安装在配电线路末端的无功补偿容量的计算

$$Q_c = Q_1 - Q_2 = P(\tan\varphi_1 - \tan\varphi_2)$$

$$=P\left(\frac{\sqrt{1-\cos^2\varphi_1}}{\cos\varphi_1}-\frac{\sqrt{1-\cos^2\varphi_2}}{\cos\varphi_2}\right)$$

式中　Q_c——无功补偿容量(kvar)；

Q_1、Q_2——配电线路在无功补偿前、后的无功功率(kvar)；Q_1即末端用电负荷的无功功率；

$\cos\varphi_1$——配电线路在无功补偿前的功率因数，即末端用电负荷的功率因数；

$\cos\varphi_2$——配电线路在无功补偿后的功率因数。

3. 工程实例

【实例】 有一条三相配电线路，末端接有功率 P 为 200kW、功率因数 $\cos\varphi_1$ 为 0.75 的三相对称负荷。现在负荷点并联移相电容器进行补偿，试求：

(1)将功率因数提高到 $\cos\varphi_2=0.85$ 所需的补偿容量及补偿后线损减少量。

(2)欲使线损最小所需的补偿容量及补偿后线损减少量。

解　(1)将功率因数提高到 0.85 时的计算。

①所需补偿容量为

$$Q_c=P\left(\frac{\sqrt{1-\cos^2\varphi_1}}{\cos\varphi_1}-\frac{\sqrt{1-\cos^2\varphi_2}}{\cos\varphi_2}\right)$$

$$=200\times\left(\frac{\sqrt{1-0.75^2}}{0.75}-\frac{\sqrt{1-0.85^2}}{0.85}\right)=52.4(\text{kvar})$$

可选用 3 台 BWF0.4-20-1/3 型电力电容器，每台标称容量为 20kvar，标称电容为 398μF，额定电压为 400V。

这时实际补偿容量为 $Q_c=60$kvar，补偿后的功率因数可按下式计算：

$$\tan\varphi_2=\tan\varphi_1-\frac{Q_c}{P}=0.88-\frac{60}{200}=0.58$$

$$\cos\varphi_2=0.86$$

②补偿后线损减少量计算。设负荷端电压为 U，线路电阻为

R,功率因数为 $\cos\varphi$,则线损为

$$\Delta P=3I^2R=3\left(\frac{P\times10^3}{\sqrt{3}U\cos\varphi}\right)^2R$$

由上式可知,当 U、R 不变时(实际上 U 在无功补偿前、后有所改变),线损与 $\cos\varphi$ 的平方成正比,所以补偿前后的线损比为

$$\frac{\Delta P_{前}}{\Delta P_{后}}=\frac{3\left(\frac{P\times10^3}{\sqrt{3}U\times0.75}\right)^2R}{3\left(\frac{P\times10^3}{\sqrt{3}U\times0.86}\right)^2R}=\frac{0.86^2}{0.75^2}=1.31$$

线损减少率为

$$\Delta\Delta P\%=\frac{线损减少量}{补偿前的线损}=1-\left(\frac{\cos\varphi_1}{\cos\varphi_2}\right)^2$$

$$=1-\left(\frac{0.75}{0.86}\right)^2=24\%$$

(2)使线损最小的计算。

①要使线损最小,需将功率因数补偿到 $\cos\varphi_2=1$。这时补偿容量为

$$Q_c=P\tan\varphi_1=200\times0.88=176(\text{kvar})$$

因此可选用 6 只 BWF0.4-25-1/3 型电力电容器,每台标称容量为 25kvar,标称电容为 497.6μF,额定电压为 400V。

这时实际补偿容量为 $Q_c=6\times25=150(\text{kvar})$

$$\tan\varphi_2=\tan\varphi_1=\frac{Q_c}{P}=0.88-\frac{150}{200}=0.13$$

$$\cos\varphi_2=0.99$$

②补偿后线损减少率为

$$\Delta\Delta P\%=1-\left(\frac{\cos\varphi_1}{\cos\varphi_2}\right)^2$$

$$=1-\left(\frac{0.75}{0.99}\right)^2=42.6\%$$

二、配电线路无功补偿改造与工程实例

配电线路采用无功补偿能提高功率因数,降低线损,增加供

电能力和减少线路压降，节约电能。

1. 计算公式

(1)安装补偿电容后增加线路供电能力的计算。如图 4-3 所示，在负荷的功率因数 $\cos\varphi_1$ 一定时，将供电功率由 P_1 增加到 P_2。这时视在功率也由 S_1 增加到 S_2，即增加了 $\Delta S=S_2-S_1$。若配电线路的容量短缺为 ΔS，如果安装了 $Q_c=OF=ED$ 的补偿电容器，则合成视在功率为 $OD=S_1$，等于原来的视在功率，解决了容量不足的问题，并可增加 $\Delta P_1=P_2-P_1$ 的供电功率。即

$$\Delta P_1=P_2-P_1=S_1(\cos\varphi_2-\cos\varphi_1)$$

式中　ΔP_1——功率因数提高所增加线路的供电功率(kW)；

S_1——功率因数提高前的视在功率(kVA)。

也可以用下面形式的公式计算

$$\Delta S_1=\frac{XQ_c}{R\cos\varphi_1+X\sin\varphi_1}$$

式中　ΔS_1——功率因数提高所增加线路的供电容量(kVA)；

Q_c——无功补偿容量(kvar)；

R、X——每相导线的电阻和电抗(Ω)。

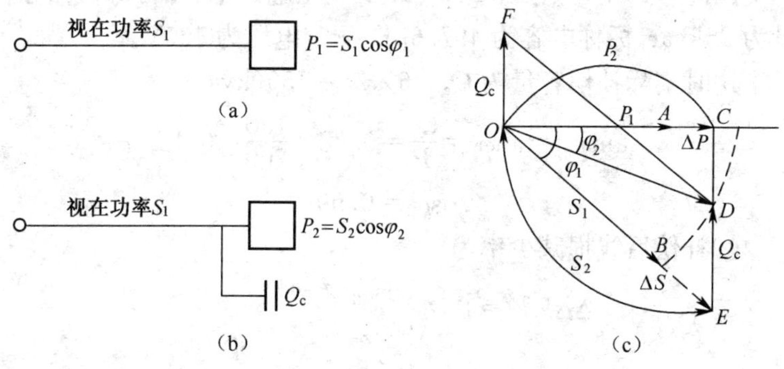

图 4-3　增加线路供电能力的说明图

(2)安装补偿电容后线路压降减少的计算。提高功率因数线

路压降减少量可由下式计算

$$\Delta\Delta U_x = \Delta U_1 - \Delta U_2 = [I_1\cos\varphi_1(R + x\tan\varphi_1)] - [I_2\cos\varphi^2(R + x\tan\varphi_2)]$$

由于负荷功率在功率因数改善前后没有变化，所以 $I_1\cos\varphi_1 = I_2\cos\varphi_2$，代入上式得

$$\Delta\Delta U_x = I_1\cos\varphi_1(R + X\varphi_1)\left(1 - \frac{R + X\tan\varphi^2}{R + X\tan\varphi_1}\right) = \Delta U_1\left(1 - \frac{R + X\tan\varphi_2}{R + X\tan\varphi_1}\right)$$

式中　$\Delta\Delta U_x$——相电压压降减少量(V)；

ΔU_1、ΔU_2——功率因数改善前、后的线路相电压压降(V)；

R、X——三相时为每相导线的电阻和电抗，单相二线制时为来回二条导线的值(Ω)；

其他符号同前。

若用电压降减少百分数表示，则可用下式近似计算

$$\Delta\Delta U_1\% \approx \frac{\Delta Q_c X \times 10^3}{U_e^2} \times 100$$

式中　$\Delta\Delta U_1\%$——线路电压降减少的百分数；

ΔQ_c——移相电容器投入增加量(kvar)，若原先未并联补偿电容，则 ΔQ_c 即为改善后电容器的投入容量 Q_c；

U_e——线路额定电压(V)。

投入电容器后线路电压降减少的数据参见表 4-7。

表 4-7　投入电容器后线路电压降减少的数据

项　目	每千米架空线路电压(kV)			每千米电缆线路电压(kV)		
	0.38	6	10	0.38	6	10
投入 100kvar 电容器后电压提高值(%)	28	1.1	0.4	5.5	0.022	0.008
电压提高 1%需投入电容器容量(kvar)	3.6	900	2500	18	4500	12500

(3)安装补偿电容后线损减少的计算。安装补偿电容后线损减少的计算在本节项中已作介绍。线损减少的百分数为

$$\Delta\Delta P_1\%=\frac{\text{线损减少量}}{\text{补偿前的线损}}=1-\left(\frac{\cos\varphi_1}{\cos\varphi_2}\right)^2$$

2. 工程实例

【实例 1】 在三相三线制配电线路末端，接有滞后功率因数 0.8 的三相平衡负荷。设负荷端子电压 U_2 为 10kV 一定。又设每条导线的阻抗为(0.5+j0.4)Ω。试求：

①在配电线的电压损失率 $\Delta U\%$ 和线损率 $\Delta P\%$ 都不超过 3%的条件下，负荷可得到的最大功率是多少？

②当与上述(1)的最大功率的负荷并联 1000kvar 补偿电容时，其电压损失率 $\Delta U'\%$ 和线损率 $\Delta P'\%$ 是多少？

③安装补偿电容后线路的供电能力增加多少？

解　①设电压损失率为 3%时的负荷为 P_1(kW)，电流为 I_1(A)，则电压损失率为

$$\Delta U\%=\frac{P_1R+Q_1X}{10U_2^2}=\frac{P_1(R+X\tan\varphi)}{10U_2^2}$$

所以　$$P_1=\frac{\Delta U\%U_2^2\times10}{R+X\tan\varphi}=\frac{3\times10^2\times10}{0.5+0.4\times\dfrac{0.6}{0.8}}=3749(\text{kW})$$

又设线损率为 3%时的负荷为 P_2(kW)，电流为 I_2(A)，则线损率为

$$\Delta P\%=\frac{3I_2^2R}{10P_2}$$

由 $I_2=\dfrac{P_2}{\sqrt{3}U_2\cos\varphi}$ 代入上式，得

$$\Delta P\%=\frac{P_2R}{10U_2^2\cos^2\varphi}$$

$$P_2=\frac{\Delta P\%U_2^2\cos^2\varphi\times10}{R}$$

$$=\frac{3\times10^2\times0.8^2\times10}{0.5}=3840(\text{kW})$$

按题意,$\Delta U\%$和$\Delta P\%$都不超过3%的最大负荷为3749kW。

②在$P_2=3749\text{kW}$、$\cos\varphi=0.8$的负荷上并联1000kvar电容器时的总无功功率为

$$Q=Q_1-Q_C=P_1\tan\varphi-Q_C$$
$$=3749\times\frac{0.6}{0.8}-1000=1812(\text{kvar})$$

设总负荷功率因数为$\cos\varphi'$、电流为I',则电压损失率$\Delta U'\%$为

$$\Delta U'\%=\frac{\sqrt{3}I'(R\cos\varphi'+X\sin\varphi')}{10U_2}$$

其中 $$P_1=\sqrt{3}U_2I'\cos\varphi'$$

所以 $$I'\cos\varphi'=P_1/\sqrt{3}U_2=3749/(\sqrt{3}\times10)=216.4(\text{A})$$

由$Q=\sqrt{3}U_2I'\sin\varphi'$,得

$$I'\sin\varphi'=Q/\sqrt{3}U_2=1812/(\sqrt{3}\times10)=104.6(\text{A})$$

将以上两式代入①式,得

$$\Delta U'\%=\frac{\sqrt{3}\times(216.4\times0.5+104.6\times0.4)}{10\times10}=2.6$$

另外,线损率$\Delta P'\%=3I'^2R/10P_1$

其中 $P_1^2+Q^2=(\sqrt{3}U_2I')^2$,得

$$I'^2=\frac{P_1^2+Q^2}{3U_2^2}$$

将上式代入②式,得

$$\Delta P'\%=\frac{(P_1^2+Q^2)R}{10U_2^2P_1}=\frac{(3749^2+1812^2)\times0.5}{10\times10^2\times3749}=2.3$$

③线路供电能力增加(即增加负荷设备容量)的计算。由以上计算可知,原负荷功率为3749kW,功率因数$\cos\varphi$为0.8,投入补偿电容后的功率因数$\cos\varphi'$为

$$\tan\varphi' = \frac{I'\sin\varphi'}{I'\cos\varphi'} = \frac{104.6}{216.4} = 0.48, \cos\varphi' = 0.9$$

原负荷容量 $S_1 = P/\cos\varphi = 3749/0.8 = 4686(\text{kVA})$

因此线路供电能力增加为

$$\begin{aligned}\Delta P_1 &= S_1(\cos\varphi_2 - \cos\varphi_1)\\ &= 4686\times(0.9-0.8) = 468.6(\text{kW})\end{aligned}$$

【实例 2】 某三相配电线路如图 4-4 所示。已知母线 F 点的电压为 11kV，B 点负荷为 100A，末端 C 点的负荷为 150A，功率因数均为滞后 0.8，AB 长 2km，BC 长 4km，每条导线单位阻抗为 (0.5＋j0.4)Ω/km。试求：

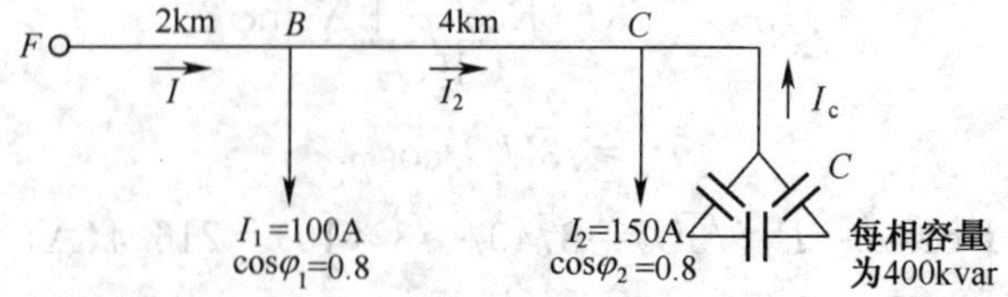

图 4-4　某 10kV 配电线路供电图

①B 点和 C 点的电压为多少？

②在 C 点配置 BWF10.5-50-1 型 50kvar、1.44μF、额定电压为 10.5kV 补偿电容器共 24 只，每相 8 只，问 B 点和 C 点的电压为多少？

③配置补偿电容器前后线路的功率损耗为多少？

解　①求 B、C 点的电压。

由题意，$I_1 = 100\text{A}$、$I_2 = 150\text{A}$、$\cos\varphi_1 = \cos\varphi_2 = 0.8$、$R_1 = 0.5\times2 = 1\Omega$，$X_1 = 0.4\times2 = 0.8\Omega$、$R_2 = 0.5\times4 = 2\Omega$、$X_2 = 0.4\times4 = 1.6\Omega$、$U_F = 11000\text{V}$，则

B 点电压为

$$\begin{aligned}U_B &= U_F - \sqrt{3}(I_1 + I_2)(R_1\cos\varphi_1 + X_1\sin\varphi_1)\\ &= 11000 - \sqrt{3}\times(100+150)\times(1\times0.8+0.8\times0.6) = 10446(\text{V})\end{aligned}$$

C点电压为

$$U_C = U_B - \sqrt{3} I_2 (R_2 \cos\varphi_2 + X_2 \sin\varphi_2)$$
$$= 10446 - \sqrt{3} \times 150 \times (2 \times 0.8 + 1.6 \times 0.6) = 9781(\text{V})$$

②求C点配置补偿电容后B、C点的电压。每相电容器的电容为

$$I_{c1} = \frac{Q_c}{U_e} = \frac{8 \times 50}{10.5} = 38.1(\text{A})$$

流入C点的电容电流为

$$I_c = \sqrt{3} I_{c1} = \sqrt{3} \times 38.1 = 66(\text{A})$$

由于电容电流超前电压90°,故

$$\cos(-90°) = 0, \sin(-90°) = -1$$

该电容电流在FB段和BC段引起的电压降为

$$\Delta U_{FB} = I_C [R_1 \cos(-90°) + X_1 \sin(-90°)]$$
$$= 66 \times 0.8 \times (-1) = -52.8(\text{V})$$
$$\Delta U_{BC} = I_c [R_2 \cos(-90°) + X_2 \sin(-90°)]$$
$$= 66 \times 1.6 \times (-1) = -105.6(\text{A})$$

因此接入电容器后的B点和C点电压为

$$U_B = 10446 - (-52.8) = 10498.8(\text{V}) \approx 10.5(\text{kV})$$
$$U_C = 9781 - (-105.6) = 9886.6(\text{V}) \approx 98.9(\text{kV})$$

③配置电容器前后线损计算。

电容器接入前的线损为

$$\Delta P = 3(I_1 + I_2)^2 R_1 + 3 I_2^2 R_2$$
$$= 3 \times (100 + 150)^2 \times 1 + 3 \times 150^2 \times 2 = 322.5(\text{kW})$$

电容器接入后FB和BC间的电流分别为

$$I' = \sqrt{[(I_1 + I_2)\cos\varphi_1]^2 + [(I_1 + I_2)\sin\varphi_1 - I_c]^2}$$
$$= \sqrt{(250 \times 0.8)^2 + (250 \times 0.6 - 66)^2} = \sqrt{47056}(\text{A})$$

$$I_2' = \sqrt{(I_2 \cos\varphi_2)^2 + (I_2 \sin\varphi_2 - I_c)^2}$$
$$= \sqrt{(150 \times 0.8)^2 + (150 \times 0.6 - 66)^2} = \sqrt{14976}(\text{A})$$

因此接入电容器后的线损为

$$\Delta P' = 3(I'^2 R_1 + I_2'^2 R_2)$$
$$= 3\times[(\sqrt{47056})^2\times 1 + (\sqrt{14976})^2\times 2] = 231024(\mathrm{W})$$
$$= 231(\mathrm{kW})$$

可见，安装补偿电容器后，使线损减少了 322.5－231＝91.5(kW)

第四节　无功补偿控制线路

一、补偿电容器配套设备的选择

1. 断路器的选择

(1)电容器组断开时，断路器易发生电弧重燃，产生很高的操作过电压(4～5 倍额定电压)，因此要求断路器不得发生重燃，分闸过程中操作过电压不应超过允许值。

(2)电容器组合闸时，可能产生很大的合闸涌流和很高的涌流频率，使断路器承受较大的机械应力和振动，因此要求断路器的结构与合闸涌流的冲击相适应。

(3)电容器组运行中的最大电流为电容器组额定电流的 1.3～1.35 倍，因此选择断路器时，断路器的额定电流应大于电容器允许的最大电流。

为此，低压电容器补偿装置中最好采用切合电阻；对于高压电容器组，可采用在断口上带有并联电阻的断路器，其额定电流按电容器额定电流的 1.3～1.5 倍选取。

2. 熔断器的选择

熔断器的额定电压应不低于被保护电容器的电压，切断流量不低于电容器的短路故障电流，熔断器的额定电流一般为电容器额定电流的 1.5～2.5 倍。对于新型 BRV 系列熔断器，可在 1.5～2 倍之间选取，一般以 1.6～1.7 倍为好。这主要考虑国产熔丝安秒特性曲线大多有 10%左右的偏差，当选择的系数偏低时容易发生熔丝误动作。当熔断器作单台保护时，可考虑能切断内部串联部分击穿的电容器。

电容器的额定电流可由下式计算

$$I_C = 2\pi f C U_e \times 10^{-6} \text{或} I_C = \frac{Q_c}{U_e} \times 10^3$$

式中　I_C——电容器额定电流(A)；

C——电容器电容量(μF)；

U_e——电容器额定电压(V)；

Q_c——电容器额定容量(kvar)。

3. 切合电阻的选择

对于低压移相电容器组，切合电阻为

$$R = (0.2 \sim 0.3) X_C$$

高压开关上的切合电阻或并联电阻为：

$$R = (0.4 \sim 0.8) X_C$$

式中　R——电阻(Ω)；

X_C——电容器组的容抗(Ω)。

电阻的温度以不超过150℃为宜。

4. 放电电阻的选择

为了保证安全操作及减小冲击电流，应在电容器两端并联一个放电电阻，在电容器与电源断开后，将电容器上的电荷快速放掉。根据电容器运行规定，电容器在经过30s放电后，其接线端子间的剩余电压应降低到65V以下。通常，380V及以下的低压电容器组，采用白炽灯或AD15系列信号灯作为放电回路的放电电阻；3.15～10.5kV高压电容器组，常采用接成V形的单相电压互感器或三相电压互感器作为放电回路的放电电阻。

放电回路的计算如下：

(1)电容器放电时间为

$$t = 2.3 RC \lg \frac{\sqrt{2}U}{u_C}$$

式中 t——电容器放电时间(s);

R——放电电阻(Ω);

C——每相的电容量(F);

U——电网线电压(V);

u_C——电容器上的电压(V)。

(2)补偿容量计算。

①当电容器组为三角形接法时,每相电容量为

$$C=\frac{Q_C\times10^{-9}}{3\omega U^2}$$

②当电容器组为星形接法时,每相电容量为

$$C=\frac{Q_C\times10^{-9}}{\omega U^2}$$

式中 Q_C——并联补偿电容器的总容量(kvar)。

③放电电阻计算。

当U=380V,要求 u_C=65V 且放电时间不大于 30s 时,根据以上各式可得:

a. 当放电电阻采用三角形接法时,每相放电电阻为

$$R_\triangle\leqslant\frac{193\times10^4}{Q_C}(\Omega)$$

电阻上消耗的功率为

$$P_\triangle=U^2/R_\triangle(\mathrm{W})$$

b. 当放电电阻采用星形接法时,计算时必须将放电电阻换算为相应的三角形接法时对称电路的阻值,这时每相放电电阻为

$$R_Y=\frac{R_\triangle}{3}\leqslant\frac{64.8\times10^4}{Q_C}$$

电阻上消耗功率为

$$P_Y=U_X^2/R_Y$$

式中 U_X——相电压(V)。

5. 串联电抗器的选择

电容器串联电抗器的作用是抑制合闸涌流和谐波电压,以免

电容器被损坏。电抗器必须与电容器配合好，否则将失去保护电容器的作用。具体选择如下：

(1)根据要选配串联电抗器的电容器组的实际容量 Q_C 和额定电压 U_{Ce} 计算电容器的基波容抗 X_{C1} 和额定电压下的基波电流 I_{C1}。

$$X_{C1}=U_{Ce}^2/Q_C$$

$$I_{C1}=Q_C/U_{Ce}$$

(2)根据选配串联电抗器的目的，确定串联电抗器的工频电抗 X_{L1}。当目的是抑制涌流时，X_{L1} 可在(0.001～0.003)X_{C1} 的范围内选取；当目的是防止5次及以上谐波放大时，X_{L1} 可在(0.045～0.06)X_{C1} 的范围内选取。但要注意，串接6%或4.5%电抗器均会产生3次谐波电流放大，而串接6%电抗器对3次谐波电流的放大程度更加严重，串接4.5%电抗器则很接近于5次谐波谐振点的电抗值的4%。因此，当需要抑制5次及以上谐波，同时又要兼顾减小对3次谐波放大时，X_{L1} 可选取4.5%X_{C1}；当目的是防止3次及以上谐波放大时，X_{L1} 可在(0.12～0.13)X_{C1} 的范围内选取；当目的是防止2次及以上谐波放大时，X_{L1} 应在(0.26～0.27)X_{C1} 的范围内选取。

(3)核算串联电抗器的额定电流为

$$I_{Le}\geqslant I_{Ce}$$

式中　I_{Le}——串联电抗器的额定电流(A)；

I_{Ce}——配套并联电容器组的额定电流(A)。

6. 接触器的选择

切换电容器时，会出现很大的涌流，若不采取限流措施，涌流可达50～150倍电容器额定电流。一般规定涌流应限制到不超过20倍。为此可在接触器与电源之间串入专用系列限流电抗器，但即使如此，涌流倍数仍会超过20倍，有时高达50倍，对接触器和电容器存在隐患。

正确选用切换电容器的接触器至关重要。一般应采用切换电容器的专用接触器，专用接触器的型号有：CJ16、CJ19、CJ20C、B25C～B75C、CJ41、CJ32C 以及 EB、VB 系列等。若用普通接触器容易将触头烧坏，造成事故。在没有专用接触器的情况下，也可用 CJ20、3TB 系列普通交流接触器代用，但必须正确选用。

(1)通用型交流接触器的选用。CJ20 系列通用型交流接触器与电容器的选配见表 4-8；引进的 3TB 系列通用型交流接触器与电容器的选配见表 4-9。

表 4-8　CJ20 系列接触器的选配

接触器型号	约定发热电流(A)	电容器容量(kvar)	
		220V	380V
CJ20-10	10	3	5
CJ20-25	32	5	8
CJ20-40	55	12.5	20
CJ20-63	80	25	40
CJ20-100	125	30	60
CJ20-160	200	40	75
CJ20-250	315	50	100

表 4-9　3TB 系列接触器的选配

接触器型号	约定发热电流(A)	单台三相电容器(kvar)			多台三相电容器(kvar)		
		220V	380V	600V	220V	380V	600V
3TB40	20	2.5	4	4	2.5	4	4
3TB42	30	4	7.5	7.5	4	7.5	7.5
3TB44	45	12	16.7	16.7	12	16.7	16.7
3TB46	80	17	30	30	17	30	30
3TB47	90	24	40	40	24	40	40
3TB48	100	24	40	40	24	40	40
3TB50	160	35	60	60	30	50	50
3TB52	200	58	100	100	40	70	70
3TB54	300	87	150	150	66	115	115
3TB56	400	115	200	200	85	150	150
3TB58	630	175	300	300	145	250	250

(2)专用接触器的选用。国产常用切换电容器专用接触器的技术数据见表4-10；ABB公司三个系列切换电容器专用接触器的技术数据见表4-11。

表4-10　常用切换电容器专用接触器主要技术数据

系列	型号	额定工作电流 I_e(A)(AC-6b)	约定发热电流 I_{th}(A)	控制电容器容量(kvar) 220V	控制电容器容量(kvar) 380V	机械寿命(万次)	电寿命(万次)	操作频率(次/h)	抑制涌流能力
CJ16	CJ16-25	17	25	—	12	100	10	90	$\leqslant 20I_e$
	CJ16-32	23	32		16				
	CJ16-40	29	40		20				
	CJ16-63	43	63		30				
CJ19	CJ19-25	17.3	25	6	12	100	10	120	$\leqslant 20I_e$
	CJ19-32	26	32	9	18				
	CJ19-43	29	43	10	20				
	CJ19-63	43	63	15	30				
CJ20C	CJ20C-25	25	32	—	20	100	15	240	$\leqslant 20I_e$
	CJ20C-36	36	36		25		10		
	CJ20C-45	45	53		30				
	CJ20C-63	63	63		40				
B-C	B25C	22	40	—	15	100	10	120	$\leqslant 20I_e$
	B30C	30	45		20				
	B50C	50	85		30				
	B63C	60	85		40				
	B75C	75	85		50				
CJ41	CJ41-32	32	32	8	16	100	10	120	$\leqslant 20I_e$
	CJ41-40	40	40	10	20				
	CJ41-63	63	63	16	32				
CJ32C	CJ32C-25	25	32	—	12	100	10	120	$\leqslant 30I_e$
	CJ32C-32	32	45		20				
	CJ32C-45	45	55		30				
	CJ32C-63	63	80		40				
JKC1	JKC1-25	25	25	8.6	15	100	10	—	$\leqslant 30I_e$
	JKC1-32	32	32	12	20				
	JKC1-50	50	50	17	30				
	JKC1-63	63	63	23	40				
	JKC1-80	80	80	30	50				

表 4-11　三个系列切换电容器专用接触器主要技术数据

型　号	控制电容器容量（380/400V、40℃）（kvar）	可承受最大涌流峰值（A）	不用附加电抗器时可承受的涌流倍数
EB12	10	700	约 30
EB16	12	1000	
EB25	18	1500	
EB30	20	1800	
EB40	26	2100	
EB50	38	2300	
EB63	43	2500	
EB75	48	2600	
EB90	60	4000	
EB100	75	4000	
EB145	90	4000	
EB175	105	5000	
EB210	125	5000	
EB300	160	8000	
EB370	200	10000	
EB550	260	10000	
EB700	350	12000	
EB800	390	12000	
VB25	12.5/16	1900	约 100
VB30	20/25	3000	
VB50	30/36	5000	
VB63	40/50	6000	
VB75	50/55	7500	
VB95	60/65	9300	
VB110	70/75	10500	
VB16-30-11R	10	3000	约 160
VB18-30-10R	16.7	4000	
VB26-30-10R	20	5000	
VB30-30-10R	25	6000	
VB50-30-10RD	38	9000	
VB63-30-10RD	47	11250	
VB75-30-10RD	55	13500	

二、低压无功补偿控制线路

1. 线路之一

线路如图 4-5 所示。该线路适用于输电线路较长、输送功率较大而自然功率因数又较低的个别车间或设备，能提高用电端电压，减少线损。

图4-5中的放电电阻采用与白炽灯串联的方法。这种接线的灯泡起监视和放电双重作用；电阻R起放电和限流作用，能延长灯泡寿命。比单独使用放电电阻或单独使用灯泡（两只串联）为好。

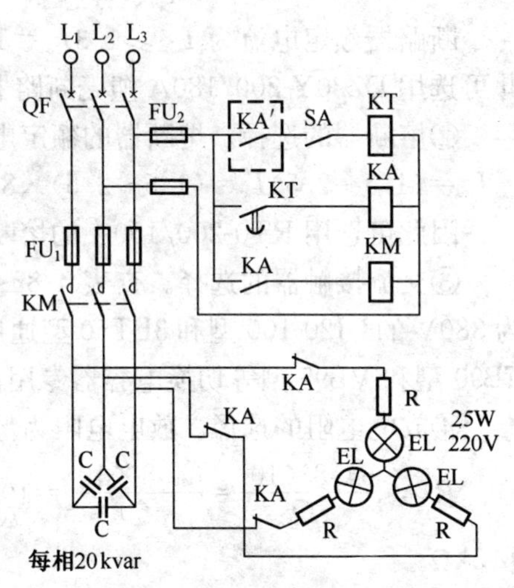

图4-5　低压无功补偿控制线路之一

（1）工作原理。该线路用定时电子开关（电钟），按照车间上、下班时间，自动将移相电容器投入与切除。功率因数一般补偿到0.90～0.95之间。

合上断路器QF，合上开关SA，电钟控制投入运行。当电钟接点KA′闭合时（需无功补偿时），时间继电器KT的线圈通电，经一段延时后，中间继电器KA得电吸合，其常闭触点断开，切断放电电阻R（避免无谓耗电），而其常开触点闭合，接触器KM得电吸合，移相电容器组C投入运行。当电钟接点KA′断开时（不需要无功补偿时）或手动断开开关SA时，时间继电器KT的线圈失电，其延时闭合常开触点瞬时断开，继电器KA失电释放，其常闭触点闭合，接通放电电阻R和白炽灯EL，同时其常开触点断开，接触器KM失电释放，电容器组C退出运行，并经放电电阻R放电和白炽灯EL。

（2）元件选择。

①断路器的选择。每相电容器组的额定电流为

$$I_c = Q_c / U_e = 20/0.4 = 50(\mathrm{A})$$

电容器组的线电流为

$$I'_c=\sqrt{3}I_c=\sqrt{3}\times 50=86.6(\mathrm{A})$$

断路器额定电流为 $I_{QF}\geqslant 1.3I'_c=1.3\times 86.6=112.6(\mathrm{A})$，因此可选用 DZ20Y-200/180A 塑壳断路器。

②熔断器的选择。熔断器的额定电流为

$$I_{re}=(1.5\sim 2.5)I'_c=(1.5\sim 2.5)\times 86.6=129.9\sim 216.5(\mathrm{A})$$

因此可选用 RT0-200/150A 的熔断器。

③交流接触器的选择。查表 4-8～表 4-11，可选用额定电压为 380V 的 CJ20-100 型和 3BT50 型通用型交流接触器，也可选用 EB90 型和 VB95 型等切换电容器专用接触器。

④放电电阻的选择。放电电阻为星形接线，每相电阻为

$$R_{\mathrm{Y}}\leqslant\frac{64.8\times 10^4}{\Sigma Q_C}=\frac{64.8\times 10^4}{60}=10800(\Omega)=10.8(\mathrm{k}\Omega),$$

取 5kΩ。

电阻上消耗功率为

$$P_{\mathrm{Y}}=U_X^2/R_{\mathrm{Y}}=220^2/5000=9.7(\mathrm{W})$$

其中，白炽灯 EL(25W、220V)的电阻为

$$R_1=U^2/P=220^2/25=1936(\Omega)\approx 2(\mathrm{k}\Omega)$$

因此可选用串联的电阻为 3kΩ、25W。

电器元件参数见表 4-12。

表 4-12　电器元件表

序号	名　称	代号	型号规格	数量
1	断路器	QF	DZ20Y-200/180A	1
2	熔断器	FU_1	RTO-200/150A	3
3	熔断器	FU_2	RL1-15/5A	2
4	开关	SA	LS2-2	1
5	交流接触器	KM	CJ20-100 或 EB90 等	1
6	中间继电器	KA	JZ7-44　380V	1
7	时间继电器	KT	JS23-1　0.2～30s	1
8	电阻	R	RX1-3kΩ-25W	3
9	白炽灯	EL	25W、220V	3

2. 线路之二

线路如图 4-6 所示。该线路适用于变电所低压集中补偿，功率因数一般补偿到 0.95～1。

图中，隔离开关的额定电流可按下式选择：

$$I_{QS} \geqslant 1.3 I'_C = 1.3\sqrt{3} Q_C / U_e = 1.3\sqrt{3} \times 14/0.4 = 78.8(\text{A})$$

因此可选用 HH3-100A 或 HH4-100A 型刀开关。

熔断器 FU_1～FU_8 的额定电流为

$$I_{re} = (1.5 \sim 2.5) I'_c = (1.5 \sim 2.5)\sqrt{3} \times 14/0.4 = 90.9 \sim 151.6(\text{A})$$

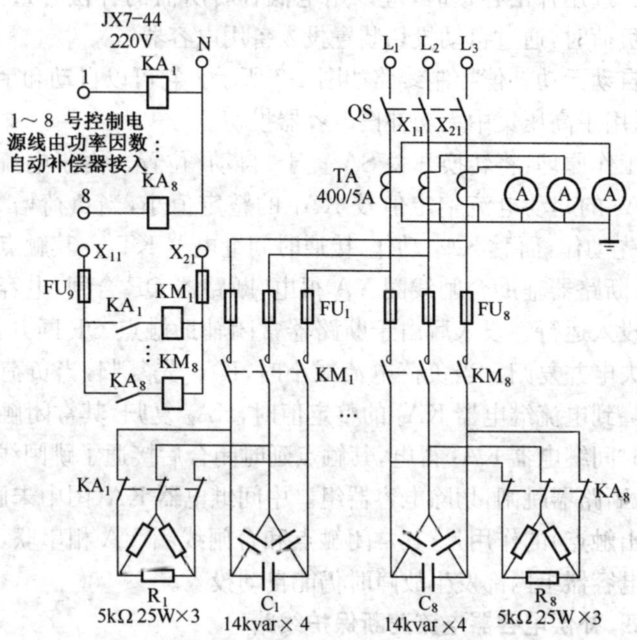

图 4-6　低压无功补偿控制线路之二

因此可选用 RT0-100/100A 熔断器。

FU_9 可选用 RL15/5A 型熔断器。

交流接触器 KM_1～KM_8 可选用 CJ20-100 型和 3BT50 型通

用接触器，也可选用 EB63 型、JKC1-80 型、VB75 型、VB63-30-10RD 型等切换电容器专用接触器。

其他元件参数已在图中标出。

三、高压无功补偿控制线路

一般 4～9 月是农村用电的高峰季节，1～3 月及 10～12 月为低谷负荷季节；即使在同一月或同一天，昼夜用电情况也很不相同，无功补偿容量应能随负荷情况而变化，否则在用电低谷时，无功补偿量过大，将出现过补偿等现象，造成电网电压过高，损坏电气设备等事故。农村电网的无功补偿宜采用能自动投切的补偿方式。选用补偿容量时，应以用电低谷时所需的补偿容量为准，高峰负荷时，通过自动投切装置投入备用电容器。

自动无功补偿控制线路如图 4-7 所示。它可以自动和手动控制，适用于高压集中无功补偿电容器投切。

工作原理：将转换开关 SA 置于“自动”位置。由于电流继电器 KA_2 的起动电流整定值较 KA_1 的整定值小，当负荷增大时，KA_2 先动作，而后 KA_1 动作，接通时间继电器 KT_1。其触点延时闭合，断路器辅助合闸线圈 YA 得电，断路器 QF 合闸，电容器组自动投入运行。投入后由于断路器常闭辅助触点 QF 断开，KT_1 线圈失电并复归。当负荷电流减小时，KA_1 先复归，当负荷电流继续降到电流继电器 KA_2 的整定值时，KA_2 复归，其常闭触点闭合。时间继电器 KA_2 得电，其触点延时闭合后接通了跳闸线圈 Y 回路，断路器跳闸，切除电容器组。中间继电器 KA（图中未画出，仅画出触点）的作用是，其常闭触点和合闸线圈 YA 相串联，可避免在电容器组内部发生故障时仍能自动投入。

四、补偿电容器电流速断保护线路

并联补偿电容器电流速断保护主要用作相短路保护，通常采用以下两种方式。

（1）利用断路器操作机构（如 CS_2 型）中的直接动作式瞬动过流脱扣器 T-b 构成速断保护。其保护电路如图 4-8 所示。

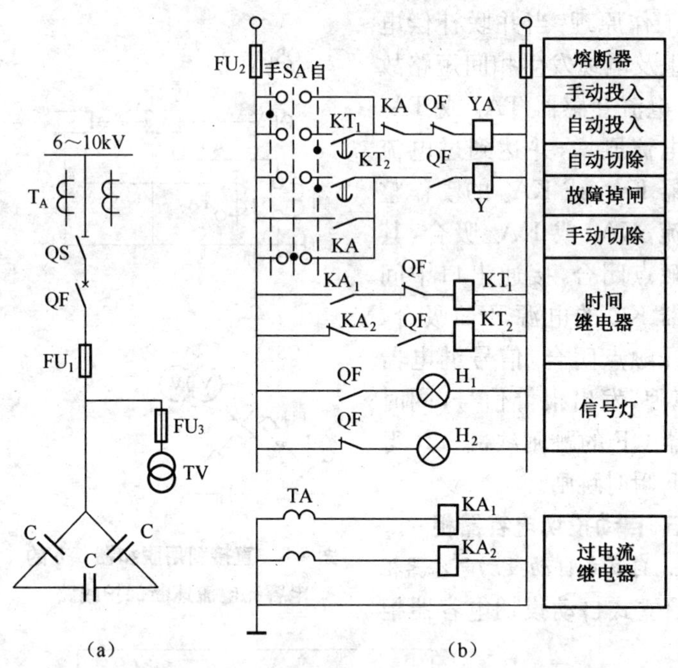

图 4-7　简单的高压自动无功补偿控制线路

(a)一次接线圈　(b)自动投切回路和过电流继电器线圈回路

TA. 电流互感器　QS. 隔离开关　FU. 熔断器　YA. 断路器的辅助合闸线圈　C. 电容器组　QF. 断路器及辅助触点　TV. 放电用的电压互感器　Y. 断路器的跳闸线圈　FA_1、FA_2. 电流继电器　KT_1、KT_2. 时间继电器　KA. 故障跳闸的中间继电器触点　SA. 手动(投、切)和自动选择开关,共有3个挡位　H_1. 红色信号灯　H_2. 绿色信号灯

工作原理:当并联补偿电容器组及电缆发生相间短路故障时,电流互感器 TA_1 或 TA_2 中的电流剧增,当电流流过断路器 QF 的瞬动过流脱扣线圈 YR_1 或 YR_2 时,断路器瞬时跳闸。

(2)采用过电流继电器保护。其保护电路如图 4-9 所示。图中,过电流继电器 KA_1、KA_2 采用 DL-11/50 型,中间继电器 KC 采用 DZ-127 型,信号继电器 KS 采用 DX-11/0.25 型。

工作原理：当并联补偿电容器组及电缆发生相间短路故障时，电流互感器 TA_1 或 TA_2 中的电流剧增，并达到过电流继电器 KA_1 或 KA_2 的动作整定电流，KA_1 或 KA_2 吸合，其常开触点闭合，接通出口中间继电器 KC 的电源，KC 吸合，其常开触点闭合，信号继电器 KS 掉牌，发出报警信号，同时断路器 QF 的跳闸线圈 YR 得电，QF 瞬时跳闸。

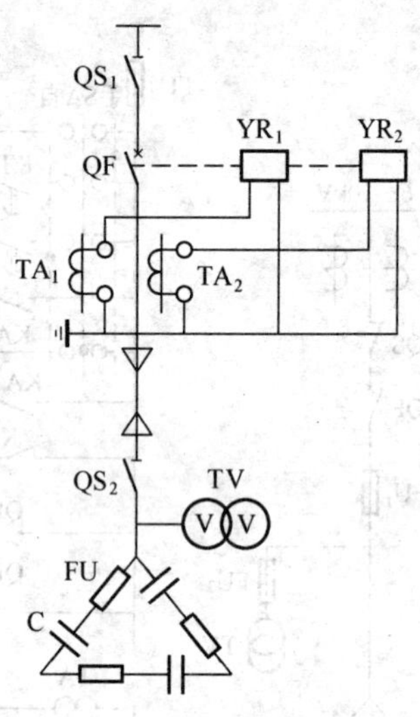

图 4-8　直接利用脱扣器 T-b 的电容器电流速断保护线路

五、自动投切电容器柜

1. 自立式自动投切电容器柜

自立式自动投切电容器柜

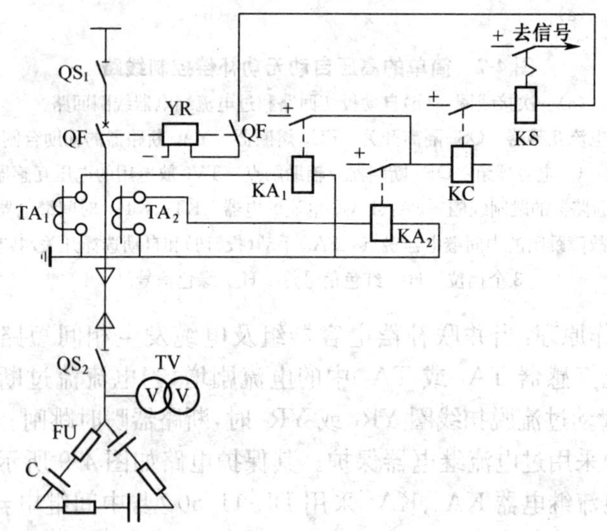

图 4-9　采用过电流继电器的电容器电流速断保护电路

能自动调节功率因数，可用于主回路及分回路。柜内包括电容器、接触器和用以自动投切电容器组的自动功率因数调整器。其维护比较简单，在电缆电流允许的情况下，电容器组可以自由扩展。当电容器组容量超过 300kvar 时，可分作多个柜并列使用，并共用同一自动功率因数调整器，而每一个柜需有各自的保护熔断器。

在有谐波源负荷的情况下进行无功功率补偿时，需要检查其是否合适，通常无功功率补偿需加调谐电抗器或谐波滤波电抗器。

自立式自动投切电容器柜的技术数据见表 4-13。

系统电压：220～690V。

额定容量：100～300kvar/柜。

功率总损耗：<1.3W/kvar。

防护等级：IP20C。

外形尺寸：800×800×2200(mm)；
800×600×2000(mm)。

表 4-13　自动功率因数调整电容柜技术数据

型　号	总容量 (kvar)	每步容量 (kvar)	额定电流 (A)	熔断器电流 (A)	电缆规格 (铜)	扩展容量 (kvar)
2S×100	100	2×50	144	3×200	2×(3×95+50)	100
2H1S100	100	2×25+50	144	3×200	2×(3×70+35)	50
H×2S125	125	25+2×50	180	3×250	2×(3×95+50)	50
3S×150	150	3×50	217	3×315	2×(3×95+50)	50
2H×2S150	150	2×25+2×50	217	3×315	2×(3×70+35)	—
H×3S175	175	25+3×50	253	3×400	2×(3×95+50)	—
4S×200	200	4×50	289	3×400	2×(3×95+50)	—
H×4S225	225	25+4×50	325	3×500	2×(3×185+95)	50
5S×250	250	5×50	361	3×500	2×(3×185+95)	50
H×5S275	275	25+5×50	397	3×630	2×(3×185+95)	—
6S×300	300	6×50	433	3×630	2×(3×185+95)	—

注：额定电压为 400V，频率为 50Hz。

2. 壁装式自动投切电容器柜

壁装式自动投切电容器柜能自动调节功率因数,可用于主电源端或集合式配电箱作功率因数补偿。柜内装置包括电容器、开关、熔断器和用以自动投切电容器组的自动功率因数调整器,其安装、扩展、维护都较方便。

壁装式自动投切电容器柜的技术数据见表 4-19。

额定电压:400V。

额定容量:15～100kvar。

总损耗:小于 1.3W/kvar。

安装场所:户内。

防护等级:IP30。

外形尺寸:600×1000×300(mm)。

表 4-14　壁装式自动投切电容器柜技术数据

型　号	总容量(kvar)	每步容量(kvar)	额定电流(A)	熔丝电流(A)	扩展容量(kvar)
2N15	15	5+10	22	50	2×25
3N20	20	5+5+10	29	50	20
3N25	25	5+10+10	36	63	20
3N30	30	5+10+15	43	63	25
3N35	35	5+10+20	51	80	20
3N40	40	5+10+12.5+12.5	58	100	25
3N50	50	10+20+20	72	125	20
4N60	60	10+20+30	87	160	—
4N70	70	10+20+40	101	160	—
4N80	80	10+20+25+25	116	200	—
4N87.5	87.5	12.5+25+50	126	200	—
4N100	100	12.5+12.5+25+50	145	250	—

注:额定电压为 400V,频率为 50Hz。

第五节　小水电欠发无功功率节电改造与工程实例

一、小水电站超电压运行及欠发无功功率节电改造与工程实例

1. 小水电站超电压运行及欠发无功功率问题的解决方法

小水电站的升压变压器多数采用10kV级变压器定型产品，电压调节范围只有10kV×(1±5%)，即9.5kV、10kV和10.5kV三挡。采用这种变压器的小水电站，其供电质量有以下两种情况：

(1)若并网电站10kV输电线路较短，导线截面积足够大，选用上述普通电力变压器是可行的。

(2)若并网电站10kV输电线路较远，处于供电区末端的电站的10kV输电线路上的负荷一般不多，区域变电所为了确保供电末端的电压水平，往往在10kV侧以10.5kV挡投入运行，因而并网电站升压变压器端电压常常需高于10.5kV运行，即运行电压$U=10.5+\Delta U$。其中，ΔU为10kV线路上的电压降。ΔU的大小由线路长度、导线截面积、负荷大小等因素决定，有时ΔU可达1kV(10kV农网线路允许电压降可按10%考虑)。此时，并网电站的升压变压器的端电压将升至11.5kV。由于普通电力变压器分接头最高挡为10.5kV，这时低压侧电压为400×11.5/10.5≈438(V)，这样，发电机的运行电压接近极限允许电压(440V)。

实际上，许多小电站为了节省投资，基建时10kV输电线路选择的导线截面积一般较小，其电压降往往超过10%很多，有的高达20%，所以发电机端电压常常超过440V，如460V，甚至480V。

这样一来，由于机端电压U过高，发电机的铁损很大，致使无功功率发不足，造成无功罚款。同时会造成发电机过热，缩短发电机的使用寿命。

为解决无功罚款问题，有的电站采用电容补偿的方法来提高

功率因数。这样虽弥补了无功罚款，但加装补偿电容后会使电网电压升高，更不利于发电机运行。同时电容补偿需较大投资，平时还要维护，得不偿失。

最好的解决办法是，在设计电站输电线路时，选择合适的导线截面积，不要为节省初建投资而采用过细的导线，以免为今后电站的经济运行埋下隐患。如果线路过长，负荷又轻，应采用特殊电压级的升压变压器。

对于已采用普通电力变压器的电站，可设法增加升压变压器高压侧线组的匝数，使其与实际需要的电压基本一致。

对于正在筹建的末端电站，可向生产企业定制特殊电压级的升压变压器，电压调节范围为 11kV×(1±5%)，即高压侧有 11.55kV、11kV 和 10.45kV 三挡。

比如电网电压为 12.5kV，使用 11.55kV 挡，则低压侧电压为 400×12.5/11.55≈433(V)，即发电机电压可调至 433V，该电压在规程允许范围内。

2. 工程实例

【实例】 某小水电站有一台 800kW 低压发电机组。该电站处于电网末端。升压变压器为一台 1000kVA、10/0.4kV 变压器，变压器分接头为 9.5、10 和 10.5kV 三挡，常处于 10.5kV 挡位。发电机采用 JZLF-11F 型单相半控桥式晶闸管励磁。在用电低谷季节，变压器低压侧电压为 450V，在用电高峰季节，为 400V。当低压侧电压在 450V 时，发电机并网运行后，如果将功率因数调至 0.8，则机端电压会升高至 458V，这严重威胁到发电机的安全。如果要使机端电压调到 450V(已超过发电机极限允许电压 440V)，则功率因数仅为 0.6，使无功功率发不足。欠发无功罚款平均每月 1.2 万元。而且为了保护发电机正常运用，需用二台鼓风机对发电机进行驱热降温，否则发电机将过热无法运行。用户寻求解决办法。

解　这种情况在偏远的山区或农村末端小水电站经常遇到。

该电站的发电机励磁装置性能良好，在发电机空载时机端电压可在 320～480V 之间调节。一种比较好的解决办法是改造升压变压器，即增加高压绕组匝数，提高调压分接头电压。

按国家规定：发电机端电压 U 为 $U_e\times(1\pm5\%)$，即 360～420V，而功率因数 $\cos\varphi$ 为额定值 0.8 时，发电机可带额定负荷长期运行。当 U 超过 $1.1U_e$，即 440V 时，铁心温升显著增加，出现局部过热。若电压再高，则会危及发电机。

(1)绕组增加匝数的确定。查该升压变压器产品资料，其高压侧采用 ZB-0.45 2.24×10mm 丝包导线，改造前绕组如图 4-10(a)所示。改造后取消 9.5kV 和 10kV 两个分接头(接头包好绝缘，不引出)，增加 11kV 和 11.5kV 两个分接头(出线可分别接在原 9.5kV 和 10kV 挡位，并重新标注为 11kV 和 11.5kV)。这样该变压器就有了 10kV、10.5kV 和 11.5kV 三个调压挡位，如图4-10(b)所示。

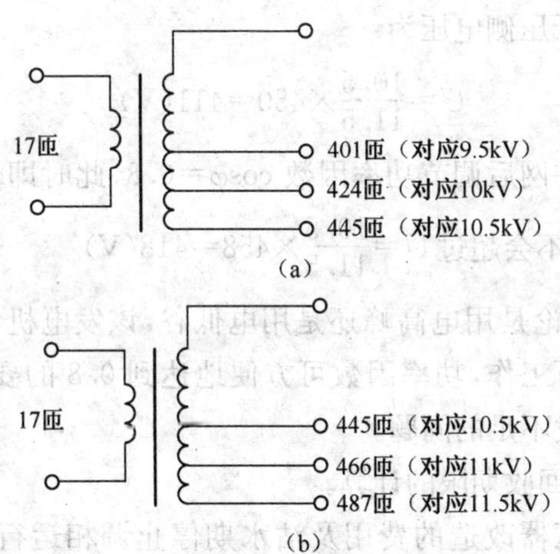

图 4-10　变压器绕组改造前后的情况(一相)

(a)改造前　(b)改造后

所增加绕组匝数的计算：

11kV 挡：$\frac{10.5}{445}=\frac{11}{x}$ $x=466$(匝)，即增加 21 匝

11.5kV 挡：$\frac{11}{466}=\frac{11.5}{x}$ $x=487$(匝)，即再增加 21 匝

即在原有高压绕组外层用 ZB-0.45，2.24×10mm 的丝包导绕再绕制 42 匝。

变压器改造可在沽水期进行，以减少停发电的损失。

(2)校验改造后电站运行情况。将变压器调压开关置于 11.5kV 挡。

①在用电高峰季节：

变压器低压侧电压为

$$U=\frac{10.5}{11.5}\times400=365(\text{V})$$

②在用电低谷季节：

变压器低压侧电压为

$$U=\frac{10.5}{11.5}\times450=411(\text{V})$$

发电机并网后调节功率因数 $\cos\varphi=0.8$，此时即使机端电压有所上升，也不会超过 $U=\frac{10.5}{11.5}\times458=418(\text{V})$

因此，不论是用电高峰还是用电低谷，该发电机都在长期允许运行电压下工作，功率因数可方便地达到 0.8 的要求，不会出现无功功率发不足的问题。

(3)投资回收期限的计算。

对原变压器改造的费用及沽水期停止调相运行(见本节四项)所造成的损失共计为 3 万元，而因发电机能发足无功，每月可减少罚款 1.2 万元，因此投资回收期限为

$$T=\frac{3}{1.2}=2.5(\text{个月})$$

二、老式励磁发电机因欠发无功功率而采用手动调节励磁的节电改造实例

对于老式小型相复励、电抗分流或无刷励磁发电机因使用年久，许多元器件失效，调整困难，往往会造成功率因数无法调整到滞后 0.8，无功发不足，导致电站被罚款，影响经济效益。

对于励磁电流较小的小型发电机，可采取改造成手动励磁调节的方式。这种改造方式投资小，见效快，可自己动手制作。

【实例】 有一台 800kW 无刷励磁发电机，额定励磁电压 U_{le} 为 62.5V，额定励磁电流 I_{le} 为 8.9A，试设计手动励磁调节器。

解　确定采用单相桥式整流电路，如图 4-11 所示。

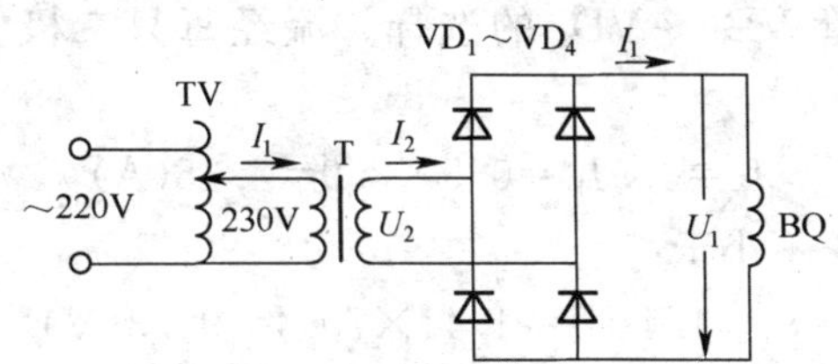

图 4-11　手动励磁调节器电路

图中，BQ 为发电机励磁绕组。由于采用二极管整流，不同于晶闸管整流，因而不存在续流问题，不需要续流二极管。

(1)计算。

①变压器 T 的选择。并网运行的小机组不必考虑强励，变压器二次侧电压和电流为

$$U_2=1.11U_{le}+ne=1.11\times62.5+2\times0.5\approx70.4(\mathrm{V})$$

式中　n——每半波流过二极管的管数；

e——二极管的电压降(V)。

$$I_2=1.11I_{le}=1.11\times8.9\approx9.88(\mathrm{A})$$

变压器的容量应不小于：

$$S=U_2I_2=70.4\times9.88\approx696(\mathrm{VA})$$

考虑一定的裕量及变压器长期工作的散热情况，可选用容量为1000VA、电压为230/75V的单相控制变压器。

②调压器TV的选择。流过调压器TV的最大电流即为变压器T的一次侧最大电流，即：

$$I_{lm}=1.11kI_{le}=1.11\times\frac{75}{230}\times8.9\approx3.22(\mathrm{A})$$

式中　k为变压器T的变化。

调压器最大容量应不小于：

$$S=UI=230\times3.22\approx741(\mathrm{VA})$$

可选用容量为1000VA、电压为230/(0～250)V的单相调压器。

③二极管VD_1～VD_4的选择。流经每只二极管的最大电流为

$$I_a=0.5I_{le}=0.5\times8.9=4.45(\mathrm{A})$$

器件耐压不小于：

$$U_m=1.41U_z=1.41\times70.4=99.3(\mathrm{V})$$

考虑电网过电压等因素，因此可选用ZP10A/600V二极管。

(2)调试。暂用110V、40W以上的白炽灯代替励磁绕组BQ进行调试。用万用表监测灯泡两端的直流电压。将调压器TV调到零位，接通电源，慢慢旋动手轮，灯泡由熄灭慢慢变亮，电压由0V升至75V以上。正常后，再接到发电机励磁绕组上进行现场调试。将励磁调节器的正、负输出端分别接到励磁绕组的正、负极，将调压器TV调到零位，将变压器T的初级接到220V系统电源上(最好经一开关)；开启导水叶，把水轮发电机组开到额定转速，然后缓慢地旋动调压器手轮，励磁电流和励磁电压也慢慢上升，发电机机端输出电压也随之升高(此500V交流电压表一般装在并网控制柜上)，一直调到机端电压能达到480V。接着马上将机端电压调到与电网电压相同，同时调节发电机转速，使其频率达到50Hz。然后通过并网控制柜，以手动或自动并网法将机

组并入电网。接着一边开大导水叶增加有功输出，一边调大励磁电流增加无功输出，直到发电机满负荷运行。这时励磁电流为8.9A，励磁电压为62.5V，功率因数为0.8。然后再调节调压器TV，若能使功率因数能调至滞后0.6以下，说明励磁调节器设计合理。接着马上将功率因数调回到0.8。使发电机满负荷运行数小时，注意观察调节器有无发热等异常情况。如果发热严重，则说明容量欠小。如果情况正常，即可投入长期运行。

三、老式励磁发电机因欠发无功功率而采用晶闸管自动励磁的节电改造实例

相复励和电抗分流发电机都是早期生产的发电机。这类发电机的励磁调节功能比较差，设备也笨重而复杂，附有电抗器、电容器、整流二极管、大功率变阻器等。由于多年应用，许多附属设备都已老化、生锈，电抗器的空气间隙也很难调节，变阻器也接触不良或损坏，因而故障很多，造成励磁电流调节困难，达不到额定励磁电流值，功率因数达不到滞后0.8的要求，有的甚至不能调节，使无功功率发得少，有功功率发不足，电站的经济效益受到严重影响。

有的电站为了避免电力部门对少发无功的罚款，只得在升压变压器高压侧加装一组无功补偿电容器。这样一来，不但增加了投资和维护的工作量，还可能使原来已偏高的电网电压再次升高，从而威胁发电机的运行。有的电站采用数台排风扇对着发电机、电抗器吹风以降温，否则发电机将过热而无法运行。有的电站改用笨重的三相调压器手动调节励磁。但由于许多小电站，尤其是末端电站，线路长且导线较细，电网电压波动大而频繁，值班人员需频繁调节励磁，工作量很大，且效果不理想。

为此，许多采用相复励或电抗分流的发电机励磁的电站，纷纷要求对励磁系统进行改造，改造方法十分简单。

常见的老式励磁线路如图4-12所示。

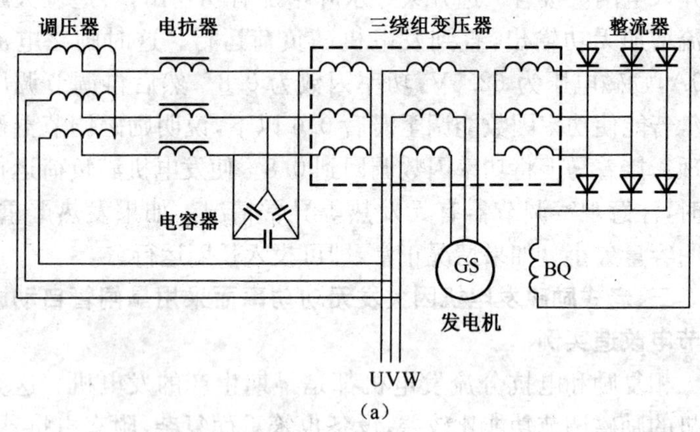

(a)

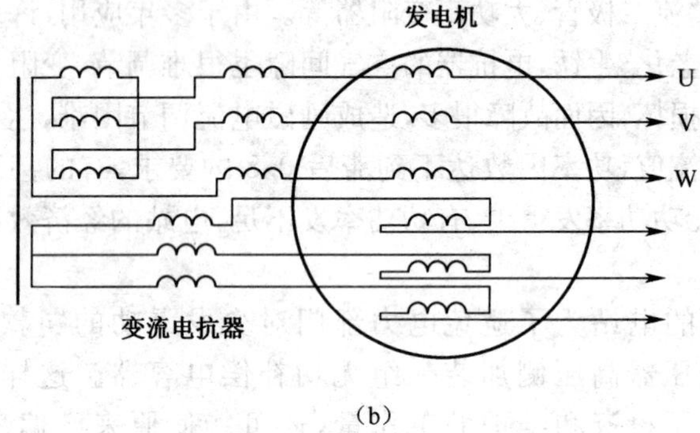

(b)

图 4-12　老式励磁电路

(a)相复励的线路　(b)电抗分流的线路

新更换的自动励磁屏可采用 JZLF-11F 型或 JZLF-31 型晶闸管励磁装置。

JZLF-11 型晶闸管励磁装置线路如图 4-13 所示。

改造方法：首先拆除发电机所附有的电抗器、电容器、整流二极管、大功率变阻器等，然后拆下发电机接线端子上除三相定子三根出线外的所有接线，如图 4-14(a)所示。如果原升压变压器高压侧装有无功补偿电容器，也将它拆除。

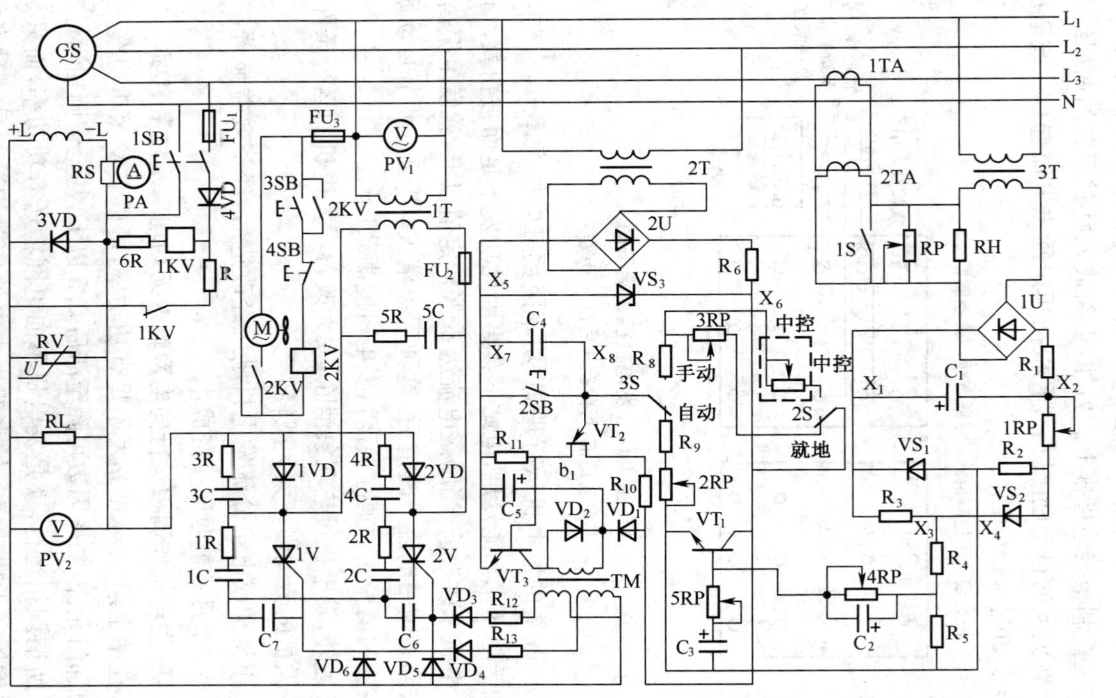

图 4-13　JZLF-11F 型晶闸管励磁装置线路

然后用铜母排将三相定子绕组末端短接，并引出中性线 N 至发电机控制柜接地母排上。另外，重新放入励磁回路的两根线并引至新更换的自动励磁屏，线径根据额定励磁电流选择。改造后的接线如图 4-14(b)所示。

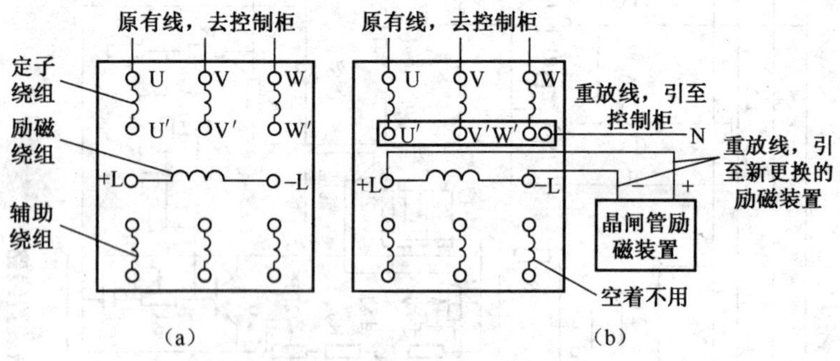

图 4-14　发电机接线端子图

(a)改造前(拆除接线后)　(b)改造后

经改造的发电机运行理想，功率因数可以任意调节，有功功率和无功功率都能发足，电站不会再因无功发不足而被罚款。有的发电机未改造前，当励磁电流达 80%额定值以上，就发生振荡，无法调高励磁电流。改造后，这种现象消失(可通过调节自动励磁装置的消振元件消除振荡)，发电机能满载运行。

另外，发电机过热现象消除，大大改善了发电机的运行条件，值班人员的劳动强度大大减轻。

相复励或电抗分流发电机励磁经改造后，经济效益显著，一般 3～4 个月就能收回投资成本。

四、发电机作调相运行向电网输送无功功率及注意事项

在枯水期，小水电站发不足有功功率，可以多发无功功率，若电力部门允许，功率因数可降至滞后 0.5 以下，甚至作调相运行。

所谓调相运行，就是发电机不向电网输送有功功率，而只是向电网输送无功功率。枯水期小水电站作调相运行是一种经济运行方式，调相运行，能输送无功功率，提高电网电压水平，减少

电网线损，有利于节电。

小水电站作调相运行时应注意以下事项：

(1)导叶全关闭后，如果机组的吸出高度为负值(即尾水位要漫过水轮机转轮)，运转中涡轮将受到较大的水阻力矩作用，发电机需从电网吸取较大的有功功率，同时机组的震动增大。例如，混流式水轮机消耗的功率达到机组额定功率的10%～30%；轴流式水轮机消耗的功率竟高达80%；机组震动幅值增加1.5～2倍。因此，只有水轮机的吸出高度为正值，发电机调相运行时从电网倒送有功功率才是比较经济的。

另外，发电机的调相运行也可采用导叶不全关闭的方式。导叶开度的大小只维持机组本身有功损耗时所需的水量即可，发电机有功功率表的读数为零。此时调相机组还处于“热备用容量”工况，随时根据电网有功需要而送出有功功率。

(2)发电机长期作调相运行时，装有低压闭锁过电流保护的发电机，可以将过电流继电器接点短接，保留低电压保护。当电网电压过低时，把发电机从电网中解列，以免电网电压恢复后使发电机遭受电网电流的冲击而引起电网电压骤降。而当电网出现短路故障时，又能继续送出无功功率，加快电网电压的恢复。

第五章　电动机节电技术与工程实例

第一节　电动机使用条件及工作特性

一、异步电动机工作条件的规定和要求

三相异步电动机工作条件的规定和要求如下：

(1)为了保证电动机的额定出力，电动机出线端电压不得高于额定电压的10%，不得低于额定电压的5%。

(2)当电动机出线端电压低于额定电压的5%时，为了保证额定出力，定子电流允许比额定电流增大5%。

(3)当电动机在额定出力下运行时，相间电压的不平衡率不得超过5%。

(4)当环境温度不同时，Y系列电动机额定电流的允许增减见表5-1和表5-2。

表5-1　当环境温度超过40℃时电动机额定电流应降百分率

周围环境温度(℃)	额定电流降低(%)
40	0
45	5
50	10

表5-2　当环境温度低于40℃时电动机额定电流应增百分率

周围环境温度(℃)	额定电流增加(%)
35	5
35以下	10

电动机的额定电流一般是在环境温度为40℃的条件下确定出的。当环境温度高于40℃时，电动机的散热性能就会显著下降，这时应使电动机在低于额定电流的条件下使用。环境温度每超过1℃，电动机额定电流降低1%。

当周围环境温度t低于40℃时，电动机的额定电流允许增加$(40-t)\%$，但最多不应超过8%～10%。

(5)正常使用负荷率低于40%的电动机应予以调整或更换。空载率大于50%的中小型电动机应加限制空载装置(所谓电动机的空载率，是指电动机空载运行的时间t_0与电动机带负荷运行的时间t之比，即$\beta_0=t_0/t\times100\%$)。

(6)电动机轴承新加润滑脂的容量不宜超过轴承内容积的70%。

(7)电动机的绝缘电阻(75℃时)不得小于0.5MΩ(低压电机)和1MΩ/kV(高压电机)。

(8)异步电动机的最高允许温度和温升，应根据电动机的绝缘等级和类型而定，电动机各部分最高允许温度和允许温升，见表5-3。

JO2系列电动机为A级绝缘，Y系列电动机为B级绝缘。当电动机周围环境温度超过规定温度时，出力要降低。电动机运行温度直接取决于环境温度，降低环境温度可以节电。

二、异步电动机的机械特性和工作特性

1. 异步电动机的机械特性(如图5-1所示)

(1)异步电动机的机械特性表达式。异步电动机的机械特性可用下式近似地表示：

$$\frac{M}{M_{max}}=\frac{2}{\frac{s}{s_{max}}+\frac{s_{max}}{s}}$$

当s比s_{max}小得多时，则上式可简化为

表 5-3 三相异步电动机的最高允许温度(周围环境温度为+40℃)

电动机的部分		A级绝缘				E级绝缘				B级绝缘				F级绝缘				H级绝缘			
		最高允许温度(℃)		最大允许温升(℃)		最高允许温度(℃)		最大允许温升(℃)		最高允许温度(℃)		最大允许温升(℃)		最高允许温度(℃)		最大允许温升(℃)		最高允许温度(℃)		最大允许温升(℃)	
定子绕组		温度计法	电阻法	温度计法	电阻法	温度计法	电阻法	温度计法	电阻法	温度计法	电阻法	温度计法	电阻法	温度计法	电阻法	温度计法	电阻法	温度计法	电阻法	温度计法	电阻法
		95	100	55	60	105	115	65	75	110	120	70	80	125	140	85	100	145	165	105	125
转子绕组	绕线型	95	100	55	60	105	115	65	75	110	120	70	80	125	140	85	100	145	165	105	125
	鼠笼型	—	—	—	—	—	—	—	—	—	—	—	—	—	—	—	—	—	—	—	—
定子铁心		100	—	60	—	115	—	75	—	120	—	80	—	140	—	100	—	165	—	125	—
滑　环		100	—	60	—	110	—	70	—	120	—	80	—	130	—	90	—	140	—	100	—
滑动轴承		80	—	40	—	80	—	40	—	80	—	40	—	80	—	40	—	80	—	40	—
滚动轴承		95	—	55	—	95	—	55	—	95	—	55	—	95	—	55	—	95	—	55	—

$$M=\frac{2M_{max}}{s_{max}}s$$

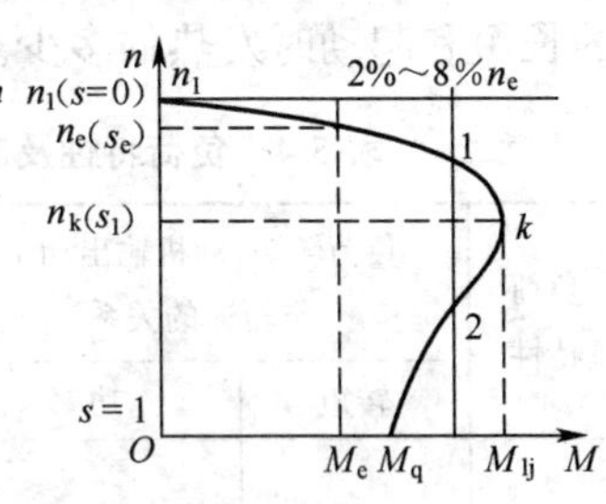

图 5-1 异步电动机的机械特性

式中 M——电动机转矩(N·m)；

M_{max}——最大转矩(N·m)；

s、s_{max}——转差率和临界转差率。

(2)负荷转矩。

$$M_f=\frac{9555P_2}{n}$$

式中 M_f——负荷转矩(N·m)；

P_2——电动机输出功率(即轴上输出功率)(kW)；

n——电动机转速(r/min)。

负荷转矩特性一般有恒功率、恒转矩、平方转矩、递减功率、负转矩等五种。对于各种负荷转矩、电动机的轴上输出功率与转速的关系，见表5-4。尤其对于平方转矩特性的机械负荷(如通风机及泵类)，电动机轴上输出功率与转速之比有如下关系：

转速为额定值的80%时，轴上输出功率为额定值的51.2%。

转速为额定值的50%时，轴上输出功率为额定值的12.5%。

(3)电动机额定转矩。

$$M_e=\frac{9555(P_e-P_j)}{n_1(1-s)}\approx\frac{9555P_e}{n}$$

式中 M_e——电动机额定转矩(N·m)；

P_e——电动机额定输出功率(kW)；

P_j——电动机机械损耗(kW)；

n_1——同步转速(r/min)；

s——转差率。

(4)负荷惯性矩。电动机一般通过飞轮将轴上的功率传输到负荷负载。负荷惯性(飞轮效应)的大小关系到电动机起动时间的长短和起动时发热的多少。它是选择电动机的一个重要因素。

表 5-4　负荷特性及电动机输出功率与转速的关系

负荷特性	负荷转矩、动机输出功率与转速的关系		负荷实例	转矩—转速特性
	转矩	功率		
恒功率	成反比 $M \propto \frac{1}{n}$	功率恒定 $P_2=\frac{Mn}{9555}=C$	卷取机、轧机、机床主轴	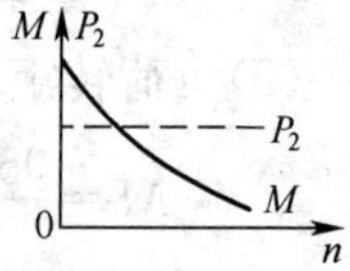 M P_2 P_2 M 0 n
恒转矩	转矩恒定 $M=C$	$P_2 \propto n$	卷扬机、吊车、辊式运输机、印刷机、造纸机、压缩机、挤压机	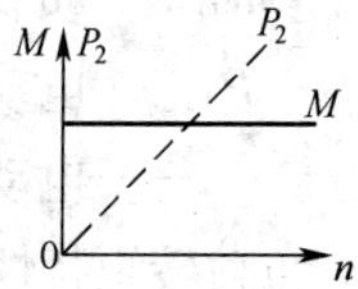 M P_2 P_2 M 0 n
平方转矩	成平方正比 $M \propto n^2$	成三次方正比 $P_2 \propto n^3$	流体负荷，如风机、泵类	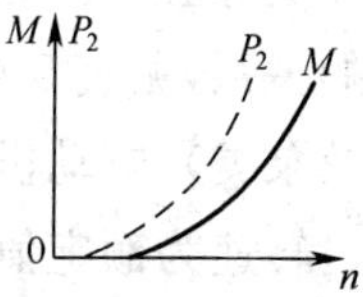 M P_2 P_2 M 0 n
递减功率	M 随 n 的减少而增加	P_2 随 n 的减少而减少	各种机床的主轴电动机	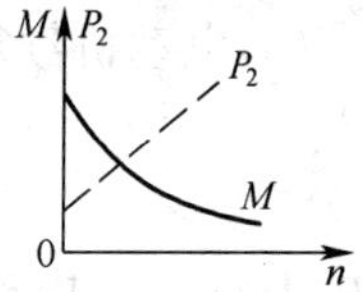 M P_2 P_2 M 0 n
负转矩	负荷反向旋转的恒转矩为负转矩		吊车、卷扬机的重物 G 下吊	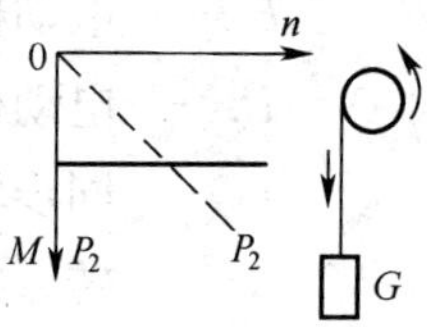 0 n M P_2 P_2 G

负荷惯性矩的计算公式如下

$$M_g=\frac{GD^2}{375}\times\frac{dn}{dt}\times M_f$$

电动机起动时间为

$$t=\int_0^n\frac{GD^2dn}{375(M_g-M_f)}$$

式中　M_g——负荷惯性矩(N·m)；

M_f——负荷转矩(N·m)；

GD^2——飞轮矩，又称飞轮力矩(N·m)；

G——飞轮重量(N)；

D——飞轮直径(m)；

n——电动机转速(r/min)；

t——起动时间(s)。

起动时间与 GD^2 成正比，时间 t 越长，则电动机发热越厉害。所以不论哪种电动机，负荷的允许飞轮矩 GD^2 是定值。

(5)起动转矩的要求。电动机刚接入电源，但未转动($n=0$，$s=1$)时的转矩称为起动转矩 M_q。起动转矩以额定转矩为100%的百分比表示。要使电动机能起动，其起动转矩必须大于负荷转矩，即 $M_q>M_g$。否则，电动机不能起动。

2. 异步电动机的工作特性(如图5-2所示)

异步电动机的工作特性一般是指电动机在额定电压和额定频率下运行时，转子转速 n、电磁转矩 M、功率因数 $\cos\varphi$、效率 η 和定子电流 I_1 等随输出功率 P_2 变化的关系。图5-2是以标么值表示的普通异步电动机典型的工作特性曲线。

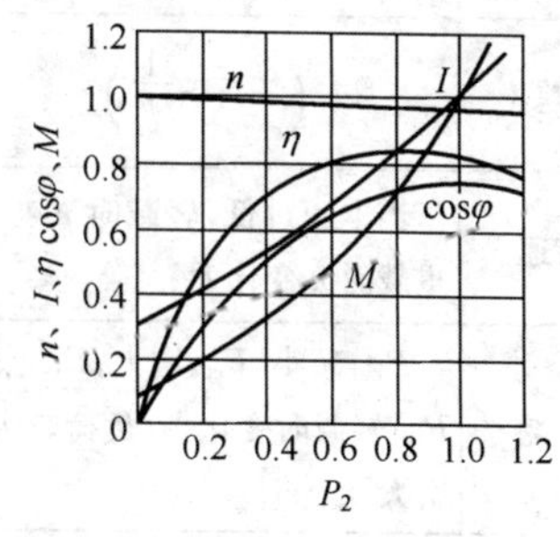

图5-2　异步电动机的工作特性

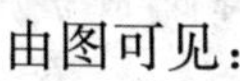

由图可见：

(1)异步电动机的转速基本上与负荷大小无关，在不超出满载范围内运行时，转速基本不变。

(2)轻负荷时，功率因数和效率很低，而当负荷增大到大于50%以上额定值时，功率因数和效率变化很少。

(3)电磁转矩 M 和定子电流 I_1 随负荷增大而增大。

3. 电源电压或频率变化对电动机工作性能的影响

当电动机的负荷转矩不变，而电源电压或频率低于额定值时，电动机的工作性能将发生变化，其变化情况见表 5-5。

表 5-5　电动机工作性能的变化

性　能	频率额定，电压低于额定值	电压额定，频率低于额定值
转矩	M_{max}减小($\propto U_1^2$) M_q 减小($\propto U_1^2$)	M_{max}增大$\left(\propto \frac{1}{f^2}\right)$ M_q 也增大
功率因数	因 Φ_1 减小($\propto U_1$)，故励磁电流 I_m 减小，$\cos\varphi$ 增大	因 $U_1 \approx E_1 \propto f\Phi_1$ =常值，即 Φ_1 增大$\left(\propto \frac{1}{f}\right)$，故 I_m 增大，$\cos\varphi$ 降低
电流	因 $M \propto \Phi_1 I_2 \propto U_1 I_2$ =常值，故 I_2 增大$\left(\propto \frac{1}{U_1}\right)$；负荷较大时 I_1 一般增大	因 $M \propto \Phi_1 I_2 \propto \frac{I_2}{f}$ =常值，故 I_2 减小($\propto f$)；而 I_1 增大，故 I_1 视具体情况而定
转差率	s 增大$\left(\propto I_2^2 \propto \frac{1}{U_1^2}\right)$	s 降低$\left(\propto \frac{I_2^2}{f} \propto f\right)$
转速	当电压过低，轻载时 n 变化较小，重载时 n 变化大	n 降低($\propto f$)
损耗	P_{Fe1}减小；P_{cu2}增大；P_f 近似不变；P_{cu1}轻载时变化小；负荷较大时一般增大	P_{Fe1} 增大；P_{Cu2} 减小；P_f 减小；P_{Cu1}视具体情况而定
效率	轻载时 η 稍增加；负荷较大时 η 降低	因输出功率降低，故 η 一般略降低
温升	τ 增加	τ 略增加

第二节　异步电动机基本参数及计算

一、转差率及电动势方程

1. 转差率

$$s=\frac{n_1-n}{n_1};\quad n_1=\frac{60f}{p}$$

式中　s——转差率；

n_1——同步转速(r/min)；

n——转子转速(r/min)；

f——电源频率(Hz)；

p——电动机极对数。

异步电动机转速与磁极的关系，见表 5-6。

表 5-6　异步电动机转速与磁极的关系

极对数 p	1	2	3	4
同步转速 n_1(r/min)	3000	1500	1000	750
转子转速 n(r/min)	2900 左右	1450 左右	960 左右	730 左右

2. 额定转差率

$$s_e=\frac{n_1-n_e}{n_1}$$

式中　n_e——电动机额定转速(r/min)。

3. 临界转差率

$$s_{lj}=s_e(\lambda+\sqrt{\lambda^2-1})\approx 2s_e\lambda$$

式中　λ——电动机过载系数，$\lambda=M_m/M_e$。异步电动机的过载系数一般在 1.8～2.5 之间，Y 系列电动机为 1.7～2.2；J_2 和 JO_2 系列为 1.8～2.2；JO_3 系列为 2.0～2.2；对于特殊用途的电动机，如起重、冶金用异步电动机(如 JZR 型)，可达 3.3～3.4 或更大；

M_m——电动机最大转矩(N·m)；

M_e——电动机额定转矩(N·m)。

4. 电动势方程

(1)定子绕组产生的感应电动势。

$$E_1 = k_e U_1 = 4.44 k_{dp1} f_1 W_1 \Phi$$

$$\Phi = B_{pj} S$$

式中　E_1——定子绕组产生的感应电动势(V)；

k_e——降压系数，又称电动势系数，小型电动机可取0.86，中型电动机可取0.90，大型电动机可取0.91；

U_1——外加电源电压(V)；

k_{dp1}——定子的绕组系数；

f_1——电源频率(Hz)；

W_1——定子绕组每相串联线圈匝数；

Φ——每极磁通(Wb)；

B_{pj}——气隙中平均磁通密度(T)，它与气隙中最大磁通密度 B_δ 的关系为 $B_{pj}=\frac{2}{\pi}B_\delta=0.637B_\delta$；

S——每极下的气隙面积(m^2)。

最大磁通密度(气隙)B_δ 可从表5-7中选取，电机容量较大的取较大值；容量较小的取较小值。Y系列电动机为0.57～0.86T；J、JO型电动机的 B_δ 值为0.60～0.70T，J_2、JO_2 型电动机为0.65～0.75T，1kW以下电动机为0.40～0.60T。

定子轭部磁通密度 B_c 可从表5-8中选取，一般为1.2～1.5T(如2极为1.2～1.7T；4、6、8极为1.0～1.5T)，改极时不应超过1.7T。

表5-7　三相异步电动机的气隙磁通密度 B_δ(T)

型　式	极　数			
	2	4	6	8
开启式	0.60～0.75	0.70～0.80	0.70～0.80	0.70～0.80
封闭式	0.50～0.65	0.60～0.70	0.60～0.75	0.64～0.74

续表 5-7

型式	极数			
	2	4	6	8
Y 系列	Y(IP44)			Y(IP23)
	H80～112	H132～160	H180 以上	
	0.60～0.73	0.59～0.75	0.75～0.80	0.73～0.86

表 5-8　轭部磁通密度 B_c 范围(T)

形式 \ 2p	2	4	6	8
防护式	1.4～1.55	1.35～1.5	1.3～1.5	1.1～1.45
封闭式	1.25～1.4	1.35～1.45	1.3～1.4	1.1～1.35

齿部磁通密度 B_t 可从表 5-9 中选取，一般为 1.4～1.75T，改极时不应超过 1.85T。

表 5-9　齿部磁通密度 B_t 范围(T)

形式 \ 2p	2	4	6	8
防护式	1.55～1.7	1.47～1.67	1.5～1.65	
封闭式	1.4～1.55	1.45～1.6	1.45～1.55	

绕组系数 k_{dp1} 由分布系数 k_{d1} 和短距系数 k_{p1} 的乘积求得，即

$$k_{dp1}=k_{d1}k_{p1}$$

k_{d1} 数值见表 5-10；k_{p1} 数值见表 5-11。

表 5-10　分布系数 k_{d1}

每极分相槽数 q	1	2	3	4	5	6	7 以上
分布系数 k_{d1}	1.0	0.966	0.960	0.958	0.957	0.956	0.956

表 5-11　短距系数 k_{p1}

节距	每极槽数												
y	24	18	16	15	14	13	12	11	10	9	8	7	6
1-25	1.000												
1-24	0.998												
1-23	0.991												
1-22	0.981												
1-21	0.966												
1-20	0.947												
1-19	0.924	1.000											
1-18	0.897	0.996											
1-17	0.866	0.985	1.000										
1-16	0.832	0.966	0.955	1.000									
1-15	0.793	0.940	0.981	0.995	1.000								
1-14	0.752	0.906	0.956	0.978	0.994	1.000							
1-13	0.707	0.866	0.924	0.951	0.975	0.993	1.000						
1-12		0.819	0.882	0.914	0.944	0.971	0.991	1.000					
1-11		0.766	0.831	0.866	0.901	0.935	0.966	0.990	1.000				
1-10		0.707	0.773	0.809	0.847	0.884	0.924	0.960	0.988	1.000			
1-9			0.707	0.743	0.782	0.833	0.866	0.910	0.951	0.985	1.000		
1-8				0.669	0.707	0.749	0.793	0.841	0.891	0.940	0.981	1.000	
1-7						0.663	0.707	0.756	0.809	0.866	0.924	0.975	1.000
1-6								0.655	0.707	0.766	0.832	0.901	0.966
1-5										0.643	0.707	0.782	0.866
1-4												0.624	0.707

(2)转子产生的感应电动势 E_2。

$$E_2 = sE_{20} = 4.44k_{dp2}fW_2\Phi$$

式中　E_2——转子每相绕组中产生的感应电动势(V)；

s——转差率；

E_{20}——电动机刚接通电源时，转子由于惯性而尚未转动的瞬间(转子转速 $n=0$，转差率 $s=1$，则 $f_2=f_1s=f_1$，相当于静止变压器状态)，此时的转子电动势值(V)；

k_{dp2}——转子的绕组系数，由绕组结构决定；

f_2——转子电动势的频率(Hz)，$f_2=f_1s$；

W_2——转子绕组一相的匝数；

Φ——同前。

二、异步电动机空载电流、有功功率及损耗的计算

1. 空载电流的计算

电动机空载电流，即额定电压和额定频率下的空载电流，可以测量，也可以按下列公式计算：

$$I_0=I_e\cos\varphi_e(2.26-\xi\cos\varphi_e)$$

式中　I_0——电动机空载电流(A)；

I_e——电动机额定电流(A)；

$\cos\varphi_e$——电动机额定功率因数；

ξ——校正系数，当 $\cos\varphi_e\leqslant 0.85$ 时，$\xi=2.1$；当 $\cos\varphi_e>0.85$ 时，$\xi=2.15$。

或者

$$I_0=I_e\left(\sin\varphi_e-\frac{\cos\varphi_e}{\lambda+\sqrt{\lambda^2+1}}\right)\approx I_e\left(\sin\varphi_e-\frac{\cos\varphi_e}{2\lambda}\right)$$

式中符号同前。

空载电流还可用查表法求得，见表 5-12。

表 5-12　JO_2 系列和 Y(IP44)系列电动机空载电流 I_0

额定功率(kW)	JO_2 系列				额定功率(kW)	Y(IP44)系列			
	2极	4极	6极	8极		2极	4极	6极	8极
0.6	—	0.9	—	—	0.55	—	1.02	—	—
0.8	0.8	1.1	1.5	—	0.75	0.82	1.3	1.6	—
1.1	1.0	1.5	1.9	—	1.1	1.06	1.49	1.93	—
1.5	1.2	1.6	2.2	—	1.5	1.5	1.8	2.71	—
2.2	1.7	2.4	3.2	4.2	2.2	1.9	2.5	3.4	3.71
3	2.3	2.7	3.3	4.4	3	2.6	3.5	3.8	4.45
4	2.7	3.5	4.0	4.6	4	2.9	4.4	4.9	6.2
5.5	3.5	4.3	4.9	5.8	5.5	3.4	4.7	5.3	7.5
7.5	4.6	4.5	6.1	8.8	7.5	4.0	5.96	8.65	9.1
10	6.1	5.9	10.1	10.5	11	6.4	8.4	12.4	13
13	6.5	8.6	11.6	12.5	15	7.3	10.4	13.8	16.2
17	7.1	12.2	9.8	15.2	18.85	8.2	13.4	14.9	17.9

续表 5-12

额定功率(kW)	JO_2 系列				额定功率(kW)	Y(IP44)系列			
	2 极	4 极	6 极	8 极		2 极	4 极	6 极	8 极
22	7.8	12.1	12.8	21	22	12	15.0	17.1	19.9
30	9.2	11.7	14.8	22.5	30	16.9	19.5	18.7	26
49	14	15.1	24	27.2	37	18.6	19	19.4	28.6
55	16.8	19	27.2	34.1	45	18.7	22	23.2	32.1
75	22.2	24.8	39.5	—	55	28.5	28.6	25.5	—
100	31	31.9	—	—	75	37.4	39.4	—	—
					90	43.1	43.8	—	—

一般电动机在正常接法时，空载电流与额定电流之比有一定的关系：2 极电动机为 20%～30%；4 极电动机为 30%～45%；6 级电动机为 35%～50%；8 极电动机为 35%～60%。

若将三角形接法的电动机改接成星形，则空载电流将减少至原来的 50%～58%。

2. 电动机输入功率和输出功率计算

输入功率 $P_1=\sqrt{3}UI\cos\varphi\times10^{-3}$

输出功率 $P_2=\sqrt{3}UI\eta\cos\varphi\times10^{-3}$

$$P_2=\sqrt{\frac{I^2-I_0^2}{I_e^2-I_0^2}}P_e$$

式中 P_1、P_2——电动机输入功率和输出功率(kW)；

U——加在电动机接线端子上的线电压(V)；

I——负载电流(即定子电流)(A)；

η——电动机效率；

$\cos\varphi$——电动机功率因数；

其他符号同前。

当 U、I、$\cos\varphi$ 取电动机的额定值时，则计算得到的功率分别为额定输入功率和额定输出功率。

3. 异步电动机损耗的计算

异步电动机功率流向如图 5-3 所示。

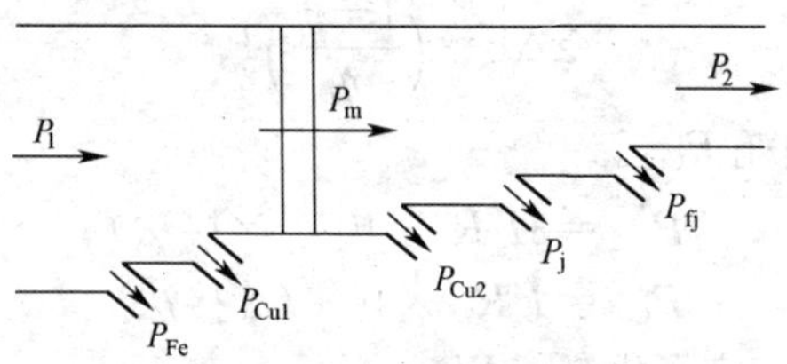

图 5-3　异步电动机功率流向图

(1)运行中电动机产生的损耗,包括固定损耗、可变损耗和其他杂散损耗:

①固定损耗,包括定子铁耗 P_{Fe} 和机械损耗 P_j。其中铁耗包括铁心的磁滞损耗和涡流损耗;机械损耗 P_j 包括通风和轴承的摩擦损耗。固定损耗与负荷无关。铁耗与电压平方成正比,其中磁滞损耗还与频率成反比。

②可变损耗,包括定子铜耗 P_{Cu1}、转子铜耗 P_{Cu2} 和电刷电阻损耗。可变损耗是随负荷变化的。

③其他杂散损耗,即附加损耗 P_{fj},包括定子和转子高次谐波磁场及定子槽中导体和端部导体的漏磁场产生的杂散损耗。

(2)上述各种损耗随电动机的额定功率的大小和极数的不同而在总损耗中占有不同的比例。

输出功率　$$P_2=P_1-\Sigma\Delta P$$

效率　$$\eta=\frac{P_2}{P_1}=1-\frac{\Sigma\Delta P}{P_1}=1-\frac{\Sigma\Delta P}{P_2+\Sigma\Delta P}$$

电动机总损耗为

$$\Sigma\Delta P=P_{Fe}+P_{Cu1}+P_{Cu2}+P_j+P_{fj}=P_0+\beta^2\left[\left(\frac{1}{\eta_e}-1\right)P_e-P_0\right]$$

式中　β——电动机负荷率;

P_e——电动机额定功率(kW);

η_e——电动机额定功率时的效率;

其他符号如下。

当负荷率 $\beta=1$ 时,电动机总损耗为

$$\Sigma\Delta P=\left(\frac{1-\eta_e}{\eta_e}\right)P_e$$

①定子铜耗 P_{Cu1}。

$$P_{Cu1}=3I_1^2R_1\times10^{-3}(\text{Y接法})$$

$$P_{Cu1}=I^2R_{75}\times10^{-3}(\Delta\text{接法})$$

式中　P_{Cu1}——定子铜耗(kW)；

I_1——负荷电流(即定子电流)(A)；

R_1——定子每相绕组的电阻(Ω)。

定子每相绕组换算到75℃时的直流电阻可由下列公式计算：

铜绕组　$$R_{75Cu}=\frac{309.5}{234.5+t}R_t$$

铝绕组　$$R_{75Al}=\frac{300}{225+t}R_t$$

式中　t——测试时定子绕组的温度(℃)；

R_t——t℃时定子绕组的直流电阻(Ω)。

②定子空载铜耗 P_{0Cu}。

$$P_{0Cu}=3I_0^2R_1\times10^{-3}(\text{Y接法})$$

$$P_{0Cu}=I_0^2R\times10^{-3}(\Delta\text{接法})$$

式中　P_{0Cu}——定子空载铜耗(kW)。

③转子铜耗 P_{Cu2}。

$$P_{Cu2}=m_sI_2^2R_2\times10^{-3}$$

式中　P_{Cu2}——转子铜耗(kW)；

m_s——转子相数，对于鼠笼式电动机即等于每对极下的槽数；

I_2——转子绕组中的电流(A)；

R_2——转子每相绕组的电阻(Ω)。

若 I_2 为额定转子电流时，则 P_{Cu2} 为额定转子铜耗 P_{Cu2e}。

④空载输入功率(固定损耗)P_0。

$$P_0=P_{Fe}+P_j+P_{0Cu}$$

式中　P_{kb}——可变损耗(kW)；

P_{Fe}——铁耗(kW)；

P_j——机械损耗(kW)，通常可取 $P_j=0.01P_e$；

P_{fj}——附加损耗(kW)，约占定子输入功率的0.5%。当电动机功率不等于额定值时，杂散损耗值(附加损耗大部分是杂散损耗)应按定子电流平方成正比而进行修正。

⑤异步电动机的空载损耗。异步电动机的空载损耗 P_0 可以测试，也可以查表。Y系列电动机的空载损耗及最佳负荷率 β_{zj} 见表5-15。

粗略估算时，Y系列电动机的空载损耗为 $P_0=(0.03\sim0.08)P_e$（P_e 为电动机额定功率），2极电动机取较大值，6、8极电动机取较小值。空载损耗的波动幅度约为5%～20%。

须指出，对于相同型号的电动机新购电动机与经过绕组重绕大修后的电动机，它们的空载损耗有可能不同，一般后者要大于前者。因此，重绕后的电动机其空载损耗宜采用实际测试。

三、异步电动机无功功率、功率因数及效率的计算

1. 异步电动机无功功率计算

求得输入功率后，便可按下式计算无功功率为

$$Q=P_1\tan\varphi$$

在额定电压下，电动机的功率因数为

$$\cos\varphi=\frac{P_1\times10^3}{\sqrt{3}U_eI_1}$$

对于一般异步电动机，当负荷率 $\beta\leqslant0.4$ 时，有

$$Q\approx\sqrt{3}U_eI_0\times10^{-3}$$

当 $0.4<\beta\leqslant1$ 时，Q 与 β 存在线性关系，故无功功率可按下式计算：

$$Q=\left(\frac{P_e}{\eta_e}\tan\varphi_e-\sqrt{3}U_eI_0\times10^{-3}\right)\times\frac{\beta-0.4}{0.6}+\sqrt{3}U_eI_0\times10^{-3}$$

式中　Q——无功功率(kvar)；

P_1——输入功率(kW)；

$\tan\varphi$——功率因数角的正切值；

$\tan\varphi_e$——额定功率因数角的正切值；

其他符号同前。

2. 电动机在任意负荷下效率的计算

(1)公式一。

$$\eta=\frac{P_2}{P_1}=\frac{P_2}{P_2+\Sigma\Delta P}=\frac{1}{1+\dfrac{\Sigma\Delta P}{\beta P_e}}$$

(2)公式二。

$$\eta=\frac{1}{1+\dfrac{\left(\dfrac{1}{\eta_e}-1\right)}{1+m}\left(\dfrac{m}{\beta}+\beta\right)}$$

式中 m——额定功率时的固定损耗和可变损耗之比

$$m=\frac{P_0}{\left(\dfrac{1}{\eta_e}-1\right)P_e-P_0}$$

P_0——电动机空载损耗(kW)；

其他符号同前。

3. 电动机在任意负荷下功率因数的计算

$$\cos\varphi=\frac{P_2}{\sqrt{3}U_eI_1\eta}\times10^3=\frac{\beta P_e}{\sqrt{3}U_eI_1\eta}\times10^3$$

式中 I_1——电动机实际输出功率 P_2 对应的定子电流(A)

$$I_1=\sqrt{\beta^2(I_e^2-I_0^2)+I_0^2};$$

U_e——电动机额定电压(V)；

η——电动机效率。

Y(IP44)系列电动机在各种负荷下的效率，见表5-13。

电动机的效率和功率因数随负荷变化的大致关系见表5-14。

4. 电动机负荷率

$$\beta=\frac{P_2}{P_e}\times100\%$$

式中 P_2——电动机实际负荷功率(kW)。

表 5-13　Y(IP44)系列各种负荷率 β 下的效率

功率 (kW)	同　步　转　速(r/min)																			
	3000	1500	1000	750	3000				1500				1000				750			
	效率 η_e(%)			β	1.0	0.75	0.5	0.25	1.0	0.75	0.5	0.25	1.0	0.75	0.5	0.25	1.0	0.75	0.5	0.25
0.55	—	73	—	—	—	—	—	—	73	72.6	69.4	57.7	—	—	—	—	—	—	—	—
0.75	75	74.5	72.5	—	75	75.5	73.7	64.2	74.5	74.2	71.2	59.9	72.5	72	68.5	56.5	—	—	—	—
1.1	77	78	73.5	—	77	75.3	70.6	57.5	78	78.7	77.5	69.2	73.5	73.9	71.7	61.5	—	—	—	—
1.5	78	79	77.5	—	78	78.7	78.4	69.2	79	80.3	80	73.6	77.5	77.3	74.6	64.1	—	—	—	—
2.2	82	81	80.5	—	82	82.9	82.1	75.5	81	81.7	80.6	73.2	80.5	81	79.5	71.4	—	—	—	—
3	82	82.5	83	81	82	82.2	80.5	72.1	82.5	82.5	80.6	71.9	83	83.9	83.4	77.3	81	81	78.9	69.8
4	85.5	84.5	84	82	85.5	86.2	85.5	79.8	84.5	85.2	84.5	78.9	84	85	84.8	79.3	82	82.8	79.4	70
5.5	85.5	85.5	85.3	84	85.5	86.6	86.4	81.8	85.5	86.7	86.7	82.5	85.3	86.7	87.1	83.7	84	84.8	84.1	78
7.5	86.2	87	86	85	86.2	87.5	87.7	84	87	88.2	88.4	84.8	86	86.9	86.5	81.4	85	85.9	85.5	80
11	87.2	88	87	86	87.2	87.3	85.9	79.2	88	88.8	88.5	84.2	87	87.7	87.3	82.3	86	87	86.9	82.6
15	88.2	88.5	89.5	86.5	88.2	88.1	86.4	79.5	88.5	89.3	89.1	85.1	89.5	89.7	88.7	79.7	86.5	86.9	85.9	79.8
18.5	89	91	89.8	88	89	89.1	89	84.4	91	91.4	90.7	896.5	89.8	90.2	89.5	84.9	88	88.8	88.6	84.5
22	89	91.5	90.2	89.5	89	88.6	87	80	91.5	91.9	91.4	87.6	90.2	90.8	90.5	86.7	89.5	90.3	89.4	84.8
30	90	92.2	90.2	90.5	90	89.6	87.9	81	92.3	92.5	92	88.2	90.2	90.8	90.3	86.3	90.5	90.8	90	85.4
37	90.5	91.8	90.8	91	90.5	90.4	89	83.1	91.8	92.2	91.8	88.2	90.8	91.3	91	87.2	91	91.2	90.5	85.9
45	91.5	92.3	92	91.7	91.5	91.5	90.4	85.4	92.3	92.7	92.3	88.5	92	92.4	91.9	88.2	91.7	92.1	91.5	87.6
55	91.5	92.6	92	—	91.5	91.2	89.7	83.7	92.6	92.9	92.4	88.8	92	92.6	92.6	89.8	—	—	—	—
75	91.5	92.7	—	—	91.5	91.2	89.8	83.9	92.7	92.8	91.9	87.7	—	—	—	—	—	—	—	—
90	92	93.5	—	—	92	91.9	90.6	85.3	93.5	93.5	92.7	88.7	—	—	—	—	—	—	—	—

表 5-14　异步电动机的效率和功率因数及负荷的关系

负　荷	空　载	25%	50%	75%	100%
功率因数	0.20	0.50	0.77	0.85	0.89
效率	0	0.78	0.85	0.88	0.875

5. 电动机最佳负荷率

当电动机的固定损耗等于可变损耗时，电动机的效率最高，与比相应的负荷率（又称负载率），称为最佳负荷率 β_m。

电动机运行效率最高时，其相应的负荷率，称为最佳负荷率 β_{zj}。

（1）公式一（计算有功经济负荷率）。

电动机的可变损耗为

$$P_{kb}=\beta^2\left[\left(\frac{1}{\eta_e}-1\right)P_e-P_0\right]$$

当 $P_0=P_{kb}$ 时，效率最高，所以

$$\beta_{zj}=\sqrt{\frac{P_0}{\left(\frac{1}{\eta_e}-1\right)P_e-P_0}}$$

（2）公式二（计算综合经济负荷率）。

既考虑有功损耗，又考虑无功损耗，并将无功损耗用无功经济当量 K 折算到有功损耗时的计算公式如下：

$$\beta_{zj}=\sqrt{\frac{P_0+K\sqrt{3}U_eI_0\times10^{-3}}{\left(\frac{1}{\eta_e}-1\right)P_e-P_0+\left(\frac{P_e}{\eta_e}\tan\varphi_e-\sqrt{3}U_eI_0\times10^{-3}\right)K}}$$

式中　K——无功经济当量，对于功率因数已集中补偿至 0.9 及以上的电动机，取 $K=0.01$；对于发电厂自用电的电动机，取 $K=0.05$；对于功率因数未作补偿的电动机取 $K=0.1$。

对于 Y(IP44)系列电动机，按上述公式算得的 β_{zj} 值，见表5-15。

6. 实例

【实例】 有一台 Y160M-4 型 11kW 异步电动机，已知额定电流 I_e 为 22.6A，额定效率 η_e 为 0.88，额定功率因数 $\cos\varphi_e$ 为 0.84。试求该电动机的有功经济负荷率和综合经济负荷率。

解 由表 5-15 查得该电动机的空载电流 $I_0=8.4$A，空载损耗 $P_0=0.45$kW，并设无功经济当量 $K=0.02$。

有功经济负荷率为

$$\beta_{zj}=\sqrt{\frac{0.45}{\left(\frac{1}{0.88}-1\right)\times 11-0.45}}\times 100\%$$
$$=66.1\%$$

$$\tan\varphi_e=\tan 32.86°=0.646$$

$$\sqrt{3}U_eI_0\times 10^{-3}=\sqrt{3}\times 380\times 8.4\times 10^{-3}=5.53(\text{kW})$$

综合经济负荷率为

$$\beta_{zj}=\sqrt{\frac{0.45+0.02\times 5.53}{\left(\frac{1}{0.88}-1\right)\times 11-0.45+\left(\frac{11}{0.88}\times 0.65-5.53\right)\times 0.02}}$$
$$\times 100\%$$
$$=71.8\%$$

由以上计算结果可知：上述两种经济负荷率对应的电动机负荷功率分别为

(1)效率最高时的负荷功率。

$$P_2=0.661\times 11=7.27(\text{kW})$$

(2)效率和功率因数都相对高时的负荷功率。

$$P_2=0.718\times 11=7.89(\text{kW})$$

表 5-15　Y(IP44)系列异步电动机的最佳负荷率

额定功率	2 级				4 级				6 级				8 级			
P_e (kW)	P_0 (W)	I_0 (A)	K=0.01 β_{zj}	0.1 β_{zj}	P_0 (W)	I_0 (A)	K=0.01 β_{zj}	0.1 β_{zj}	P_0 (W)	I_0 (A)	K=0.01 β_{zj}	0.1 β_{zj}	P_0 (W)	I_0 (A)	K=0.01 β_{zj}	0.1 β_{zj}
0.55	—	—	—	—	94	1.02	0.96	1.2	—	—	—	—	—	—	—	—
0.75	95	0.82	0.8	0.95	117	1.3	0.95	1.2	—	—	—	—	—	—	—	—
1.1	105	106	0.71	0.86	110	1.5	0.77	0.99	135	1.6	0.98	1.27	—	—	—	—
1.5	150	1.5	0.76	0.92	117	1.8	0.67	0.87	157	1.93	0.84	1.95	—	—	—	—
2.2	158	1.9	0.72	0.89	180	2.5	0.76	0.98	195	2.71	0.94	1.24	—	—	—	—
3	265	2.6	0.84	1.0	270	3.5	0.89	1.12	200	3.4	0.81	1.09	220	3.71	0.9	1.2
4	225	2.9	0.73	0.89	245	4.4	0.75	1.0	194	3.8	0.71	0.96	220	4.45	0.75	1.01
5.5	265	3.4	0.65	0.79	250	4.7	0.63	0.84	228	4.9	0.69	0.95	250	6.2	0.75	1.09
7.5	300	4.0	0.6	0.71	285	5.96	0.62	0.83	223	5.3	0.6	0.81	300	7.5	0.72	1.02
11	660	6.4	0.85	0.92	450	8.4	0.69	0.88	376	8.65	0.71	0.985	420	9.1	0.77	1.03
15	780	7.3	0.81	0.87	570	10.4	0.67	0.85	520	12.4	0.73	1.0	630	13	0.8	1.08
18.5	760	8.2	0.72	0.79	650	13.4	0.77	1.01	690	13.8	0.81	1.04	600	16.2	0.69	0.95
22	1280	12	0.96	1.04	692	15	0.72	0.93	680	14.9	0.73	0.95	740	17.9	0.76	0.97
30	1650	16.9	1.0	1.1	900	19.5	0.78	0.99	740	17.1	0.71	0.93	836	19.9	0.76	0.97
37	1660	18.6	0.87	0.97	1140	19	0.75	0.86	1050	18.7	0.71	0.81	1160	26	0.8	1.02
45	1780	18.7	0.87	0.95	1250	22	0.73	0.86	1200	19.4	0.71	0.82	1430	28.5	0.83	0.97
55	2530	28.5	1.0	1.08	1560	28.6	0.77	0.91	1350	23.3	0.75	0.87	1420	32.1	0.76	0.91
75	3380	37.4	0.98	1.05	2410	39.4	0.85	0.94	1340	25.5	0.65	0.76	—	—	—	—
90	3600	34.1	0.93	1.0	2650	43.8	0.88	0.99	—	—	—	—	—	—	—	—

第三节　常用三相异步电动机技术数据

一、Y 系列三相异步电动机的技术数据

Y 系列三相异步电动机与 JO_2 系列电动机相比，体积平均缩小 15%，重量平均减轻 12%。Y 系列电动机采用 B 级绝缘，实际运行中定子绕组的温升较小，有 10℃以上的温升裕度。

Y 系列三相异步电动机的技术数据见表 5-16。

表 5-16　Y 系列电动机技术数据

型号	额定功率 (kW)	满载时				堵转电流/额定电流	堵转转矩/额定转矩	最大转矩/额定转矩	外形尺寸 (长×宽×高) (mm)
		电流 (A)	转速 (r/min)	效率 (%)	功率因数				
Y801-2	0.75	1.9	2825	73	0.84	7.0	2.2	2.2	285×235×170
Y802-2	1.1	2.6	2825	76	0.86	7.0	2.2	2.2	285×235×170
Y90S-2	1.5	3.4	2840	79	0.85	7.0	2.2	2.2	310×245×190
Y90L-2	2.2	4.7	2840	82	0.86	7.0	2.2	2.2	335×245×190
Y100L-2	3.0	6.4	2880	82	0.87	7.0	2.2	2.2	380×285×245
Y112M-2	4.0	8.2	2890	85.5	0.87	7.0	2.2	2.2	400×305×265
Y132S1-2	5.5	11.1	2900	85.2	0.88	7.0	2.0	2.2	475×345×315
Y132S2-2	7.5	15	2900	86.2	0.86	7.0	2.0	2.2	475×345×315
Y160M1-2	11	21.8	2930	87.2	0.88	7.0	2.0	2.2	600×420×385
Y160M2-2	15	29.4	2930	88.2	0.88	7.0	2.0	2.2	600×420×385
Y160L-2	18.5	35.5	2930	89	0.89	7.0	2.0	2.2	645×420×385
Y180M-2	22	42.2	2940	89	0.89	7.0	2.0	2.2	670×465×430
Y200L1-2	30	56.9	2950	90	0.89	7.0	2.0	2.2	775×510×475
Y200L2-2	37	69.8	2950	90.5	0.89	7.0	2.0	2.2	775×510×475
Y225M-2	45	84	2970	91.5	0.89	7.0	2.0	2.2	815×570×530
Y250M-2	55	102.7	2970	91.4	0.89	7.0	2.0	2.2	930×635×575
Y160L-6	11	24.6	970	87	0.78	6.5	2.0	2.0	645×420×385
Y180L-6	15	31.6	970	89.5	0.81	6.5	1.8	2.0	710×465×430
Y200L1-6	18.5	37.7	970	89.8	0.83	6.5	1.8	2.0	775×510×475
Y200L2-6	22	44.6	970	90.2	0.83	6.5	1.8	2.0	775×510×475
Y225M-6	30	59.5	980	90.2	0.85	6.5	1.7	2.0	815×570×530
Y250M-6	37	72	980	90.8	0.86	6.5	1.8	2.0	930×635×575
Y280S-6	45	85.4	980	92	0.87	6.5	1.8	2.0	1000×690×640
Y280M-6	55	104.9	980	91.6	0.87	6.5	1.8	2.0	1050×690×640
Y315S-6	75	142	980	92.5	0.87	6.5	1.6	2.0	1190×780×760
Y315M1·6	90	167	980	93	0.88	6.5	1.6	2.0	1240×780×760
M315M2-6	110	204	980	93	0.88	6.5	1.6	2.0	1240×780×760
M315M3-6	132	244	980	93.5	0.88	6.5	1.6	2.0	1240×780×760

续表 5-16

型号	额定功率(kW)	满载时				堵转电流/额定电流	堵转转矩/额定转矩	最大转矩/额定转矩	外形尺寸(长×宽×高)(mm)
		电流(A)	转速(r/min)	效率(%)	功率因数				
Y132S-8	2.2	5.8	710	81	0.71	5.5	2.0	2.0	475×345×315
Y132M-8	3	7.7	710	82	0.72	5.5	2.0	3.0	515×345×315
Y160M1-8	4	9.9	720	84	0.73	6.0	2.0	2.0	600×420×385
Y160M2-8	5.5	13.3	720	85	0.74	6.0	2.0	2.0	600×420×385
Y160L-8	7.5	17.7	720	86	0.75	5.5	2.0	2.0	645×420×385
Y180L-8	11	25.1	730	86.5	0.77	6.0	1.7	2.0	710×465×430
Y280L-8	15	34.1	730	88	0.76	6.0	1.8	2.0	775×510×475
T225S-8	18.5	41.3	730	89.5	0.76	6.0	1.7	2.0	820×570×530
Y225M-8	22	47.6	730	90	0.78	6.0	1.8	2.0	815×570×530
Y250M-8	30	33	730	90.5	0.80	8.0	1.8	2.0	930×635×575
Y280S-8	37	78.7	740	91	0.79	6.0	1.8	2.0	1000×690×640
Y280M-8	45	93.2	740	91.7	0.80	6.0	1.8	2.0	1050×690×640
Y315S-8	55	109	740	92.5	0.83	6.5	1.6	2.0	1190×780×760
Y315M1-8	75	148	740	92.5	0.83	6.5	1.6	2.0	1240×780×760
Y315M2-8	90	175	740	93	0.84	6.5	1.6	2.0	1240×780×760
Y315M3-8	110	214	740	93	0.84	6.5	1.6	2.0	1240×780×760
Y315S-10	45	98	585	91.5	0.76	6.5	1.4	2.0	1190×780×760
Y315M2-10	55	120	585	92	0.76	6.5	1.4	2.0	1240×780×760
Y315M3-10	75	160	585	92.5	0.77	6.5	1.4	2.0	1240×780×760
Y280S-2	75	140.1	2970	91.4	0.89	7.0	2.0	2.2	1000×690×640
Y280M-2	90	167	2970	92	0.89	7.0	2.0	2.2	1050×690×640
Y315S-2	110	204	2970	91	0.90	7.0	1.8	2.2	1190×780×760
Y315M1-2	132	245	2970	91	0.90	7.0	1.8	2.2	1240×780×760
Y315M2-2	160	295	2970	91.5	0.90	7.0	1.8	2.2	1240×780×760
Y801-4	0.55	1.6	1390	70.5	0.76	6.5	2.2	2.2	285×235×170
Y802-4	0.75	2.1	1390	72.5	0.76	6.5	2.2	2.2	285×235×170
Y90S-4	1.1	2.7	1400	79	0.78	6.5	2.2	2.2	310×245×190
Y90L-4	1.5	3.7	1400	79	0.79	6.5	2.2	2.2	335×245×190
Y100L1-4	2.2	5	1420	81	0.82	7.0	2.2	2.2	380×285×245
Y100L2-4	3.0	6.8	1420	82.5	0.81	7.0	2.2	2.2	380×285×245
Y112M-4	4.0	8.8	1440	84.5	0.82	7.0	2.2	2.2	400×305×265
Y132S-4	5.5	11.6	1440	85.5	0.84	7.0	2.2	2.2	475×345×315
Y132M-4	7.5	15.4	1440	87	0.85	7.0	2.2	2.2	515×345×315

续表 5-16

型号	额定功率(kW)	满载时				堵转电流/额定电流	堵转转矩/额定转矩	最大转矩/额定转矩	外形尺寸(长×宽×高)(mm)
		电流(A)	转速(r/min)	效率(%)	功率因数				
Y160M-4	11.0	22.6	1460	88	0.84	7.0	2.2	2.2	600×420×385
Y160L-4	15.0	30.3	1460	88.5	0.85	7.0	2.2	2.2	645×420×385
Y180M-4	18.5	35.9	1470	91	0.86	7.0	2.0	2.2	670×465×430
Y180L-4	22	42.5	1470	91.5	0.86	7.0	2.0	2.2	710×465×430
Y200L-4	30	56.8	1470	92.2	0.87	7.0	2.0	2.2	775×510×475
Y225S-4	37	70.4	1480	91.8	0.87	7.0	1.9	2.2	820×570×530
Y225M-4	45	84.2	1480	92.3	0.88	7.0	1.9	2.2	815×570×530
Y250M-4	55	102.5	1480	92.6	0.88	7.0	2.0	2.2	930×635×575
Y280S-4	75	139.7	1480	92.7	0.88	7.0	1.9	2.2	1000×690×640
Y280M-4	90	164.3	1480	93.5	0.89	7.0	1.9	2.2	1050×690×640
Y315S-4	110	202	1480	93	0.89	7.0	1.8	2.2	1190×780×760
Y315M1-4	132	242	1480	93	0.89	7.0	1.8	2.2	1240×780×760
Y315M2-4	160	294	1480	93	0.89	7.0	1.8	2.2	1240×780×760
Y90S-6	0.75	2.3	910	72.5	0.70	6.0	2.0	2.0	310×245×190
Y90L-6	1.1	3.2	910	73.5	0.72	6.0	2.0	2.0	335×245×190
Y100L-6	1.5	4	940	77.5	0.74	6.0	2.0	2.0	380×285×245
Y112M-6	2.2	5.6	940	80.5	0.74	6.0	2.0	2.0	400×305×265
Y132S-6	3.0	7.2	960	83	0.76	6.5	2.0	2.0	475×345×315
Y132M1-6	4.0	9.4	960	84	0.77	6.5	2.0	2.0	515×345×315
Y132M2-6	5.5	12.6	960	85.3	0.78	6.5	2.0	2.0	515×345×315
Y160M-6	7.5	17	970	86	0.78	6.5	2.0	2.0	600×420×385

二、YR系列绕线型三相异步电动机的技术数据

YR系列小型绕线型三相异步电动机定子绕组为△形接法，采用B级绝缘。

YR系列绕线型三相异步电动机的技术数据见表5-17。

表 5-17　YR 系列(IP44)电动机技术数据

型号	额定功率(kW)	满载时				最大转矩/额定转矩	转子		质量(kg)
		转速(r/min)	电流(A)	效率(%)	功率因数		电压(V)	电流(A)	
YR132S1-4	2.2	1440	5.3	82.0	0.77	3.0	190	7.9	60
YR132S2-4	3	1440	7.0	83.0	0.78	3.0	215	9.4	70
YR132M1-4	4	1440	9.3	84.5	0.77	3.0	230	11.5	80
YR132M2-4	5.5	1440	12.6	86.0	0.77	3.0	272	13.0	95
YR160M-4	7.5	1460	15.7	87.5	0.83	3.0	250	19.5	130
YR160L-4	11	1460	22.5	89.5	0.83	3.0	276	25.0	155
YR180L-4	15	1465	30.0	89.5	0.85	3.0	278	34.0	205
YR200L1-4	18.5	1465	36.7	89.0	0.86	3.0	247	47.5	265
YR200L2-4	22	1465	43.2	90.0	0.86	3.0	293	47.0	290
YR225M2-4	30	1475	57.6	91.0	0.87	3.0	360	51.5	380
YR250M1-4	37	1480	71.4	91.5	0.86	3.0	289	79.0	440
YR250M2-4	45	1480	85.9	91.5	0.87	3.0	340	81.0	490
YR280S-4	55	1480	103.8	91.5	0.88	3.0	485	70.0	670
YR280M-4	75	1480	140	92.5	0.88	3.0	354	128.0	800
YR132S1-6	1.5	955	4.17	78.0	0.70	2.8	180	5.9	60
YR132S2-6	2.2	955	5.96	80.0	0.70	2.8	200	7.5	70
YR132M1-6	3	955	8.20	80.5	0.69	2.8	206	9.5	80
YR132M2-6	4	955	10.7	82.0	0.69	2.8	230	11.0	95
YR160M-6	5.5	970	13.4	84.5	0.74	2.8	244	14.5	135
YR160L-6	7.5	970	17.9	86.0	0.74	2.8	266	18.0	155
YR180L-6	11	975	23.6	87.5	0.81	2.8	310	22.5	205
YR200L1-6	15	975	31.8	88.5	0.81	2.8	198	48.0	280
YR225M1-6	18.5	980	38.3	88.5	0.83	2.8	187	62.5	335
YR225M2-6	22	980	45.0	89.5	0.83	2.8	224	61.0	365
YR250M1-6	30	980	60.3	90.0	0.84	2.8	282	66.0	450
YR250M2-6	37	980	73.9	90.5	0.84	2.8	331	69.0	490
YR280S-6	45	985	87.9	91.5	0.85	2.8	362	76.0	680
YR280M-6	55	985	106.9	92.0	0.85	2.8	423	80.0	730

续表 5-17

型　号	额定功率(kW)	满载时				$\frac{最大转矩}{额定转矩}$	转子		质量(kg)
		转速(r/min)	电流(A)	效率(%)	功率因数		电压(V)	电流(A)	
YR160M-8	4	715	10.7	82.5	0.69	2.4	216	12.0	135
YR160L-8	5.5	715	14.1	83.0	0.71	2.4	230	15.5	155
YR180L-8	7.5	725	18.4	85.0	0.73	2.4	255	19.0	190
YR200L1-8	11	725	26.6	86.0	0.73	2.4	152	46.0	280
YR225M1-8	15	735	34.5	88.0	0.75	2.4	169	56.0	265
YR225M2-8	18.5	735	42.1	89.0	0.75	2.4	211	54.0	390
YR250M1-8	22	735	48.1	89.0	0.78	2.4	210	65.5	450
YR250M2-8	30	735	66.1	89.5	0.77	2.4	270	69.0	500
YR280S-8	37	735	78.2	91.0	0.79	2.4	281	81.5	680
YR280M-8	45	735	92.9	92.0	0.80	2.4	359	76.0	800

第四节　电动机合理选择与工程实例

一、高效节能电动机节电效果分析

目前我国生产的高效节能异步电动机有 Y 系列、Y_2 系列和 YX 系列、Y_2-E 系列。Y 系列电动机与 JO_2 系列电动机相比，其转矩倍数平均高出 30%左右，功率因数也较高，体积平均缩小 15%，质量平均减轻 12%。JO_2 全系列电动机加权平均效率 $\eta=$ 87.865%，而 Y 全系列电动机加权平均效率 $\eta=88.265\%$。Y 系列电动机采用 B 级绝缘(JO_2 系列电动机采用 A 级绝缘)，实际运行中定子绕组的温升较小，并有 10℃以上的温升裕度，因此铜耗也较小。Y 系列电动机是使用最广泛的电动机。Y_2 系列电动机是我国于 20 世纪 90 年代中期设计的。Y_2-E 系列与普通 Y 系列电动机相比，虽费用有所增加，但效率高出 0.58%～1.7%。YX 系列电动机是 Y 系列电动机的派生产品，其总损耗平均较 Y 系列电动机下降 20%～30%，效率提高 3%，功率因数平均提高约

0.04。其附加绕组损耗约下降 20%，铁耗约下降 10%，杂散损耗约下降 30%，风摩损耗约下降 40%。该系列电动机在负荷率为 50%～100%范围内，具有比较平坦的效率特性，有利于经济运行。该系列电动机起动转矩大、噪声小、振动小、温升低、寿命长，但价格比 Y 系列电动机约高 30%。对年运行时间大于 3000h、负荷率大于 45%的负荷，选用 YX 系列电动机较节电。

Y_2-E 系列与 Y 系列电动机的节电效益比较见表 5-18。

表 5-18 Y_2-E 系列与 Y 系列电动机的节电效益比较

机型	功率(kW)	效率(%)		买 1 台 Y_2-E 电动机增加的费用(元)	年节约电费(元)	投资回收期(月)
		Y_2-E 系列电动机	Y 系列电动机			
132S-4	5.5	89.2	85.5	120.5	533.7	3
160M-1.2	11	90.5	87.2	131.3	920.0	2
160M-4	11	91.0	88.0	217.3	825.0	3.2
200L-4	30	93.2	92.2	567.7	698.2	10.5
250M-4	55	94.2	92.6	952.6	2017.7	5.7

我国节能电动机产品见表 5-19。

表 5-19 节能产品主要技术规格

序号	节能产品名称	主要技术规格	相对应的老产品	
			型号规格	淘汰日期
1	三相异步电动机 Y 系列	共 11 个机座号，19 个功率等级，0.55～90kW，65 个规格	JO_2、JO_3 共 9 个机座号，18 个功率等级，0.6～100kW，67 个规格	JO_3 自 1984 年 1 月 1 日，JO_2 自 1985 年 1 月 1 日起，除少量维修用外，一律停止生产
2	冶金起重电动机 YZR、YZ 系列	共 11 个机座号，43 个规格	JZR2、JZ2、JZ、JZR、JZB、JZRB，共 12 个机座号，26 个规格	1986 年 1 月 1 日

续表 5-19

序号	节能产品名称	主要技术规格	相对应的老产品	
			型号规格	淘汰日期
3	分马力电动机AO2、BO2、CO2、DO2系列	共8个机座号，7挡中心高，64个规格	AO、BO、CO、DO、JW、JZ、JY、JZ、JLO、2JCL、JE、JLO、ZL-LOR、JLOX	1986年1月1日～1986年1月1日
4	隔爆型三相异步电动机YB系列	共11个机座号，65个规格	JB_3、BJO_2	1985年1月1日 1986年1月1日
5	防护式绕线转子三相异步电动机YR系列(IP23)	共37个规格，功率4～132kW，B级绝缘	JR、JR2、JR3，共59个规格	1986年12月30日
6	封闭式绕线转子三相异步电动机Y系列(IP44)	共34个规格，B级绝缘	JRO2，共26个规格，功率5.5～75kW	1986年12月30日
7	H315三相异步电动机Y系列(IP44)	H315S、H315M1、J315M2、J315M3	过去无此规格	—
8	高效率三相异步电动机YX系列	共43个规格，功率1.5～90kW，平均较Y系列效率高3%，适用于年运行在2000h以上的工况	—	—
9	深井泵用三相异步电动机YLB系列	共6个机座号，20个规格，功率5.5～132kW，B级绝缘	DM、JLB、JLB2、JD系列	1987年12月1日

续表 5-19

序号	节能产品名称	主要技术规格	相对应的老产品	
			型号规格	淘汰日期
10	变极多速三相异步电动机 YD 系列(IP44)	共7个机座号，65个规格，功率0.35～22kW，B级绝缘，双速、三速、四速共9种速比	JDO2 系列，99个规格 JO3 系列，32个规格	1988年12月31日
11	电磁调速电动机 YCT 系列	共10个机座号，19个规格，功率0.55～90kW，B级绝缘，H315及以下机座调速比10∶1	JZT、JZT2、JZ-TT、JZTS 系列	
12	户外防腐电动机 Y-W、Y-WF 系列 化工防腐电动机 Y-F 系列	IP54，共83个规格 IP54，共83个规格	JOW-WF 系列67个规格 JO2-F 系列63个规格	1988年12月31日
13	电磁制动三相异步电动机 YEJ 系列	共95个机座号，53个规格，功率0.55～45kW	JOZ2 系列，12个规格，功率0.6～1.5kW，JZD3-1129-4	1988年12月31日
14	傍磁制动三相异步电动机 YEP 系列	共18个规格，功率0.55～11kW	JPZ2 系列	1988年12月31日
15	高转差三相异步电动机 YH 系列(IP44)	共36个规格，功率0.75～18.5kW，S3工作制	JHO2、JHO3 系列	1988年12月31日
16	低振动、低噪声三相异步电动机 YZC 系列(IP44)	共15个规格，功率0.55～18.5kW	KP90S-2/MO1，JJO_2，JO_2-O，JJ，JJD 四种，精密机床用三相异步电动机	1988年12月31日
17	木工用三相异步电动机 YM 系列	共4个机座号，9个规格，功率0.55～7.5kW	JM2、JM3、JDM2 系列	1988年12月31日

二、按寿命期费用分析法选择最佳功率电动机与工程实例

1. 计算公式

当负荷已知时，按寿命期费用分析法选择最佳功率电动机，就是寻找整个寿命期综合费用最小的电动机。可选择几种方案进行比较。

电动机的综合费用包括投资费用和运行费用两部分。

(1)投资费的计算公式为

$$C_t = C_j + C_a$$

式中　C_t——投资费(元)；

C_j——电动机价格(元)；

C_a——电动机安装费及其他费用(元)，可根据电动机的安装要求和工作现场等条件估算出，通常取 $C_a = 0.2C_j$。

(2)年运行费。当不考虑折旧费、维修费时，年运行费可由下式计算：

$$C_y = (P_2 + \sum \Delta P)T\delta$$

$$= \left\{P_2 + P_0 + \beta^2\left[\left(\frac{1}{\eta_e} - 1\right)P_e - P_0\right]\right\}T\delta$$

式中　C_y——电动机在负荷功率 P_2 时的年耗电费(元/年)；

P_2——电动机年平均负荷功率(kW)；

$\sum \Delta P$——电动机总损耗(kW)；

T——电动机年运行小时数；

δ——电价(元/kWh)；

P_0——电动机空载损耗(kW)；

β——电动机负荷率；

P_e——电动机额定功率(kW)；

η_e——电动机额定效率。

(3)电动机综合费用。考虑投资和电费的利率，综合费用可

按下式计算(若以 t 年为期)

$$\sum C = C_t(1+i)^t + C_y \frac{(1+i)^t - 1}{i}$$

根据上述公式,逐台比较预选电动机的综合费用$\sum C$值的大小,就可以选出$\sum C$值最小的电动机,即经济性最佳的电动机。

2. 工程实例

【实例】 某设备采用 4 极异步电动机传动,实际要求电动机的输出功率 P_2 为 27kW,年运行小时数 T 为 4000h。试以 10 年为期,选择电动机的最佳功率。设电价 δ 为 0.5 元/kWh,利率 i 为 0.03。

解 分别计算出 Y(IP44)系列和高效率电动机的最佳功率,并进行经济效益比较。

对于 Y 系列 4 极电动机,可供选择的规格有 30、37、45、55kW 和 75kW;对于高效率电动机,有 30、55kW 和 75kW。

先由产品目录查出对应各规格电动机的空载损耗 P_0 和额定效率 η_e,并按 $\beta=27/P_e$ 求出相应的负荷率;查出各规格的价格 C_j,然后按以下方法计算:

如 Y200L-4 型,P_e=30kW,P_0=0.9kW,η_e=0.922,β=27/30=0.9,电动机价格 C_j=2400 元。

由下式求得投资费用为

$$C_t=C_j+C_a=C_j+0.2C_j=1.2\times2400=2880(\text{元})$$

电动机在负荷 P_2 下,年耗电费(运行费用)为

$$\begin{aligned}C_y &=(P_2+\Sigma\Delta P)T\delta\\&=\left\{P_2+P_0+\beta^2\left[\left(\frac{1}{\eta_e}-1\right)P_e-P_0\right]\right\}T\delta\\&=\left\{27+0.9+0.9^2\left[\left(\frac{1}{0.922}-1\right)\times30-0.9\right]\right\}\times4000\times0.5\\&=58453(\text{元})\end{aligned}$$

以 10 年为期的综合费用为

$$\Sigma C = C_t(1+i)^t + C_y \frac{(1+i)^t - 1}{i}$$

$$= 2880 \times (1+0.03)^{10} + 58453 \frac{(1+0.03)^{10} - 1}{0.03}$$

$$= 3871 + 670052 = 673923(\text{元})$$

同理,可求出其他规格及高效率电动机的综合费用,见表5-20。

从表5-20可知,Y系列电动机最佳功率为30kW;高效率电动机的最佳功率为55kW,比Y系列30kW电动机节约13264元。

表5-20　各规格电动机综合费用比较

电动机型号	P_e (kW)	P_0 (kW)	η_e	β	C_t (元)	C_y (元)	$\sum C$ (元)
Y200L-4	30	0.9	0.922	0.9	2880	58453	673923
Y200S-4	37	1.1	0.918	0.73	3550	58550	673593
Y225M-4	45	1.25	0.923	0.6	4320	58303	674132
Y250M-4	55	1.56	0.926	0.49	5280	58481	677469
Y280S-4	75	2.41	0.927	0.36	7200	59726	694315
H200L-4	30	0.37	0.938	0.9	3310	57353	661885
H250M-4	55	0.732	0.9354	0.49	5950	56936	660659
H280S-4	75	1.206	0.9483	0.39	7340	57289	666568

注:各电动机价格仅为参考价。

三、根据负荷转矩选择电动机与工程实例

根据最佳经济效益所选择的电动机,有时不一定能胜任负荷转矩,因此要对电动机转矩进行选择。

1. 计算公式

对起动沉重的机械,当采用鼠笼型异步电动机或同步电动机时,应按下列公式选择最小起动转矩和允许的机械最大飞轮力矩,以保证能顺利起动和起动过程中电动机不致过热。该两项选择必须同时通过。

(1)确定最小转矩 M_{min}。

$$M_{min} \geqslant \frac{M_{zmax}K_s}{K_u^2}, K_u = U_q/U_e$$

式中　M_{min}——起动过程中电动机的最小转矩(N·m)；

M_{zmax}——起动过程中的最大负荷转矩(N·m)；

K_s——保证起动时有足够加速转矩的系数,一般取1.15～1.25；

K_u——电压波动系数,直接起动时取0.85；

U_q——起动时电动机端电压(V)。

(2)确定允许的机械最大飞轮转矩GD_{uxm}^2。

$$GD_{jmax}^2 \leqslant GD_{uxm}^2 = GD_0^2\left(1 - \frac{M_{zmax}}{M_{qpj}K_u^2}\right) - GD_d^2$$

式中　GD_{jmax}^2——传动机械实际的最大飞轮转矩(N·m²),需折算到电动机轴上；

GD_{uxm}^2——允许传动机械具有的最大飞轮转矩(N·m²),需折算到电动机轴上；

GD_0^2——包括电动机在内的整个传动允许的最大飞轮转矩(N·m²),需折算到电动机轴上,可由产品目录中查得；

GD_d^2——电动机转子的飞轮转矩(N·m²)；

M_{qpj}——电动机的平均起动转矩(N·m),见表5-21。

表5-21　交流电动机的平均起动转矩

电动机类型	平均起动转矩	符号含义
同步电动机 $M_q>M_{qr}$ 时 $M_q \leqslant M_{qr}$	$M_{qpj}=0.5(M_q+M_{qr})$ $M_{qpj}=1.0\sim1.1M_q$	M_{qpj}——平均起动转矩 M_q——最初起动转矩($s=1$时) M_{qr}——牵入转矩 M_{lj}——临界转矩
鼠笼型异步电动机(一般用途)	$M_{qpj}=0.15\sim0.5(M_q+M_{lj})$	

2. 工程实例

【实例】　已知负荷转矩M_z为1447N·m,起动过程中的最

大静阻转矩 M_{zmax} 为 562N·m，要求电动机的转速 n 为 2900～3000r/min，传动机械折算到电动机轴上的总飞轮转矩 GD^2_{jmax} 为 1960N·m，试选择电动机。

解　(1)负荷功率计算。

$$P_z=\frac{M_z n_e}{9555}=\frac{1447\times 2975}{9555}=450(\text{kW})$$

初选 JK-500 鼠笼型异步电动机，由产品目录查得 $P_e=500\text{kW}$，$n_e=2975\text{r/min}$，转矩过载倍数 $\lambda=2.5$，最小起动转矩倍数为

$$M^*_{dmin}=M_{dmin}/M_e=0.73$$

电动机转子飞轮力矩 $GD^2_d=441\text{N}\cdot\text{m}^2$，允许的最大飞轮力矩 $GD^2_0=3825\text{N}\cdot\text{m}^2$。

电动机的额定转矩为

$$M_e=\frac{9555P_e}{n_e}=\frac{9555\times 500}{2975}=1606(\text{N}\cdot\text{m})$$

电动机的实际负荷率

$$\beta=\frac{P_z}{P_e}=\frac{450}{500}=0.90$$

(2)校验最小起动转矩。起动过程中电动机需要的最小起动转矩(假设电动机为全压起动)为

$$M_{min}=\frac{M_{zmax}K_s}{K^2_u}=\frac{562\times 1.25}{0.85^2}=972(\text{N}\cdot\text{m})$$

电动机实际的最小起动转矩 $M_{dmin}=M^*_{dmin}M_e=0.73\times 1606=1172(\text{N}\cdot\text{m})$。$M_{dmin}>M_{min}$，故最小起动转矩校验合格。

(3)校验允许的最大飞轮转矩。由表 5-20 查得平均起动转矩为

$$\begin{aligned}M_{qpj}&=0.45(M_q+M_{lj})=0.45(M^*_{dmin}M_e+\lambda M_e)\\&=0.45\times(0.73+2.5)\times 1606\\&=2334(\text{N}\cdot\text{m})\end{aligned}$$

允许的最大飞轮转矩为

$$GD_{uxm}^2=GD_0^2\left(1-\frac{M_{zmax}}{M_{qpj}K_u^2}\right)-GD_d^2$$

$$=3825\times\left(1-\frac{562}{2334\times0.85^2}\right)-441$$

$$=2110(\mathrm{N\cdot m^2})$$

由于 $GD_{uxm}^2>GD_{jmax}^2$（1961N·m²），故允许的最大飞轮转矩校验合格。

因此，JK-500 型电动机的发热及起动条件检验均通过，可以选用此电动机。

四、星-三角起动电动机的选择与工程实例

1. 计算公式

对于可进行星-三角接线的异步电动机，起动电流、起动转矩可按以下简化公式计算。

设Y接线和△接线时的起动电流和起动转矩分别为 I_{qY}、$I_{q\triangle}$ 和 M_{qY}、$M_{q\triangle}$，则

$$I_{q\triangle}=K_1I_e,\quad I_{qY}=I_{q\triangle}/3$$

$$M_{q\triangle}=K_2M_e,\quad M_{qY}=M_{q\triangle}/3$$

式中　I_e——电动机额定电流(A)；

M_e——电动机额定转矩(N·m)；

K_1——电动机堵转电流与额定电流的比值；

K_2——电动机堵转转矩与额定转矩的比值。

如果负荷转矩 $M_f<M_{qY}$，则电动机能够起动；如果负荷转矩 $M_f>M_{qY}$，则电动机不能起动。

2. 工程实例

【实例】 已知电动机要带动的负荷转矩为 100N·m，拟采用一台 Y200L2-6 型 22kW 电动机，试求：

(1)用Y-△起动时的起动电流和起动转矩；

(2)该电动机能否顺利起动？

解　由表5-16查得，该电动机的技术数据如下：功率 $P_e=22kW$，转速 $n_e=970r/min$，电压为220/380V，效率 $\eta_e=0.902$，功率因数 $\cos\varphi_e=0.83$，堵转电流与额定电流之比 $K_1=I_q/I_e=6.5$，堵转转矩与额定转矩之比 $K_2=M_q/M_e=1.8$。

(1)起动电流和起动转矩计算。

电动机额定电流为

$$I_e=\frac{P_e}{\sqrt{3}U_e\eta_e\cos\varphi_e}=\frac{22\times10^3}{\sqrt{3}\times380\times0.902\times0.83}=44.6(A)$$

也可直接从表5-16中查得。

$$I_{q\triangle}=K_1I_e=6.5\times44.6=289.9(A)$$

$$I_{qY}=I_{q\triangle}/3=289.9/3=96.6(A)$$

电动机额定转矩为

$$M_e=\frac{9555P_e}{n_e}=\frac{9555\times22}{970}=216.7(N\cdot m)$$

$$M_{q\triangle}=K_2M_e=1.8\times216.7=390.1(N\cdot m)$$

$$M_{qY}=M_{q\triangle}/3=390.1/3=130(N\cdot m)$$

(2)电动机能否起动的校验。由于电动机的负荷率低、负荷惯性小，因此只要起动转矩大于负荷转矩电动机即可起动。

现在负荷转矩 $M_f=100N\cdot m<M_{qY}=130N\cdot m$，所以能起动。

第五节　电动机技术改造与工程实例

一、电动机更新改造决策分析与工程实例

1. 计算公式

异步电动机是否更换的节电计算方法如下：

(1)确定现有负荷所需要的功率。如前所述，电动机输出功率可按下式计算

$$P_2=\sqrt{\frac{I^2-I_0^2}{I_e^2-I_0^2}}P_2$$

对于新购电动机替换已安装电动机的场合，应按投资、运行费用和利率等进行综合费用计算，从而确定最佳功率。

(2)异步电动机节电更换原则。由于异步电动机的总耗为

$$\Sigma\Delta P=P_0+\beta^2\left[\left(\frac{1}{\eta_e}-1\right)P_e-P_0\right]$$

所以两台额定功率不同的电动机的 $\Sigma\Delta P=f(P_2)$ 关系曲线，不外乎有如图 5-4、图 5-5 和图 5-6 所示的三种情况。

设已安装的电动机为 A，其额定功率为 P_{ea}、功率为 η_{ea}、空载功率为 P_{0a}；欲换用的电动机为 B，其相应的数据为 P_{eb}、η_{eb} 和 P_{0b}。若电动机 A 的实际输出功率为 P_2，则 A 的负荷率为 $\beta_a=P_2/P_{ea}$，换用电动机 B 相应的负荷率为 $\beta_b=P_2/P_{eb}=(P_{ea}/P_{eb})\beta_a$。

①当 $\eta_{eb}>\eta_{ea}$，$P_{0b}<P_{0a}$ 时。这时 $\Sigma\Delta P=f(P_2)$ 在额定负荷至空载的范围内，两条曲线无交点，且 $\Sigma\Delta P_a-\Sigma\Delta P_b>0$，即在任意负荷率下，换用电动机 B 均能节电，如图 5-4 所示。

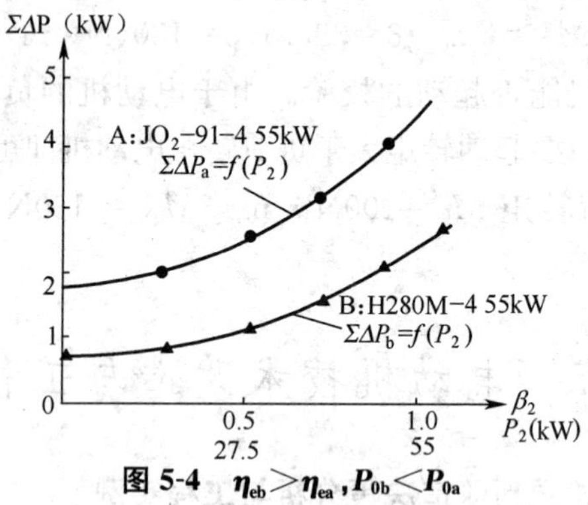

图 5-4 $\eta_{eb}>\eta_{ea}$，$P_{0b}<P_{0a}$

空载时节电量 $\Delta P=P_{0a}-P_{0b}$

任意负荷时节电量 $\Delta P=\Sigma\Delta P_a-\Sigma\Delta P_b$

$$=P_{0a}-P_{0b}+\beta_a^2\left[P_{0a}\left(\frac{P_{ea}}{P_{eb}}\right)^2-P_{0b}\right]+\beta_a^2\left[P_{ea}\left(\frac{1}{\eta_{ea}}-1\right)\right]$$

$$-\frac{P_{ea}^2}{P_{eb}}\left(\frac{1}{\eta}-1\right)$$

当 $P_{ea}=P_{eb}$ 时

$$\Delta P=(P_{0a}-P_{0b})(1-\beta_a^2)+\beta_a^2\left[P_{ea}\left(\frac{1}{\eta_{ea}}-\frac{1}{\eta_{eb}}\right)\right]$$

例如，采用高效率电动机和部分 Y(IP44)系列电动机，更换 JQ_2 系列电动机，则能在任意负荷率下节电。

②当 $\eta_{ea}>\eta_{eb}$，$P_{0a}>P_{0b}$ 时。这时 $\Sigma\Delta P=f(P_2)$ 在(0～1)额定负载范围内，两条曲线有一个交点，且已安装的电动机 A 对应此交点的负荷率 β_a，称为临界负荷率，用 β_{lj} 表示。此时，两台电动机对应此负荷率的总损耗相等。如图 5-5 所示。

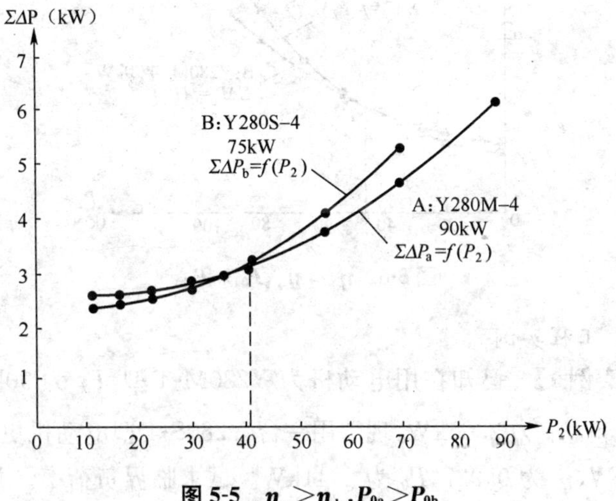

图 5-5　$\eta_{ea}>\eta_{eb}$，$P_{0a}>P_{0b}$

$$\Sigma\Delta P_a=P_{0a}+\beta_{lj}^2\left[\left(\frac{1}{\eta_{ea}}-1\right)P_{ea}-P_{0a}\right]$$

$$\Sigma\Delta P_b=P_{0b}+\left(\frac{P_{ea}}{P_{eb}}\beta_{lj}\right)^2\left[\left(\frac{1}{\eta_{eb}}-1\right)P_{eb}-P_{0b}\right]$$

因　$\Sigma\Delta P_a=\Sigma\Delta P_b$，故

$$\beta_{lj}=\sqrt{\frac{P_{0a}-P_{0b}}{\left(\frac{P_{ea}}{P_{eb}}\right)^2\left[\left(\frac{1}{\eta_{eb}}-1\right)P_{eb}-P_{0b}\right]-\left[\left(\frac{1}{\eta_{ea}}-1\right)P_{ea}-P_{0a}\right]}}$$

③当 $\eta_{eb}>\eta_{ea}$，$P_{0a}<P_{0b}$ 时。这时两条曲线也有一个交点，如图 5-6 所示。临界负荷率 β_{lj} 为

$$\beta_{lj}=\sqrt{\frac{P_{0b}-P_{0a}}{\left(\frac{1}{\eta}-1\right)P_{ea}-P_{0a}-\left(\frac{P_{ea}}{P_{eb}}\right)^2\left[\left(\frac{1}{\eta_{eb}}-1\right)P_{eb}-P_{0b}\right]}}$$

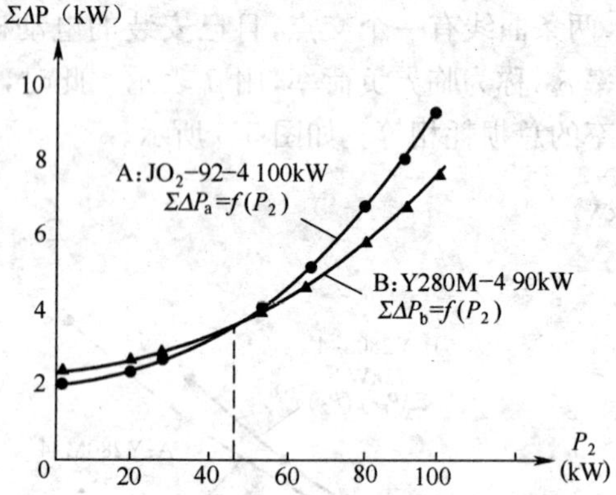

图 5-6　$\eta_{eb}>\eta_{ea}$，$P_{0a}<P_{0b}$

2. 工程实例

【实例 1】　已知在用电动机为 Y280M-4 型，P_e 为 90kW，η_e 为 0.935，P_0 为 2.65kW，现欲用一台 Y280S-4 型电动机更换，P_e 为 75kW，η_e 为 0.927，P_0 为 2.41kW。试求临界负荷率。并问实际负荷为多少时才有更换必要。

解　设 Y280M-4 型电动机为 A，Y250M-4 型电动机为 B，因为 $P_{0a}>P_{0b}$，$\eta_{ea}>\eta_{eb}$，所以临界负荷率为

$$\beta_{lj}=\sqrt{\frac{P_{0a}-P_{0b}}{\left(\frac{P_{ea}}{P_{eb}}\right)^2\left[\left(\frac{1}{\eta_{eb}}-1\right)P_{eb}-P_{0b}\right]-\left[\left(\frac{1}{\eta_{ea}}-1\right)P_{ea}-P_{0a}\right]}}$$

$$=\sqrt{\frac{2.65-2.41}{\left(\frac{90}{75}\right)^2\times\left[\left(\frac{1}{0.927}-1\right)\times75-2.41\right]-\left[\left(\frac{1}{0.935}-1\right)\times90-2.65\right]}}$$

$$=\sqrt{\frac{0.24}{5.03-3.61}}=0.41$$

对应临界负荷率的临界功率为 0.41×90=36.9(kW)

两台电动机在各自输出功率下的总损耗，见表 5-22。

表 5-22　两台电动机的总损耗

$\Sigma\Delta P$(kW) \ P_e(kW)	P_2(kW)							
	90	70	55	40	30	22	17	13
90	6.26	4.83	4.00	3.36	3.05	2.87	2.78	2.73
75		5.46	4.29	3.40	2.97	2.71	2.59	2.52

根据表 5-22 数据，作 $\Sigma\Delta P=f(P_2)$ 的关系曲线，如图 5-5 所示。

从图 5-5 可见，当电动机 A 的实际负荷率 $\beta>\beta_{lj}$ 时，Y280M-4，90kW 电动机的总损耗小于 Y280S-4，75kW 电动机的总损耗；当 $\beta<\beta_{lj}$ 时，电动机 A 的总损耗大于 B 的总损耗。

从以上分析可见，对于电动机 A 而言，只有实际负荷率 β 小于它的临界负荷率，即当负荷率小于 0.41（即实际负荷小于 36.9kW）时，才有更换的必要。

【实例 2】　有一台 JO_2-71-4 型异步电动机，已知额定数据为：P_e 为 22kW，$\cos\varphi_e$ 为 0.88，I_e 为 42.5A，空载电流 I_0 为 12.1A，实测负荷电流 I_1 为 20A。试制定该电动机的更新改造方案并计算节电效果。设电动机年运行小时数为 4000h。

解　在该负荷下电动机的输出功率为

$$P_2=\beta P_e=\sqrt{\frac{I_1^2-I_0^2}{I_e^2-I_0^2}}P_e$$

$$=\sqrt{\frac{20^2-12.1^2}{42.5^2-12.1^2}}\times22=0.39\times22=8.6(\text{kW})$$

从以上计算结果分析，该电动机倘需更换。对于输出功率为 8.6kW 的 4 极电动机，可以选用的电动机有：

JO_2 系列：10kW、13kW、17kW 和 22kW；

Y(IP44)系列：11kW、15kW、18.5kW 和 22kW；

高频率电动机：11kW、15kW、18.5kW 和 22kW。

按照下列公式算出各规格电动机在输出功率为 8.6kW 时总损耗 $\Sigma\Delta P$、效率 η 和全年用电量 A，见表 5-23。

总损耗为

$$\Sigma\Delta P=P_0+\beta^2\left[\left(\frac{1}{\eta_e}-1\right)P_e-P_0\right]$$

表 5-23　电动机总损耗、效率和年用电量

电动机系列	JO_2				Y(IP44)				高效率电动机			
额定功率 P_e(kW)	10	13	17	22	11	15	18.5	22	11	15	18.5	22
额定效率 η_e(%)	87.5	88	89	89.5	88	88.5	91	91.5	91.3	91.7	92.5	93
固定损耗 P_0(kW)	0.315	0.55	0.7	0.75	0.45	0.57	0.65	0.692	0.33	0.49	0.5	0.52
负荷率 β	0.86	0.66	0.51	0.39	0.78	0.57	0.46	0.39	0.78	0.57	0.46	0.39
总损耗 $\Sigma\Delta P$(kW)	1.138	1.083	1.064	1.028	1.089	1.018	0.9	0.898	0.767	0.772	0.712	0.693
输入功率 $P_2+\Sigma\Delta P$ (kW)	9.738	9.683	9.664	9.627	9.689	9.618	9.5	9.498	9.376	9.372	9.312	9.292
效率 η(%)	88.3	88.8	89	89.3	88.8	89.4	90.5	90.6	91.8	91.8	92.4	92.6
年用电量 A(kWh)	38952	38656	38512	38756	38756	38472	38000	37956	37468	37448	37248	37168

效率

$$\eta=\frac{P_2}{P_2+\Sigma\Delta P}=\frac{1}{1+\dfrac{\Sigma\Delta P}{\beta P_e}}$$

从表 5-23 可见，在 JO_2 系列中以 22kW 最节电，比 10kW 每年节电 440kWh；在 Y(IP44)系列中，以 22kW 最节电，比 Y 系列

11kW 电动机节电 800kWh，比 JO_2 系列 22kW 电动机节电 556kWh，因此采用 Y 系列更换 JO_2 系列电动机可节电；高效率电动机中，仍以 22kW 最节电，它比 11kW 的高效率电动机节电 300kWh，比 JO_2 系列 22kW 电动机节电 1344kWh，所以选用高效率电动机更换 JO_2 系列 22kW 电动机，节电效果最好。

当然，要决定新购电动机更换已安装电动机时，并不是说最节电的电动机便是所选择的电动机，还应考虑投资等因素综合分析计算才能最后确定。详见第四节二项。

二、电动机负荷率过低的改造实例

电动机负荷率太小，俗称“大马拉小车”，($\beta<40\%$左右)，运行效率低、不经济，应加以改造。举例说明如下。

【实例 1】 有一台 JO_2-72-4 型 30kW 电动机，实际负荷为 10kW，测出电动机的实际效率只有 75%，功率因数为 0.5。如果更换成 Y160M-4 型 11kW 电动机，额定效率为 88%，功率因数为 0.84，问更换后年节电量为多少？

解 原电动机的输入功率为

$$P_1=P_2/\eta=10/0.75=13.35(\mathrm{kW})$$

无功损耗为

$$Q_1=P_1\tan\varphi=13.35\times\frac{\sqrt{1-0.5^2}}{0.5}=23.2(\mathrm{kvar})$$

更换后电动机的输入功率为

$$P_1'=10/0.88=11.36(\mathrm{kW})$$

无功损耗为

$$Q_1'=P_1'\tan\varphi'=11.36\times\frac{\sqrt{1-0.84^2}}{0.84}=7.34(\mathrm{kvar})$$

更换电机后节约有功功率为

$$\Delta P=P_1-P_1'=13.35-11.36=1.99(\mathrm{kW})$$

节约无功功率为

$$\Delta Q=Q_1-Q_1'=23.2-7.34=15.86(\mathrm{kvar})$$

如果每年连续运行6000h，则电动机每年节约有功电量11940kWh，节约无功电量95160kvar。

【实例2】　一台Y315M1-6型90kW异步电动机，已知额定电压U_e为380V，额定电流I_e为167A，额定效率η_e为93%，空载损耗P_0为3.6kW，负荷率β为35%，拟更换成一台Y280M-6型55kW电动机，该电动机的U'_e为380V，I'_e为104.9A，η'_e为91.6%，P'_0为2.53kW，设年运行4000h。问更换后年节电量为多少？

解　原电动机总损耗为

$$\begin{aligned}\Sigma\Delta P &= P_0+\beta^2\left[\left(\frac{1}{\eta_e}-1\right)P_e-P_0\right]\\ &=3.6+0.35^2\times\left[\left(\frac{1}{0.93}-1\right)\times 90-3.6\right]\\ &=3.99(\text{kW})\end{aligned}$$

更换后电动机的负荷率为

$$\beta'=\frac{P_e}{P'_e\beta}=\frac{90}{55}\times 0.35=0.57$$

更换后电动机的总损耗为

$$\begin{aligned}\Sigma\Delta P' &= P'_0+\beta'^2\left[\left(\frac{1}{\eta'_e}-1\right)P'_e-P'_0\right]\\ &=2.53+0.57^2\times\left[\left(\frac{1}{0.916}-1\right)\times 55-2.53\right]\\ &=3.35(\text{kW})\end{aligned}$$

年节电量为

$$\begin{aligned}A &= (\Sigma\Delta P-\Sigma\Delta P')\tau=(3.99-3.35)\times 4000\\ &=2560(\text{kWh})\end{aligned}$$

三、星-三角变换改造与工程实例及实用线路

当电动机负荷率低于40%左右时可以考虑采用星-三角变换的技术改造措施。

1. △接法改为Y接法后，电动机各种损耗的变化

电动机改成星形接线后，其相电压降低$\frac{2}{\sqrt{3}}$，此时铁耗降低$\frac{2}{3}$；

由于电动机转速基本不变，故机械损耗基本不变；附加损耗与电流的平方成正比，改为星形接线后，由于定子电流较小，而附加损耗一般估计为定子输入功率的 0.5%，所以附加损耗略有下降；功率因数得到改善，达到节电的效果。经验表明，改造后负荷率由原来的 30%～50%提高到 80%左右，功率因数由原来的 0.5～0.7 提高到 0.8 以上。

需指出，在电动机转矩不变的条件下，改成星形接线后，转子电流增加了$\sqrt{3}$倍，所以转子铜耗也增加了 3 倍，转子附加损耗会增加。电动机转差率也增加 3 倍。

但只要电动机负荷率低于 40%左右，改成星形接线后，总的有功损耗还是有明显下降的。

2. 计算方法

(1)方法一。

①改接的条件：

a. 当 $\beta=\beta_{lj}$ 时，改接意义不大，因为浪费电能负载区比节能负载区大，有功损耗可能增加。当 $\beta>\beta_{lj}$ 时，改接没有意义。只有当 $\beta<\beta_{lj}$ 时，改接才有意义。β 为电动机实际负荷率；β_{lj} 为临界负荷率，即Y接法与△接法的总损耗相等时的负荷率。

b. 应满足起动条件：电动机由△接法改为Y接法后，在起动时应满足

$$k_m<\frac{\mu}{3}$$

式中　k_m——电动机轴上总的反抗转矩与额定转矩之比；

μ——电动机起动转矩与额定转矩之比。

一般鼠笼型电动机，起动转矩约为额定转矩的 0.9～2 倍之间，因此上式可表示为

$$k_m<0.3\sim0.6$$

c. 应满足稳定性条件：为了保证电动机改成Y接线后，负荷保持稳定，其最高负荷与额定容量之比，即电动机的极限负荷率

β_n 应满足

$$\beta_n \leqslant \frac{\mu_k}{3k}$$

式中 μ_k——最大转矩与额定转矩之比；

k——安全系数，根据经验可取 1.5。

对于某些要求起动力矩大而运转力矩小的电动机，为了不降低起动力矩，可以采用△接法起动后再转入Y接法运行的方式。

②临界负荷率计算。

a. 公式一。

$$\beta_{lj} = \sqrt{\frac{\beta_{lj1}}{2\left[\left(\frac{1}{\eta_e}-1\right)P_e - P_0 + \beta_{lj2}\right]}}$$

$$\beta_{lj1} = 0.67(P_0 - P_j + K\sqrt{3}U_e I_0 \times 10^{-3})$$

$$\beta_{lj2} = \left(\frac{P_0}{\eta_e}\tan\varphi_e - \sqrt{3}U_e I_0 \times 10^{-3}\right)K$$

式中符号同前。

b. 公式二（简化计算）。

$$\beta_{lj} = \sqrt{\frac{0.67P_{Fe\triangle} + 0.75P_{0Cu\triangle}}{2\left[\left(\frac{1}{\eta_e}-1\right)P_e - P_{0\triangle}\right]}}$$

式中 $P_{Fe\triangle}$——△接法时的铁耗(kV)；

$P_{0Cu\triangle}$——△接法时的空载铜耗(kW)；

$P_{0\triangle}$——△接法时的空载损耗(kW)；

其他符号同前。

如用公式一计算。改接后节约的有功功率(kW)为

$$\Delta P = 2\beta^2\left[\left(\frac{1}{\eta_e}-1\right)P_e - P_0 + \left(\frac{P_e}{\eta_e}\tan\varphi_e - \sqrt{3}U_e I_0 \times 10^{-3}\right)K\right] - 0.67(P_0 - p_j + K\sqrt{3}U_e I_0 \times 10^{-3})$$

当 $\Delta P<0$ 时，表示节电；$\Delta P>0$ 时，表示多用电。

由于电动机极数不同，故临界负荷率也不相同。为了便于计算，现将部分电动机的临界负荷率列于表 5-24，供参考。

改接后节约的有功功率只能等于或少于额定负载时的总损耗，其计算公式如下

表 5-24　部分电动机的临界负荷率

极数	2	4	6	8
临界负荷率 β_{lj}(%)	31	33	36	49

$$\Sigma\Delta P=P_e\left(\frac{1-\eta_e}{\eta_e}\right)$$

如 Y160M-6 型，7.5kW 电动机，$\eta_e=0.86$，总损耗约为

$$\Sigma\Delta P=7.5\times\left(\frac{1-0.86}{0.86}\right)=1.22(\text{kW})$$

该电动机由△接法改为Y接法后，所节约的有功功率不会超过 1.22kW。

(2)方法二。为了简便地计算出电动机改接后的经济效果(功率因数、效率等)，将改接后的综合经验数据列于表 5-25 和表 5-26。

表 5-25　改接前后电动机效率比值与负荷率的关系

负荷率 β	$\eta_{Y}/\eta_{\triangle}$	负荷率 β	$\eta_{Y}/\eta_{\triangle}$
0.10	1.27	0.35	1.02
0.15	1.14	0.40	1.01
0.20	1.10	0.45	1.005
0.25	1.06	0.50	1.00
0.30	1.04		

表 5-26　改接前后功率因数比值 $k=\dfrac{\cos\varphi_{Y}}{\cos\varphi_{\triangle}}$ 和负荷率 β 及额定功率因数 $\cos\varphi_e$ 的关系

k \ β / $\cos\varphi_e$	0.10	0.15	0.20	0.25	0.30	0.35	0.40	0.45	0.50
0.78	1.94	1.87	1.80	1.72	1.64	1.56	1.49	1.42	1.35
0.79	1.90	1.83	1.76	1.68	1.60	1.53	1.46	1.39	1.32
0.80	1.86	1.80	1.73	1.65	1.58	1.50	1.43	1.37	1.30

续表 5-26

$\cos\varphi_e$ \ k \ β	0.10	0.15	0.20	0.25	0.30	0.35	0.40	0.45	0.50
0.81	1.82	1.76	1.70	1.62	1.55	1.47	1.40	1.34	1.28
0.82	1.73	1.72	1.67	1.59	1.52	1.44	1.37	1.31	1.26
0.83	1.75	1.69	1.64	1.56	1.49	1.41	1.35	1.29	1.24
0.84	1.72	1.66	1.61	1.53	1.46	1.38	1.32	1.26	1.22
0.85	1.69	1.63	1.58	1.50	1.44	1.36	1.30	1.24	1.20
0.86	1.66	1.60	1.55	1.47	1.41	1.34	1.27	1.22	1.18
0.87	1.63	1.57	1.52	1.44	1.38	1.31	1.24	1.20	1.16
0.88	1.60	1.54	1.49	1.41	1.35	1.28	1.22	1.18	1.14
0.89	1.59	1.51	1.46	1.38	1.32	1.25	1.19	1.16	1.12
0.90	1.57	1.48	1.43	1.35	1.29	1.22	1.17	1.14	1.10
0.91	1.54	1.44	1.40	1.32	1.26	1.19	1.14	1.11	1.08
0.92	1.50	1.40	1.36	1.28	1.23	1.16	1.11	1.08	1.06

(3)实际节电量的测算。可用负载试验法测算出接线改接后的节电量、功率因数及效率。即分别测算出△接线和Y接线时的电动机输入有功功率 $P_{1\triangle}$、P_{1Y} 和输入无功功率 $Q_{1\triangle}$、Q_{1Y}，则所节约的有功功率和无功功率分别为

$$\Delta P = P_{1\triangle} - P_{1Y}$$

$$\Delta Q = Q_{1\triangle} - Q_{1Y}$$

①Y接线时的功率因数。在电动机回路中接入电流表、电压表和功率因数表。电动机Y接线，起动后，施加于电动机每相电压为 $380/\sqrt{3}=220$V，随后增加负荷到所需要的值（如 30%额定负荷）运行，读取电动机的线电流、线电压和三相功率，用下式计算出功率因数：

$$\cos\varphi = \frac{P}{\sqrt{3}UI} \times 10^3$$

式中　P——功率表所读取的三相功率(kW)；

　　U——施加的线电压(V)；

I——负荷电流(A)。

②Y接线时的效率。为了求取电动机的效率,须先测出电动机的各种损耗。

a. 求机械损耗和定子铁耗。将电动机和被拖动的机械脱开。用Y接线起动,待电动机转速稳定后,测出空载时的电压、电流和功率。所测得的瓦特数是包括机械损耗 P_j、铁耗 P_{Fe} 和空载时励磁电流引起的铜耗 P_{0Cu} 的功率总和。为了准确求得机械损耗和定子铁耗,应把励磁电流引起的铜耗除去。励磁电流引起的铜耗可按下式计算:

$$P_{0Cu}=3I_0^2R_{75}\times10^{-3}$$

式中 P_{0Cu}——励磁电流引起的铜耗(kW);

I_0——空载电流(A);

R_{75}——定子每相绕组换算到75℃时的直流电阻(Ω)。

b. 求定子铜耗。电动机Y接线运行,带负荷到所需要的值(如30%),读取电流表读数,用下式计算定子铜耗

$$P_{Cu1}=3I_1^2R_{75}\times10^{-3}$$

式中 P_{Cu1}——定子铜耗(kW);

I_1——负荷电流(A)。

c. 求取转子铜耗。由于鼠笼型异步电动机转子电阻不易求取,故一般用转差率法来求转子铜耗。即

$$P_{Cu2}=P_{dc}s$$

式中 P_{Cu2}——转子铜耗(kW);

P_{dc}——转子电磁功率输入(kW),$P_{dc}=P_1-(P_{Fe}+P_j+P_{Cu})=P_2+P_{Cu2}$;

s——转差率;

其他符号同前。

d. 附加损耗。附加损耗 P_{fj} 一般估计约为定子输入功率的0.5%。

e. 电动机总损耗。以上各项损耗总加以后,即为电动机在

Y接线带所需负荷(如30%)时的总损耗$\Sigma\Delta P$。即

$$\Sigma\Delta P=P_{Fe}+P_j+P_{Cu1}+P_{Cu2}+P_{fj}$$

f. Y接线时的效率。电动机在由△接线改为Y接线带所需负荷时的效率由下式计算：

$$\eta=\frac{P_1-\Sigma\Delta P}{P_1}\times100\%$$

③有功功率和无功功率。

a. 电动机输入有功功率为

$$P_1=\sqrt{3}UI\cos\varphi\times10^{-3}$$

b. 电动机输入无功功率为

$$Q_1=\sqrt{3}UI\sin\varphi\times10^{-3}$$

3. 工程实例

【实例】 有一台Y132S-5.5kW电动机，已知△接法时，U_e为380V，I_0为4.7A，P_j为60W，P_0为250W，η_e为0.855，I_e为11.6A，$\cos\varphi_e$为0.84，假设无功经济当量$K=0.01$。试求：

(1)电动机临界负荷率β_{lj}；

(2)负荷率$\beta=0.2$时，改为Y接法的节电量；

(3)△接法时的效率$\eta_{\triangle}$和功率因数$\cos\varphi_{\triangle}$；

(4)Y接法时的效率η_{Y}和功率因数$\cos\varphi_{Y}$。

解　(1)临界负荷率计算。

$$\beta_{lj}=\sqrt{\frac{\beta_{lj1}}{2\left[\left(\frac{1}{\eta_e}-1\right)P_e-P_0+\beta_{lj2}\right]}}$$

$$=\sqrt{\frac{\beta_{lj1}}{2\left[\left(\frac{1}{0.855}-1\right)\times5.5-0.25+\beta_{lj2}\right]}}=0.327$$

式中　$\beta_{lj1}=0.67(P_0-P_j+K\sqrt{3}U_eI_0\times10^{-3})$

$=0.67\times(0.25-0.06+0.01\times\sqrt{3}\times380\times4.7\times10^{-3})=0.148$

$$\beta_{lj2}=\left(\frac{P_0}{\eta_e}\tan\varphi_e-\sqrt{3}U_eI_0\times10^{-3}\right)K$$

$$=\left(\frac{5.5}{0.855}\times 0.646-\sqrt{3}\times 380\times 4.7\times 10^{-3}\right)\times 0.01=0.011$$

(2)改为Y接法时节电量计算。当负荷率 $\beta=0.2$ 时，因 $\beta<\beta_{lj}$，故改接后可以节电，节电功率为

$$\Delta P=2\beta^2\left[\left(\frac{1}{\eta_e}-1\right)P_e-P_0+\left(\frac{P_e}{\eta_e}\tan\varphi_e-\sqrt{3}U_eI_0\times 10^{-3}\right)K\right]$$
$$-0.67(P_0-P_j+K\sqrt{3}U_eI_0\times 10^{-3})$$
$$=2\times 0.2^2\left[\left(\frac{1}{0.855}-1\right)\times 5.5-0.25+\left(\frac{5.5}{0.855}\times 0.646-\sqrt{3}\right.\right.$$
$$\left.\left.\times 380\times 4.7\times 10^{-3}\right)\times 0.01-0.67\times(0.25-0.06+0.01\times\sqrt{3}\right.$$
$$\times 380\times 4.7\times 10^{-3})=-0.0925(\text{kW})=-92.5(\text{W})$$

负值表示节电。

(3)计算 $\eta_\triangle$ 和 $\cos\varphi_\triangle$。

①求 $\eta_\triangle$。额定功率时的固定损耗与可变损耗之比为

$$m_\triangle=\frac{P_0}{\left(\frac{1}{\eta_e}-1\right)P_e-P_0}=\frac{0.25}{\left(\frac{1}{0.84}-1\right)\times 5.5-0.25}=\frac{0.25}{0.798}=0.313$$

负荷率 $\beta=0.2$ 时的效率为

$$\eta_\triangle=\frac{1}{1+\frac{\left(\frac{1}{\eta_e}-1\right)}{1+m}\left(\frac{m}{\beta}+\beta\right)}$$
$$=\frac{1}{1+\frac{\left(\frac{1}{0.84}-1\right)}{1+0.313}\times\left(\frac{0.313}{0.2}+0.2\right)}=\frac{1}{1.256}=0.796$$

②求 $\cos\varphi_\triangle$。电动机的负荷为

$$P_2=\beta P_e=0.2\times 5.5=1.1(\text{kW})$$

$\beta=0.2$ 时电动机的线电流为

$$I_1=\sqrt{\beta^2(I_e^2-I_0^2)+I_0^2}$$
$$=\sqrt{0.2^2\times(11.6^2-4.7^2)+4.7^2}=\sqrt{4.499+22.09}$$

$=5.16(A)$

故 $$\cos\varphi_{\triangle}=\frac{P_2}{\sqrt{3}U_e I_1 \eta_{\triangle}}=\frac{1.1\times10^3}{\sqrt{3}\times380\times5.16\times0.797}=0.406$$

(4)计算 η_{Y} 和 $\cos\varphi_{Y}$。

①求 η_{Y}。根据 $\beta=0.2$，由表 5-25 查得 $\eta_{Y}/\eta_{\triangle}=1.10$，故 $\eta_{Y}=1.1\eta_{\triangle}=1.1\times0.797=0.877$

②求 $\cos\varphi_{Y}$。根据 $\cos\varphi_e=0.84$，$\beta=0.2$，由表 5-26 查得 $K=1.61$，

故 $$\cos\varphi_{Y}=1.61\cos\varphi_{\triangle}=1.61\times0.406=0.654$$

当然，也可以用(3)项中的计算公式求得 η_{Y} 和 $\cos\varphi_{Y}$（实际上，表 5-25 和表 5-26 就是按这些公式计算所得的结果）。

4. 星—三角变换线路

星—三角变换节电在实际工作中应用很普通。如某些机床的传动电动机，加工时负载重，电动机在高负荷率下运行，不加工时负载很轻，几乎等于空载运行。可在不加工这段时间内将电动机由三角形接法变换为星形接法，待进入加工时，再将电动机由星形接法变换为三角形接法，以便能带动负载。

又如卷扬机类设备，上升时一般是重载（即使轻载，电动机负荷却不轻），电动机采用三角形接法；下降时一般是轻载，电动机采用星形接法。下面介绍几种实用的星—三角变换节电电路。

(1)线路之一。图 5-7 所示为用于 22kW 及以下卷扬机类设备的Y—△转换节电线路。该线路与一般线路比较，只增加了一只 10A 交流接触器。

工作原理：上升时，按下上升按钮 SB_1，接触器 KM_3 和 KM_2 分别得电吸合，电动机接成三角形接线，正常起重；下降时，为轻负载，按下下降按钮 SB_2，则电动机接成星形运行，达到节电目的。下降行程内可以节电 40%～60%。

图中 KM_3 和 KM_2 连锁的目的是尽可能地降低附加接触器 KM_3 的容量。当按下上升按钮 SB_1 时，KM_3 先得电吸合，在电动

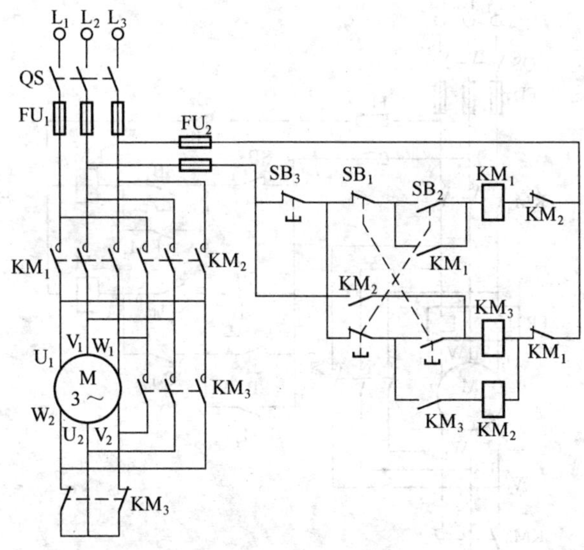

图 5-7 卷扬机节电控制线路

机未通电的情况下先将电动机转换成三角形接线，然后 KM_2 得电吸合，正常工作；而按下下降按钮 SB_2 时，KM_2 先失电释放，然后 KM_3 才失电释放，电动机恢复为星形接线。这样就避免了 KM_2 承受冲击电流和分断电流，因而即使控制 22kW 的电动机，KM_3 也可安全使用 10A 的交流接触器。

(2)线路之二。对于不需要正反转的机床或虽正反转但不由接触器控制其正反转的机床，如 C620、C630、CW61100A 等车床以及摇臂钻床、铣床等，可采用如图 5-8 所示的节电线路。

工作原理：按下重载按钮 SB_3，接触器 KM_2 得电吸合并自锁，按下起动按钮 SB_1，接触器 KM_1 得电吸合并自锁，电动机接成三角形运行，开始对零件加工；当轻载时(不加工零件时间)，先按停止按钮 SB_2，其常开触点断开，再按轻载按钮 SB_4，接触器 KM_2 失电释放，其常开触点断开，再按起动按钮 SB_1，接触器 KM_1 得电吸合并自锁，则电动机接成星形运行，达到节电目的。

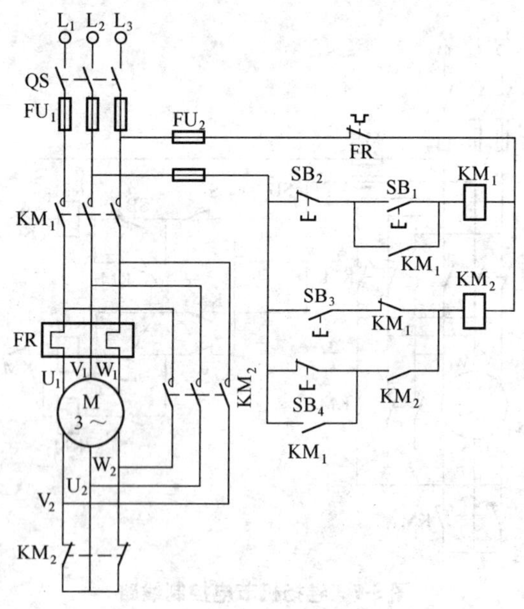

图 5-8　CW61100A 型车床节电控制线路

该电路间的连锁关系，使星—三角转换只能在主电源断开（即 KM_1 释放）后才能实现，这就保证了 KM_2 中无冲击电流和分断电流。

（3）线路之三。图 5-9 所示线路用于 40kW 风机的△—Y自动转换。它利用反映电动机负荷的电流继电器 KA 及两只时间继电器进行自动转换。元件选择和整定如下：

①电流互感器的选择。电流互感器 TA 选用 LM 型穿心式，由于 40kW 电动机的额定电流约为 80A，所以 TA 的变比应选为 100/5。

②电流继电器的选择与整定。电流继电器 KA 选用 DL-23C 型，最大电流以 10A 为宜。其返回系数（返回电流与起动电流之比）在 0.85～0.90 之间，返回电流（释放电流）值即为电动机负载变小时由△形接线到Y形接线切换的动作电流值。电动机由△形

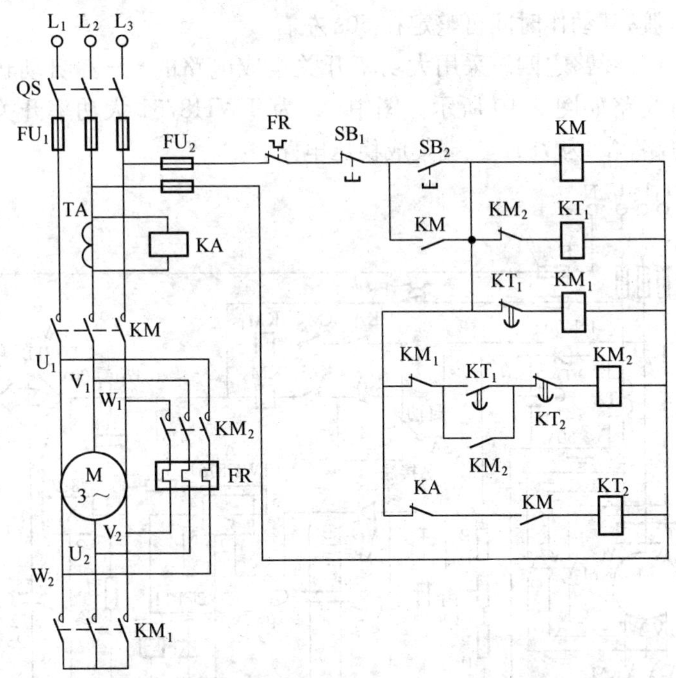

图 5-9　用于 40kW 风机上的△—Y自动转换线路

接线到Y形接线切换的电流取额定电流的 50%左右，则继电器返回电流 I_f 可按下式计算：

$$I_f=\frac{I_e}{n}$$

式中　I_e——电动机额定电流(A)；

n——电流互感器变比。

电流继电器的起动电流值(返回电流与返回系数之比)即为电动机由Y形接线到△形接线转换时的动作电流值。

③时间继电器的整定。为避免在负载瞬时波动时不必要的切换，延长设备的使用寿命，用时间继电器 KT_1 作为电动机由Y形接线到△形接线切换的延时过渡，其动作时间应比电动机起动时间长 5～10s。KT_2 用于电动机由△形接线到Y形接线的延

时过渡，其动作时间可整定在 50s 左右。

(4)线路之四。采用大功率开关集成电路的Y—△自动转换节电线路如图 5-10 所示。图中 A_1 为 TWH8751 大功率开关集成电路，A_2 为 7812 三端集成稳压电路。

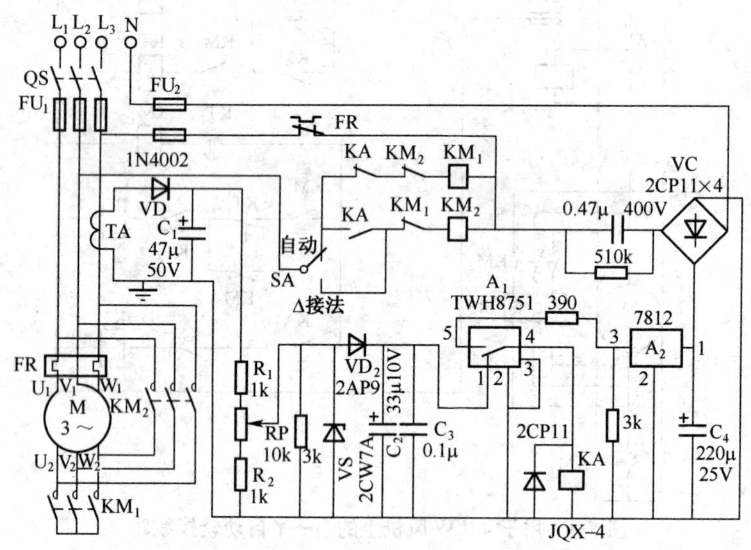

图 5-10　采用大功率开关电路的Y—△自动转换线路

TWH8751 开关集成电路的工作电压为 12～24V，可在 28V、1A 电路中做高速开关。使用时只需在控制端①脚加上约 1.6V 电压，就能快速控制外接负载(继电器 KA)通断。

工作原理：电动机负载电流经电流互感器 TA 检测，转换成电压信号经二极管 VD_1 半波整流、电容 C_1 滤波后，在分压器 R_1、R_2、RP 上取得取样电压，该电压经二极管 VD_2 整流、电容 C_2 滤波(兼延时作用)，加到开关集成电路 A_1 的①脚，以控制开关的动作。当电动机轻载时(如为额定负载电流的 50%以下时)，电容 C_2 上的电压小于 1.6V(可调节电位器 RP 改变)，开关集成电路 A_1 的④、⑤脚断开，继电器 KA 不吸合，其常闭触点闭合，接触器

KM_1 得电吸合，电动机接成Y形节电运行。当电动机的负载增大，负载电流升高到设定值时，电容 C_2 上的电压大于1.6V，则 A_1 的④、⑤脚内部接通，12V 电源电压加到继电器 KA 的线圈上，KA 吸合，其常闭触点断开，常开触点闭合，接触器 KM_1 失电释放，KM_2 得电吸合，电动机接成△形运行。

图中，稳压管 VS 是为保护开关集成电路 A_1 而设的。因为电动机起动时，起动电流为额定电流的 5～8 倍，从分压器上取得的电压也很高，稳压管使最高电压限制在稳压管的稳压值上，从而保护了开关集成电路；电阻 R_1、电位器 RP 和电容 C_2 组成延时电路，其作用是：当负载电流由额定值的 50%以上变到 50%以下时，KA 延迟 8s 左右，即△形接法向Y形接法转换时，延迟动作 8s，这样可以避免重、轻负载频繁交替变换时使交流接触器频繁跳动，损坏主触点；电容 C_3 是防止高频干扰用的；开关 SA 的作用是：打到自动位置时，电路作Y—△自动转换；打到△接法时，电动机一直接成△形运行。

四、改善环境条件增加电动机出力与工程实例

电动机的额定功率以周围环境温度为＋40℃来标定，当环境温度为＋40℃时，电动机能以其额定功率连续运行而温升不超出允许范围；电动机在非标准环境温度下运行时，其功率应作相应修正。

1. 计算公式

不同环境温度下电动机功率的修正公式为

$$P_t = P_e\sqrt{\frac{\tau_t}{\tau_e}(m+1)-m}$$

式中　P_t——当周围环境温度为 t℃时，电动机的功率（kW）；

P_e——电动机额定功率（kW）；

τ_t——当周围环境温度为 t℃时，电动机的允许温升（℃）；

τ_e——当周围环境温度为＋40℃时，电动机的允许温升（℃），视电动机绝缘等级而异，见表 5-3；

m——电动机空载损耗 P_0 与铜耗 P_{Cu} 之比，$m=P_0/P_{Cu}$，见表 5-27。

表 5-27　电动机的 *m* 值

电动机型式	*m* 值	
复激电动机	低速	0.5
	高速	1.0
并激电动机	低速	1.0
	高速	2.0
普通工业用感应电动机	0.5～1.0	
吊车用感应电动机	0.5～1.5	
冶金用小型绕线型异步电动机	0.45～0.6	
大型绕线型异步电动机	0.9～1.0	

上式有三种情况：

(1)当 $\tau_t>\frac{m\tau_e}{m+1}$ 时，根号内的数值为正，表示在这种温升下，电动机能发挥出 P_t 的功率。

(2)当 $\tau_t=\frac{m\tau_e}{m+1}$ 时，P_t 等于零，表示在这种温升下，电动机由于它的空载损耗 P_0 已经使其发热达到极限程度，因而不能再带负荷运行了。

(3)当 $\tau_t<\frac{m\tau_e}{m+1}$ 时，根号内的数值为负，P_t 变成一个虚数，表示在这种温升下，电动机即使空载运行也是不可能的。

2. 工程实例

【实例】　某车间一台 Y280M-8 型、45kW 电动机，△接线，带有 40kW 的负载(实测线电流约 76A)，由于安装空间小，散热条件差，空气温度达 46℃，有时甚至达 50℃，电机发热严重，常引起热继电器动作而停机，影响生产。后采取扩大安装空间，改善通风条件，从而使空气温度降至 35℃，电机可靠运行。试计算：

(1)改造前后电动机的输出功率及负荷率。

(2)这两种情况下分别测得的绕组每相电阻为 0.12Ω 和 0.10Ω(断电，迅速测量)，改造后铜耗减少多少？

解 (1)改造前输出功率及负荷率计算。周围空气温度为 46℃，电动机的允许温升为

$$\tau_{46}=\tau_e+40-t=80+40-46=74(℃)$$

设 $m=0.7$(精确值应计算)，则电动机出力为

$$P_{46}=P_e\sqrt{\frac{\tau_t}{\tau_e}(m+1)-m}$$

$$=45\sqrt{\frac{74}{80}\times(0.7+1)-0.7}=45\sqrt{0.87}=42(\text{kW})$$

负荷率 $\beta=P/P_{46}=40/42=0.95$

当周围空气温度为 50℃时，则

$$\tau_{50}=80+40-50=70(℃)$$

$$P_{50}=45\sqrt{\frac{70}{80}\times(0.7+1)-0.7}=45\sqrt{0.788}=39.9(\text{kW})$$

$$\beta=P/P_{50}=40/39.9=1.003$$

可见，在这样大的负荷率下，电动机发热严重，并引起热继电器动作。

(2)改造后输出功率和负荷率计算。

①周围空气温度为 35℃，电动机的允许温升为

$$\tau_{35}=80+40-35=85(℃)$$

$$P_{35}=45\sqrt{\frac{85}{80}\times(0.7+1)-0.7}=45\sqrt{1.106}=47.3(\text{kW})$$

负荷率 $\beta=P/P_{35}=40/47.3=0.85$

②改造后铜耗减少量计算。电动机为△接法，电动机铜耗计算公式为

$$P_{Cu}=I_2^2R_t$$

所以改造后铜耗减少为

$$\Delta P_{Cu}=I_2^2(R_{t1}-R_{t2})=76^2\times(0.12-0.1)=115.5(\text{W})$$

可见，经改造后，大大改善了电动机的运行条件，电动机温度降低了，绕组铜耗和铁心铁耗都能降低，节约了电能，保证了电动机安全可靠运行。

五、异步电动机无功就地补偿节电实例

据统计，电动机消耗的无功功率占整个380/220V低压配电网消耗的无功功率的60%～70%，所以提高低压配电网的自然功率因数的重要措施是提高异步电动机的自然功率因数。除了提高电动机负荷率以改善功率因数外，还可采用移相电容器进行无功就地（个别）补偿。

1. 无功就地补偿容量的计算

当对电动机作个别补偿时，补偿容量有以下几种计算方法：

（1）根据计算负荷确定。

$$Q_c = KP_{js}(\tan\varphi_1 - \tan\varphi_2)$$

式中 Q_c——补偿电容量（kvar）；

P_{js}——电动机计算功率（kW）；

K——防过补偿系数，一般取0.75～0.85；

$\tan\varphi_1$——补偿前功率因数角正切值；

$\tan\varphi_2$——补偿后功率因数角正切值。$\cos\varphi_2$ 一般取0.95。

$\tan\varphi$ 与 $\cos\varphi$ 的对应关系见表4-1。

（2）根据电动机型号和数据确定。

$$Q_c = \sqrt{3}KU_e I_e\left(\sin\varphi_e - \frac{1}{\lambda + \sqrt{\lambda^2 - 1}}\right)\times 10^{-3}$$

式中 I_e——电动机额定电流（A）；

U_e——电动机额定电压（V）；

$\sin\varphi_e$——电动机额定功率因数角正弦值；

λ——电动机过载倍数；

K——同前。

（3）根据空载电流或额定功率确定。

$$Q_c = K_1\sqrt{3}U_e I_0 \times 10^{-3}$$

式中　K_1——电容配比系数（为防止过补偿），一般取 $0.85<K_1<1$，惯性较小的电动机取大值；惯性较大的电动机取小值；

I_0——电动机空载电流（A）。

又有

$$Q_c=K_1Q_0=K_1K_2P_e$$

式中　Q_0——电动机空载激磁无功功率（kvar）；

P_e——电动机额定功率（kW）；

K_2——空载无功容量和额定功率之比，对多极负荷率较低的电动机取 $K_2=0.40\sim0.55$；对少数大功率电动机取 $K_2=0.2\sim0.4$。

另外，无功补偿容量还可参见表 5-28 和表 5-29 选择。

表 5-28　异步电动机无功补偿容量（一）　　（kvar）

额定功率（kW）	同步转速（r/min）					
	3000	1500	1000	750	600	500
7.5	2.5	3.0	3.5	4.5	5.0	7.0
11	3.5	3.0	4.5	6.5	7.5	9.0
15	5.5	4.0	6.0	7.5	8.5	11.5
22	7.0	7.0	8.5	10.5	12.5	15.5
30	8.5	8.5	10.0	12.5	15.5	18.5
37	13.0	13.0	15.0	18.0	22.0	26.0
55	17.0	17.0	18.0	22.0	27.0	33.0
75	21.5	22.0	25.0	29.0	33.0	38.0
125	32.5	32.5	33.0	36.0	45.0	52.5

表 5-29　异步电动机无功补偿容量（二）　　（kvar）

电动机额定功率（kW）	空载运行时	额定负荷时	正常运行时
7.5	3.9	5.6	5
11	3.9	7.6	6
15	5.85	11.25	6
17	6.63	12.75	6
22	8.58	16.5	8
30	11.7	22.5	10
37	14.43	27.75	10
55	19.5	37.5	14
75	29.25	56.25	20

须指出，就地补偿电容器应使用金属化聚丙烯干式电力电容器，如BCMJ型自愈式金属化膜电容器或类似内部装有放电电阻的电容器，而不可使用普通电力电容器。因为电动机并联电容器就地补偿，当电动机停机时，电容器会向绕组放电，放电电流会引起电动机自激产生高电压。为了保证电动机停机时电容器能可靠放电，电容器内应设有放电电路。而普通电力电容器一般没有放电电路，且体积大，质量重，安装使用不方便。

2. 工程实例

【实例】 有一台水泥生产线上使用的$\phi 1.83\times 7$m球磨机，由功率P_e为245kW、U_e为380V的异步电动机带动。已知该机的额定功率因数$\cos\varphi_e$为0.8，实际功率因数$\cos\varphi_1$为0.62，实际负荷功率P_2为164kW，电动机过载倍数λ为2.2，额定电流I_e为465A，空载电流I_0为150A。由三根截面为240mm^{2}的铜芯电缆从变电所引出，供电，全长100m，年运行小时数τ为6000h，电价δ为0.5元/kWh，电容器单价（包括安装及配套设备）C_{ad}为80元/kvar，欲采用个别就地补偿，将功率因数提高到$\cos\varphi_2$为0.86，试求：

(1)补偿电容器容量；

(2)补偿后能节电多少？几年收回投资？

解：(1)补偿电容量计算。下面采用几种不同的计算方法进行计算：

①根据补偿前后功率因数确定（查表5-30）。

$$Q_c = KP_2(\tan\varphi_1 - \tan\varphi_2)$$

$$= 0.8\times 164\times(1.26-0.58) = 89.2(\text{kvar})$$

②根据电动机型号和数据确定。

$$Q_c = \sqrt{3}KU_eI_e\left(\sin\varphi_e - \frac{1}{\lambda+\sqrt{\lambda^2-1}}\right)\times 10^{-3}$$

$$= \sqrt{3}\times 0.8\times 380\times 465\times(\sin 36.9^\circ - \frac{1}{2.2+\sqrt{2.2^2-1}})\times 10^{-3}$$

$=88.1(\text{kvar})$

③根据空载电流确定。

$$Q_c \leqslant \sqrt{3}U_e I_0 \times 10^{-3} = \sqrt{3} \times 380 \times 150 \times 10^{-3} = 98.7(\text{kvar})$$

计算结果补偿容量分别为：89.2、88.2 和 98.7kvar。可选用 90kvar，确定采用 9 只 BCMJ-0.4-10 金属化并联电容器。

(2)节电量计算。补偿前供电线路的电流为

$$I_1 = \frac{P_2}{\sqrt{3}U_e \cos\varphi_1} = \frac{164 \times 10^3}{\sqrt{3} \times 380 \times 0.62} = 401.9(\text{A})$$

补偿后供电线路的电流为（$\cos\varphi_2 = 0.84$ 为补偿后实际测量值）

$$I_2 = \frac{P_2}{\sqrt{3}U_e \cos\varphi_2} = \frac{164 \times 10^3}{\sqrt{3} \times 380 \times 0.84} = 296.6(\text{A})$$

当然，若实际测量电流值更准确。

由表 2-12 查得该电缆单位电阻（20℃时）为 $R_{20} = 0.08\Omega/\text{km}$，软铜线的电阻温度系数 $\alpha_{20} = 0.00393/℃$，故归算到 65℃运行温度时的单位电阻为

$$R_{65} = R_{20}[1 + \alpha_{20}(t - 20)] = 0.08 \times [1 + 0.00393 \times (65 - 20)]$$
$$= 0.094(\Omega)$$

补偿后，这段电缆线路的线损减少为

$$\triangle P = 3(I_1^2 - I_2^2)R_{65}L$$
$$= 3 \times (401.9^2 - 296.6^2) \times 0.094 \times 0.1 = 2074(\text{W})$$
$$= 2.074(\text{kW})$$

这段线路的年节约电费为

$$\triangle L = \triangle P\tau\delta = 2.074 \times 6000 \times 0.5 = 6222(\text{元})$$

电容器及配套设备和安装费为

$$C = C_{ad}Q_c = 80 \times 90 = 7200(\text{元})$$

投资回收年限为

$$T = \frac{C}{\triangle L} = \frac{7200}{6222} = 1.16(\text{年})$$

须指出，功率因数提高了，还能减少厂用变压器及高压供电线路的损耗（详见第四章第二节和第三节相关内容）。

3. 农用水泵类电动机无功补偿容量的计算

（1）计算公式。

①计算公式一。农用水泵的无功补偿容量可按下式计算：

$$Q_0 < Q_c < Q_e$$

式中　Q_c——单机无功补偿容量（kvar）；

Q_0——电动机空载无功负荷（kvar），$Q_0=\sqrt{3}U_e I_0 \sin\varphi_0$；

Q_e——电动机负载额定无功负荷（kvar），$Q_e=\sqrt{3}U_e I_e \sin\varphi_e$；

$\sin\varphi_0$——电动机在空载状态下的功率因数角的正弦值；

$\sin\varphi_e$——电动机在负载状态下的功率因数角的正弦值；

其他符号同前。

②计算公式二。对于100kW以下的排灌用电动机，也可按下式估算：

$$Q_c=(0.5\sim0.7)P_e$$

式中　P_e——电动机的额定功率（kW）；

Q_c——同前。

（2）工程实例。

【实例】 机泵站有一台水泵，采用Y280S-8型电动机，其额定功率 P_e 为37kW，额定电压 U_e 为380V，额定电流 I_e 为78.7A，额定功率因数 $\cos\varphi_e$ 为0.79，又已知其空载电流 I_0 为21A，空载功率因数 $\cos\varphi_0$ 为0.2，试求水泵的无功补偿容量。

解　①按公式一计算：

电动机空载无功负荷为

$$Q_0=\sqrt{3}U_e I_0 \sin\varphi_0=\sqrt{3}\times0.38\times21\times0.98=13.5\text{(kvar)}$$

电动机负载额定无功负荷为

$$Q_e=\sqrt{3}U_e I_e \sin\varphi_e=\sqrt{3}\times0.38\times78.7\times0.61=31.6\text{(kvar)}$$

因此，无功补偿容量 $Q_c=14\sim31\text{kvar}$ 之间。

②按公式二计算：

$$Q_c=(0.5\sim0.7)P_e=(0.5\sim0.7)\times37=18.5\sim25.9(\text{kvar})$$

因此，无功补偿容量可选择 20kvar 左右。

4. 异步电动机无功就地补偿的注意事项

(1)如果电容器安装在电动机与热继电器之间，这时热继电器应按补偿后电动机已减小的电流整定。

(2)需防止自激过电压。

(3)补偿电容电缆的截面积应不小于电动机导线截面积的 1/3。

(4)个别补偿的电动机不得承受反转或反接制动；不得反复开停、点动或堵转。因此，它不适宜于吊车、电梯用电动机，或存在负载驱动电动机、多速电动机的场合。

(5)使用不当容易引起因谐波而造成电容器损坏现象。为此可采取以下措施：

①在电容器回路中串联电抗器。为了有效地抑制某次谐波，应对谐波电流进行实测。如主要目的是防止 3 次及以上谐波放大时，可串联感抗值为电容器容抗值 12%～13%的电抗器；主要目的是在防止 5 次及以上谐波放大时，可串联感抗值为电容器容抗值 4.5%～6%的电抗器。但要注意，串联 6%或 4.5%电抗器均会产生 3 次谐波电流放大，而串接 6%电抗器对 3 次谐波电流的放大程度更加严重，串接 4.5%电抗器则很接近于 5 次谐波谐振点的电抗值 4%。因此，当需要抑制 5 次及以上谐波，同时又要兼顾减小对 3 次谐波放大的情况下，可串接 4.5%的电抗器。

串联电抗器后，还可使母线的谐波电压下降，电压波形得到改善。

②使用过负荷能力较高的电容器。这种方法的缺点是虽然能避免电容器的损坏，但仍会出现谐波电流放大，系统的谐波状况不会得到改善。

5. 电动机就地补偿线路

(1)直接起动就地补偿线路。线路如图 5-11 所示。该线路也可用于自耦减压起动或转子串接频敏变阻器起动线路的就地补偿。该线路将电容器直接并接在电动机的引出线端子上。

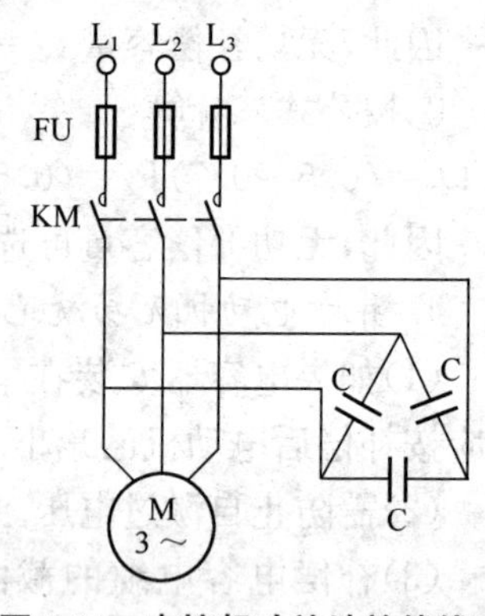

图 5-11 直接起动就地补偿线路

(2)采用Y—△起动器起动的异步电动机就地补偿线路。线路如图 5-12 所示。

当采用图 5-12(a)所示线路时,电动机绕组Y形连接起动,和

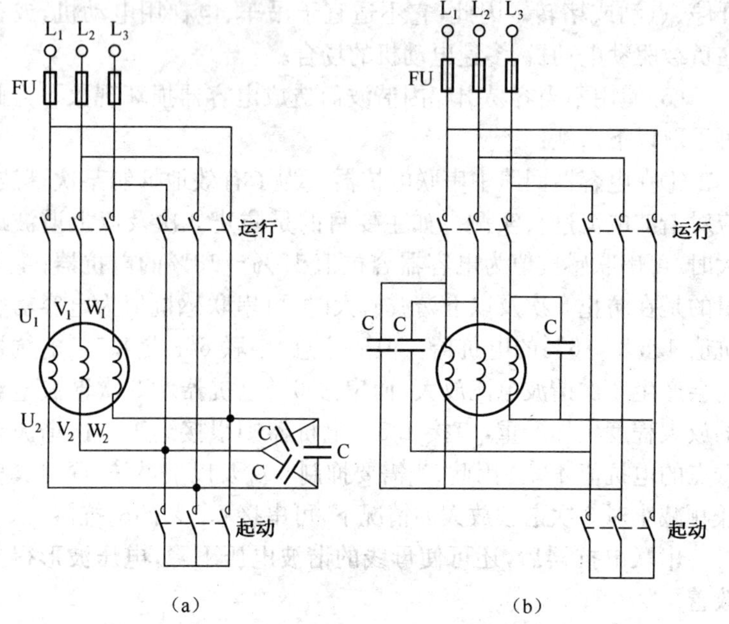

图 5-12 Y—△起动异步电动机就地补偿线路

(a)线路之一 (b)线路之二

电容器连接的 U_2、V_2、W_2 三个端子被短接，成为Y形接线的中性点，电容器短接无电压。起动完毕，电动机绕组改为△形接线，电容器与电动机绕组并接。当停机时，电容器不能通过定子绕组放电，所以补偿电容器必须选用 BCMJ 型自愈式金属化膜电容器或类似内部装有放电电阻的电容器。

采用图 5-12(b)所示线路时，每组单相电容器直接并联在电动机每相绕组的两个端子上。

第六节　电动机调速改造与工程实例

一、电动机调速方式及比较

交流电动机采用调速技术节能，可使电机效率提高 5%～10%，当用于变负荷工况的风机、水泵时节能效果尤为显著，一般可节电 20%～30%，调速装置费用可在 1～3 年回收。

在选择调速方案时，不但要考虑电动机的类型、功率，而且还要考虑调速方式与负荷性质的配合问题。只有这样，才能既满足生产的需要，又满足节能的要求。

负荷的性质多种多样，但基本上可归纳如表 5-4 所示的五大类。

1. 调速方式及节能技术特性

众所周知，异步电动机运转速度是由定子电流频率 f、极对数 p 及转差率 s 三个参数决定的，用公式表示如下：

$$n=\frac{60f}{p}(1-s)$$

因此，可以通过改变这三个参数(s、p、f)来调速。

(1)改变转差率 s 的调速方法。主要有以下 9 种：①转子外接电阻；②调压调速；③电磁调速电机；④液力耦合器；⑤液压联轴器；⑥脉冲调速；⑦机械串级调速；⑧电机机组串级调速；⑨晶体管串级调速。

(2)改变极对数 p 的调速方法。变极调速。

(3)改变频率 f 的调速方法。主要有 5 种:①电压型;②电流型;③脉宽型(PWM);④他控式(对于凸极式同步电动机);⑤自控式(对于隐极式同步电动机)。

变极调速、串级调速、液力耦合器调速和电磁滑差离合器四种调速方法技术成熟可靠,经济上在 1~3 年内即可回收。变频器调速技术发展迅速,技术日趋成熟,价格不断降低,经济效益显著。

电动机不同调速方式的节能技术特性列于表 5-30,供选择方案时参考。

2. 负荷性质与调速方式的配合

当所采用调速方式的调速性质与负荷性质相一致时,电动机的容量能得到充分的利用,是最节电的;当两者性质不一致时,将会使电动机的额定转矩或额定功率增大,从而使电动机的容量得不到充分利用。

(1)恒转矩负荷,应选择恒转矩变极调速,或恒转矩变频调速及各种改变转差调速方式。

(2)恒功率负荷,应选择恒功率变极调速,恒功率变频调速方式。

(3)递减功率负荷及平方转矩负荷,原则上,各种调速方式都能适用。可根据不同负荷的变化规律,选择节能效果好的调速方式。例如,对风机、水泵类流体负荷的流量实行控制时,有如下原则可供选择调速方式时参考:

①流量在 90%~100%变化时,各种调速方式与入口节流方式的节能效果相近,因此无需调速运行。

②当流量在 80%~100%变化时,应采用串级或变频高效调速方式,而不宜采用调压、转子外接电阻、电磁滑差离合器等改变转差率的低效调速方式。

表 5-30　电动机不同调速方式的节能技术特性

调速方式名称	调速原理	可靠性	转差损耗	估计节能率（%）	维修难易程度	应用场合	传递功率限制	优　点	缺　点	参考价
变极调速	改变极对数 p	决定于换极开关	小	20	易	笼型转子有级调速且转换不频繁场合	—	价廉	有级调节开关易坏	<50 元/kW
变频调速	改变频率 f	决定于元器件的质量	小	30	难，要求技术水平高	笼型转子电动机，适于高精度高转速调速	目前用于中小功率	高效，高精度，改造时不换电机	价高，维修难，有高次谐波	150kW 时 8 万元，30kW 时 2 万元
变压调速	改变电压 U	较高	有，不能回收	20	较易	笼型转子电动机，<5kW；绕线转子电动机，<40kW	小功率	价廉	有高次谐波，调速范围 0.8	100 元/kW
转子串电阻调速	改变转差率 s	高	有，不能回收	25	易	用于绕线型电动机	各种功率	价廉，维修易	效率较低	斩波 200 元/kW；电阻 30 元/kW

续表 5-30

调速方式名称	调速原理	可靠性	转差损耗	估计节能率（%）	维修难易程度	应用场合	传递功率限制	优 点	缺 点	参考价
串级调速	改变转差率 s	较高	有，能回收	30	要求技术水平较高	绕线式电动机	多用于中小功率，也可用于大功率	逆变器是静止的	有高次谐波	500kW7万元；30kW7千元
电磁滑差离合器	改变转差率 s	高	有，不能回收	25	易	用于笼型电动机	小功率	结构简单、可靠，易维护	存在不可控区	—
调速液力偶合器	改变偶合器转差	高	有，不能回收	25	易	用于高速大功率的笼型电动机	无限制	坚固耐用，很少维修	有油水系统	100 元/kW左右
调速离合器	改变离合器转差	高	有，不能回收	25	较易	用于高速大功率的笼型电动机	无限制	坚固耐用	有油水系统	120 元/kW左右
无级变速器	各种机械方式	高	无	30	较易	用于各型电动机	目前200kW以下	高效、高精度、坚固耐用	用少量油、水	250 元/kW左右

注：1. 节能率估计值，具体项目要具体分析。

2. 参考价，由于材料价上涨等因素，只作比较参考。

③当流量在50%～100%变化时，各种调速方式均适用。当采用变极调速时，流量只能阶梯状变化（75%/100%；67%/100%）。

④当流量在<50%～100%变化时，以采用变频调速，串级调速最合适。

二、异步电动机变极调速节电改造实例

通过变换异步电动机绕组极数，从而改变同步转速进行调速的方式称为变极调速。当采用变极调速方式时，其转速只能按阶跃方式变化，而不能像变频调速那样连续变化。但变极调速方法简单，投资少，对于循环水泵、抽油机井等使用的电动机可以采用此方法。如循环泵实行双速运行后，可根据季节条件改变驱动转速，达到调节循环水量，节约用电的目的。即用水量小时，泵采用低速挡运行；用水量大时，泵采用高速挡运行。如果一台循环泵每年低速运行3个月，年节电量非常可观，基本上一年即可收回投资。

电动机变极调速，对于新投用设备，设计时可以直接选用多速电动机，对于已投入运行的设备，可在节能改造时将单速电动机改为多速电动机。

1. 变极多速电动机的选用

电动机功率的选择与单速电动机功率选择相同，不论高速与低速都要能起动负载。虽然高速时与低速时的电动机电流是不相同的，但都使用同一绕组，因此热继电器和断路器的过载保护整定值可按高速（电流大）的整定。

（1）YD系列双速电动机。YD系列双速电动机的技术数据见表5-31。

（2）YDT系列双速电动机。YDT系列电动机专用于驱动风机、水泵等类设备。它能根据风机和泵的负荷转矩与转速的平方成正比的关系，按转速合理匹配相应的功率，从而使设备在低速运行时节约较多的电能。

表 5-31 YD 系列双速电动机的技术数据

型号	额定功率（kW）	满载时 转速（r/min）	电流（A）	效率（%）	功率因数	堵转电流/额定电流	堵转转矩/额定转矩	质量（kg）
YD132S-4/2	4.5/5.5	1450/2860	9.8/11.9	83/79	0.84/0.89	6.5/7	1.7/1.8	68
YD132M-4/2	6.5/8	1450/2880	13.8/17.1	84/80	0.85/0.89	6.5/7	1.7/1.8	81
YD160M-4/2	9/11	1460/2920	18.5/22.9	87/82	0.85/0.89	6.5/7	1.6/1.8	123
YD160L-4/2	11/14	1460/2920	22.3/28.8	87/82	0.86/0.90	6.5/7	1.7/1.9	144
YD180M-4/2	15/18.5	1470/2940	29.4/36.7	89/85	0.87/0.90	6.5/7	1.8/1.9	182
YD180L-4/2	18.5/22	1470/2940	35.9/42.7	89/86	0.88/0.91	6.5/7	1.6/1.8	190
YD200L-4/2	26/30	1470/2950	49.9/58.3	89/85	0.89/0.92	6.5/7	1.4/1.6	270
YD225S-4/2	32/37	1480/2960	60.7/71.1	90/86	0.89/0.92	6.5/7	1.4/1.6	318
YD225M-4/2	37/45	1480/2960	69.4/86.4	91/86	0.89/0.92	6.5/7	1.6/1.6	354
YD250M-4/2	45/52	1480/2960	84.4/98.7	91/88	0.89/0.92	6.5/7	1.6/1.6	427
YD280S-4/2	60/72	1490/2970	111.3/135.1	91/88	0.90/0.92	6.5/7	1.4/1.5	597
YD280M-4/2	72/82	1480/2970	133.6/152.2	91/88	0.90/0.93	6.5/7	1.4/1.5	667
YD132M-6/4	4/5.5	970/1440	9.8/12.3	82/80	0.76/0.85	6/6.5	1.6/1.4	84
YD160M-6/4	6.5/8	970/1460	15.1/17.6	84/83	0.78/0.84	6/6.5	1.5/1.5	119
YD160L-6/4	9/11	970/1460	20.6/23.6	85/84	0.78/0.85	6/6.5	1.6/1.7	147
YD180M-6/4	11/14	980/1470	25.9/29.7	85/84	0.76/0.85	6/6.5	1.6/1.7	192
YD180L-6/4	13/16	980/1470	29.4/33.6	86/85	0.78/0.85	6/6.5	1.7/1.7	224
YD200L-6/4	18.5/22	980/1460	41.4/44.8	87/87	0.78/0.86	6.5/7	1.6/1.5	250
YD225S-6/4	22/28	980/1470	44.2/56.4	88/87	0.86/0.87	6.5/7	1.8/1.8	330
YD225M-6/4	26/32	980/1470	52.6/62.3	88/87	0.86/0.90	6.5/7	1.5/1.3	344
YD250M-6/4	32/42	980/1480	62.1/80.5	90/87	0.87/0.91	6.5/7	1.5/1.3	479
YD280S-6/4	42/55	980/1480	81.5/106.4	90/87	0.87/0.90	6.5/7	1.5/1.3	614

续表 5-31

型 号	额定功率（kW）	满载时				堵转电流/额定电流	堵转转矩/额定转矩	质量（kg）
		转速（r/min）	电流（A）	效率（%）	功率因数			
YD280M-6/4	55/67	990/1480	106.7/131.5	90/88	0.87/0.89	6.5/7	1.6/1.3	710
YD132M-8/4	3/4.5	720/1440	9.0/9.4	78/82	0.65/0.89	5.5/6.5	1.5/1.6	80
YD160M-8/4	5/7.5	730/1450	13.9/15.2	83/84	0.66/0.89	5.5/6.5	1.5/1.6	119
YD160L-8/4	7/11	730/1450	19/21.8	85/86	0.66/0.89	5.5/6.5	1.5/1.6	147
YD180L-8/4	11/17	730/1470	26.7/32.3	87/88	0.72/0.91	6/7	1.5/1.5	254
YD200L1-8/4	14/22	740/1470	33/41.3	87/88	0.74/0.92	6/7	1.8/1.7	261
YD200L2-8/4	17/26	740/1470	40.1/48.8	87/88	0.74/0.92	6/7	1.5/1.7	301
YD225M-8/4	24/34	740/1470	53.2/66.7	89/88	0.77/0.88	6/7	1.5/1.5	340
YD250M-8/4	30/42	740/1480	64.9/78.8	90/89	0.78/0.91	6/7	1.6/1.7	479
YD280S-8/4	40/55	740/1480	83.5/102	91/90	0.80/0.91	6/7	1.6/1.7	585
YD280M-8/4	47/67	740/1480	96.9/122.9	91/90	0.81/0.92	6/7	1.6/1.7	730
YD160M-8/6	4.5/6	730/980	13.3/14.7	83/85	0.62/0.73	5/6	1.6/1.9	119
YD160L-8/6	6/8	730/980	17.5/19.4	84/86	0.62/0.73	5/6	1.6/1.9	147
YD180M-8/6	7.5/10	730/980	21.9/24.2	84/86	0.62/0.73	5/6	1.9/1.9	195
YD180L-8/6	9/12	730/980	24.8/28.3	85/86	0.65/0.75	5/6	1.8/1.8	224
YD200L1-8/6	12/17	730/980	32.6/39.1	86/87	0.65/0.76	5/6	1.8/2	250
YD200L2-8/6	15/20	730/980	40.3/45.4	87/88	0.65/0.76	5/6	1.8/2	301
YD160M-12/6	2.6/5	480/970	11.6/11.9	74/84	0.46/0.76	4/6	1.2/1.4	119
YD160L-12/6	3.7/7	480/970	16.1/15.8	76/85	0.46/0.79	4/6	1.2/1.4	147
YD180L-12/6	5.5/10	490/980	19.6/20.5	79/86	0.54/0.86	4/6	1.3/1.3	224
YD200L1-12/6	7.5/13	490/970	24.5/26.4	83/87	0.56/0.86	4/6	1.5/1.5	270
YD200L2-12/6	9/15	490/980	28.9/30.1	83/87	0.57/0.87	4/6	1.5/1.5	301
YD225M-12/6	12/20	490/980	35.2/39.7	85/88	0.61/0.87	4/6	1.5/1.5	292
YD250M-12/6	15/24	490/990	42.1/47.1	86/89	0.63/0.87	4/6	1.5/1.5	408
YD280S-12/6	20/30	490/990	54.8/58.9	88/89	0.63/0.87	4/6	1.5/1.5	536
YD280M-12/6	24/37	490/990	65.8/72.6	88/89	0.63/0.87	4/6	1.5/1.5	585

YDT 系列双速电动机的技术数据见表 5-32。

表 5-32　YDT 系列双速电动机的技术数据

型　号	额定功率 (kW)	满载时		堵转转矩/额定转矩	堵转电流/额定电流	质量 (kg)
		定子电流 (A)	转速 (r/min)			
YDT132S-6/4	1.5/4.5	4.1/9.6	970/1450	1.8/2.2	6/7.5	68
YDT132M-6/4	2/6	5.2/12.2	970/1450	1.8/2.2	6/7.5	81
YDT160M-6/4	3/9	7.1/17.9	970/1460	1.8/2.2	6/7.5	125
YDT160L-6/4	4/12	9.2/23.8	970/1460	1.8/2.2	6/7.5	150
YDT180M-6/4	4.5/14	10.7/27.7	980/1470	1.5/2.2	6/7.5	182
YDT180L-6/4	5.5/17	12.9/33.2	980/1470	1.6/2.0	6/7.5	190
YDT200L-6/4	8/24	18.8/47.3	980/1470	1.6/1.8	6/7.5	270
YDT225S-6/4	10/30	23.5/59.1	980/1470	1.5/1.5	6/7.5	284
YDT225M-6/4	12/37	30.6/72.9	980/1470	1.5/1.5	6/7.5	320
YDT250M-6/4	16/47	40/92.6	980/1470	1.5/1.5	6/7.5	427
YDT280S-6/4	20/60	51.8/118.2	980/1470	1.5/1.5	6/7.5	562
YDT280M-6/4	27/72	63.5/141.8	980/1470	1.5/1.5	6/7.5	667
YDT132S-8/6	1.1/2.4	2.9/4.9	720/980	2/2.2	5.5/6.5	70
YDT132M-8/6	1.8/3.7	4.7/7.8	720/980	2/2.2	5.5/6.5	83
YDT160M-8/6	2.6/6	7.1/13.6	720/980	2/1.9	5.5/6.5	150
YDT160L-8/6	3.7/8	9.7/16.5	720/980	1.8/2.2	5.5/6.5	165
YDT180M-8/6	4.5/10	12.7/22.1	730/980	1.8/2.0	5.5/6.5	185
YDT180L-8/6	5.5/12	15.5/26.2	730/980	1.8/2.0	5.5/6.5	195
YDT200L1-8/6	8/17	21/38	730/980	1.8/2.0	5.5/6.5	275
YDT200L2-8/6	10/20	25/45	730/980	1.8/2.0	5.5/6.5	280
YDT225M-8/6	12/25	25.6/47	730/980	1.6/1.8	5.5/6.5	325
YDT250M-8/6	15/30	31.4/56.4	730/980	1.6/1.8	5.5/6.5	430
YDT280S-8/6	18/37	35.4/69.8	740/980	1.3/1.4	5.5/6.5	570
YDT280M1-8/6	22/45	50.8/83.8	740/980	1.3/1.4	5.5/6.5	670
YDT280M2-8/6	27/55	55.8/101	740/980	1.3/1.4	5.5/6.5	690
YDT225M-12/6	4.4/22	1.7/44.5	490/980	1.3/1.5	5/6.5	330
YDT250M-12/6	6/30	17.2/58.8	490/980	1.3/1.5	5/6.5	430
YDT280S-12/6	7.5/37	21.5/72.2	490/980	1.3/1.5	5/6.5	570
YDT280M-12/6	9/45	23.6/84.6	490/980	1.3/1.5	5/6.5	670
YDT200L2-12/8/6	2.2/5.5/11	7.7/14.2/22.7	490/740/980	1.0/1.8/1.2	4/6/6.5	300
YDT225M-12/8/6	3.3/7.5/15	10.8/17.3/31.6	490/740/980	1.0/1.8/1.2	4/6/6.5	340
YDT280M2-8/10	22/12	47/27	738/590	1.6/1.7	6.5/6.5	
YDT280M3-8/10	37/20	79.6/48	740/588	1.6/1.7	6.5/6.5	

2. 单速电动机改造为双速电动机的实例

(1)方法一。

①计算方法。已知原单速电动机的绕组数据,可按表 5-33 简捷地计算所需双速电动机的绕组数据。

表 5-33　单速电动机改为双速电动机的计算

计算公式参数 \ 连接方式	2 极 1 路Y改 4 极△/2 极YY	4 极 1 路Y改 8 极△/4 极YY	4 极 1 路Y改 4 极△/2 极YY
绕组节距 1～X	X=(槽数÷4)+1	X=(槽数÷8)+1	X=(槽数÷4)+1
每槽导线数(根)	原每槽导线数×$2\sqrt{3}$	原每槽导线数×$2\sqrt{3}$	原每槽导线数×$\sqrt{3}$
导线直径(mm)	$\sqrt{\dfrac{\text{原每槽导线数}}{\text{改后每槽导线数}}}$×原导线直径		
输出功率(kW)	4 极△=原 2 极动率×50% 2 极YY=原 2 极功率×60%	8 极△=原 4 极功率×50% 4 极YY=原 4 极功率×60%	4 极△=原 4 极功率×100% 2 极YY=原 4 极功率×120%

②工程实例。

【实例】 有一台Y系列电动机,已知额定功率 P_e 为 4kW,4 极,Y形接线,定子槽数 Z 为 36,每槽导线根数 N_1 为 46,单层交叉绕,导线直径 d_1 为 1.06mm,并联支路数 a 为 1,欲改成 2/4 极双速电动机,试计算改绕参数。

解　根据 4 极 1 路Y接改为 4 极△/2 极YY接,查表 5 37,得改后电动机有关参数为:

绕组节距　$\tau'=\dfrac{Z}{4}+1=\dfrac{36}{4}+1=10$(槽),即 1～10

每槽导线数　$N_1'=N_1\sqrt{3}=46\sqrt{3}\approx80$(根)(取偶数)

导线直径　$d_1'=d_1\sqrt{\dfrac{N_1}{N_1'}}=1.06\times\sqrt{\dfrac{46}{80}}\approx0.80$(mm)

选标准线规为 $\phi0.80$mm 的漆包线。

输出功率 $P_4=P_e\times100\%=4\times100\%=4(kW)$[4 极(△)时]

$P_2=P_e\times120\%=4\times120\%=4.8(kW)$[2 极(YY)时]

(2)方法二。改绕前，先记录下单速电动机的有关数据：额定电压 U_e、额定功率 P_e、额定频率 f_e、额定电流 I_e、额定转速 n_e、定子槽数 Z、定子每槽导线数 N_1、导线直径 d_1、转子槽数 Z_2、绕组接法、节距 y、并联支路数 a_1、并绕根数 n、绕组型(双层或单层)等。如无上述数据，则应按单速电动机重绕计算求得。

①选择单绕组变极调速方案。若要求近似恒转矩，则选极数少时绕组系数 k_{dp} 较高，极数多时 k_{dp} 较低的方案；若要求近似恒功率，则应选择两个极下绕组系数 k_{dp} 均较高的方案。

②选择绕组连接方式。恒转矩宜采用YY/Y接法；转矩随转速下降而减小的宜采用△△/Y接法；恒功率宜采用YY/△，YY/YY接法。

③确定绕组节距。一般多速电动机均采用双层绕组，绕组节距在多极数时用全距或接近全距。

④每槽导线数的计算。

a. 以双速电动机中与有一极数单速电动机相同为基准，选择每槽导线数如下

$$N_1'=\frac{U_1'k_{dp}a_1'}{U_1k_{dp}'a_1}N_1$$

b. 根据两个极下气隙磁通密度比选择每槽导线数如下

$$\frac{B_{\delta\text{II}}}{B_{\delta\text{I}}}=\frac{U_{\text{II}}p_{\text{II}}W_{\text{I}}k_{dp\text{I}}}{U_{\text{I}}p_{\text{I}}W_{\text{II}}k_{dp\text{II}}}$$

式中　B_δ——气隙磁通密度(T)；

p——极对数；

W——每相串联匝数。

其中注脚Ⅰ为少极数时的量，Ⅱ为多极数时的量。

$$\frac{B_{\delta\text{II}}}{B_{\delta\text{I}}}\begin{cases}=1, 取 N_1 为多速电动机的每槽导线数\\<1, N_1 要适当增加\\>1, N_1 要适当减少\end{cases}$$

⑤导线直径的选择。

$$d_1'=\sqrt{\frac{N_1}{N_1'}}d_1$$

⑥功率估算。

a. 与原单速电动机极数相同时的功率。

$$P_1'=\frac{U_1'a_1'd_1'^2}{U_1a_1d_1^2}\times P_1$$

式中　P_1'、U_1'、a_1'、d_1'——改绕后多速电动机与原单速电动机极数相同时的功率、相电压、并联支路数和导线直径。

b. 两种极数下的功率比。

$$\frac{P_{Ⅱ}}{P_{Ⅰ}}=K\frac{U_{Ⅱ}a_{Ⅱ}}{U_{Ⅰ}a_{Ⅰ}}$$

c. 三种极数下的功率比。

$$\frac{P_{Ⅲ}}{P_{Ⅱ}}=K\frac{U_{Ⅲ}a_{Ⅲ}}{U_{Ⅱ}a_{Ⅱ}}$$

$$\frac{P_{Ⅱ}}{P_{Ⅰ}}=K\frac{U_{Ⅱ}a_{Ⅱ}}{U_{Ⅰ}a_{Ⅰ}}$$

式中　K——功率降低系数（因低速时通风散热效果较差等所致），可取0.7～0.9。

⑦工程实例。

【实例】　有一台三相单速电动机，已知额定功率 P_0 为30kW，4极，相电压 U_1 为380V，并联支路数 a_1 为2，绕组系数 k_{dp} 为0.946，导线直径 d_1 为2×ϕ1.56mm，每槽导线数 N_1 为30，2Δ双层绕组。欲改绕成4/6极双速电动机，双速电动机的技术参数为：YY/Y接法，双层绕组，节距 y 为6；6极时 U_6 为220V，a_6 为1，k_{dp6} 为0.644；4极时 U_4 为220V，a_4 为2，k_{dp4} 为0.831。试计算改绕参数。

解　a. 每槽导线数的计算。

$$N'_1=\frac{U_4k_{dp}a_4}{U_1k'_{dp4}a_1}N_1=\frac{220\times0.946\times2}{380\times0.831\times2}\times30=19.77(\text{根})$$

取 $N'_1=20$，每个绕组为 10 匝。

b. 导线直径的选择。

$$d'_1=\sqrt{\frac{N_1}{N'_1}}d_1=\sqrt{\frac{30}{20}}\times1.56=1.91(\text{mm})$$

即 $d'_1=2\times\phi1.91\text{mm}$。为嵌线容易，按等截面原则换算，选用标准线规 $4\times\phi1.35\text{mm}$ 漆包线。

c. 功率估算：

4 极时，$P_4=\dfrac{U_4a_4d_4^2}{U_1a_1d_1^2}P_e$

$$=\frac{220\times2\times1.91^2}{380\times2\times1.56^2}\times30=26(\text{kW})$$

6 极时，取功率降低系数 $K=0.8$，则

$$p_6=K\frac{U_6a_6}{U_4a_4}P_4=0.8\times\frac{220\times1}{220\times2}\times26=10.4(\text{kW})$$

d. 双速电动机数据为：$P=26/10.4\text{kW}$，$U_e=380\text{V}$，YY/Y 接线，$2p=4/6$，双层绕组，$y=1\sim7$，每个绕组 10 匝，选用导线 $4\times\phi1.35\text{mm}$ 漆包线。

⑧单速电动机改绕为多速电动机每槽导线数修正公式。见表 5-34。

表 5-34　单速电动机改绕为多速电动机每槽导线数修正公式

原单速电动机数据					改绕后多速电动机数据		
极数	相电压	绕组系数	并联支路数	每槽导线数	极数	连接方式	每槽导线数修正公式
4	U_1	k_{dp4}	a_1	N	2/4	$\frac{2Y/\triangle}{2Y/Y}$	$N'=1.27\frac{U'_4k_{dp4}a'_4}{U_1k'_{dp4}a_1}N$
2	U_1	k_{dp2}	a_1	N	2/4	2Y/△	$N'=1.35\frac{U'_2k_{dp2}a'_2}{U_1k'_{dp2}a_1}N$
						2Y/2△	$N'=0.95\frac{U'_2k_{dp2}a'_2}{U_1k'_{dp2}a_1}N$

续表 5-34

原单速电动机数据					改绕后多速电动机数据		
极数	相电压	绕组系数	并联支路数	每槽导线数	极数	连接方式	每槽导线数修正公式
4	U_1	k_{dp4}	a_1	N	4/8	2Y/△	$N'=1.35\frac{U'_4 k_{dp4} a'_4}{U_1 k'_{dp4} a_1}N$
						2Y/Y	$N'=0.95\frac{U'_4 k_{dp4} a'_4}{U_1 k'_{dp4} a_1}N$
8	U_1	k_{dp8}	a_1	N	4/8	2Y/△ 2Y/Y	$N'=1.15\frac{U'_8 k_{dp8} a'_8}{U_1 k'_{dp8}}N$
6	U_1	k_{dp6}	a_1	N	4/8	2Y/△	$N'=0.95\frac{U'_4 k_{dp6} a'_4}{U_1 k'_{dp4} a_1}N$
						2Y/Y	$N'=0.9\frac{U'_4 k_{dp6} a'_4}{U_1 k'_{dp4} a_1}N$
4	U_1	k_{dp4}	a_1	N	4/6	2Y/△	$N'=1.05\frac{U'_4 k_{dp4} a'_4}{U_1 k'_{dp4} a_1}N$
						2Y/Y	$N'=\frac{U'_4 k_{dp4} a'_4}{U_1 k'_{dp4} a_1}N$
6	U_1	k_{dp6}	a_1	N	4/6	2Y/△ 2Y/Y	$N'=1.27\frac{U'_6 k_{dp6} a'_6}{U_1 k'_{dp6} a_1}N$
6	U_1	k_{dp6}	a_1	N	6/8	2Y/△ 2Y/Y	$N'=1.1\frac{U'_6 k_{dp6} a'_6}{U_1 k'_{dp6} a_1}N$
4	U_1	k_{dp4}	a_1	N	2/8	2Y/Y	$N'=0.9\frac{U'_2 k_{dp4} a'_2}{U_1 k'_{dp4} a_1}N$
4	U_1	k_{dp4}	a_1	N	2/4/8	2△/2△/2Y	$N'=1.5\frac{U'_4 k_{dp4} a'_4}{U_1 k'_{dp4} a_1}N$
6	U_1	k_{dp6}	a_1	N	4/6/8	2Y/2Y/2Y	$N'=\frac{U'_6 k_{dp6} a'_6}{U_1 k'_{dp6} a_1}N$
						2△/2△/Y	$N'=0.93\frac{U'_6 k_{dp6} a'_6}{U_1 k'_{dp6} a_1}N$

注：U_2、U_4、U_6、U_8，a_2、a_4、a_6、a_8，k_{dp2}、k_{dp4}、k_{dp6}、k_{dp8}分别代表改绕后多速电动机极数为 2、4、6、8 时的相电压、并联支路数和绕组系数。

3. 双速电动机的控制线路

(1)2Y/△接法双速电动机控制线路。2Y/△接法的双速电动机定子绕组引出线的接线图如图 5-13 所示。控制线路如图

5-14所示。

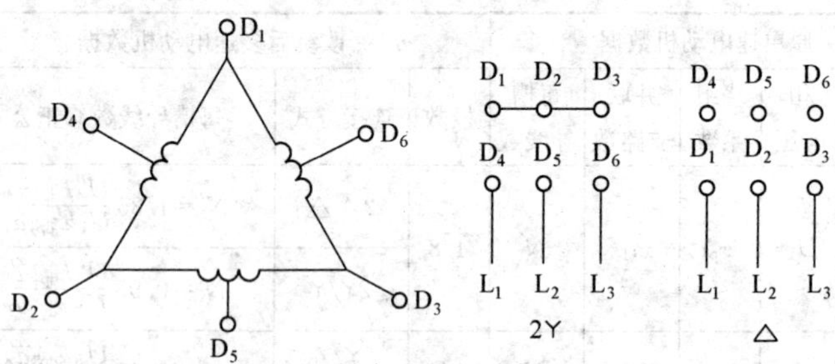

图 5-13　双速电动机定子绕组 2Y/△接法

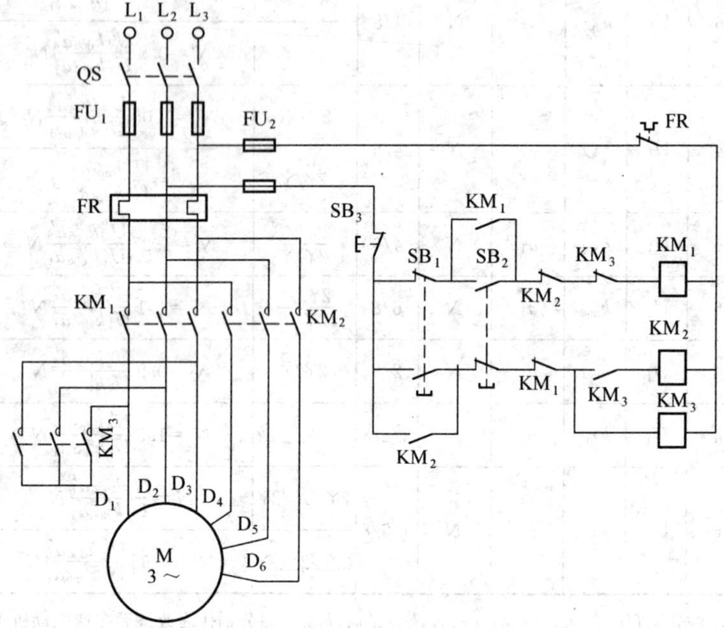

图 5-14　2Y/△接法双速电动机控制线路

工作原理：合上电源开关 QS，按下低速起动按钮 SB_2，接触器 KM_1 得电吸合并自锁，三相电源与电动机引出线 D_1、D_2、D_3 接通，D_4、D_5、D_6 空着，电动机为△形联结，电动机低速运行。

按下高速起动按钮 SB_1，接触器 KM_3、KM_2 先后吸合并自锁，D_1、D_2、D_3 被 KM_3 主触点短接，三相电源与电动机引出线 D_4、D_5、D_6 接通，此时电动机为 2Y形连接，电动机高速运行。

在该线路中，电动机接成 2Y形时，先由接触器 KM_3 接通定子绕组的中心点，然后 KM_2 才得电吸合，接通电源。这样，可避免接通电源时，因电流过大而烧坏 KM_3 主触头。

KM_1、KM_2 和 KM_3 的常闭辅助触点为连锁触点。

(2)2△/Y接法双速电动机控制线路。2△/Y接法的双速电动机定子绕组引出线的接线图如图 5-15 所示。控制线路如图5-16所示。

工作原理：合上电源开关 QS，按下低速起动按钮 SB_1，接触器 KM_4、KM_5 得电吸合并自锁，KM_4 常闭辅助触点断开，切断接触器 KM_1、KM_2 和 KM_3 线圈回路。此时三相电源与电动机引出线 D_1、D_4、D_7 接通，D_2、D_5、D_8 空开，D_3、D_6 短接，电动机为Y形联结，电动机低速运行。

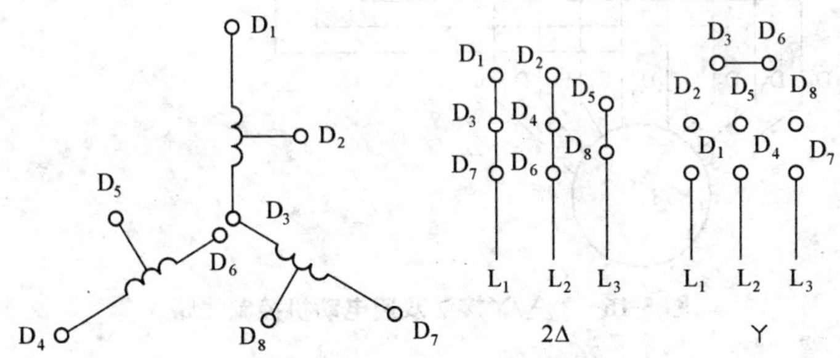

图 5-15　双速电动机定子绕组 2△/Y接法

按下高速起动按钮 SB_2，接触器 KM_1、KM_2、KM_3 得电吸合并自锁，U 相电源与电动机引出线 D_1、D_3、D_7 接通，V 相电源与 D_2、D_4、D_6 接通，W 相电源与 D_5、D_8 接通，电动机为 2△形连接，电动机高速运行。

(3)2Y/2Y接法双速电动机控制线路。2Y/2Y接法双速电动机定子绕组引出线的接线图如图 5-17 所示。控制线路如图 5-18

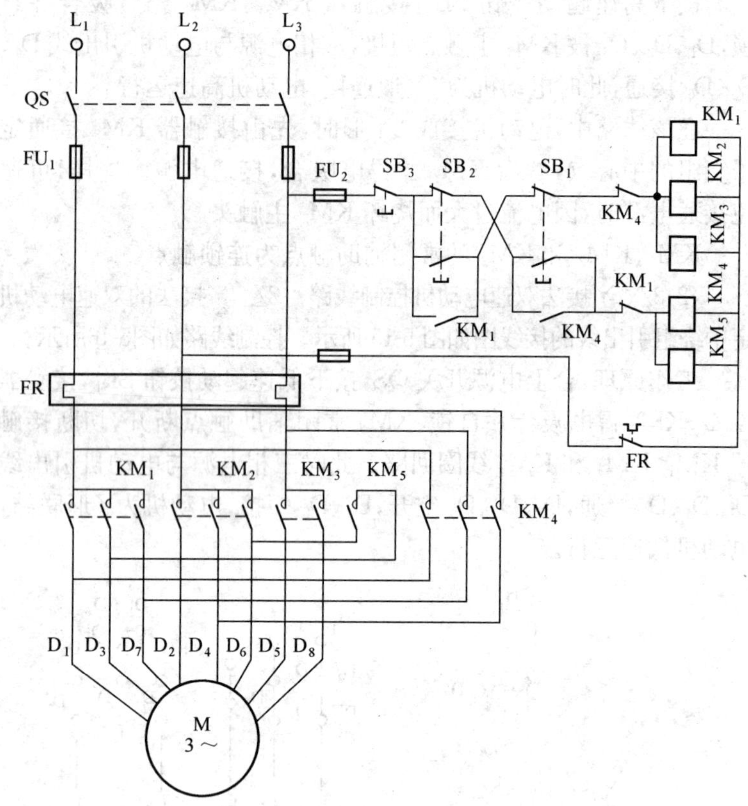

图 5-16　2△/Y接法双速电动机控制线路

所示。

工作原理：合上电源开关 QS，按下低速起动按钮 SB_1，接触器 KM_3、KM_4、KM_5 得电吸合并自锁。电动机引出线 D_1、D_3、D_4、D_6、D_7、D_9 分别与电源 U 相、V 相和 W 相接通，D_2、D_5、D_8 被短接，电动机接成第一种 2Y形连接，电动机低速运行。

按下高速起动按钮 SB_2，接触器 KM_1、KM_2、KM_6 得电吸合并自锁。电动机引出线 D_1、D_2、D_4、D_5、D_7、D_8 分别与电源 U 相、V 相、W 相接通，D_3、D_6、D_9 被短接，电动机接成第二种 2Y形连

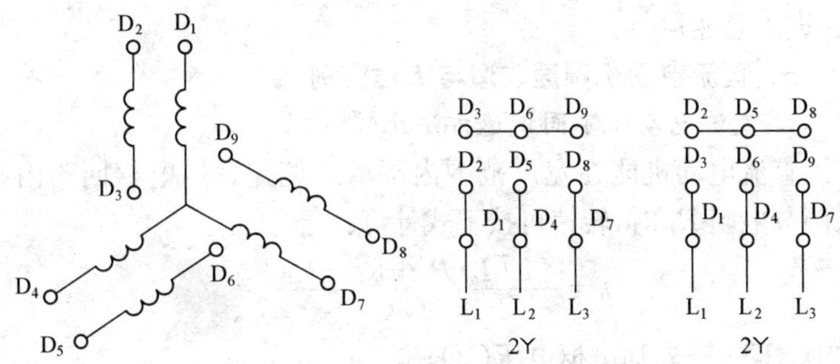

图 5-17　双速电动机定子绕组 2Y/2Y 接法

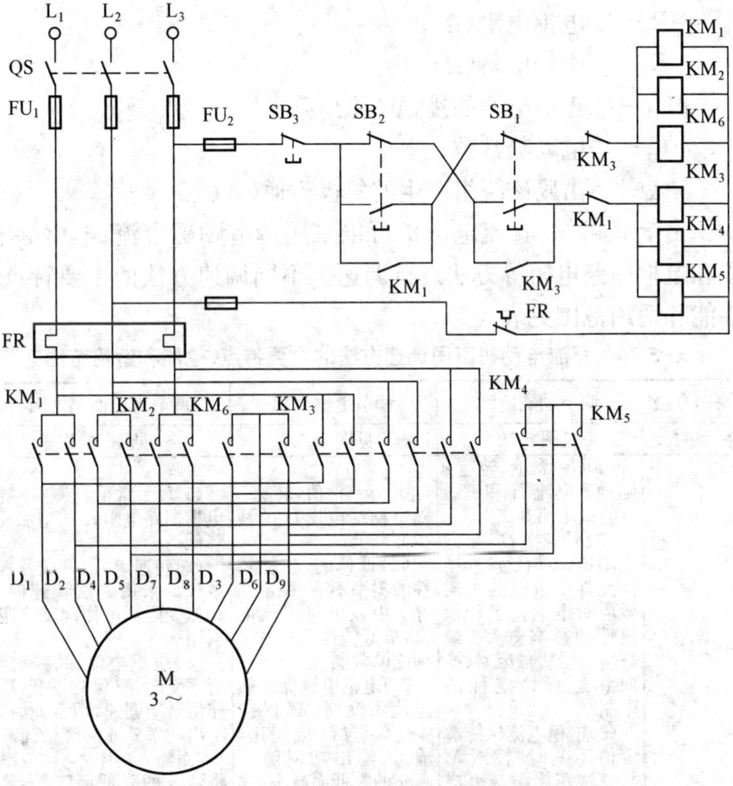

图 5-18　2Y/2Y 接法双速电动机控制线路

接，进入高速运行。

三、直流电动机调速改造与工程实例

1. 直流电动机不同调速方法比较

直流电动机能在宽广范围内平滑地调速。当电枢回路内接入调节电阻 R_f 时，转速可按下式计算：

$$n=\frac{U-[I_a(R_a+R_f)+\Delta U_b]}{C_e\Phi}$$

式中　U——外加电枢电压(V)；
I_a——电枢电流(A)；
R_a——电枢电阻(Ω)；
R_f——附加电阻(Ω)；
ΔU_b——正负电刷的接触电阻压降(V)；
C_e——电动势常数；
Φ——由励磁绕组产生的每极磁通(Wb)。

由上式可知，直流电动机可以采用调节励磁电流、电枢端电压和电枢回路电阻等方法进行调速。不同调速方法的主要特点、性能和适用范围见表 5-35。

表 5-35　直流电动机不同调速方法的主要特点、性能和适用范围

调速方法	调节励磁电流	调节电枢电压	调节电枢回路电阻
特性曲线	见图 5-19	见图 5-20	见图 5-21
主要特点	(1)U=常值，转速 n 随励磁电流 I_1 和磁通 Φ 的减小而升高 (2)转速愈高，换向愈困难，电枢反应和换向元件中电流的去磁效应对电动机运行稳定性的影响愈大。最高转速受机械因素、换向和运行稳定性的限制 (3)电枢电流保持额定值不变时，转矩 M 与 Φ 成正比，n 与 Φ 成反比，输入、输出功率及效率基本不变	(1)Φ=常值，转速 n 随电枢端电压 U 的减少而降低 (2)低速时，机械特性的斜率不变，稳定性好。由发电机组供电机，最低转速受发电机剩磁的限制 (3)电枢电流保持额定值不变时，M 保持不变，n 与 U 成正比，输入、输出功率随 U 和 n 的降低而减小，效率基本不变	(1)U=常值，转速 n 随电枢回路电阻 R 的增加而降低 (2)转速愈低，机械特性愈软。采用此法调速时，调速变阻器可作起动变阻器用 (3)电枢电流保持额定值不变时，M 保持不变，可作恒转矩调速，但低速时，输出功率随 n 的降低而减小，而输入功率不变，效率将随 n 的降低而降低，经济性很差

续表 5-35

调速方法	调节励磁电流	调节电枢电压	调节电枢回路电阻
适用范围	适用于额定转速以下的恒功率调速	适用于额定转速以下的恒转矩调速	只适用于额定转速以下，不需经常调速，且机械特性要求较软的调速

直流电动机的机械特性如图 5-19～图 5-21 所示。

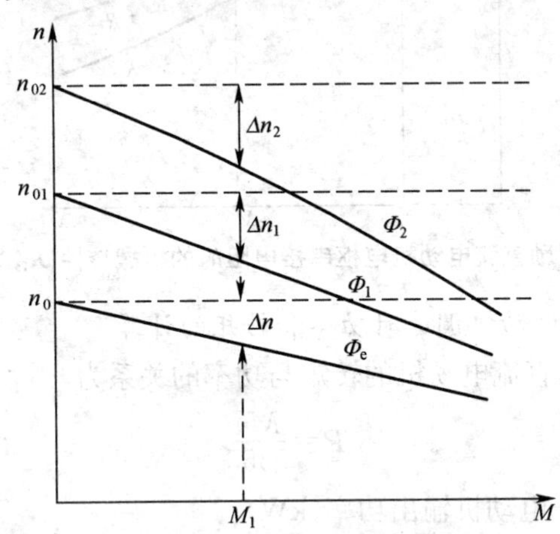

图 5-19 他励直流电动机励磁改变时的机械特性($\Phi_e>\Phi_1>\Phi_2$)

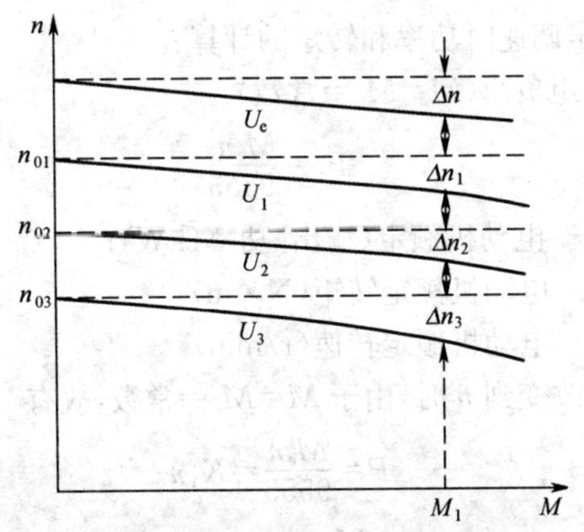

图 5-20 他励直流电动机电枢电压改变时的机械特性($U_e>U_1>U_2>U_3$)

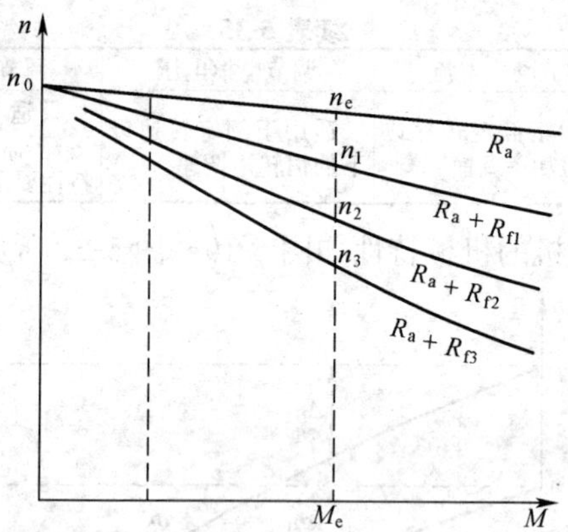

图 5-21　他励直流电动机电枢串接电阻时的机械特性($R_{f3}>R_{f2}>R_{f1}$)

2. 直流电动机调速时功率和转矩的计算

(1)他励直流电动机的转矩与功率的关系为

$$P=\frac{Mn}{9555}$$

式中　P——电动机输出功率(kW)；

M——电动机转矩(N·m)；

n——电动机转速(r/min)。

(2)调压调速时功率和转矩的计算：

①恒转矩负荷($M=M_e=$常数)：

$$P_e=\frac{M_e n_e}{9555}$$

式中　P_e——电动机额定(输出)功率(kW)；

M_e——电动机额定转矩(N·m)；

n_e——电动机额定转速(r/min)。

当转速改变到 n 时，由于 $M=M_e=$常数，故有

$$P=\frac{M_e n}{9555}=K_1 n$$

式中　K_1——常数，$K_1=\frac{M_e}{9555}$。

②恒功率负荷($P=P_e=$常数):

$$M=9555\,\frac{P_e}{n}=K_2/n \qquad ①$$

式中　K_2——常数,$K_2=9555P_e$。

(3)调磁调速时功率和转矩的计算:调励磁(即调 Φ)调速通常用于恒功率负荷,即 $P_2=P_e=$常数。如果用于恒转矩负荷,则电动机的功率为

$$P=\frac{M_2 n}{9555}=K_3 n$$

式中　K_3——常数,$K_3=\frac{M_2}{9555}$。

在此恒转矩 M_2 下,电动机的最高转速为

$$n_{max}=\frac{9555P_e}{M_2}$$

对于恒功率负荷,转矩 M 按式①计算。

3. 工程实例

【实例】　某车间空调风机采用 JO_2-71-6 型、17kW 电动机带动,由于车间在不同季节所需风量并不相同,使用这台固定转速的风机,在需用风量小的季节将多余的风能白白分流而造成浪费,现欲采用直流电动机调速控制进行节电改造。

对原空调风机电动机的测算结果如表 5-36 所示。

表 5-36　原空调风机电动机的测算结果(最大风量时)

电动机型号	JO_2-71-6	功率	17kW	电压	380	接法	△
转速	970r/min	电流	34.4A	制造厂	温州	出厂 81 年 5 月	
测试项目	空载	负载	测试项目	空载		负载	
I(A)	12.4	16.9	R_t(Ω)	0.4816(热电阻)		—	
U(V)	373	370	R_{75}(Ω)	—		—	
$P_{W1}+P_{W2}$(kW)	0.7	7.6	t(℃)	29		—	
s	0	0.00267	n(r/min)	1000		992	
P_{Cu}(W)	74.1	137.6	β(%)	—		40.1	
P_S(W)	0	20.7	$\cos\varphi$	—		0.63	
P_2(kW)	—	6.82	η(%)	—		89.7	

已知车间每年中有1440h需最大风量Q_m，2600h为$0.8Q_m$，2300h为$0.7Q_m$，试求：

(1)选择直流电动机型号规格；

(2)更换成直流电动机调速控制风量后年节电费多少？设电价$\delta=0.5$元/kWh；

(3)试选择或设计晶闸管调速装置。

解 (1)直流电动机的选择。由表5-36查得，原交流电动机在最大风量时的输出功率$P_2=6.82$kW，效率$\eta=0.897$，故输入功率为

$$P_1=P_2/\eta=6.82/0.897=7.60(\text{kW})$$

可见最大风量时电动机输入功率7.60kW就够了，现在使用17kW电动机裕量很大。

设直流电动机的传动效率$\eta_d=0.85$，则所需输入功率为$P_1=7.60/0.85=9$(kW)，又考虑到最大风量运行时间不很多，因此可选择Z-71型、10kW、额定电压为220V、额定转速为1000r/min的直流电动机，其励磁电压U_{le}为220V，最大励磁功率为370W。

(2)更换后年节电量估算。原交流电动机时，年运行小时数$T=1440+2600+2300=6340$(h)，年消耗电量为

$$A_1=P_1T=7.69\times6340=48754.6(\text{kWh})$$

对于风机负荷而言，可近似认为输入功率$P_1=P_2/\eta\propto n^3$，而转速$n\propto Q$(风量)，因此直流电动机在最大风量Q_m时的输入功率为9kW，$0.8Q_m$时为$0.8^3\times9=4.6$(kW)，$0.7Q_m$时为$0.7^3\times9=3.1$(kW)；设励磁损耗在所有时间均按最大励磁功率370W计算，则年消耗电量为

$$\begin{aligned}A_2&=1440\times9+2600\times4.6+2300\times3.1+0.37\times6340\\&=34396(\text{kWh})\end{aligned}$$

改造后年节约电费为

$$F=(A_1-A_2)\delta=(48754.6-34396)\times0.5=7179(\text{元})$$

如果已改造完毕,节电量应以实际测算值为准。

(3)晶闸管调速线路。由于电动机功率不大,可采用单相晶闸管整流装置。装置可购现成产品,也可自制。线路系统方框图如图 5-22 所示,电气原理图如图 5-23 所示。

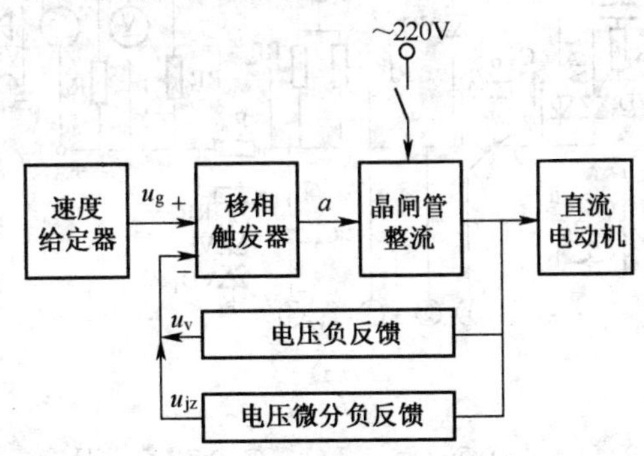

图 5-22　单相晶闸管整流装置系统方框图

①工作原理:主电路采用单相桥式整流电路($VD_1 \sim VD_4$ 组成),然后用晶闸管 V 进行调压调整。由于直流电动机的电枢旋转时产生反电势,只有当整流器的输出电压大于反电势时,晶闸管才能导通,因而通过电动机的电流是断续的。这样,晶闸管的导通角小,电流峰值很大,晶闸管易发热。为此在主电路中串接了电抗器 L,利用电抗器的自感电势,使晶闸管的导通时间延长,降低电流峰值,并减小电流的脉动程度,改善直流电动机的运行条件。

触发电路采用由单结晶体管 VT_1、晶体管 VT_2(作可变电阻用)等组成的弛张振荡器。晶体管 VT_3 作信号放大用。主令电压从电位器 RP_5 给出,电压负反馈电压从并联在电枢两端的 R_3 和电位器 RP_1 上取得。电压微分负反馈(为提高系统的动态稳定性)由 R_3、RP_2 和电容 C_3 组成。当电枢电压突变时,由 RP_2 上取出的反馈电压也骤变,因而对 C_3 充电,产生的电流经放大器的输入端,压低了输出电压的变化。主令电压和负反馈电压相比较所

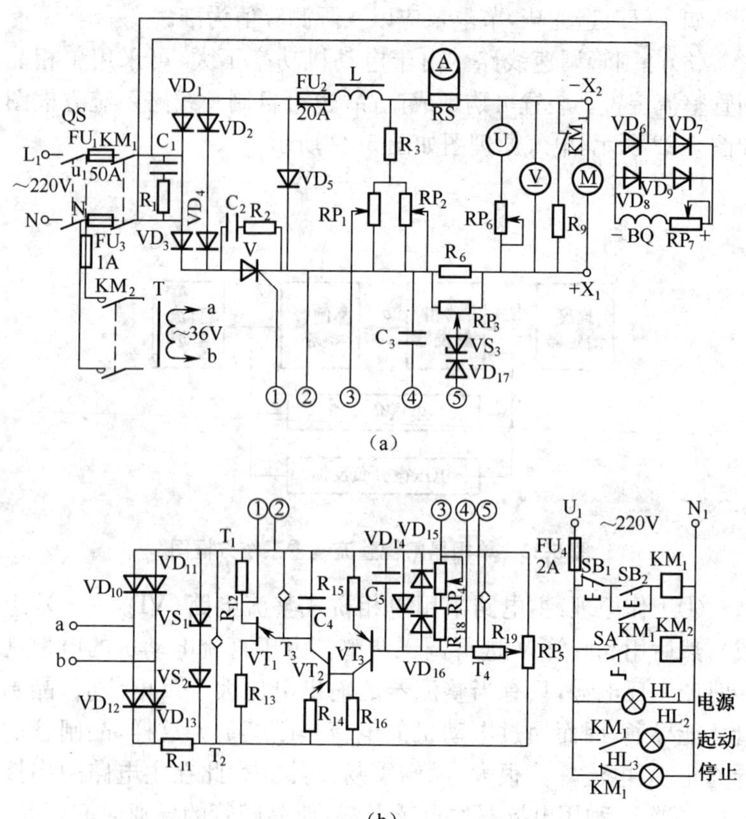

图 5-23　单相晶闸管整流装置电气原理图

(a)主电路　(b)控制电路

得的差值电压加到晶体管 VT_3 的基极进行放大，并控制晶体管 VT_2 的导通程度，以改变弛张振荡器的频率，改变晶闸管的导通角，从而改变电枢电压的大小，达到调节电动机转速的目的。

VD_{14}～VD_{16} 为放大器输入端的钳位二极管，以保护晶体管 VT_3 不被损坏。电容 C_5 用来对输入脉动电压滤波及吸收输入信号的突变，可使调速过程比较平稳。

同步电压由交流电经整流桥 VD_{10}～VD_{13} 整流，电阻 R_{11} 限流，稳压管 VS_1、VS_2 削波得到，R_2、C_2 为晶闸管 V 的换相过电压保护电路；快速熔断器 FU_1、FU_2 和熔断器 FU_3 作短路保护。VD_5 为续流二极管。电动机励磁绕组 BQ 的励磁电压，由交流电经整流桥 VD_6～VD_9 整流提供。调节瓷盘变阻器 RP_7，可改变励磁电流。此例因采用调节电枢电压调速，因此可不用 RP_7。

②电器元件参数见表 5-37。

表 5-37　电器元件参数表

序号	代　号	名　称	型号规格	数量
1	VD_1～VD_4、VD_5	整流二极管	2CZ50A/600V	5
2	VD_6～VD_9	整流二极管	2CZ3A/600V	4
3	V	晶闸管	3CT50A/600V	1
4	VD_{10}～VD_{13}	二极管	2CZ52C	4
5	VS_1、VS_2	稳压管	2CW109	2
6	VS_3	稳压管	2CW102	1
7	VT_1	单结晶体管	BT33F	1
8	VT_2	晶体管	3CG3C 蓝点	1
9	VT_3	晶体管	3DG6 蓝点	1
10	VD_{14}～VD_{16}、VD_{17}	二极管	2CZ52C	4
11	R_1	线绕电阻	RX1-25W 10Ω	1
12	R_2	金属膜电阻	RJ-1W 56Ω	1
13	R_3	线绕电阻	RX1-15W 5.1kΩ	1
14	RP_1、RP_2	电位器	WX3-11 2k 10W	2
15	RP_3	电位器	WX3-11 680Ω 3W	1
16	RP_4	电位器	WX3-11 20kΩ 3W	1
17	RP_5	电位器	3W 5.1kΩ	1

续表 5-37

序号	代 号	名 称	型号规格	数量
18	R_6	电阻	150W 0.35Ω	1
19	RP_6	电位器	WX3-11 10kΩ 3W	1
20	RP_7	瓷盘变阻器	RC-200W 500Ω	1
21	R_9	线绕电阻	RX1-160W 14Ω	1
22	R_{11}	金属膜电阻	RJ-2W 1kΩ	1
23	R_{12}	金属膜电阻	RJ-1/4W 51Ω	1
24	R_{13}	金属膜电阻	RJ-1/4W 360Ω	1
25	R_{14}	金属膜电阻	RJ-1/4W 1kΩ	1
26	R_{15}	金属膜电阻	RJ-1/2W 680Ω	1
27	R_{16}	金属膜电阻	RJ-1/2W 5.1kΩ	1
28	R_{18}	金属膜电阻	RJ-1W 24kΩ	1
29	R_{19}	金属膜电阻	RJ-1/4W 5.6kΩ	1
30	C_1	金属化纸介电容	CZJX 5μF 800V	1
31	C_2	油浸电容	0.25μF 1000V	1
32	C_3	金属化纸介电容	CZJX 4μF 400V	1
33	C_4	金属化纸介电容	CZJX 0.33μF 160V	1
34	C_5	电解电容	CD11 22μF 16V	1

四、滑差电动机调速改造与工程实例

1. 滑差电动机结构及调速原理

滑差电动机，也称电磁调速离合器电动机。它具有恒转矩、起动转矩大、可平滑地无级调速、机械特性较硬、结构简单、维护方便等特点，广泛用于恒转矩无级调速的场合。

滑差电动机主要由电枢(外转子)、磁极(内转子)、励磁线圈、测速发电机和三相异步电动机(原动机)等组成。

磁极(内转子)是由许多爪形磁极放在中间的铜衬环(隔磁环)处用铆钉铆成的，作为从动转子而输出转矩，在机械上与电枢无硬性联接。

当三相异步电动机(原动机)通电旋转时,其电枢(外转子,与原动机硬性联接)随之旋转。另外,固定在磁导体上的励磁线圈中的电流(受控制装置控制)产生的磁力线通过机座→气隙→电枢→气隙→磁极→气隙→导磁体→机座,形成一个闭合回路,并在气隙中产生主磁场,如图 5-24 所示。

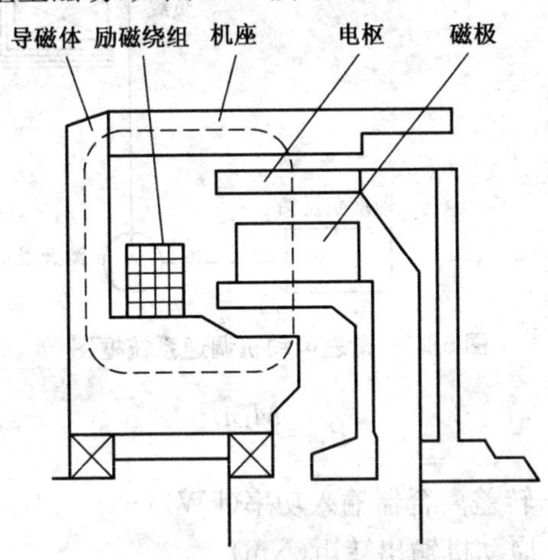

图 5-24 电磁调速离合器结构示意图

在这个主磁场中,只要电枢和磁极存在相对运动,电枢各点的磁通就处于不断地重复变化中,即电枢切割磁场时,电枢中就感应出电动势并产生涡流。由于电枢反应的结果,磁极便被拉动而旋转起来,其转速取决于励磁电流的大小。当负荷力矩一定时,励磁电流越大,磁极转速也越大。因此,只要改变励磁线圈中的电流,即调节磁场的强弱,就可改变磁极输出轴转速,达到工作机械的调速目的。

带速度负反馈的滑差电动机调速系统框图如图 5-25 所示。

2. 计算公式

(1)转差离合器的输入功率,等于原动机(鼠笼式异步电动机)输出功率,即

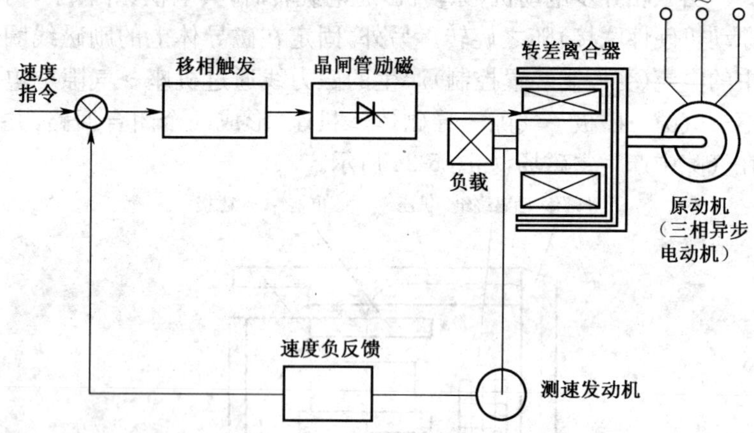

图 5-25　滑差电动机调速系统框图

$$P_1=\frac{M_1 n_1}{9555}$$

式中　P_1——转差离合器输入功率(kW)；

M_1——原动机输出转矩(Nm)；

n_1——原动机输出转速(r/min)。

(2)转差离合器轴输出功率 P_2。

$$P_2=\frac{M_2 n_2}{9555}$$

式中　P_2——转差离合器轴输出功率(kW)；

M_2——转差离合器输出转矩(Nm)；

n_2——转差离合器输出轴转速(r/min)。

(3)转差率 s。

$$s=\frac{n_1-n_2}{n_1}$$

(4)恒转矩负荷下滑差电机的传递效率和损耗。因为是恒转矩负荷，$M=M_1=M_2=$常数，所以转差离合器的效率为

$$\eta=\frac{P_2}{P_1}=\frac{M_2n_2}{M_1n_1}=\frac{n_2}{n_1}=1-s$$

通常，在高速时传递效率为 80%～85%，在恒转矩负荷下，其效率正比于输出转速。当转速下降时，输出功率成比例下降，而输入功率保持不变，此时损耗功率 ΔP 与滑差损耗成比例增加，即

$$\Delta P=P_1-P_2=P_1s$$

这种电动机不适用于恒功率负荷，而适用于鼓风机负荷和恒转矩负荷。

(5)通风机型负荷下滑差电机的效率和损耗。通风机型负荷转矩与转速的平方成正比，功率与转速的三次方成正比，即

$$P_2/P_1=(n_2/n_1)^3=(1-s)^3$$

$$P_2=P_1(1-s)^3$$

原动机二次输入功率 $P_M=P_1(1-s)^2$

原动机二次损耗 $\Delta P=P_1s(1-s)^2$

原动机一次输入功率 $P_{sr}=\frac{P_1}{\eta_1}(1-s)^2$

原动机二次回路效率 $\eta_2=1-s$

原动机一次回路效率 η_1

若设 $\eta_1=1$，则 $P_{sr}=P_1(1-s)^2$

以上各式符号同前。

3. 工程实例

【实例】 一台 ZJTT 系列滑差电动机，转差离合器的输出轴转速为 850r/min，设原动机一次回路效率为 1，当原动机转速由 1450r/min(4 极)减少到 1960r/min(6 极)运行时，试分别以下几种情况求节电效果：

(1)滑差电动机在恒转矩负荷下运行；

(2)滑差电动机在通风机型负荷下运行；

(3)若转差离合器减速至 500r/min，则原动机从 4 级转换到 6 极运行，是否节电？

解　(1)当为恒转矩负荷时,原动机转速为1450r/min。

转差率　$s=(n_1-n_2)/n_1=(1450-850)/1450=0.41$

效率　$\eta=P_2/P_1=n_2/n_1=1-s=1-0.41=0.59$

式中　P_1——转差离合器输入功率,即原动机轴输出功率;

P_2——转差离合器轴输出功率。

由于原动机一次回路效率为1,所以P_1等于原动机输入功率P_{sr},即$P_1=P_{sr}$,故滑差电动机的损耗功率为

$$\Delta P=P_1-P_2=P_1s=P_{sr}s=0.41P_{sr}$$

当原动机的输出转速降低到960r/min运行时,则这时的转差率和效率分别为

$$s'=(n_1'-n_2)/n_1'=(960-850)/960=0.11$$

$$\eta'=1-s'=1-0.11=0.89$$

查阅JZTT系列滑差电动机的功率表可知,原动机6极运行时的功率为4极运行功率的0.67,故

$$\Delta P'=0.67P_{sr}s'=0.67\times0.11P_{sr}=0.074P_{sr}$$

因此,从4极转换为6极运行,可节约电力:

$$\Delta P-\Delta P'=(0.41-0.074)P_{sr}=0.336P_{sr}$$

即节电33.6%。

该节电数值在各速度段都是相同的,即4极、6极转换后,在各种速度段运行下,具有相同的节电效果。

(2)当为通风机型负荷时,原动机转速为1450r/min,转差率为

$$s=(1450-850)/1460=0.41$$

由于是通风机型负荷,故滑差电动机的损耗为

$$\Delta P=s(1-s)^2P_{sr}=0.41\times(1-0.41)^2P_{sr}=0.14P_{sr}$$

当原动机从4极转换到6极运行时,在同样情况下,有

$$s'=(960-850)/960=0.11$$

$$\Delta P'=0.67\times0.11\times(1-0.11)^2P_{sr}=0.058P_{sr}$$

因此由4极转换为6极运行,可节约电力

$$\Delta P-\Delta P'=(0.14-0.058)P_{sr}=0.082P_{sr}$$

即节电 8.2%。

(3)当转差离合器减速时，

4 极的转差率为

$$s=(1450-500)/1450=0.655$$

损耗
$$\begin{aligned}\Delta P&=P_{sr}s(1-s)^2\\&=0.655\times(1-0.655)^2P_{sr}\\&=0.078P_{sr}\end{aligned}$$

6 极的转差率为

$$s'=(960-500)/960=0.48$$

损耗
$$\begin{aligned}\Delta P'&=0.67P_{sr}s'(1-s')^2\\&=0.67\times0.48\times(1-0.48)^2P_{sr}\\&=0.087P_{sr}\end{aligned}$$

因此，由 4 极转换为 6 极运行反而费电，即

$$\Delta P-\Delta P'=(0.078-0.087)P_{sr}=-0.009P_{sr}$$

可见，当原动机 6 极运行时，转差离合器减速到一定值后，损耗反而稍有增大，在通风机型负荷下，当选择使用的速度段在 650～850r/min 时，利用变极办法，可以有效地节电。这一情况与恒转矩负荷时的情况不大相同。

4. 滑差电动机调速控制线路

滑差电动机的控制线路(即控制离合器励磁绕组的直流电压)，一般采用带续流二极管的半波晶闸管整流电路。它包括以下一些环节。

(1)测速负反馈环节。测速发电机与负荷同轴相连，它将转速变为三相交流电压，经三相桥式整流和电容滤波后输出负反馈直流信号。通过调节速度负反馈电位器，可以调节反馈量。采用速度负反馈的目的是增加电机机械特性的硬度，使电动机转速不因负荷的变动而改变。

(2)给定电压环节。由桥式整流阻容 π 型滤波电路和稳压管

输出一稳定的直流电压作为给定电压。调节主令电位器,可以改变给定电压的大小,从而实现电机调速。

(3)比较和放大环节。给定电压与反馈信号比较(相减)后输入晶体管放大,经放大了的控制信号输入触发器(输入前经正、反向限幅)。

(4)移相和触发环节。采用同步电压为锯齿波的单只晶体管或同步电压为梯形波的单结晶体管的触发电路。

调节主令电位器,若增大给定电压,则输入触发的控制电压就增加,因而触发器输出脉冲前移,晶闸管移相角 α 减小,离合器的励磁电压增加,转速上升;反之,若降低给定电压,转速就下降。

ZLK-1 型滑差电动机晶闸管控制装置线路如图 5-26 所示,它由主电路和控制电路组成。

工作原理:主电路(供给励磁绕组)采用单相半控整流电路(由晶闸管 V 等组成)。图中 VD_1 为续流二极管,它为励磁绕组提供放电回路,使励磁电流连续;硒堆 FV(有的采用 MY31 型压敏电阻)作交流侧过电压保护;R_1、C_1 为晶闸管阻容保护元件;熔断器 FU 作短路保护。

触发电路为晶体管触发器,由晶体管 VT_1、电容 C_2、电阻 R_3、脉冲变压器 TM 等组成。由变压器 TC 的次级绕组 W_3 取出的 12V 交流电压经整流桥 VC_1 整流、电容 C_3 滤波后为晶体管 VT_1 提供工作电压。同步电压由 TC 的次级绕组 W_2 输出电压经整流桥 VC_2 整流,电容 C_{11}、C_{12}、电阻 R_4 滤波,以及稳压管 VS_1、VS_2 稳压后,在电位器 RP_1 上取得。速度负反馈电压由测速发电机 TG 输出和交流电经三相桥式整流电路 VC_3、电容 C_{13}滤波后加在电位器 RP_2 上取得。晶体管 VT_2 为信号放大器。

图中,VD_7、VD_8 为钳位二极管,用以防止过高的正、负极性电压加在 VT_2 的基极—发射极上而造成损坏。

给定电压(由电位器 RP_3 调节)与反馈信号比较后输入三极管放大器 VT_2 的基极,并在电阻 R_5 上得到负的控制电压,它与

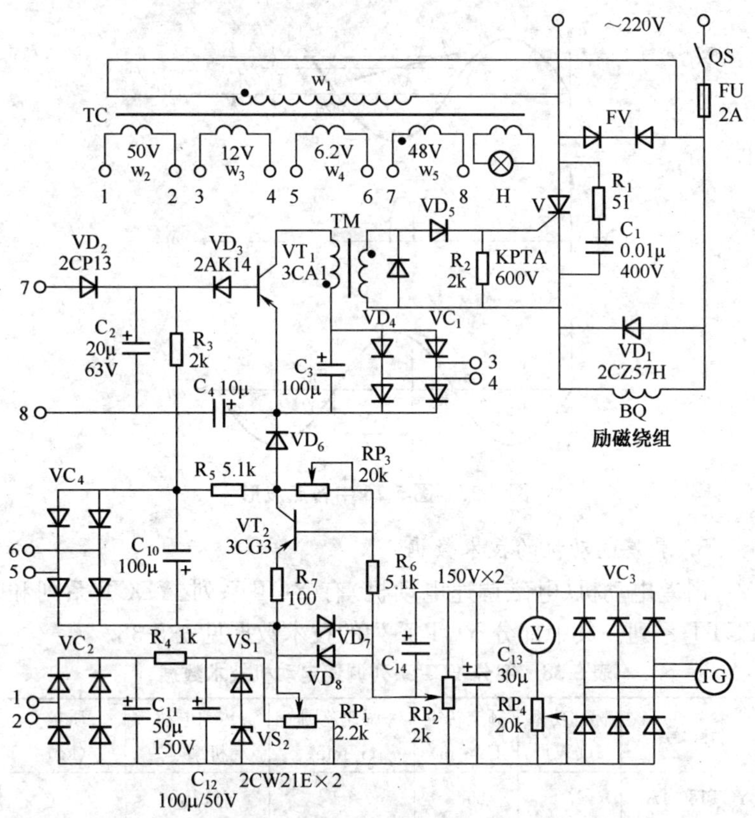

图 5-26　ZLK-1 型滑差电动机晶闸管控制装置线路

同步锯齿波电压叠加后加到晶体管 VT_1 的基极。负的控制电压 U_k 与正的同步电压 U_c 比较，在同步电源的负半周，电容 C_2 向 R_3 放电，当 $|U_c|<|U_k|$ 时（图 5-27 中 U_k 与 U_c 曲线的交点 M 以右），VT_1 基极电位变负而开始导通，有触发脉冲使晶闸管导通。图中各点波形如图 5-27 所示。

改变移相控制电压 U_k 的大小（调节 RP_3），也就改变了晶闸管的导通角，从而使电动机转速相应改变。调节 RP_3 可改变速度负反馈电压的大小。

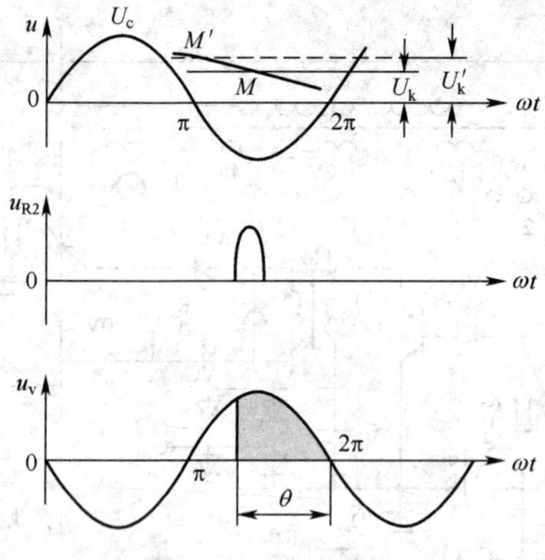

图 5-27　图 5-26 中各点波形

5. 滑差电动机的技术数据

滑差电动机(电磁调速电动机)有 YCT 系列、YDCT 系列和 YCTT 系列。其中部分 YCT 系列的技术数据见表 5-38。

表 5-38　部分 YCT 系列调速电动机技术数据

型　号	标称功率(kW)	额定转矩(N·m)	调速范围(r/min)	传动电动机型号	质量(kg)
YCT180-4A	4.0	25.2	1250～125	Y112M-4	160
YCT200-4A	5.5	35.1		Y132S-4	205
YCT200-4B	7.5	47.7		Y132M-4	205
YCT225-4A	11	69.1		Y160M-4	350
YCT225-4B	15	94.3		Y160L-4	350
YCT250-4A	18.5	116	1320～132	Y180M-4	620
YCT250-4B	22	137		Y180L-4	620
YCT280-4A	30	189		Y200L-4	900
YCT315-4A	37	232		Y225S-4	1250
YCT315-4B	45	282		Y225M-4	1250
YCT355-4A	55	344	1320～440	Y250M-4	1510
YCT355-4B	75	469		Y280S-4	1700

续表 5-38

型　号	标称功率 (kW)	额定转矩 (N·m)	调速范围 (r/min)	传动电动机型号	质量 (kg)
YCT355-4C	90	564	1320～600	Y280M-4	1700
YCT200-6B1	4.0	38.2	760～76	Y132M1-6	205
YCT200-6B2	5.5	52.6		Y132M2-6	205
YCT225-6A	7.5	70.9		Y160M-6	350
YCT225-6B	11	104		Y160L-6	350
YCT250-6B	15	142	820～8.2	Y180L-6	620
YCT280-6A	18.5	175		Y200L1-6	900
YCT280-6B	22	208		Y200L2-6	900
YCT315-6B	30	281		Y225M-6	1250
YCT355-6A	37	346	820～270	Y250M-6	1510
YCT355-6B	45	421	820～370	Y280S-6	1700
YCT355-6C	55	515		Y280M-6	1700
YCT225-8A1	4.0	51	520～52	Y160M1-8	350
YCT225-8A2	5.5	70.1		Y160M2-8	350
YCT225-8B	7.5	95.5		Y160L-8	350
YCT250-8B	11	138	580～58	Y180L-8	620
YCT280-8B	15	189		Y200L-8	900
YCT315-8A	18.5	232		Y225S-8	1250
YCT315-8B	22	276		Y225M-8	1250
YCT355-8A	30	377	580～195	Y250M-8	1510
YCT355-8B	37	458	580～265	Y280S-8	1700
YCT355-8C	45	558		Y280M-8	1700

注：表中标称功率即为传动电动机的功率。

第七节　电动机输入功率、输出功率、负荷率、效率及功率因数的实测

一、测试仪表

D26-W　　0.5 级功率表 2 只

D26-A　　0.5 级电流表 2 只

D26-V　　0.5 级电压表 2 只

MG31　　钳形电流表 1 只

TM-2011 转速表 1 只

QJ23 型 电桥 1 只

0.2 级电流互感器 2 只

水银温度计 1 只

二、测试方法与计算公式

测算出输入功率 P_1、输出功率 P_2、定子线电流 I_1 和线电压 U_1,便可计算出负荷率、效率和功率因数。

1. 输入功率的测算

(1)方法一。在电动机进线装设电能表,取有代表性的正常运行工况进行测量。记录下电能表转盘转数 N 所需要的时间 $t(s)$,便可按下式计算

$$P_1=\frac{N}{t}\cdot\frac{3600}{K}K_{TA}K_{TV}$$

式中 P_1——输入功率(kW);

N——转盘的转数,一般取 10 转;

K——电能表常数[r/(kWh)];

K_{TA}——电流互感器变化;

K_{TV}——电压互感器变化。

(2)方法二。已知或测出电动机空载功率 P_0 时,可按下式计算

$$P_1=\beta P_e+P_0+\beta^2\left[\left(\frac{1}{\eta_e}-1\right)P_e-P_0\right]$$

式中 β——负荷率;

其他符号同前。

(3)方法三(两只功率表法)。接法如图 5-28 所示。三相输入功率 P_1 为两只功率表读数的代数和,即 $P_1=W_1+W_2$,功率表数值的正和负,取决于电动机运行时的功率因数 $\cos\varphi$ 的大小。当 $\cos\varphi>0.5$ 时,两只功率表均为正值;当 $\cos\varphi<0.5$ 时,其中一只功率表为负值。

按图 5-28 的极性接线,如发现功率表指针反向偏转时,此表

的读数就是负值，此时需将表针极性反接后再读数。

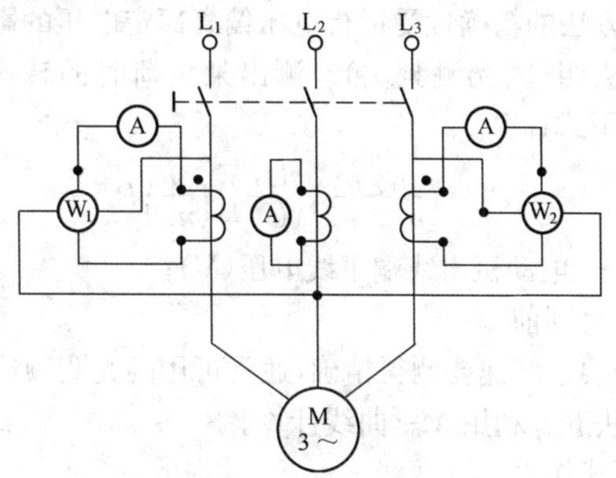

图 5-28　两只功率表法

2. 输出功率的测算

(1)方法一。有电动机效率曲线时，可从测算得的输入功率 P_1，查出对应于 P_1 时的效率 η，然后由公式 $P_2=\eta P_1$ 求出。

(2)方法二。已知电动机的额定效率 η 时，可根据测算得的输入功率 P_1，选择一个与 P_1 相对应的效率 η，然后由公式 $P_2=\eta P_1$ 求出。

电动机效率估算：当电动机负荷率 $\beta>50\%$ 时，$\eta\approx\eta_e$；当 $\beta=50\%\sim25\%$ 时，$\eta\approx\eta_e-0.1$；当 $\beta<25\%$ 时，$\eta=\eta_e-0.5$。电动机额定效率 η_e 可按电动机类型、转速、功率从电机样本中查得。

(3)方法三(电流法)。计算公式如下

$$P_2=\beta P_e$$

$$\beta\approx\sqrt{\frac{I_1^2-I_0^2}{I_e^2-I_0^2}}$$

式中　β——负荷率；

I_1——任意负荷时测得的电流(A)；

I_0——空载电流(A)。

上式中 I_e 和 P_e 是电动机铭牌值。

该方法用同一电流表测出 I_1 和 I_0，计算出的功率 P_2 精确性较高，但该方法的精确性受运行电压偏离额定电压的影响。

(4)方法四(闪光测频法)。测出某负荷时的转速 n 和电压 U_1，然后按下式计算

$$P_2=\left(\frac{n_1-n}{n_1-n_e}\right)\left(\frac{U_1}{U_e}\right)^2\left(\frac{n}{n_e}\right)P_e$$

式中　U_1——电动机出线端子线电压(V)；

其他符号同前。

此方法要求转速要测得精确，通常可用闪光测频法测转速。

(5)方法五。利用 M-s 曲线计算。

①按下式作出 M-s 曲线

$$\frac{M}{M_{max}}=\frac{2}{\frac{s_{max}}{s}+\frac{s}{s_{max}}}$$

根据产品样本查出最大转矩 M_{max}，再将电动机额定转矩 M_e 及额定转速 n_e 相对应的转差率 s_e 代入上式，求出产生最大转矩时的转差率 s_m。这样上式的 M_m 和 s_m 就成为已知数，然后每假定一个 M，求出一个相应的 s，从而可作出 M-s 曲线。

②M-s 曲线的使用：先测出某一负载下的转速 n，计算出转差率 s，查 M-s 曲线，找到对应的转矩 M，再按下式求出输出功率 P_2

$$P_2=\left(\frac{M}{M_e}\right)\left(\frac{n}{n_e}\right)P_e$$

(6)方法六(损耗法测算)。先按前述介绍的方法求出电动机的总损耗 $\sum\Delta P$，然后由公式 $P_2=P_1-\sum\Delta P$ 求得输出功率。

(7)上述几种方法的比较。用电流法和损耗法计算出的效率与产品样本提供的效率很接近；而用闪光测频法和 M-s 曲线法求得的效率误差较大，原因如下：

①闪光测频法和 M-s 曲线法，都用到额定转速 n_e 的数值 $[s_e=(n_1-n_e)/n_1]$；而中小型电机标准规定，允许 s_e 存在 $\pm20\%$ 的误差，s_e 不是电机制造厂的考核指标，因此精度无保证。

②异步电动机转速特性很硬，如果实测的转速稍有误差。求得的轴输出功率 P_2 误差较大，由此计算出的效率，误差也较大。

3. 电动机负荷率 β

$$\beta=\frac{P_2}{P_e}\times 100\%$$

4. 电动机效率 η

$$\eta=\frac{P_2}{P_1}\times 100\%$$

5. 电动机功率因数

$$\cos\varphi=\frac{P_2\times 10^3}{\sqrt{3}U_1 I_1 \eta}$$

三、实例

现将某企业几台电动机在电能平衡测试中的测算结果列于表 5-39～表 5-41。

表中，I 为线电流；U 为线电压（加于电动机接线端子上）；P_{W1}、P_{W2} 为功率表指示值；s 为电动机转差率；P_{Cu} 为电动机铜耗；P_{Fe} 为电动机铁耗；P_s 为转子损耗；P_2 为电动机输出功率；$\cos\varphi$ 为电动机功率因数；η 为电动机效率；β 为电动机负荷率；n 为电动机转速；R_t 为每相绕组直流电阻；t 为测试时的周围环境温度。

表 5-39　1# 电动机的测算结果

电动机型号	JO_2-82-6	功率	40kW	电压	380V	接法	△
转速	975r/min	电流	74.7A	制造厂	杭州	出厂 83 年 3 月	
测试项目	空载	负载	测试项目	空载		负载	
I(A)	33.8	47.8	R_t(Ω)	0.12(冷电阻)		—	
U(V)	404	401	R_{75}(Ω)	0.14		—	
$P_{W1}+P_{W2}$(kW)	1	26.4	t(℃)	29		—	
s	0.001	0.012	n(r/min)	999		988	
P_{Cu}(W)	159.9	319.9	β(%)	—		62.3	
P_s(W)	1	316.8	$\cos\varphi$	—		0.75	
P_2(kW)	—	24.92	η(%)	—		94.4	

表 5-40　2# 电动机的测算结果

电动机型号	JO_2L-72-2	功率	30kW	电压	380	接法	△
转速	2940r/min	电流	56A	制造厂	杭州	出厂83年5月	
测试项目	空载	负载	测试项目	空载		负载	
I(A)	22.1	31	R_t(Ω)	0.199(热电阻)		—	
U(V)	439	441	R_{75}(Ω)	—		—	
$P_{W1}+P_{W2}$(kW)	2.2	15.7	t(℃)	65		—	
s	0	0.0033	n(r/min)	3000		2940	
P_{Cu}(W)	97.5	191.25	β(%)	—		44.5	
P_s(W)	0	52.3	$\cos\varphi$	—		0.66	
P_2(kW)	—	13.55	η(%)	—		85	

表 5-41　3# 电动机的测算结果

电动机型号	Y160M-4	功率	11kW	电压	380V	接法	△
转速	1460r/min	电流	22.6A	制造厂	湖南	出厂84年7月	
测试项目	空载	负载	测试项目	空载		负载	
I(A)	11.03	20.5	R_t(Ω)	0.240(冷电阻)		—	
U(V)	385	388	R_{75}(Ω)	0.282		—	
$P_{W1}+P_{W2}$(kW)	0.99	8	t(℃)	30		—	
s	0.0113	0.018	n(r/min)	1483		1473	
P_{Cu}(W)	34.3	118.5	β(%)	—		61.8	
P_s(W)	11.2	144	$\cos\varphi$	—		0.49	
P_2(kW)	—	6.79	η(%)	—		84.9	

以表 5-39 为例计算数值如下：

(1)电动机每相绕组 75℃时的直流电阻为：

铜绕组　$$R_{75Cu}=\frac{309.5}{234.5+t}R_t$$

铝绕组　$$R_{75Al}=\frac{300}{225+t}R_t$$

该电动机为铜绕组，故

$$R_{75}=\frac{309.5}{234.5+29}\times 0.12=0.14(\Omega)$$

如果电动机运行中，断电，立即测得绕组的热时电阻，则不必换算到75℃。

(2)转差率 s。

空载转差率　$s_0=\frac{n_e-n_0}{n_e}=\frac{1000-999}{1000}=0.001$

负载转差率　$s=\frac{n_e-n}{n_e}=\frac{1000-988}{1000}=0.012$

(3)转子损耗 P_s。

空载时　$P_{0s}\approx P_1 s_0=(P_{0W2}+P_{0W2})s_0$

$=1\times 0.001=0.001(kW)=1(W)$

负载时　$P_s\approx(P_{W1}+P_{W2})s$

$=26.4\times 0.012=0.3168(kW)=316.8(W)$

式中　P_1 为电动机输入功率(kW)。

(4)电动机铜耗 P_{Cu}。

$$P_{Cu}=3I^2R_{75}\quad (\text{Y 接法})$$

$$P_{Cu}=I^2R_{75}\quad (\triangle\text{接法})$$

该电动机为△接法，故

空载时 $P_{0Cu}=I_0^2R_{75}=33.8^2\times 0.14=159.9(W)$

负载时 $P_{Cu}=I^2R_{75}=47.8^2\times 0.14=319.9(W)$

(5)电动机输出功率 P_2。

$$P_2=P_1-(P_0-P_{0Cu}-P_{0s})-P_{Cu}-P_s$$

式中　P_1——电动机输入功率(kW)；

P_0——空载输入功率(kW)；

P_{0Cu}——空载铜耗(kW)；

P_{0s}——空载转子损耗(kW)；

P_{Cu}——铜耗(kW)；

P_s——转子损耗(kW)。

$P_0-P_{0Cu}-P_{0s}=P_{Fe}+P_j$，其中 P_{Fe} 为铁耗，P_j 为机械损耗。

将前面的计算数据代入上式，得

$$P_2 = 26.4 - (1 - 0.1599 - 0.001) - 0.3199 - 0.3168$$
$$= 24.92(\mathrm{kW})$$

(6)电动机负荷率 β。

$$\beta = \frac{P_2}{P_e} \times 100\% = \frac{24.92}{40} \times 100\% = 62.3\%$$

(7)电动机功率因数 $\cos\varphi$(负载时)。

$$\cos\varphi = \frac{P_2}{\sqrt{3}UI} = \frac{24.92 \times 10^3}{\sqrt{3} \times 401 \times 47.8} = 0.75$$

(8)电动机效率 η。

$$\eta = \frac{P_2}{P_1} \times 100\% = \frac{24.92}{26.4} \times 100\% = 94.4\%$$

以上计算公式同样适用于Y系列电动机。

第六章　软起动器节电技术与工程实例

第一节　软起动器的特点与技术指标

一、软起动器的特点

传统鼠笼型异步电动机的起动方式有星—三角起动、自耦减压起动、电抗器减压起动、延边三角形减压起动等。这些起动方式都属于有级减压起动，存在着以下缺点：即起动转矩基本固定、不可调，起动过程中会出现二次冲击电流，对负荷机械有冲击转矩，且受电网电压波动的影响。软起动器可以克服上述缺点。

软起动器是一种集软起动、软停车、轻载运行节电和多种保护功能于一体的鼠笼型异步电动机控制装置。与传统的起动方式比较，软起动器具有无冲击电流、恒流起动、可自由地无级调压至最佳起动电流及节能等优点。

各种起动方式的比较见表6-1。

表6-1　各种起动方式的比较

起动方式	全压	自耦降压	星—三角换接	软起动	变频起动
电动机端子电压	U_e	KU_e	U_e	$(0.3\sim1)U_e$	$0\sim U_e$
电动机绕组电流	I_q	KI_e	$\frac{1}{\sqrt{3}}I_q$	$(0.5\sim5)I_e$	$(1.3\sim1.5)I_e$
电动机起动转矩	M_q	K^2M_q	$\frac{1}{3}M_q$	$(0.3\sim1.6)M_e$	$(1.2\sim2)M_e$
配电系统总电流	I_q	K^2I_q	$\frac{1}{3}I_q$	$(0.5\sim5)I_e$	$(1.3\sim1.5)I_e$

续表 6-1

起动方式	全压	自耦降压	星-三角换接	软起动	变频起动
优缺点及应用范围	起动电流大	起动电流小	起动电流小	起动电流较大	起动电流大
	起动转矩大	起动转矩较大	起动转矩小	起动转矩较大	起动转矩大
	能频繁起动	不能频繁起动	能频繁起动	能频繁起动	能频繁起动
	投资最省	价格较高	投资较省	价格较高	价格高
	应用最广	应用较广	应用较广	设备较复杂	设备复杂

注：U_e—电动机额定电压；I_e—电动机额定电流；I_q—电动机起动电流；M_e—电动机额定转矩；M_q—电动机起动转矩；K—起动电压/额定电压。

软起动器利用晶闸管的电子开关特性，通过单片机（一般采用16位单片机）控制其触发脉冲、触发角的大小来改变晶闸管的导通程度，从而改变加到定子绕组上的三相电压。软起动器实际上是个调压器，只改变输出电压，并没有改变频率。这一点与变频器不同。

软起动器可设定的最大起动电流为直接起动电流的0.99倍；可设定的最大起动转矩为直接起动转矩的0.80倍；线电流过载倍数为电动机额定电流的1～5倍。软起动器可实现连续无级起动。

二、软起动器的主要技术指标

常用软起动器的主要技术指标见表6-2。

表 6-2 常用软起动器的主要技术指标

技术指标内容	ABB PSD/PSDH 系列	西门子 3RW30 系列	AB SMC 系列	GE QC 系列
额定电压(V)	220～690	220～690	220～600	220～500
额定电流(A)	14～1000	5.5～1200	24～1000	14～1180
起始电压	10%～16%	30%～80%	10%～60%	10%～90%
脉冲突跳	90%	20%～100%	有	95%
电流限幅倍数	2～5	2～6	0.5～5	2～5

续表 6-2

技术指标内容	ABB PSD/PSDH 系列	西门子 3RW30 系列	AB SMC 系列	GE QC 系列
加速斜坡时间(s)	0.5～60	0.5～60	2～30	1～999
旁路控制模式	有	有	有	有
节能控制模式	有	有	有	有
线性软停机(s)	0.5～240	0.5～60	选项	1～999
非线性软停机(s)	无	5～90	选项	有
直流制动	无	20%～85%	选项	有

三、软起动器的主要功能

软起动器借助于单片机进行控制，它通常具备以下主要功能。

1. 自检功能

软起动器通电后，系统内部进行自检，如果有故障则立即报警。

2. 额定电流设定

电动机额定电流应为软起动器额定电流的 70%～100%。一旦软起动器的额定电流确定，也同时设定了电子过载保护器的跳闸等级。

3. 软起动功能

接到起动命令，软起动器自动进入起动程序，在规定的时间内(一般为 0.5～60s 可调)输出一个呈线性上升的电压给电动机。其初始电压即为电动机的起动电压。初始电压一般设定为 10%～60%的电动机额定电压；终止电压为电动机的额定电压。在起动操作前，起动电压的大小、上升时间等参数均可预先设定。对电动机的转矩可在 5%～90%的锁定转矩值之间调节。软起动器的起动特性曲线如图 6-1 所示。

4. 脉冲突跳起动功能

若负载在静止状态且具有较大阻力矩的状态下起动，可在斜坡软起动开始之前采用脉冲突跳起动。例如向电动机施加95％的额定电压、时间0.5s，以克服电动机起步时的阻力矩。软起动器可提供500％额定电流的电流脉冲，调整时间范围为0.4～2s。突跳起动的特性曲线如图6-2所示。

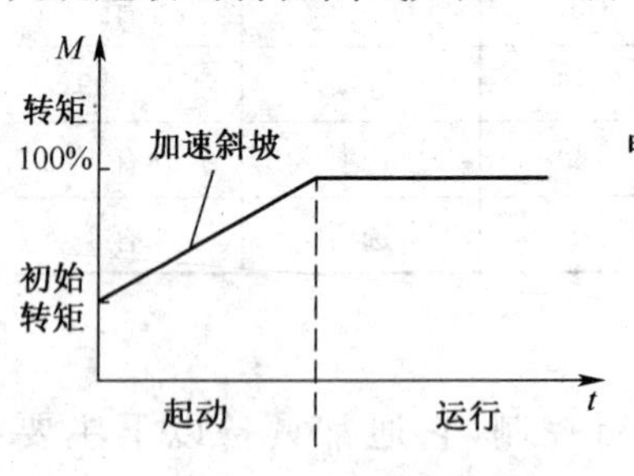

图6-1　软起动器的起动特性曲线

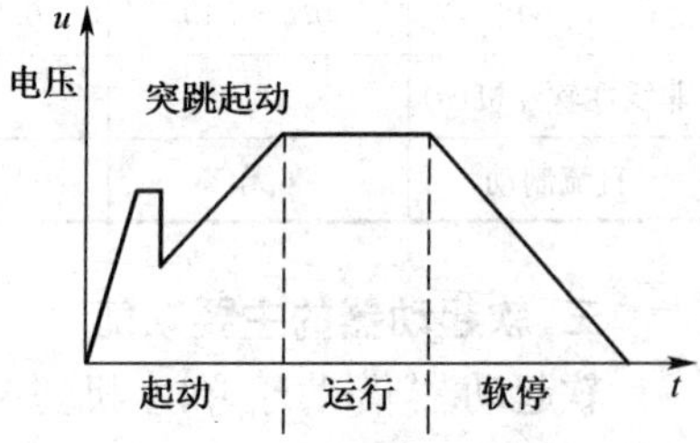

图6-2　突跳起动特性曲线

5. 平滑加速及平滑减速功能

通过单片机分析电动机变量的状态并发出控制命令，可对类似离心泵负荷的起动及停止平滑地加速及减速，来减小系统中出现的喘振。起动时间可在2～30s之间调整，停止时间可在2～120s之间调整。平滑加速和平滑减速的特性曲线如图6-3所示。

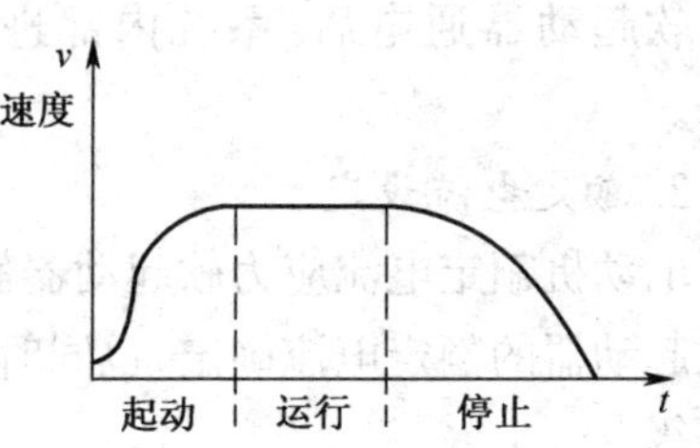

图6-3　平滑加速及平滑减速的特性曲线

6. 旁路切换功能

当起动结束、电动机达到额定转速时，软起动器输出切换信号，将电动机旁路切换至电网供电，以降低软起动器长期运行的热损耗。可以采用一台软起动器分别控制多台电动机的起动。

7. 软停止功能

软起动器在接收到软停机的指令后，自动执行软停止程序，输出电压从额定值线性降至起动时的初始值。软停止斜坡时间可单独设定，一般在0～240s内。

8. 快速停止功能

该功能用在比自由停车快的场合。制动在设有附加的接触器或附加电源设备的情况下完成。制动电流的大小可在满载电流的150％～400％之间调整。

9. 低速制动功能

该功能主要用于电动机需正向低速定位停车和需要制动控制停车的场合。慢速调制速度为额定速度的7％(低)或额定速度的15％(高)；低速加速电流，当加速时间为2s时，可在50％～400％之间调整；制动电流可在150％～400％之间调整；低速电流限制可在满载电流的50％～450％之间调整；不能采用突跳起动。低速制动特性曲线如图6-4所示。

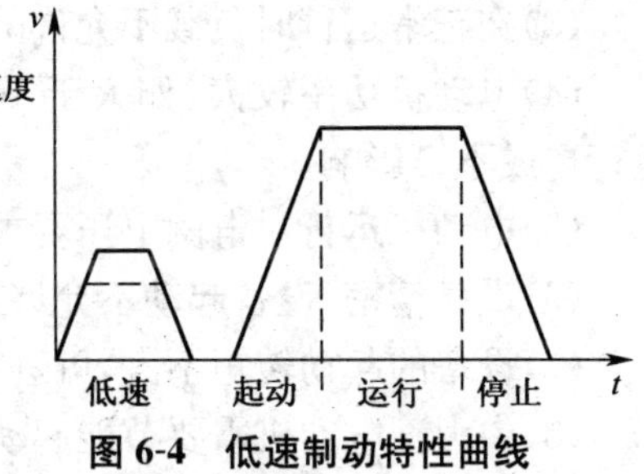

图6-4　低速制动特性曲线

10. 电流限制功能

最大软起动电流可以设置。若起动电流超过该设定值，电动机电压将受到限制不再升高，直到电动机电流降到电流设定值为止。通常电流限制的设定值为200％～500％的电动机额定电流(可调)。在起动过程中，若在规定时间内电流无法降至电流限制的设定值水平之下，则过电流切除功能投入运行，终止起动操作。

11. 节能功能

当电动机负荷较轻时，软起动器自动降低施加于电动机上的电压，从而提高电动机的功率因数，达到节能的目的。

12. 保护功能

①过热保护。当软起动器散热器的温度超过设定值时，温度传感器动作，保护电路切断软起动器的输出。

②晶闸管损坏保护。当一个或多个晶闸管损坏时，软起动器将报警。

③缺相保护。当三相交流电源发生缺相故障时，软起动器将立即关断并显示故障。

四、软起动器的适用场合

根据软起动器的功能，它适用于以下场合：

(1)要求减小电动机起动电流的场合。

(2)正常运行时电动机不需要具有调速功能，只解决起动过程的工作状态。

(3)在正常运行时负载不允许降压、降速。

(4)电动机功率较大(如大于 100kW)，起动时会给主变压器运行造成不良影响。

(5)电动机运行对电网电压要求严格，电压降不大于 $10\%U_e$。

(6)设备精密，设备起动不允许有起动冲击。

(7)设备的起动转矩不大，可进行空载或轻载起动。

(8)中大型电动机需要节能起动。从初投资看，功率在 75kW 以下的电动机采用自耦减压起动器比较经济，功率为 90～250kW 的电动机采用软起动器较合算。

(9)短期重复工作的机械。这里指长期空载(轻载小于 35%)、短时重载、空载率较高的机械，或者负载持续率较低的机械。如：起重机、皮带输送机、金属材料压延机、车床、冲床、刨床、剪床等。

(10)需要具有突跳、平滑加速、平滑减速、快速停止、低速制动、准确定位等功能的工作机械。

(11)长期高速、短时低速的电动机。当其负荷率低于 35% 时，采用软起动器有较好的节能效果。

(12)有多台电动机且这些电动机不需要同时起动的场合。

(13)不允许电动机瞬间关机的场合。如高层建筑等水泵系统,若瞬间停车,会产生巨大的“水锤”效应,使管道甚至水泵损坏。

(14)特别适用于各种泵类负荷或风机类负荷,需要软起动与软停车的场合。

(15)对于高压(中压)异步电动机,可以采用软起动器或变频器软起动。若采用降压变压器—低压变频器—升压变压器的方案,投资要比软起动器多2～4倍。一般来说,对起动转矩小于50%的负荷,宜采用软起动器;而对起动转矩大于50%的负荷,则宜采用变频器。

(16)需要方便地调节起动特性的场合。

五、几种软起动器的技术数据

(1)CR1系列软起动器的主要技术数据,见表6-3。

表6-3　CR1系列软起动器的主要技术数据

<table>
<tr><th>型号</th><th>壳架代号</th><th>软起动器额定电流 I_e(A)</th><th>被控制4极电动机额定功率 P_e(kW)</th><th>额定工作电压 U_e(V)</th><th>额定冲击耐受电压 U_{imp}(V)</th><th>额定绝缘电压 U_i(V)</th><th>额定控制电源电压 U_s(V)</th><th>使用类别</th></tr>
<tr><td>CR1-30</td><td rowspan="4">63</td><td>30</td><td>15</td><td rowspan="9">400 (50Hz)</td><td rowspan="9">8000</td><td rowspan="9">690</td><td rowspan="9">230 (50Hz)</td><td rowspan="9">AC-53a</td></tr>
<tr><td>CR1-40</td><td>40</td><td>18.5</td></tr>
<tr><td>CR1-50</td><td>50</td><td>22</td></tr>
<tr><td>CR1-63</td><td>63</td><td>30</td></tr>
<tr><td>CR1-75</td><td rowspan="3">105</td><td>75</td><td>37</td></tr>
<tr><td>CR1-85</td><td>85</td><td>45</td></tr>
<tr><td>CR1-105</td><td>105</td><td>55</td></tr>
<tr><td>CR1-142</td><td rowspan="2">175</td><td>142</td><td>75</td></tr>
<tr><td>CR1-175</td><td>175</td><td>90</td></tr>
</table>

续表 6-3

型号	壳架代号	软起动器额定电流 I_e(A)	被控制4极电动机额定功率 P_e(kW)	额定工作电压 U_e(V)	额定冲击耐受电压 U_{imp}(V)	额定绝缘电压 U_i(V)	额定控制电源电压 U_s(V)	使用类别
CR1-200	300	200	110	400 (50Hz)	8000	690	230 (50Hz)	AC-53a
CR1-250		250	132					
CR1-300		300	160					
CR1-340	450	340	185					AC-53b
CR1-370		370	200					
CR1-400		400	220					
CR1-450		450	250					

注：CR1-340、CR1-370、CR1-400、CR1-450软起动器的使用类别为AC-53b，即软起动器起动电动机完毕后，必须旁路运行。

(2)瑞典ABB公司生产的PSA、PSD和PSDH软起动器的技术数据，见表6-4。

表6-4　PSA、PSD和PSDH软起动器技术数据

项目	PSA	PSD	PSDH
适用场合	一般起动	一般起动	重载起动
电动机输出功率 P_e(kW)			
220～230V	4～8.5	22～250	7.5～200
380～415V	7.5～30	37～450	15～400
500V	11～37	45～560	18.5～500
690V	—	355～800	—
运行时最大额定电流 I_e(A)			
220～500V	18～60	75～840	30～720
690V	—	100～840	—
环境温度(℃)			
运行时①	0～50	0～50	0～50
保存时	−40～+70	−40～+70	−40～+70

续表 6-4

项目	PSA	PSD	PSDH
适用场合	一般起动	一般起动	重载起动
连续起动之间的最短时间间隔(ms)	—	500	500
设定			
初始电压占额定电压	30%	10%～60%	10%～60%
起动时电压上升时间(s)	0.5～30	0.5～60	0.5～60
停止时电压下降时间(s)	0.5～60	0.5～240	0.5～240
起动电流极限(A)	2～5I_e	2～5I_e	2～5I_e
电动机额定电流 I_e(A)	—	70～100③	70～100
级落电压	—	100%～30%	100%～30%
信号继电器			
额定操作电压 U_e(V)	250	250	250
额定热继电器电流 I_{th}(A)	5	5	5
额定操作电流 I_e(A) 在 Acll(U_e=250V)	1.5	1.5	1.5

注:①当温度高于 40℃时,额定电流值随温度升高而减小(0.8%/℃)。

②只适用于 U_e=690V,U_i=690V。

③只适用于 U_e=690V,50%～100%。

第二节　软起动器的选择与工程实例

一、软起动器的选择

原则上,不需要调速的鼠笼型异步电动机均可应用软起动器。目前的应用范围是交流 380V(或 660V)、功率从几千瓦到 850kW 的电动机。

具体应用时,应根据必要性、性能、价格等正确选择。选择时可参见本章第一节中四项“软起动器的适用场合”进行。

下面以 ABB 公司生产的 PSA、PSD 和 PSDH 型软起动器

(PSA、PSD 型为一般起动型，PSDH 型为重载起动型）为例介绍如下：

1. 软起动器型号的选择

泵。选择 PSA 或 PSD 型。PSD 型软起动器有一特别的泵停止功能（级落电压），使在停止斜坡的开始瞬间降低电动机电压，然后再继续线性地降至最终值，这提供了停止过程可能的最软的停止方法。

鼓风机。当起动较小功率的风机时，可选择 PSA 或 PSD 型；起动带重载的大型风机时，应选择 PSDH 型。其内部的过载继电器可保护电动机过于频繁起动引起的过热现象。

空压机。选用 PSA 或 PSD 型。选用 PSD 型可以提高功率因数和电动机效率，减小空载时的电能消耗。

输送带。一般可选用 PSA 或 PSD 型。如果输送带的起动时间较长，应选用 PSDH 型。

各软起动器可用于螺旋式输送机、滑轮提升机、液压泵、搅拌机、环形锯等。根据运行数据的计算，选择适当的软起动器，可用于破碎机、轧机、离心机及带形锯等。

软起动器的型号规格。这 3 种类型的软起动器的型号规格见表 6-5。

表 6-5　软起动器的型号规格

项　　目	单位及信号器	PSA	PSD	PSDH
应用场合		一般起动	一般起动	重载起动
功率范围	200～230V　kW 380～415V　kW 500V　kW 690V　kW	4～18.5 7.5～30 11～37 —	22～250 37～450 45～560 355～800	7.5～200 14～400 18.5～500 —
内部电子过载继电器	—	无	无④或有	有

续表 6-5

项　目	单位及信号器		PSA	PSD	PSDH
应用场合			一般起动	一般起动	重载起动
功能(用于设定的电位器):					
起动斜坡时间(START)	s		0.5～30	0.5～60	0.5～60
初始电压(U_{1N1})			30%(不可调)	10%～60%	10%～60%
停止斜坡时间(STOP)	s		0.5～60	0.5～240	0.5～240
级落电压(U_{SD})			无	100%～30%	100%～30%
起动电流限制(I_{L1M})			2～5I_e	2～5I_e	2～5I_e
可调额定电动机电流(I_e)			无	70%～100%②	700%～100%
用于选择的开关:					
节能功能(PF)	—		无	有	有
脉冲突跳起动(KICK)	—		无	有	有
大电流开断(SC)	无		有	有	—
节能功能反应时间、正常速/慢速(TPF)	无		有	有	—
信号继电器用于:	信号继电器	信号灯			
起动斜坡完成	K5	(T)③	有	有	有
运行	K4	(R)	无	有	有
故障	K6	(F1和/或F2)	无	有	有
过载	K3	(OVL)	无	有①④	有
电源电压	—	(On)	有	有	有
节能功能激活	—	(P)	无	有	有
认可	—	UL	有	有④	有

注:①带内部电子过载继电器。

②只适用于U_e=690V,50%～100%。

③不适用于PSA。

④不适用于690V。

二、软起动器在各种场合的节电效果

1. 典型设备软起动效果

典型设备的起动效果及起动电流见表 6-6。

表 6-6　典型设备的软起动效果及起动电流

机械设备	运行方式	效　果	起动电流与额定电流之比
旋转泵	标准起动	避免压力冲击，延长管道的使用寿命	3
活塞泵	标准起动	避免压力冲击，延长管道的使用命令	3.5
通风机	标准起动	使三角皮带和变速机构的损伤最小	3
传送带及其他物料传输装置	标准起动＋脉冲突跳	起动平稳、基本无冲击现象，可降低对皮带材料的要求（$t>30s$）	3
圆锯、带锯	标准起动	降低起动电流	3
搅拌机、混料机	标准起动	降低起动电流	3.5
磨粉机、碎石机	重载起动	降低起动电流	4～4.5

三、软起动器作轻载降压运行的节电效果

软起动器能实现在轻载时，通过降低电动机端电压，提高功率因数，减少电动机的铜耗、铁耗，达到轻载节能的目的；负载重时，则提高电动机端电压，确保电动机正常运行。但负荷率超过一定值不一定节电，甚至费电。

以下场合最适宜采用软起动器作轻载降压运行，并能收到较好的节电效果：

(1)短时间有负载、长期轻载运行的场合（负荷率＜35%），如油田磕头式抽油机，水泥厂粉碎机，机械制造厂冲床、剪床等。

(2)配套电动机功率太大，电动机长期处于轻载运行的场合。

(3)电网电压长期偏高（如长期在 400V 以上），而电动机额定

电压为380V的场合,用软起动器作降压运行。

在上述场合,电动机起动完毕,软起动器不短接,留在线路中用作轻载降压运行。其节电效果大致如下:

当负荷率<35%时,电动机节电率可达20%~50%;当50%>负荷率>35%时,节电率显著减小;当负荷率>50%时,节电率几乎为零,甚至负值。

如电动机额定功率 P_e 为90kW、额定效率 η_e 为92%。则电动机额定损耗 $\Delta P=(1-0.92)\times90=7.2(kW)$,电动机空载降压损耗节电:$\Delta P_s=(20\sim50)\%\times7.2=1.44\sim3.6(kW)$。

四、工程实例

【实例1】 表6-7为30kW电动机在不同负荷率下采用软起动器的节电效果。

表6-7 30kW电动机采用软起动器的节电效果

序号	负荷率 β (%)	输出功率 P_2 (W)	输入功率 P_1(W)		节约电能 (W)
			不带软起动器	带软起动器	
1	0	0	880	432	448
2	0.3	152.9	1100	460	640
3	2.8	766.1	1660	1200	440
4	5	1532.1	2470	2100	370
5	10	3064.3	4040	3800	240
6	15	4599.5	5700	5540	160
7	20	6116.3	7200	7120	80
8	31	9168.2	10440	10400	40
9	40.7	12199.6	13600	13560	40
10	50	15218.7	16760	16840	−80
11	70.7	21234.3	23280	23440	−160
12	100	30170.5	33200	—	0

由表 6-7 可见：

(1)对于不变负荷(不管是满载还是负荷率 30%～40%)，连续长期运行，不宜采用软起动器。

(2)对于变负荷情况，如果最低负荷率≥30%以上，采用软起动器意义也不大。如有功功率在负荷率 40%时仅节约 40W，负荷再增加则不能节电。负荷率在 50%时，则多耗电 80W。

【实例 2】 一台压延机，自耦减压起动器起动。电动机额定功率 P_e 为 55kW，额定电压 U_e 为 380V，额定功率因数 $\cos\varphi_e$ 为 0.83。重载时负荷功率 P 为 40kW，$\cos\varphi$ 为 0.8，轻载时负荷功率 P' 为 2～20kW 不等，轻载时间长。试求：

(1)是否可采用软起动器？若可以，试选择软起动器型号规格；

(2)设定软起动器参数；

(3)如果该压延机年运行小时数 τ 为 5000h，电价 δ 为 0.5 元/kWh，年节约电量多少？

(4)投资回收年限。

解 (1)选择软起动器。该电动机重载负荷率 $\beta=P/P_e=40/55=72.7\%$，时间不长，而轻载负荷率 $\beta=P'/P_e=2\sim20/55=3.6\%\sim36\%$，且时间长，因此采用软起动器可以提高功率因数，节电，而且能够减少起动电流冲击，有利电动机和传动设备。

具体选择软起动器的型号规格可参考产品样本，如选用一般起动用 PSD 型 380V、55kW 软起动器(见表 6-4 和表 6-5)。

(2)软起动器主要参数设定(参表 6-2 的技术数据)。

该电动机额定电流为

$$I_e=\frac{P_e}{\sqrt{3}U_e\cos\varphi_e}=\frac{55\times10^3}{\sqrt{3}\times380\times0.83}=100.7(\text{A})$$

电动机最大负荷电流为

$$I=\frac{P}{\sqrt{3}U_e\cos\varphi}=\frac{40\times10^3}{\sqrt{3}\times380\times0.8}=76.0(\text{A})$$

①起动电流限制。为使用电动机平稳起动，一般起动电流可控制在3倍额定电流以下，现取2倍，则

$2I_e=2\times100.7=210.4(A)$，可设定200A。

②起动斜坡时间（即起动时电压上升时间）。为了提高生产效率，起动斜坡时间不宜太长，现设定为5s。

③停止斜坡时间（即停止时电压下降时间）。适当延长停止时间，可减轻停机时对设备的冲击，现设定为10s。

④初始电压（即初始电压占额定电压的百分数）。由于重载起动转矩较大，所以起动电压设置应高一些，现设定为50%。

(3)节电量计算。参考已改造类似设备数据，估计平均节约有功电能$\Delta P=600W$（准确值应取节能改造后的实际测量统计值），则改造后年节约电量为

$$A=\Delta P\tau=600\times5000=3000000(W)=3000(kW)$$

年节约电费为

$$F=A\delta=3000\times0.5=1500(元)$$

(4)投资回收年限。改造后，改善了设备的运行条件，延长电动机使用寿命，设备得到更好的保护，减少了维护保养费用，设年节约这些费用为$E_1=2000$元。

淘汰下来的自耦减压起动设备剩值$E_2=1000$元。

购买55kW软起动器及安装费计$C=1.1$万元。

投资回收年限为

$$T=\frac{C-E_2}{F+E_1}=\frac{1.1-0.1}{0.15+0.2}=2.9(年)$$

须指出，改造后，还提高了功率因数，还能减少线损。

第三节　软起动器控制线路

一、JJR1000XS型软起动器控制线路

线路如图6-5所示。

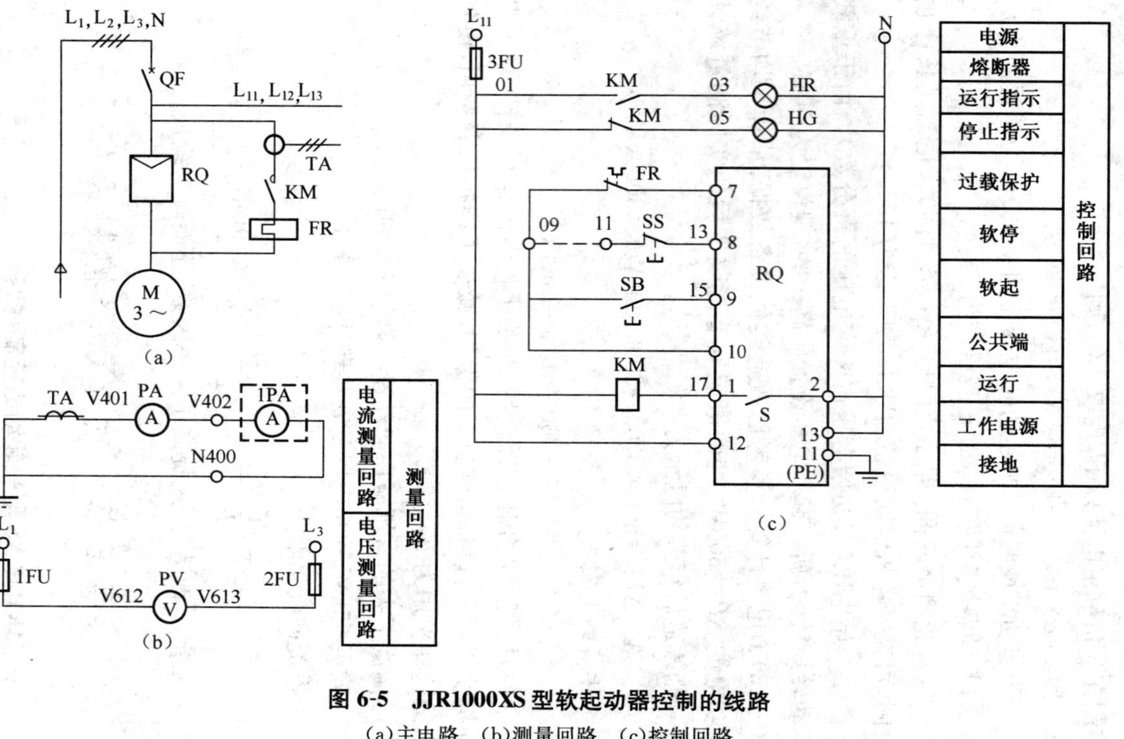

图 6-5　JJR1000XS 型软起动器控制的线路

(a)主电路　(b)测量回路　(c)控制回路

图中,1、2为旁路继电器端子;3、4为故障输出端子;7为瞬停输入端子;8为软停输入端子;9为软起动输入端子;10为公共接点输入端子(COM);11为接地端子(PE);12、13为控制电源输入端子。

工作原理:合上断路器QF,按下软起动按钮SB,端子9、10接通,电动机开始软起动,转速逐渐上升。当电动机转速达到额定值(即电动机电压达到额定电压)时,软起动器内部的旁路继电器触点S闭合,旁路接触器KM得电吸合,将软起动器内部的主触点(三相晶闸管)短路,从而使晶闸管等不致长期工作而发热损坏。当旁路继电器触点S闭合时,旁路运行指示灯HR点亮。停机时,按下软停按钮5s,端子8、10断开,软起动器内部旁路继电器触点S断开,接触器KM失电释放,断开旁路接触器主触点,同时运行指示灯HR熄灭、停止指示灯HG点亮。电动机经软起动器软停机。

当软起动器发生故障时,其内部故障常开触点闭合,接通报警电路或断路器QF的跳闸回路,发出报警信号或使断路器QF跳闸,从而实现保护作用。

电器元件见表6-8。

表6-8　电器元件表

序号	符号	名称	型号	技术数据	数量	备　注
1	QF	断路器	CM1-□/3300	I_e:□A	1	随电动机功率变化
2	RQ	软起动器	JJR1□X	功率:□kW	1	随电动机功率变化
3	KM	交流接触器	CJ20-□	AC220V	1	随电动机功率变化
4	FR	热继电器	JRS2-□F	热整定:□A	1	随电动机功率变化
5	TA	电流互感器	LMK3-0.66	□/5A	1	随电动机功率变化
6	PA	电流表	6L2-A	□/5A	1	随电动机功率变化
7	1PA	电流表	—	—	1	用户自备
8	PV	电压表	6LZ-V	0～450V	1	
9	HR、HG	信号灯	AD11-22/21-7GZ	HR(红)、HG(绿)	2	
10	SB、SS	按钮	LA38-11/209	SB(绿)、SS(红)	2	
11	1FU～3FU	熔断器	JF-2.5RD	熔芯:4A	3	

二次回路采用 BVR-1.5mm² 导线；互感器回路采用 BVR-2.5mm² 导线。

二、一台软起动器拖动两台电动机的控制线路

一台 JJR1000X 软起动器拖动两台电动机的控制线路如图 6-6 所示。每台电动机均能单独操作，不分先后次序。两次操作时

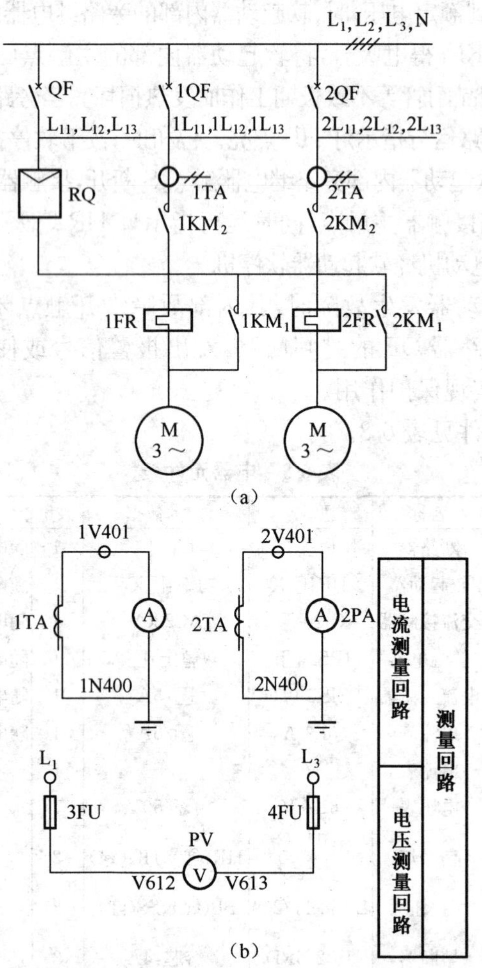

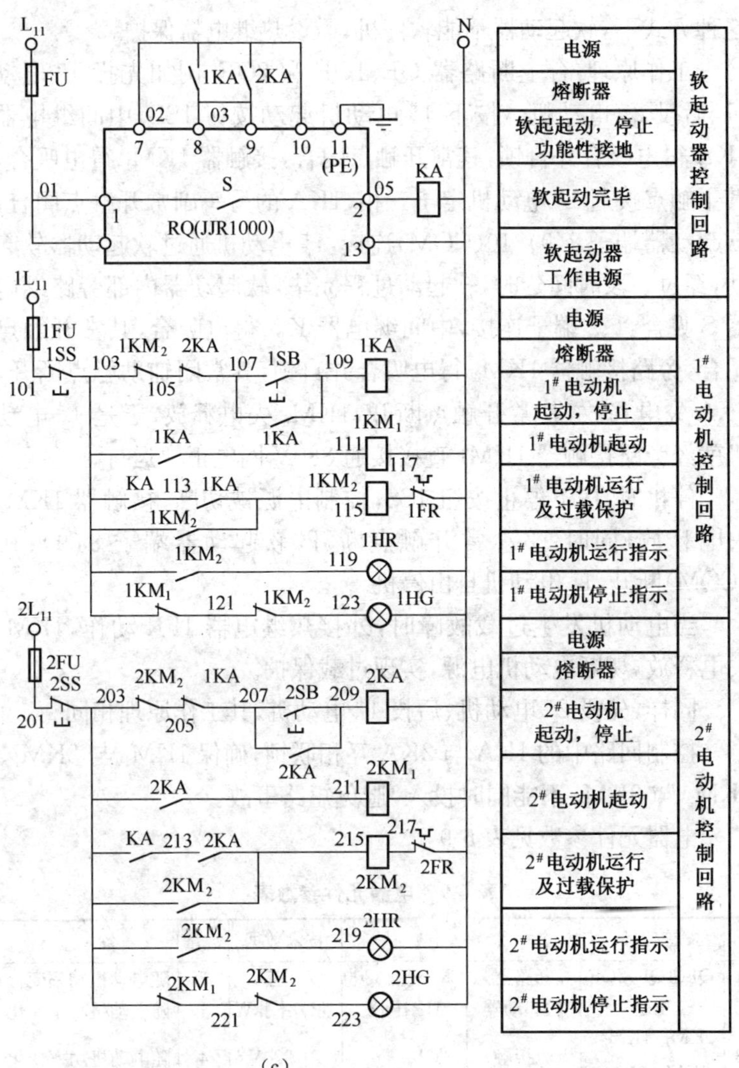

(c)

图 6-6　一台软起动器拖动两台电动机的控制线路

(a)主电路　(b)测量回路　(c)控制回路

间间隔大于 30s。软起动器功能代码 9(控制方式)须设为外控。

这种方式下，软起动器不能软停机，需设热继电器保护。

工作原理：合上断路器 QF、1QF 和 2QF，例如先投 1# 电动机、后投 2# 电动机。按下 1# 电动机起动按钮 1SB，中间继电器 1KA 得电吸合并自锁，其常开触点闭合，接触器 $1KM_1$ 得电吸合，其主触点接通 1# 电动机定子三相，1KA 的另一副常开触点闭合，软起动器端子 8(9)、10(COM)连接，1# 电动机通过软起动器软起动，经过一段时间延时，软起动过程完毕，软起动器内部旁路继电器 S 吸合，1、2 端子连接，中间继电器 KA 得电吸合，其常开触点闭合，旁路接触器 $1KM_2$ 得电吸合并自锁，其常闭辅助触点断开，1KA 失电释放，其常开触点断开，$1KM_1$ 失电释放，于是 1# 电动机就经旁路接触器 $1KM_2$ 直接接通 380V 网电正常运行。

停机时，按下停止按钮 1SS，控制电源被切断，接触器 $1KM_2$ 失电释放，同时 1KA 常开触点断开，软起动器端子 8(9)、10(COM)断开，1# 电动机自由停机。

当电动机发生过载故障时，外接热继电器 1FR 动作，$1KM_2$ 失电释放，切断电动机电源，实现过载保护。

同样，先投 2# 电动机、后投 1# 电动机，其工作原理相同。

控制回路中的 1KA 与 2KA 互相联锁，确保 $1KM_1$ 与 $2KM_1$、$1KM_2$ 与 $2KM_2$ 不能同时投入，避免短路事故。

电器元件参数见表 6-9。

表 6-9　电器元件参数表

序号	符　号	名　称	型　号	技术数据	数量	备　注
1	QF、1QF、2QF	断路器	CM1-□/3300	I_e：□A	3	随电动机功率变化
2	RQ	软起动器	JJR1□X	功率：□kW	1	随电动机功率变化
3	$1KM_1$、$1KM_2$、$2KM_1$、$2KM_2$	交流接触器	CJ20-□	AC220V	4	随电动机功率变化
4	KA、1KA、2KA	中间继电器	JZC3-31d	AC220V	3	
5	1FR、2FR	热继电器	JRS2-□F	热整定：□A	2	随电动机功率变化
6	1TA、2TA	电流互感器	LMC3-0.66	□/5A	2	随电动机功率变化
7	1PA、2PA	电流表	6L2-A	□/5A	2	随电动机功率变化

续表 6-9

序号	符　号	名　称	型　号	技术数据	数量	备　注
8	PV	电压表	6L2-V	0～450V	1	
9	1HR、2HR	信号灯	AD11-22/21-7GZ	AC220V 红	2	
10	1HG、2HG	信号灯	AD11-22/21-7GZ	AC220V 绿	2	
11	1SB、2SB	起动按钮	LA38-11/209	绿	2	
12	1SS、2SS	停止按钮	LA38-11/209	红	2	
13	FU、1FU～4FU	熔断器	JPS-2.5RD	熔芯:4A	5	

第七章　变频器节电技术与工程实例

第一节　变频器的特点和技术数据

一、变频器的特点

变频器是利用电力半导体器件的通断作用将工频电源变换成另一频率电源的电能控制装置。通俗地说，它是一种能改变施加于交流电动机的电源频率值和电压值的调速装置。

变频器是现代最先进的一种异步电动机调速装置，能实现软起动、软停车、无级调整以及特殊要求的增、减速特性等，具有显著的节电效果。它具有过载、过压、欠压、短路、接地等保护功能，具有各种预警、预报信息和状态信息及诊断功能，便于调试和临控，可用于恒转矩、平方转矩和恒功率等各种负载。

变频器由电力电子半导体器件（如整流模块，绝缘栅双极晶体管 IGBT）、电子器件（集成电路、开关电源、电阻、电容等）和微处理器（CPU）等组成，具体包括主电路、检测控制电路、操作显示电路和保护电路 4 部分，其基本构成如图 7-1 所示。

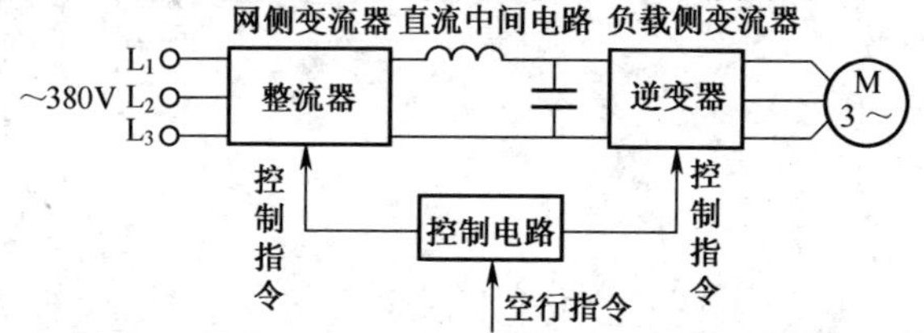

图 7-1　变频器的基本构成（交-直-交变频器）

变频器的内部结构及外部接线如图 7-2 所示。

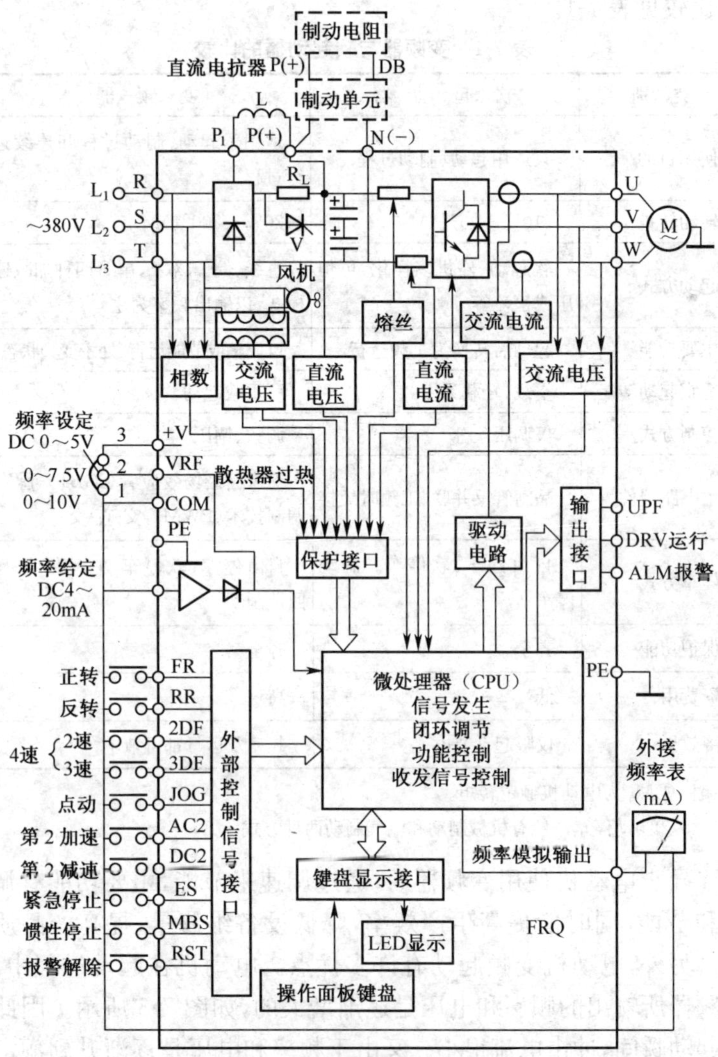

图 7-2　变频器的内部结构及外部接线

变频器与软起动器不同之处是，软起动器实际上是一个电压调节器，而变频器是在变频的同时还要调压。变频器与软起动器的比较见表 7-1。

表 7-1　变频器与软起动器的比较

类　别	软 起 动 器	变 频 器
使用目的	只适用起动、制动过程	适用于起动、制动过程和连续运行过程
转动转矩	（10%～90%）M_e①	（120%～200%）M_e
起动方式	软起动、停机多样化，可恒压或恒流等	直线、倒 L、双 S、单 S 四种加减速模式，以输出频率为主
主要功能	起动后转换为工频运行	可调整或节能运行（处于变频状态）
适宜起动转矩	空载、轻载为主	可重载起动
控制方式	仅调压	调频、调压
主电路器件	晶闸管反并联、工频时短接	绝缘栅极场效应管（IGBT），脉宽调制技术（PWM），交-直-交
停车方式	自由停车、软停车。制动停车②	自由停车，软停车，制动停车②，回馈制动
保护功能	齐全	齐全
投资费用	低	高
经济效果	仅限起动节电	起动及运行都可节电

注：①M_e 为电动机额定转矩。

②制动停车一般有机械制动和电气制动两种方式。

异步电动机使用变频器后，通过调速来节能，主要功能有调速和节能，同时能提高生产效率，降低设备维修量，提高产品质量。另外，电动机变频起动有许多优点。电动机在起动过程中，变频器所输出的频率和电压是逐渐增大的，如图 7-3 所示。因此在起动瞬间，冲击电流很小。又由于频率和电压是逐渐升到额定值的，所以在起动过程中，电动机的转速缓慢上升，起动电流 I_q 也将限制在一定范围内，如图 7-3(c)所示，I_e 为电动机额定电流。

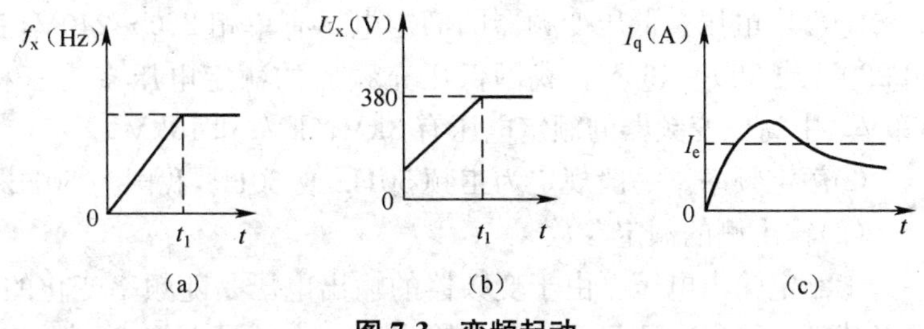

图 7-3　变频起动

(a)变频器输出频率　(b)变频器输出电压　(c)起动电流

采用变频起动，也能减小起动过程中的动态转矩，起动平稳，减小了对传动机械的冲击。

二、变频器的适用场合

(1)对电动机实现无级调速控制。许多生产工艺对传动电动机有调速要求。变频器可输出 0～40Hz 频率，具体多大频率由生产工艺要求而定，并受电动机允许最大频率的制约。

(2)对电动机实现节能。异步电动机采用调速技术节能，可使效率提高 5%～10%。特别是当变频器用于变负载工况的工程机械(风机、泵、搅拌机、挤压机等)上时，节能效果尤为显著，一般可节电 20%～30%，调速装置费用可在 1～3 年内收回。变频器用于节能场合，使用频率为 0～50Hz，具体多大频率由设备类型、工况条件等决定。

(3)对电动机实现软起动、软制动以及平滑调速。用变频器作软起动器，能减小电动机起动电流，避免负载设备受到大的冲击，特别适合于重载起动或满载超支的机械设备，如大功率高压风机、大型压缩机、挤压机等的起动。另外，也适用于在一些生产工艺中，对传动设备有软制动及平滑调速要求的场合。

(4)对多台电动机实现以比例速度运转或同步运转。

三、变频器的额定参数和技术数据

1. 变频器的额定参数

(1)输入侧的额定参数。

①额定电压。低压变频器的额定电压有单相220～240V，三相220V或380～460V。我国低压充频器的额定电压多为三相380V。中高压变频器的额定电压有3kV、6kV、和10kV。

②额定频率。一般规定为工频50Hz或60Hz，我国为50Hz。

(2)输出侧的额定参数。

①额定输出电压。由于变频器的输出电压是随频率变化的，所以其额定输出电压只能规定为输出电压中的最大值，通常它总是和输入侧的额定电压相等。

②额定输出电流。额定输出电流指允许长时间输出的最大电流，是用户选择变频器的主要依据。

③额定输出容量。额定输出容量由额定输出电压和额定输出电流的乘积决定：

$$S_e=\sqrt{3}U_e I_e \times 10^{-3}$$

式中　S_e——额定输出容量(kVA)；

U_e——额定输出电压(V)；

I_e——额定输出电流(A)。

变频器的额定容量有以额定输出电流(A)表示的，有以额定有功功率(kW)表示的，也有以额定视在功率(kVA)表示的。

④配用电动机容量。变频器说明书中规定的配用电动机容量，是指在带动连续不变负载的情况下可配用的最大电动机容量。当变频器的额定容量以额定视在功率表示时，应使电动机算出的所需视在功率小于变频器所能提供的视在功率。

⑤过载能力。变频器的过载能力是指允许其输出电流超过额定电流的能力，一般规定为150%I_e、1min或120%I_e、1min。

⑥输出频率范围。即输出频率的最大调节范围，通常以最大输出频率f_{max}和最小输出频率f_{min}来表示。各种变频器的频率范围不尽相同，通常最大输出频率为200～500Hz，最小输出频率为0.1～1Hz。

⑦0.5Hz时的起动转矩。这是变频器重要的性能指标。优良的变频器在0.5Hz时能输出180%～200%的高起动转矩。这种变频器可根据负载要求实现短时间平稳加、减速，快速响应急变负载。

2. 几种变频器的技术数据

(1)国产通用型变频器JP6C—T9和节能型变频器JP6C—J9的技术数据

国产(包括我国台湾、香港)生产的变频器有森兰BT40、SB61，康沃CVF，安邦信AMB，英威腾INVT，台达VFD，佳灵JP6C，三恳SAMCO等。其中佳灵公司生产的全数字通用型变频器JP6C—T9和节能型变频器JP6C—J9的主要技术数据，见表7-2。

(2)西门子MM440矢量型通用变频器的主要技术数据。MM440矢量型通用变频器是一种无速度传感器磁通电流矢量控制方式的多功能标准变频器，具有低速高转矩输出、良好的动态特性和过载能力强等优点。其主要技术数据见表7-3。

(3)西门子E_{co}节能型通用变频器的主要技术数据。E_{co}节能型通用变频器是一种适用于风机、水泵、空调设备等负荷变频调速控制的经济型通用变频器。它通过输入电动机的铭牌数据自动测定和设置电动机的参数，运行中能精确跟随设定点，并自动搜寻电动机的最小运行功率，对其进行调节和控制，从而达到节能运行的目的。其主要技术数据见表7-4。

(4)Vacon通用变频器的主要技术数据。Vacon系列通用变频器是芬兰瓦萨Vaasa集团公司的产品，主要有CXS、CXL、CX、CXC和CXI五种类型。它采用基于转化的电动机模型和快速ASIC电路的无速度传感器矢量控制方式和采用定子磁通矢量控制方式，时该对电动机运行状态进行监控。此系列变频器可广泛用于风机、水泵、压缩机、传送带、搅拌机、起重机、电梯、粉碎机等设备。其主要技术数据见表7-5。

表 7-2 JP6C-T9 型和 JP6C-J9 型变频器技术数据

型号 JP6C-			T9-0.75	T9-1.5	T9-2.2	T9-5.5	T9/J9-7.5	T9/J9-11	T9/J9-15	T9/J9-18.5	T9/J9-22	T9/J9-30	T9/J9-37	T9/J9-45	T9/J9-55	T9/J9-75	T9/J9-90	T9/J9-110	T9/J9-132	T9/J9-160	T9/J9-200	T9/J9-220	T9/J9-280
适用电动机功率(kW)			0.75	1.5	2.2	5.5	7.5	11	15	18.5	22	30	37	45	55	75	90	110	132	160	200	220	280
额定输出	额定容量(kVA)(注)		2.0	3.0	4.2	10	14	18	23	30	34	46	57	69	85	114	134	160	193	232	287	316	400
额定输出	额定电流(A)		2.5	3.7	5.5	13	18	24	30	39	45	60	75	91	112	150	176	210	253	304	377	415	520
额定输出	额定过载电流		T9 系列:额定电流的 1.5 倍 1min;J9 系列:额定电流的 1.2 倍 1min																				
额定输出	电压		三相 380～440V																				
输入电源	相数,电压,频率		三相 380～440V,50/60Hz																				
输入电源	允许波动		电压:+10%～−15%,频率:±5%																				
输入电源	抗瞬时电压降低		310V 以上可以继续运行,电压从额定值降到 310V 以下时,继续运行 15ms																				
输出频率	设定	最高频率	T9 系列:50～400Hz 可变设定;T9 系列:50～120Hz 可变设定																				
输出频率	设定	基本频率	T9 系列:50～400Hz 可变设定;T9 系列:50～120Hz 可变设定																				
输出频率	设定	起动频率	0.5～60Hz 可变设定												2～4Hz 可变设定								
输出频率	设定	载波频率	2～6kHZ 可变设定																				
输出频率	精度		模拟设定:最高频率设定值的±0.3%(25℃±10℃)以下;数字设定:最高频率设定值的±0.01%(−10℃～+50℃)																				
输出频率	分辨率		模拟设定:最高频率设定值的二千分之一;数字设定:0.01Hz(99.99Hz 以下),0.1Hz(100Hz 以上)																				

续表 7-2

<table>
<tr><td colspan="2">型号
JP6C-</td><td>T9-
0.75</td><td>T9-
1.5</td><td>T9-
2.2</td><td>T9
5.5</td><td>T9/
J9-
7.5</td><td>T9/
J9-
11</td><td>T9/
J9-
15</td><td>T9/
J9-
18.5</td><td>T9/
J9-
22</td><td>T9/
J9-
30</td><td>T9/
J9-
37</td><td>T9/
J9-
45</td><td>T9/
J9-
55</td><td>T9/
J9-
75</td><td>T9/
J9-
90</td><td>T9/
J9-
110</td><td>T9/
J9-
132</td><td>T9/
J9-
160</td><td>T9/
J9-
200</td><td>T9/
J9-
220</td><td>T9/
J9-
280</td></tr>
<tr><td rowspan="5">控制</td><td>电压/频率特性</td><td colspan="21">用基本频率设定 320～440V</td></tr>
<tr><td>转矩提升</td><td colspan="21">自动：根据负载转矩调整到最佳值；手动：0.1～20.0 编码设定</td></tr>
<tr><td>超动转矩</td><td colspan="21">T9 系列：1.5 倍以上(转矩矢量控制时)；T9 系列：0.5 倍以上(转矢矢量控制时)</td></tr>
<tr><td>加、减速时间</td><td colspan="21">0.1～3600s，对加速时间，减速时间可单独设定 4 种，可选择线性加速减速特性曲线</td></tr>
<tr><td>附属功能</td><td colspan="21">上、下限频率控制、偏置频率、频率设定增益、跳跃频率、瞬时停电再起动(转速跟踪再起动)、电流限制</td></tr>
<tr><td rowspan="3">运转</td><td>运转操作</td><td colspan="21">触摸面板：RUN 键、STOP 键、远距离操作；端子输入：正转指令、反转指令、自动运转指令等</td></tr>
<tr><td>频率设定</td><td colspan="21">触摸面板：∧键、∨键；端子输入；多段频率选择　模拟信号：频率设定器 DC0～10V 或 DC4～20mA</td></tr>
<tr><td>运转状态输出</td><td colspan="21">集中报警输出
开路集电极：能选择运转中、频率到达、频率等级、检测等 9 种或单独报警
模拟信号：能选择输出频率、输出电流、转矩、负载率(0～1mA)</td></tr>
<tr><td rowspan="3">显示</td><td>数字显示器
(LED)</td><td colspan="21">输出频率、输出电流、输出电压、转速等 8 种运行数据，设定频率故障码</td></tr>
<tr><td>液晶显示器
(LCD)</td><td colspan="21">运转信息、操作指导、功能码名称、设定数据、故障信息等</td></tr>
<tr><td>灯指示
(LED)</td><td colspan="21">充电(有电压)、显示数据单位、触摸面板操作批示、运行指示</td></tr>
</table>

续表 7-2

<table>
<tr><td colspan="2">型号
JP6C-</td><td>T9-
0.75</td><td>T9-
1.5</td><td>T9-
2.2</td><td>T9-
5.5</td><td>T9/
J9-
7.5</td><td>T9/
J9-
11</td><td>T9/
J9-
15</td><td>T9/
J9-
18.5</td><td>T9/
J9-
22</td><td>T9/
J9-
30</td><td>T9/
J9-
37</td><td>T9/
J9-
45</td><td>T9/
J9-
55</td><td>T9/
J9-
75</td><td>T9/
J9-
90</td><td>T9/
J9-
110</td><td>T9/
J9-
132</td><td>T9/
J9-
160</td><td>T9/
J9-
200</td><td>T9/
J9-
220</td><td>T9/
J9-
280</td></tr>
<tr><td rowspan="3">制
动</td><td>制动转矩
（注 2）</td><td colspan="5">100%以上</td><td colspan="6">电容充电制动 20%以上</td><td colspan="10">电容充电制动 10%～15%</td></tr>
<tr><td>制动选择
（注 3）</td><td colspan="5">内设制动电阻</td><td colspan="6">外接制动电阻 100%</td><td colspan="10">外接制动单元和制动电阻 70%</td></tr>
<tr><td>直流制动设定</td><td colspan="21">制动开始频率（0～60Hz），制动时间（0～30s），制动力（0～200%可变设定）</td></tr>
<tr><td colspan="2">保护功能</td><td colspan="21">过电流、短路、接地、过压、欠压、过载、过热、电动机过载、外部报警、电涌保护、主器件自保护</td></tr>
<tr><td colspan="2">外壳防护等级</td><td colspan="5">IP40</td><td colspan="16">IP00（IP20 为选用）</td></tr>
<tr><td rowspan="5">环
境</td><td>使用场所</td><td colspan="21">屋内、海拔 1000Mm 以下，没有腐蚀性气体、灰尘、直射阳光</td></tr>
<tr><td>环境温度/湿度</td><td colspan="21">－10℃～50℃/20%～90%RH 不结露（220kW 以下规格在超过 40℃时，要卸下通风盖</td></tr>
<tr><td>振动</td><td colspan="21">5.9M/s²（0.6g）以下</td></tr>
<tr><td>保存温度</td><td colspan="21">－20℃～＋60℃（适用运输等短时间的保存）</td></tr>
<tr><td>冷却方式</td><td colspan="21">强制风冷</td></tr>
</table>

注：①按电源电压 440V 的计算值。

②对于 J9 系列，7.5～22kW 为 20%以上，30～280kW 为 10%～15%。

③对于 J9 系列，7.5～22kW 为 100%以上，30～280kW 为 75%以上（使用制动电阻时）。

表 7-3　MM440 矢量型通用变频器的主要技术数据

	输入电压	恒转矩	平方转矩
输入电压和功率范围	1 相 AC200～240(1%±10%)V	0.12～3kW	0.12～4.0kW
	3 相 AC200～240(1%±10%)V	0.12～45kW	0.24～45kW
	3 相 AC380～480(1%±10%)V	0.37～75kW	0.55～90kW
	3 相 AC500～600(1%±10%)V	0.75～75kW	1.5～90kW
输入频率	47～63Hz		
输出频率	0～650Hz		
功率因数	≥0.7		
变频器效率	96%～97%		
过载能力（恒转矩）	150%负载过载能力，5min 内持续时间 60s；200%过载，1min 内持续 3s		
起动冲击电流	小于额定输入电流		
控制方式	矢量控制，力矩控制、线性 *U*/*f*；二次方 *U*/*f*(风机曲线)；可编程 *U*/*f*；磁通电流控制(FCC)、低功率模式		
PWM 频率	2～16kHz(每级改变量为 2kHz)		
固定频率	15 个，可编程		
跳转频率	4 个，可编程		
频率设定值的分辨率	0.01Hz，数字设定；0.01Hz，串行通信设定；10 位模拟设定		
数字输入	3 个完全可编程的带隔离的数字输入；可切换为 PNP/NPN		
模拟输入	2 个，0～10V、0～20mA、－10～＋10V；0～10V、0～30mA		
继电器输出	3 个可组态为 DC30V/5A(电阻性负载)，250V AC/2A(感性负载)		
模拟输出	2 个，可编程(0/4～20mA)		
串行接口	RS485，RS232		
电磁兼容性	可选用 EMC 波波器，符合 EN55011A 级或 B 级标准变频器内置 A 级滤波器		
制动	直流制动、复合制动、动力制动、集成制动器		
保护等级	IP20		
温度范围	CT－10℃～＋50℃；VT－10℃～＋40℃		

续表 7-3

	输入电压	恒转矩	平方转矩
输入电压和功率范围	1 相 AC200～240(1%±10%)V	0.12～3kW	0.12～4.0kW
	3 相 AC200～240(1%±10%)V	0.12～45kW	0.24～45kW
	3 相 AC380～480(1%±10%)V	0.37～75kW	0.55～90kW
	3 相 AC500～600(1%±10%)V	0.75～75kW	1.5～90kW
存放温度	－40℃～＋70℃		
湿度	相对湿度 95%，无结露		
海拔高度	海拔 1000m 以下使用时不降低额定参数		
保护功能	欠电压、过电压、过载、接地故障、短路、电动机失速、闭锁电动机、电动机过热，PTC 变频器过热、参数 PIN 编号		
标准	UL、CUL、CE、C-tick		
标志	符合 EC 低电压规范 72/73/EEC 和电磁兼容规范 89/336/EEC		

表 7-4　E_{co}节能型通用变频器的主要技术数据

输入电压	208～240(1%±10%)V、单相/三相；380～500(1%±10%)V、三相；575(1%±15%)V、三相
输入频率	50/60Hz
起动电流	小于满载电流
功率因数	常规 0.9
输出电压	0 到额定电压之间可调。自动补偿输入电压的波动
功率范围	0.75～315kW
显示/控制	4 位 7 段数码显示频率、电动机电流、电动机转速、电动机转矩、直流电压、压力和温度给定值或串行口状态。文本显示操作面板具有 4 行 LCD 字符显示，带 6 种语言参数说明
模拟量控制	2 路输入，0～10V、0～20mA、4～20mA 可选，10 位分辨率。1 路电流输出 0～20mA，可选择显示频率、给定值、电动机转速、电动机电流或电动机转矩（MD E_{co}为 2 路电流输出）
开关量控制	6 路开关量输入，每路可单独设定为起/停、自由停车、外部跳闸、故障复位、本地/远程操作、选择固定频率、模拟量/数字量给定切换、禁止修改参数、从文本显示操作面板下载参数等功能；2 路无触点继电器输出(230V、1A)，可设定为变频器运行、变频器输出频率为零、变频器输出频率低于最小频率、故障显示、变频器达到（高于）给定值、电动机电流超出可调范围、PID 控制超限（高于或低于）等功能
串行通信口	RS485，2 线制，波特率 19200bit/s，遵循 USS 协议

表 7-5　Vacon 通用变频器的主要技术数据

项　目	Vacon CX	Vacon CXL	Vacon CXS
功率(kW)	1.5～500	0.75～500	0.55～30
供电及电机电压三相(V)	230～690	230～500	230～500
防护等级	IP00、IP20	IP21、IP54	IP20
EMC 等级(内置)	N	N、I、C	N、I、C
交流电抗(内置)	全系列	全系列	4CXS～22CXS
输出电压	$0 \sim U_{in}$		
连续输出	I_{ct}:最高环境温度＋50℃,过载最大电流 $1.5I_{ct}$(1min/10min) I_{vt}:最高环境温度＋40℃,不允许过载		
起动转矩	200％		
起动电流	$2.5\times l_{ct}$,2s/20s(输出频率小于 30Hz,散热器温度小于＋60℃)		
输出频率	0～500Hz,分辨率 0.01Hz		
控制方法	U/f 控制、开环无传感矢量控制、闭环矢量控制		
开关频率	1～16Hz(小于 90kW/400/500V 系列)、1～6kHz(110～1500kW/600V 系列)		
频率参考	模拟输入分辨率 13bit,精度±1％,操作面板参考分辨率 0.0Hz		
弱磁点	30～500Hz		
加速时间	0.1～3000s		
减速时间	0.1～3000s		
制动转矩	直流制动,30％T_n(不含制动电阻)		
模拟电压	0～＋10V,R_i＝200kΩ(－10～＋10 摇杆控制),分辨率 12bit,精度±1％		
模拟电流	0(4)～20mA,R_i＝250Ω,差动方式		
数字输入	正或负逻辑		
辅助电压	＋24(1％±20％),最大 100mA		
电位器参考电压	＋10V,最大 10mA		
模拟输出	0(4)～20mA,R_L＜500Ω,分辨率 10bit,精度±3％		
数字输出	开集电极输出,50mA/48V		
继电器输出	最大容许电压 DC30V,AC 250V,电流 2A 有效值		
过电流保护	跳闸极限 $4I_{ct}$		

续表 7-5

项　目	Vacon CX	Vacon CSL	Vacon CXS
过电压保护	输入电压 220V/280V 时，跳闸极限 $1.47U_n$		
欠电压保护	跳闸极限 $0.65U_n$		
接地故障保护	当电动机或电线接地短路时的保护		
电源监视	电源缺相时变频器跳闸		
输出监视	电动机缺相时变频器跳闸		
其他保护	过热、电动机过载、失速、短路保护、+24V 及+10V 参考电压短路		

第二节　变频器的选择与工程实例

一、根据负荷转矩特性选择变频器

如果用户的负荷性质和参数清楚、明确（例如有确定的速度图和转矩图等），则很容易从变频器的产品性能参数（如电流、过负荷电流、持续时间和过负荷频率等）中选择合适的变频器。选择变频器时涉及的主要负荷类型及注意事项有以下几个方面：

1. 负荷的起动转矩和加速转矩

选择变频器时需要了解负荷的起动转矩和加速转矩等特性。

①起动转矩。大多数给料机、物料输送机、混料机、搅拌机等机械的起动转矩可能达到额定转矩的 150%～170%，泥浆泵、往复式柱塞泵等机械的起动转矩可能达到额定转矩的 150%～175%，这就要选择能适应较大起动转矩的变频器。但许多通用机械（如离心式风机和水泵等）的起动转矩小于额定转矩，有些可能小至 25%额定转矩，对于这些机械只要选择能满足额定转矩的变频器即可。

②加速转矩。加速转矩是指使机械从刚开始转动直至加速到额定转速所需要的转矩，其值为机械静阻转矩与动转矩之和。

一般风机、水泵的加速转矩不超过额定转矩。但大功率风机由于飞轮的转动惯量 GD^2 很大,加速转矩就很大;离心式小泵开阀门时加速转矩可达100%,而其他型式的泵可能达到150%或更大;轧钢机等在尽量缩短加速时间时,要求加速转矩越大越好。

2. 变转矩负荷

风机、小泵的转矩近似与速度的平方成正比。除离心式水泵和离心式风机不需考虑过载能力外,对其他形式的泵和风机都要分析其实际过负荷的可能性。

对于没有过负荷的设备,可以用设备的额定功率 P 来选择变频器的容量,这时变频器的电流限幅应为100%。如采用有150%、1min过载能力的变频器,则电流限幅也可以放宽到115%。

对于转动惯量 GD^2 比较大的离心式风机,可能有较大的加速转矩,应选择有不小于150%、1min过载能力的变频器。离心式水泵和离心式风机在低速运行时功率较小,要求调速范围不大,对变频器的性能要求不高。

3. 恒转矩负荷

恒转矩负荷的阻力矩与转速无关,但实际上"恒定"是少见的。因为设备在运行中有起动、加减速运转和等速运转等多种状态,负荷大小也在变化。如果过负荷大小和持续时间及频度超过变频器相应的允许值,则应按过负荷时的尖峰电流并考虑一定的裕量系数来选择变频器的额定输出电流。如果过负荷的大小、持续时间和频度都在变频器过载能力的范围内,则应该充分利用变频器的过载能力。

传动牵引负荷可分为轻型、中型和重型三类。即使是轻型牵引,在选择变频器时也要有150%过载运行、持续时间2min或200%过载运行,持续时间110s的要求。

二、根据负荷的调速范围选择变频器

设备的调速范围是由生产工艺要求所决定的。选择变频器的关键是,在负荷最低速度的情况下变频器能有足够的电流输出能力。需指出，是否能满足调速范围和最低速度运行条件下的转矩要求，不但取决于变频器的性能，也取决于传动电动机在最低频率下的机械特性。如果电动机制造厂能准确提供调速电动机的转矩—速度特性曲线和相关数据，就能据此选择一个合适的接近理想的变频器。

变频器对电动机的输出转矩会有影响。只有在额定频率（如50Hz）下，电动机才有可能达到额定输出转矩。在大于或小于额定频率的频率下调速时，电动机的额定输出转矩都不可能用足。例如，当频率调到20Hz时，电动机输出转矩的能力约为额定转矩的80％；当频率调到10Hz时，输出转矩约为额定转矩的50％；当频率调到6Hz以下时，一般交流电动机的输出转矩能力极小（矢量控制系统除外），且有步进和脉动现象。

如果不论转速高低都需要有额定输出转矩，则应选用功率较大的电动机降容使用才行。

总之，只有变频器和电动机组合成一个变频调速系统且两者的技术参数均符合要求时才能满足低速及高速条件下的负荷转矩要求。

三、根据负荷的特点和性质选择变频器

使用变频器，有的以调速为主要目的，也有的以节电为主要目的，应视负荷性质及用途等而定。负荷类型主要有恒转矩、平方转矩和恒功率等三大类，它们与节能的关系见表7-6。

表7-6　负荷类型与节能的关系

负荷类型	恒转矩 $M=C$	平方转矩 $M\propto n^2$	恒功率 $P=C$
主要设备	输送带、起重机、挤压机、压缩机	各类风机、泵类	卷取机、轧机、机床主轴
功率与转速的关系	$P\propto n$	$P\propto n^3$	$P=C$
使用变频器的目的	以节能为主	以节能为主	以调速为主
使用变频器的节电效果	一般	显著	较小（指降压方式）

即使对于相同功率的电动机,负荷性质不同,所需的变频器容量也不相同。其中,平方转矩负荷所需的变频器容量较恒转矩负荷的低。

以瑞典 ABB 公司的 SAMIGS 系列变频器为例,根据负荷及电动机功率选择变频器,见表 7-7。恒功率负荷可参照恒转矩负荷作用。

表 7-7 SAMIGS 系列变频器的选择

变频器型号	恒转矩				平方转矩			
	变频器			电动机	变频器			电动机
	额定输入电流 I_1(A)	额定输出电流 I_{fe}(A)	短时过载电流 (A)	额定功率 P_e(kW)	额定输入电流 I_1(A)	额定输出电流 I_{fe}(A)	短时过载电流 (A)	额定功率 (kW)
ACS501-004-3	4.7	6.2	9.3	2.2	6.2	7.5	8.3	3
ACS501-005-3	6.2	7.5	11.3	3	8.1	10	11	4
ACS501-006-3	8.1	10	15	4	11	13.2	14.5	5.5
ACS501-009-3	11	13.2	19.8	5.5	15	18	19.8	7.5
ACS501-011-3	15	18	27	7.5	21	24	26	11
ACS501-016-3	21	24	36	11	28	31	34	15
ACS501-020-3	28	31	46.5	15	34	39	43	18.5
ACS501-025-3	34	39	58	18.5	41	47	52	22
ACS501-030-3	41	47	70.5	22	55	62	68	30
ACS501-041-3	55	62	93	30	67	76	84	37
ACS501-050-3	72	76	114	37	85	89	98	45
ACS501-060-3	85	89	134	45	101	112	123	55

根据不同生产机械选配变频器容量可参考表 7-8。

表 7-8 不同生产机械选配变频器容量参考表

生产机械	传动负荷类别	M_z/M_e			S_f/S_e
		起动	加速	最大负荷	
风机、泵类	离心式、轴流式	40%	70%	100%	100%
喂料机	皮带输送、空载起动	100%	100%	100%	100%
	皮带输送、有载起动	150%	100%	100%	150%
	螺杆输出	150%	100%	100%	150

续表 7-8

生产机械	传动负荷类别	M_z/M_e			S_f/S_e
		起动	加速	最大负荷	
输送机	皮带输送、有载起动	150%	125%	100%	150%
	螺杆式	200%	100%	100%	200%
	振动式	150%	150%	100%	150%
搅拌机	干物料	150%～200%	125%	100%	150%
	液体	100%	100%	100%	100%
	稀黏液	150%～200%	100%	100%	150%
压缩机	叶片轴流式	40%	70%	100%	100%
	活塞式、有载起动	200%	150%	100%	200%
	离心式	40%	70%	100%	100%
张力机械	恒定	100%	100%	100%	100%
纺织机	纺纱	100%	100%	100%	100%

注：M_z、M_e—电动机负荷转矩、额定转矩；S_f—变频器容量；S_e—电动机容量。

轻载起动或连续运行时，电动机采用变频器运行与采用工频电源运行相比，由于变频器输出电压、电流中会有高次谐波，使电动机的功率因数、效率有所下降，电流约增加10%，因此变频器容量（电流）可按以下公式计算：

$$I_{fe}\geqslant 1.1I_e$$

或

$$I_{fe}\geqslant 1.1I_{max}$$

式中　I_{fe}——变频器的额定输出电流（A）；

I_e——电动机额定电流（A）；

I_{max}——电动机实际运行中的最大电流（A）。

需指出，即使电动机负荷非常轻，电动机电流在变频器额定电流以内，也不能选用比电动机容量小很多的变频器。这是因为电动机容量越大，其脉动电流值也越大，很有可能超过变频器的过电流耐量。

对于重载起动和频繁起动、制动运行的负荷，变频器的容量可按下式计算：

$$I_{fe} \geqslant (1.2 \sim 1.3) I_e$$

对于风机、泵类负荷，变频器的容量可按下式计算：

$$I_{fe} \geqslant 1.1 I_e$$

异步电动机在额定电压、额定频率下通常具有输出 200%左右最大转矩的能力，但是变频器的最大输出转矩由其允许的最大输出电流决定，此最大电流通常为变频器额定电流的 130%～150%（持续时间 1min），所以电动机中流过的电流不会超过此值，最大转矩也被限制在 130%～150%。

如果实际加减速时的转矩较小，则可以减小变频器的容量，但也应留有 10%的余量。

变频器额定（输出）电流允许倍数及时间可由产品说明书查得。

频繁加减速时，可先根据负荷加速、减速、恒速等运动曲线，求得负荷等效电流 I_{jf}，然后按下式计算变频器的额定容量：

$$I_{fe} = k I_{jf}$$

式中 k——安全系数，运行频繁时取 1.2，不频繁时取 1.1。

直接起动时，变频器的容量可按下式计算：

$$I_{fe} \geqslant \frac{I_q}{k_f} = \frac{k_q I_e}{k_f}$$

式中　I_q——电动机直接起动电流（A）；

k_q——电动机直接起动的电流倍数，为 5～7；

k_f——变频器的允许过载倍数，可由变频器产品说明书查得，一般可取 1.5。

四、用于机床的变频器的选择

机床上应用变频器，不但可以有效地提高加工效率，还可以提高加工质量和节约电能。

机床的种类很多，但最基本、最常用的机床有两大类：一类是以车床为代表的加工对象旋转类机床，另一类是以钻床、铣床、磨床为代表的加工工具旋转类机床。

1. 车床

从调整范围、加/减速性能及速度精度等几方面看，在车床上应用变频器有一定难度。如：车床主轴的调速范围约为1∶100，加/减速时间要求小于2s等，对于这些指标，变频器很难达到。只有对低转速时转矩不足、调速范围不足等负面影响采取对策后，变频器在车床主轴调速中才能发挥较好的作用。这些对策包括：采用矢量型变频器，变频器采用闭环控制，选用与变频器配套的专用电动机等。

2. 与车床相近的工作旋转类机床

同车床一样，在调速范围、加/减速性能及速度精度方面难以采用通用变频器，需要采用专用变频器。专用变频器的技术要求为：加工中心调速范围一般为1∶200以上；需采用矢量控制；需用光电编码盘作为速度和位置传感器，与变频器实行闭环控制；最低速度和最高速度之间的变换时间小于1s；需用专用电动机。

3. 加工工具旋转类机床

铣床、钻床这类机床应用变频器的难度小于车床。在要求调速范围的场合，需要同机械变速机构配合，但从加/减速特性，速度精度方面来看，可采用通用V/F变频器。调速范围约为1∶10，可采用通用交流电动机，整个控制系统可以采取开环方式。

4. 磨床

磨床的调速范围较窄(1∶2)。对于其加/减速特性和速度精度等要求，通用变频器都能充分满足。在内圆磨床中可采用中频变频器控制磨头电动机。中频变频器的频率调节范围达0～2000Hz，且连续可调。应用中频变频器时需注意：最低起动频率应为50～100Hz，力矩提升曲线最高点应在中频电动机额定工作频率处。

五、根据电动机功率和极数选择变频器的容量

(1)根据GB12668-90《交流电动机半导体变频调速装置总技术条件》，380V、160kW以下单台电动机与装置间容量的匹配见表7-9。

表 7-9 变频器与电动机的匹配

变频器容量(kVA)	电动机功率(kW)	变频器容量(kVA)	电动机功率(kW)
2	0.4 0.75	50	22 30
4	1.5 2.2	60	37
6	3.7	100	45 55
10	5.5	150	75 90
15	7.5		
25	11 15	200	110 132
35	18.5	230	160

注:表中匹配关系不是唯一的,用户可以根据实际情况自行选择。

(2)根据电动机实际功率选择变频器的容量。对于电动机功率较大而其实际负载功率却较小的情况(并不打算更换电动机),所配用变频器的容量可按下式计算:

$$P_f = K_1(P - K_2 Q\Delta P)$$

式中 P_f——变频器容量(kW);

P——调速前实测电动机的功率(kW);

K_1——电动机和泵调速后效率变化系数,一般可取1.1~1.2;

K_2——换算系数,取0.278;

Q——泵的实测流量(m^3/h);

ΔP——泵出口与干线压力差(MPa)。

(3)电动机不是4极时变频器容量的选择。一般通用变频器是按4极电动机的电流值等来设计的。如果电动机不是4极(如8极,10极等多极电动机),就不能仅以电动机的容量来选择变频器的容量,必须用电流来校核。

(4)变频器的额定容量有的以额定输出电流(A)表示,有的以额定有功功率(kW)表示,也有的以额定视在功率表示。

六、工程实例

【实例】 一台Y225S-4型45kW电动机,已知额定电流 I_e 为84.2A,试按下列负荷选择变频器。

(1)轻载起动和连续运行的负荷。

(2)重载起动和频繁起动、制动运行的负荷。

(3)喂料机、皮带输送、空载起动;皮带输送、有载起动。

(4)输送机、皮带输送、有载起动;螺杆式输送机、重载起动。

(5)离心式压缩机。

(6)活塞式压缩机、有载起动。

(7)恒转矩负荷。

(8)平方转矩负荷。

解　(1)轻载起动和连续运行的负荷,变频器容量(电流)为

$$I_{fe} \geqslant 1.1I_e = 1.1 \times 84.2 = 92.6(A)$$

因此,可选用如国产佳灵变频器。其中:若以调速为主要目的,可选用 JP6C-T 型变频器,输出电流为 152A,容量为 100kVA;若以节能为主要目的,可用 JP6C-Z 型变频器,输出电流为 152A,容量为 100kVA。

(2)重载起动和频繁起动、制动运行的负荷,变频器容量(电流)为

$$I_{fe} \geqslant (1.2\sim1.3)I_e = (1.2\sim1.3) \times 84.2 = 101\sim109.5(A)$$

据此可选择 MM440 矢量型通用变频器。若选择普通通用变频器,容量应放大一挡。

(3)喂料机、皮带输送、空载起动,由表 7-7 查得,变频器的容量为

$$S_f = S_e = \sqrt{3}U_eI_e = \sqrt{3} \times 380 \times 84.2 = 55385(VA) \approx 55.4(kVA)$$

当负载起动时,变频器的容量为

$$S_f = 1.5S_e = 1.5 \times 55.4 = 83.1(kVA)$$

(4)输送机、皮带输送、有载起动,由表 7-8 查得,变频器的容量为

$$S_f = 1.5S_e = 55.4(kVA)$$

对于螺杆式输送机,变频器的容量为

$$S_f = 2S_e = 2 \times 55.4 = 110.8(kVA)$$

(5)离心式压缩机,由表 7-8 查得,变频器的容量为

$$S_f = S_e = 55.4(kVA)$$

(6)活塞式压缩机、有载起动,由表 7-8 查得,变频器的容量为

$$S_f = 2S_e = 2 \times 55.4 = 110.8(\text{kVA})$$

(7)恒转矩负荷,由表 7-7 查得,变频器额定电流为 $I_{fe}=89A$,可选用如 ACS501-060-3 型变频器。

(8)平方转矩负荷,$I_{fe}=89A$,可选用如 ACS-501-050-3 型变频器。

第三节 变频器主要参数的设定

一、基本频率的设定

和变频器的最大输出电压对应的频率称为基本频率,用 f_{BA} 表示。变频器的最大输出电压必须小于或等于电动机的额定电压,通常是等于电动机的额定电压。

如果变频器的基本频率设定不当,有可能出现相同负载下,电动机电流值比工频运行时的电流大;在低频情况下,电流值偏大现象更为严重。例如将 380V、50Hz 的电动机用的变频器的基本频率设定为 20.5Hz 时就会出现上述情况。

二、基本 *U*/*f* 线的设定

所谓变频器的基本 U/f 线,是指在变频器的输出频率从 0Hz 上升到基本频率 f_{BA}(一般等于电动机的额定频率 f_e,即 50Hz)的过程中,输出电压从 0V 成正比地上升到最大输出电压(如 380V)的 U/f 线,如图 7-4 所示。

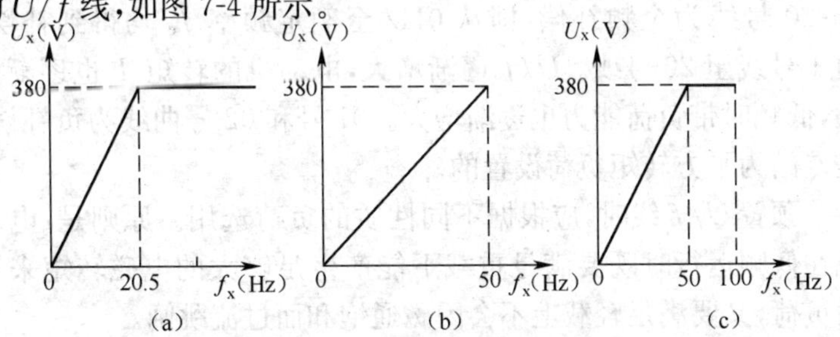

图 7-4 变频器的 *U*/*f* 线

(a)频率设定 20.5Hz (b)频率设定 50Hz (c)频率设定 100Hz

不同的负荷在低速运行时的阻转矩大小是不一样的，所以对 U/f 的要求也不同。

(1)对于恒转矩负荷，不论是高速还是低速，负荷转矩都不变，要求电动机在低频运行时也能产生较大的转矩，因此 U/f 应大一些，即在低频时把电压 U 提高些。

(2)对于分段负荷，负荷有重有轻，阻转矩也不大不小，因此要求 U/f 也有变化。

(3)对于平方转矩负荷，低速运行时，负荷的阻转矩很小。电动机在低频下运行时所需的转矩很小，因此 U/f 应更小一些，即在低频时，把电压 U 降低些。

正是由于负荷不同，要求转矩大小不同，变频器为用户提供了许多种(条) U/f 线，如图 7-5所示。用户可根据负荷的具体要求进行预置。

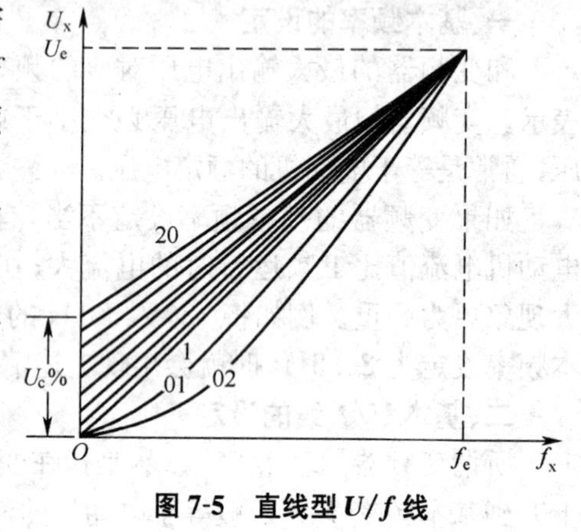

图 7-5　直线型 U/f 线

图中，曲线 1 为基本 U/f 线(其电压与频率成正比例变化)。1～20 号线为全频补偿，即从 0Hz 至额定频率 f_e 均得到补偿。由 1 号线至 20 号线。U/f 逐渐增大，电动机的转矩 T 也逐渐加大，低频时带负荷能力也逐渐增大。01 号和 02 号曲线为负补偿，是专门为平方转矩负荷设置的。

预置 U/f 线时，应根据不同性质的负荷选用。原则是：电动机在低频运行时既要满足重载下能产生足够大的电磁转矩来带动负荷，又要满足轻载上不会因磁通饱和而过流跳闸。

具体设置时，可先用 U/f 较小的线，然后逐渐加大 U/f 值，并观察电动机在最低频率下能否带动重负荷，并观察空载时是否会跳闸，直到在最低频率下运行时既能带动重负荷，又不会空载过流跳闸为止。

例如，森兰 BT40 变频器的 F05、F06 功能码即为基本 U/f 线的选择功能码，其选择范围和设定值见表 7-10。

表 7-10　基本 U/f 线的选择功能

功能码	功能内容及设定范围	设定值
F05	基本频率	出厂设定值:50.00
	设定范围:10～400Hz	最小设定量:0.01Hz
F06	最大输出电压	出厂设定值:380V
	设定范围:220～380V	最小设定量:1V

三、上限频率和下限频率的设定

为了防止现场操作人员误操作引起输出频率过高或过低，造成电动机过热及机械设备损坏，变频器设置有上限频率 f_H 和下限频率 f_L。

上限频率不能超过最高频率，即 $f_H \leqslant f_{max}$。在部分变频器中，上限频率与最高频率并未分开，两者是合二为一的。

由于在变频调速系统中需根据生产工艺的实际需要，对转速范围进行限制，即有最高转速和最低转速的要求，因此对变频器输出频率有上限频率和下限频率的要求。这可以根据系统所要求的最高与最低转速以及电动机与生产机械之间的传动比，计算出相对应的变频器输出上限频率和下限频率。

例如，森兰 BT40 变频器的功能码 F21、F22 分别为上、下限频率选择功能码，其选择范围和设定值见表 7-11。

表 7-11　上、下限频率选择功能

功能码	功能内容及设定范围	设定值
F21	上限频率	出厂设定值:60.00
	设定范围:0.50～400.0Hz	最小设定量:0.01Hz
F22	下限频率	出厂设定值:0.50
	设定范围:0.10～400.0Hz	最小设定值:0.01Hz

(1)在设定变频器的上限频率和下限频率时应注意以下事项：

①对于负荷转矩较小的电动机，可以选择上限频率大于电动机的额定频率。对于负荷转矩大，尤其是平方转矩负荷的电动机，因受高速过载电流的限制，或者转子直径大的电动机，因受转子耐受离心力的限制，不要选择上限频率大于电动机的额定频率。

②对于负荷转矩大，尤其是平方转矩负荷的电动机，不要选择下限频率为0或很小值。否则运转不了或造成跳闸故障。

(2)在设定变频器的最低或最高频率时应注意以下事项。

①变频器设定的最低频率(下限频率)，对应于电动机的最小转速。普通电动机在很低的转速下运行，其冷却风扇转速低，冷却效果很差，电动机散热很差，若长时间低速运行，电动机将会过热，可能引起故障跳闸等事故。通用变频器长期在低频区域运行时，其系统性能将下降。

②最高频率是指变频器允许输出的最高频率，用 f_{max} 表示。通用变频器的最高频率为50/60Hz，有的可达400Hz。高频率将使电动机高速运转，这对普通电动机来说是不能承受的，在设定最高频率时，应根据电动机的机械参数能否承受得了来决定。在大多数情况下，最高频率设定为与基本频率相等。

例如，森兰RT40变频器的功能码F04即为最高频率选择功能码，其选择范围和设定值见表7-12。

表7-12　最高频率选择功能

功能码	功能内容及设定范围	设定值
F04	最高频率	出厂设定值:50.00Hz
	设定范围:50.00～400.0Hz	最小设定量:0.01Hz

四、起动频率的设定

变频器输出频率为0时，电动机并不能起动，这是因为电动机没有足够的起动转矩，只有当变频器的输出频率达到某一值时，电动机才开始起动加速，电动机在开始加速瞬间，变频器的输出频率便是起动频率(f_s)。这时，起动电流较大，起动转矩也较大。

1. 设定起动频率的必要性

设定起动频率 f_s 是部分生产机械的实际需要，例如：

(1)在静止状态下静摩擦力较大，如果从 0Hz 开如起动，由于起动电流和起动转矩很小，无法起动，因此需从某频率开始起动才行。

(2)对于多台水泵同时供水的系统，由于管路内存在水压，若频率很低，电动机也旋转不起来。

(3)对于起重用锤形电动机，起动时需保持定子与转子之间有一定的空气隙，电动机才能旋转，如果从 0Hz 开始起动，则定子与转子因磁通不足而碰连摩擦，不能起动。

起动频率的设定是为了电动机在起动时有足够的起动转矩，避免电动机无法起动或造成起动过程中过流跳闸。在一般情况下，起动频率应根据变频器所驱动负荷的特性进行设定，一方面要避开低频欠激磁区域，保证电动机有足够的起动转矩，另一方面又不能将起动频率设定太高，否则有可能在电动机起动时造成较大的电流冲击甚至过流跳闸。起动频率 f_s 的大小，需根据具体负荷情况而定。

2. 设定起动频率的方法

(1)恒转矩负荷。一般以起动时电动机的同步转速不超过额定转差为宜，即起动频率 f_s 不大于额定转差对应的频率 Δf，按 $f_s \leqslant \Delta f$ 设定。

Δf 按下式计算：

$$\Delta f = \frac{p \cdot \Delta n}{60}$$

式中　p——电动机极对数；

Δn——额定转差，$\Delta n = n_1 - n_e$；

n_1——同步转速(r/min)；

n_4——额定转速(r/min)。

(2)平方转矩负荷。由于平方转矩负荷在低速时阻转矩很小，故起动频率可适当升高。

$$f_s \leqslant 10\text{Hz}$$

实际调试时，应针对电动机难起动和过流跳闸问题，合理设定起动频率来解决。对于起动转矩大的电动机，应首先考虑设定合适的起动频率参数，然后再根据负荷实际情况设定合理的转矩提升曲线。如果起动过程中变频器电流偏大，甚至发生过流跳闸时，可采用延长升速时间的方法来解决。但一般只要不过流，升速时间应尽量短以提高效率。

例如，森兰 BT40 变频器的功能码 F30、F31 分别为起动频率和持续时间功能码，其设定范围和设定值见表 7-13。

表 7-13　起动频率及持续时间选择功能

功能码	功能内容及设定范围	设定值
F30	起动频率	出厂设定值：1.00
	设定范围：0.10～50.00Hz	最小设定量：0.01Hz
F31	起动频率持续时间	出厂设定值：0.5
	设定范围：0.0～20.0s	最小设定量：0.1s

起动频率持续时间是指起动时以起动频率持续运行的时间，这个时间不包含在加速时间内，如图 7-6 所示。

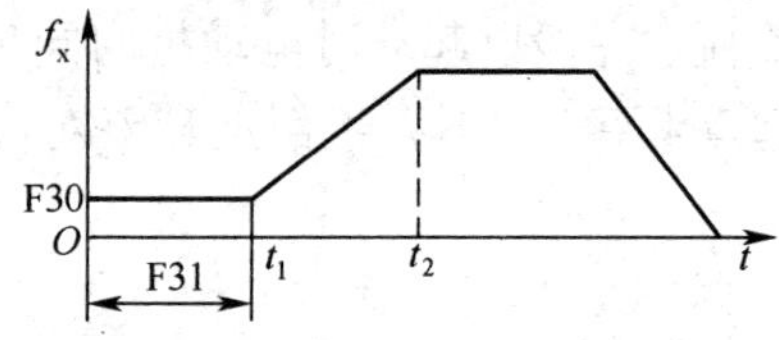

图 7-6　F31 功能示意图

五、加速时间的设定

加速时间（或叫升速时间）是指变频器的工作频率从 0Hz 上升到基本频率 f_{BA}（50Hz）所需的时间。各种型号的变频器的加速时间设定范围不尽相同，最短的设定范围为 0～120s，最长的可达 0～6000s。

变频器的输出频率从 f_{x1}(如 f_{30},如设定为 0.5Hz)上升至 f_{xz}(如 f_{z1},如设定为 50Hz)的加速过程如图 7-7 所示。加速过程为不进行生产的过渡过程,从提高生产率的角度出发,这一过程应越短越好。但若加速时间太短,加速时的电流将剧增,并有可能造成变频器跳闸,因此在设定加速过程参数时,应折中处理两者的关系。即在不造成过大加速电流的前提下,尽量缩短加速时间。

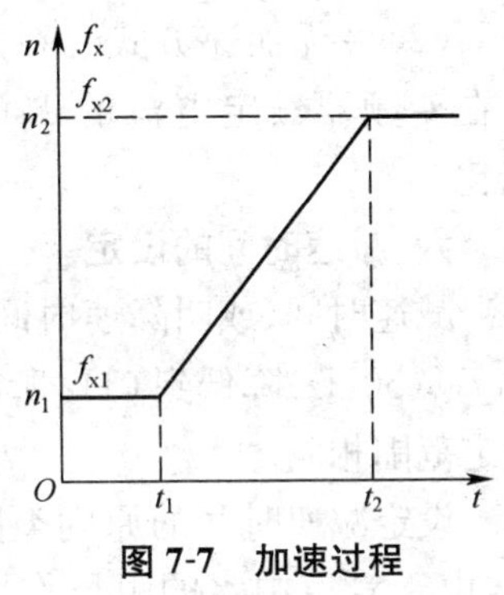

图 7-7 加速过程

1. 设定加速时间的原则

设定加速时间的原则是:

(1)加速过程需要时间,时间过长会影响工作效率,尤其是比较频繁起停的机械。因此,为提高生产效率,在电动机起动电流不超过允许值的前提下,加速时间越短越好。

(2)对于惯性较大的负荷设备,加速时间应适当长一些;对于惯性较小的负荷设备,加速时间可以适当缩短。这也是从电动机起动电流不超过允许值这点考虑的。

(3)有的生产机械对加速或减速过渡过程有要求,希望尽量减小速度的变化。这时应将加速、减速时间设定得长一些。

2. 最佳加速的含义

某些生产机械设备出于生产工艺的需要,要求加速时间越短越好。对此有的变频器设置了最佳加速功能,选择此功能后,变频器可以在加速电流不超过允许值的情况下,自动得到最短的加速时间。其基本含义如下:

(1)最快加速方式。在加速过程中,使变频器输出电注保持在其允许的极限状态($I_A \leqslant 150\% I_e$,I_A 是加速电流,I_e 是变频器的额定电流)下,从而使加速过程最小化。

(2)最优加速方式。在加速过程中,使变频器输出电流保持在变频器额定电流的 120%($I_A \leqslant 120\% I_e$),使加速过程最优化。

六、减速时间的设定

减速时间(或叫降速时间)是指变频器的工作频率从基本频率 f_{BA}(50Hz)降低到 0Hz 所需的时间,其设定范围和加速时间的设定范围相同。

设定减速时间的原则类同于设定加速时间。但对于水泵负载,由于管道中水的阻尼作用,停机时电动机转速能很快下降。但如果转速降得太快,会导致管道中出现“空化现象”,造成管道损坏。为此,应设定足够长的减速时间,使转速缓慢降下来,以保护管道。

针对某些生产机械设备要求减速时间越短越好的需要,有的变频器设置了最佳减速功能。其基本含义如下:

(1)最快减速方式。在减速过程中,使变频器直流回路的电压保持在其允许的极限状态($U_D \leqslant 95\% U_{DH}$,$U_D$ 是减速过程中的直流电压,U_{DH}是直流电压的上限值)下,从而使减速过程最小化。

(2)最优减速方式。在减速过程中,使变频器直流回路的电压保持在上限值的 93%($U_D \leqslant 93\% U_{DH}$),使减速过程最优化。

例如,森兰 BT40 变频器的功能码 F08～F15 分别是加速时间和减速时间的设定码,其设定范围和设定值见表 7-14。

表 7-14 加速和减速时间的选择功能

功能码	功能内容及设定范围	设定值
F08	第 1 加速时间	出厂设定值:10.0
F09	第 1 减速时间	出厂设定值:10.0
F10	第 2 加速时间	出厂设定值:10.0
F11	第 2 减速时间	出厂设定值:10.0
F12	第 3 加速时间	出厂设定值:10.0

续表 7-14

功能码	功能内容及设定范围	设定值
F13	第 3 减速时间	出厂设定值:10.0
F14	第 4 加速时间	出厂设定值:10.0
F15	第 4 减速时间	出厂设定值:10.0
F08～F15	设定范围:0.1～3600s	最小设定量:0.1s

七、直流制动的设定

惯性较大的负荷机械,常常会出现停机停不住,即停机后有"蠕动"(或称爬行)现象,有可能对传动设备或生产工艺造成严重后果。为此,变频器设置直流制动功能,以克服这种现象的产生。直流制动时,向电动机定子绕组内通入直流电流,使异步电动机处于能耗制动状态,电动机迅速停机。

直流制动功能主要设定以下 3 个参数:

(1)直流制动起始频率 f_{DB}在多数情况下,直流制动都是和再生制动配合使用的。首先用再生制动方式将电动机转速降至较低值,然后再转换成直流制动,使电动机迅速停止。电动机由再生制动转为直流制动的这个转折频率即为直流制动的起始频率 f_{DB}。

设置 f_{DB}的大小主要根据负荷对制动时间的要求来进行,要求制动时间越短,则起始频率 f_{DB}应越大。

(2)直流制动量。直流制动量是加在电动机定子绕组上的直流电压 U_{DB}的大小。U_{DB}越大,产生的制动转矩也越大,电动机停转得越快,设定时,应由小慢慢设置 U_{DB}的大小,主要根据负荷惯性的大小来设定,负荷惯性越大,U_{DB}的设定值也越大。

(3)直流制动时间 t_{DB}施加直流电压 U_{DB}的时间长短称为直流制动时间。

t_{DB}的大小主要根据负荷"蠕动"(爬行)的严重程度来设定。

对克服"蠕动"要求较高者，t_{DB}应适当大些，以便有足够的直流电流来制动。

例如，森兰 BT40 变频器的功能码 F33、F34、F35 分别是直流制动起始频率制动量和制动时间的选择码，其选择范围和设定值见表 7-15。

表 7-15　直流制动起始频率、制动量和制动时间的选择功能

功能码	功能内容及设定范围	设定值
F33	直流制动起始频率	出厂设定值：5.00
	设定范围：0.00～60.00Hz	最小设定量：0.01Hz
F34	直流制动量	出厂设定值：25
	设定范围：0～100%	最小设定量：1%
F35	直流制动时间	出厂设定值：0
	设定范围：0.0～20.0s	最小设定量：0.1s

八、转矩提升功能的设定

低频定子电压补偿功能，通常称为电动机转矩提升功能。多条不同状态下的转矩提升曲线，以提高低频段转矩提升量。

正确选择转矩提升曲线十分重要，要在实际调试中反复试验比较，使电压提升不可过高（过补偿）或过低（欠补偿），否则都会使电流增大而超值。

例如，森兰 BT40 变频器的功能码 F07 即为转矩提升功能码，其选择范围和设定值见表 7-16。

表 7-16　转矩提升功能

功能码	功能内容及设定范围	设定值
F07	转矩提升	出厂设定值：10
	设定范围：0～50	—

F07 设定用于提高低频转矩，0：为自动提升，变频器根据负载情况将输出转矩调到最佳值；1～50：为手动提升，如图 7-8 所示。

图中，F06 为最高输出电压；F30 为起动频率；F05 为基本频率；F04 为最高频率。

九、电子热保护功能的设定

变频器内设置的电子热保护(电子热继电器)是用来保护电动机和变频器免受过大电流而损坏的。当电动机发生过载时,根据电子热保护装置的不同设定值(代号),可以作出以下反应:不动作,电子热保护继电器不动作而只作过载预报,或均动作。电子热继电器与普通热继电器相同点是其保护功能具有反时限特性,即电动机定子电流越大,电子热继电器的保护时间越短。但两者不同之处在于:变频器的电子热继电器保护动作值的准确度比普通热继电器高许多;另外,变频器可以针对不同的工作频率、电动机的参数和特性,经微处理器进行计算,自动调整保护曲线,智能地切断变频器的输出电压实现保护,而普通热继电器则不能自动调整。

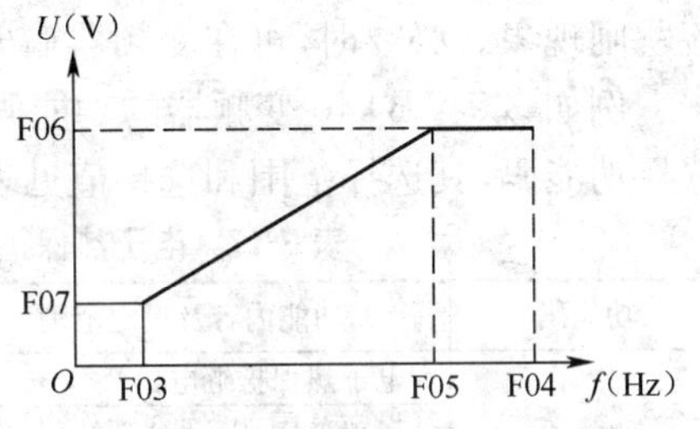

图 7-8 F07 功能示意图

电子热继电器的门限最大值一般不会超过变频器的最大允许输出电流,不会超出 IGBT(绝缘栅双极晶体管)模块的安全电流范围。电子热继电器的保护值可在变频器额定电流的 25%~105%范围内设定。过载预报输出以此值为准,一旦超过设定值即发出报警信号。

电子热继电器的保护值设定原则如下:

(1)当变频器容量相对电动机容量较大时,为保护电动机不受过大电流而损坏,应设定较小值,如按变频器额定电流的 25%~50%设定。

(2)当变频器和电动机容量匹配时,可按变频器额定电流的 80%左右设定。

(3)当电动机负荷较重或运行频率较其额定频率低许多时,

应在不超过电动机最大允许电流的前提下，将电子热继电器的保护值按变频器额定电流的100%设定，以减少电动机运行中因过流跳闸现象。必要时，可在变频器输出端外接普通热继电器。

例如，森兰BT40变频器的功能码F16和F17为电子热保护选择功能码，其选择范围和选择值见表7-17。

表7-17　电子热保护选择功能

<table>
<tr><th>功能码</th><th>功能内容及设定范围</th><th>设定值</th></tr>
<tr><td rowspan="2">F16</td><td>电子热保护继电器</td><td>出厂设定值:0</td></tr>
<tr><td>设定范围:0,均不动作;1,电子热保护继电器不动作,过载预报动作;2,均动作</td><td>—</td></tr>
<tr><td rowspan="2">F17</td><td>电子热保护电平</td><td>出厂设定值:100</td></tr>
<tr><td>设定范围:25%~105%</td><td>最小设定量:1%</td></tr>
</table>

十、工程实例

【实例1】　额定频率为50Hz、额定电压非380V的进口电动机应用变频器的U/f线的设置。

国外有些电动机的额定频率和额定电压与我国的电动机使用的额定频率(50Hz)和额定电压(380V)不同，在引进国外设备时可能会遇到此问题。

当50Hz、420V电动机用在50Hz、380V电源上时，其出力约为原来的380/420，即90%；起动电流约为原来的90%，由于出力降低，故起动电流倍数仍与原来的一样；最大转矩和起动转矩约为原来的$(380/420)^2$，即81%；电动机的效率略差些，功率因数及温升则有所改善。如考虑这些因素，则50Hz、420Hz电动机在50Hz、380V电源上应该是可以使用的，但性能略差。

当50Hz、346V电动机在50Hz、380V电源上使用时，磁通密度为原来的380/346(即110%)，空载电流将大大增加，若空载电流接近或超过原来的额定电流，则不能使用。同时电动机的功率至少比原来降低10%以上，并应以负荷电流不超过原来的额定电流为度。

如果将额定频率为50Hz、额定电压为420V或346V的电动机通过变频器与50Hz、380V电源连接，电动机性能将会显著提高。当这类电动机应用变频器时，应对变频器U/f线进行正确设置，以达到调速节能运行。

(1)50Hz、420V电动机的基本频率设置。首先，在U/f坐标系内作出实际需要的U/f线OA，A点对应于50Hz、420V电源。再在380V处画一水平线与OA线相交于B点，由B点画一垂直线，与频率f坐标轴交于K点，该点的频率即为变频器设置的基本频率，为45.2Hz。该频率f_{BA}也可按下式算出：

$$f_{BA}=\frac{OB}{OA}\times 50=\frac{380}{420}\times 50=45.2(\text{Hz})$$

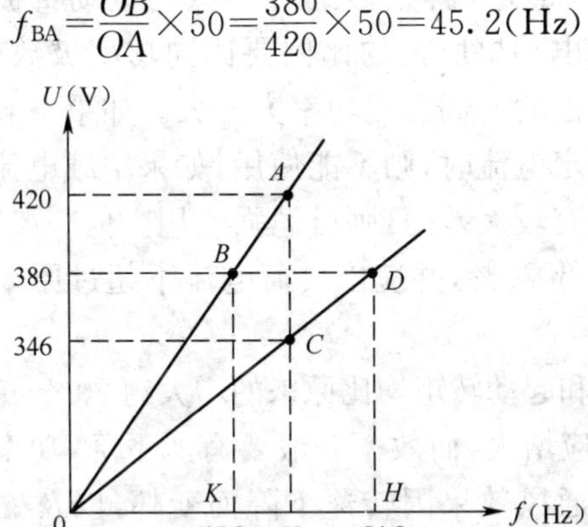

图7-9 50Hz、420V和346V电动机f_{BA}的设定

(2)50Hz、346V电动机的基本频率设置。方法同前。首先在U/f坐标系内作出实际需要的U/f线OC，C点对应于50Hz、346V电源。再在380V处画一水平线与OC的延长线相交于D点，由D点画一垂直线，与频率f坐标轴交于H点，该点的频率，即变频器设置的基本频率，为54.9Hz，见图7-9。该频率f_{BA}也可按下式算出：

$$f_{BA}=\frac{OD}{OC}\times 50=\frac{380}{346}\times 50=54.9(\text{Hz})$$

(3)50Hz、420V或346V电动机基本频率设置的通用公式。对于50Hz,其他电压等级的电动机,同样可按以上方法设置变频器的基本频率,即可按通用公式计算:

$$f_{BA}=\frac{380}{U}\times 50=19000/U(Hz)$$

式中　U——进口50Hz电动机的额定电压(V)。

【实例2】　额定频率为60Hz、额定电压为380V或非380V的进口电动机应用变频器的U/f线的设置。

60Hz、380V电动机用于50Hz、380V电源时,其磁通密度要增加20%,空载电流将远大于20%(与电动机极数及功率有关),极数多的电动机所占的比例要比同功率极数少的大;功率小的电动机所占的比例要比功率大的大。如果空载电流接近或超过原来的额定电流时,则不能使用;如果空载电流比原来的额定电流小而尚有较大差距,则可勉强使用。但一般说来,功率至少比原来的降低20%,并应以负荷电流不超过原来的额定电流为度。

起动电流和起动转矩均比原来的增大约20%,最大转矩和最小转矩也会相应增大,而效率一般要有所下降,功率因数也会有所下降。由于通风效果因转速下降而变坏,以及磁通密度增加20%,铁心磁通将饱和,故温升要比原来的高许多。这时电动机的转速下降17%[$n'_1=(f_2/f_1)n_1=(50/60)n_1\approx 0.83n_1$]。$n_1$、$f_1$和$n'_1$、$f_2$是分别对应于60Hz、380V和50Hz、380V的转速和电源频率。

要使60Hz、380V电动机用于50Hz电源上不过热,可采用降低电源电压的方法加以解决。降压后功率仅为铭牌功率的83%。

为了使电动机不发生过电流,就要维持磁通密度不变。在用于50Hz电源中时,维持磁通密度不变的电压$U'_2=(f_2/f_1)U_2=(50/60)\times 380\approx 317(V)$。也就是说,只要把电源电压降到317V,

即可使60Hz、380V电动机在50Hz电源上使用而不过热。这里f_1、U_2和、f_2、U_2'是分别对应于60Hz、380V和50Hz、380V的电源频率和磁通密度维持电压。

如果将额定频率为60Hz、额定电压为380V或非380V的电动机通过变频器用于额定频率为50Hz、额定电压为380V的电源上，电动机性能将会显著提高。当这类电动机应用变频器时，应对变频器U/f线进行正确设置，以达到调速节能运行。

(1)60Hz、380V电动机的基本频率设置。由于额定电压与我国低压三相电源380V相同，所以对于额定60Hz、额定电压为380V的进口电动机，只要将变频器的基本频率f_{BA}设定在60Hz即可。

(2)60Hz、270V电动机的基本频率设置。首先，在U/f坐标系内作出实际需要的U/f线OA，A点对应于60Hz、270V。再在380V处画一水平线与OA的延长线相交于B点，由B点画一垂直线，与频率F坐标轴交于K点，该点的频率，即变频器设置的基本频率，为84.4Hz，如图7-10所示。
该频率f_{BA}也可按下式算出：

$$f_{BA}=\frac{OB}{OA}\times 60=\frac{380}{270}\times 60=84.4(\text{Hz})$$

(3)60Hz、420V电动机的基本频率设置。方法同前。首先在U/f坐标系内作出实际需要的U/f线OC，C点对应于60Hz、420V。再在380V处画一水平线与OC线相交于D点，由D点画一垂直线，与频率f坐标轴交于H点，该点的频率，即变频器设置的基本频率，为54.2Hz。该频率也可按下式算出：

$$f_{BA}=\frac{OD}{OC}\times 60=\frac{380}{420}\times 60=54.2(\text{Hz})$$

(4)60Hz、380V或非380V电动机基本频率设置的通用公式。对于60Hz，其他电压等级的电动机，同样可按以上方法设置变频器的基本频率，即可按通用公式计算：

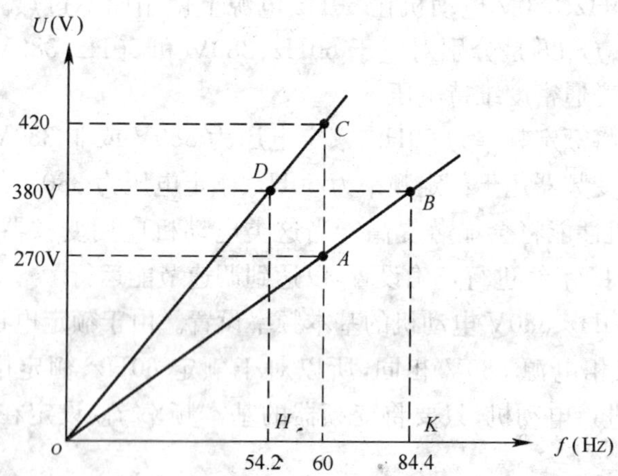

图 7-10 60Hz、270V 电动机 f_{BA} 的设定

$$f_{BA}=\frac{380}{U}\times 60=22800/U(\text{Hz})$$

式中 U——进口 60Hz 电动机的额定电压(V)。

第四节 变频器通电、预置和试运行

一、变频器的操作键盘与各键功能

各类变频器的操作键盘面板大同小异，一般由操作键和显示器构成。变频器键盘面板如图 7-11 所示。

(1)显示器。四位 LED 显示器用于显示频率、电动机电流、直流电压、同步转速等，显示因保护动作而停止的原因，显示程序设定时的各种功能代码和数据代码等。

(2)停止按键。用于常规停机或停止状态下 F00 显示方式窗口切换。

(3)上升按键。用于搜索功能代码或修改参数(连续按此键具有自动步距识别功能)。

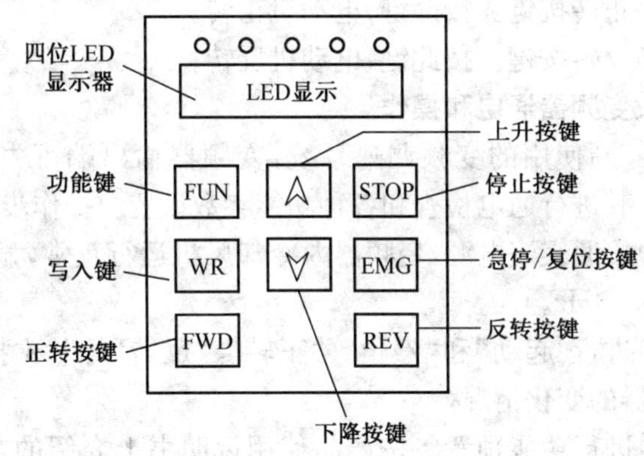

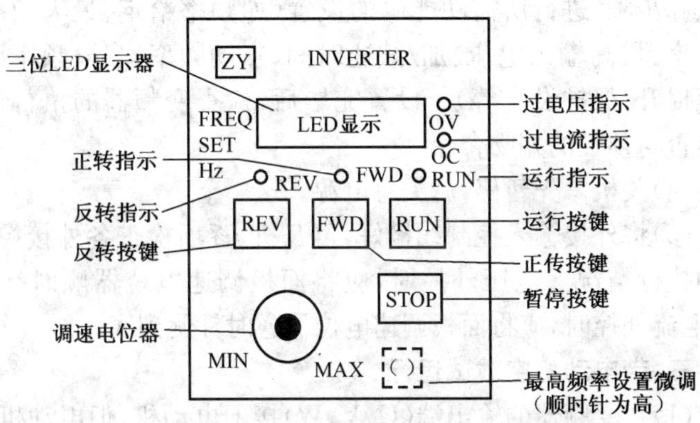

图 7-11　操作键盘面板图

(4)下降按键。用于搜索功能代码或修改参数(连续按此键具有自动步距识别功能)。

(5)急停/复位按键。按下此键能立即断开电动机电源,发生故障后,按此键复位。

(6)功能键。用于功能代码与功能参数的窗口切换,每按一下切换一次。

(7)写入键。用于确认(储存)参数或运行中 F00 显示方式切换。

(8)正转按键。按此键,电动机正转。

(9)反转按键。按此键,电动机反转。

二、变频器通电和操作

对于新使用的变频调速系统,变频器输出端可先不接电动机,先对其进行通电检查和各种功能参数设置。操作步骤如下:

(1)接通交流电源,变频器内冷却风机运行正常,显示器闪烁显示 00.00Hz。

(2)进行“起动”和“停止”、“正转”、“反转”等基本操作,并观察显示器的变化情况。

(3)进行功能预置。按产品使用说明书上介绍的“功能预置方法和步骤”进行所需功能码的设置(如频率给定、最大频率、基本频率、最高输出电压、加/减速时间、点动频率、多段频率设定、转矩提升、保护设定等)。设置完毕后,检查变频器的执行情况,看是否与预置的相吻合。

(4)关机。先暂停,后关总电源。

(5)将外接输入控制线接好,再开机,逐项检查各外接控制功能的执行情况。电压外控时,应将面板调速电位器顺时针旋到底;电流外控时,应将面板调速电位器逆时针旋到底。

三、带电动机空载试运行

(1)在变频器的输出端(U、V、W)接上电动机,但电动机与负载脱开,然后进行带电动机空载试验。试验目的是:

①检查电动机转向(或正反向)是否正确。

②检查电动机运行是否平稳,有无异常声响和振动。

③检查电动机起动、停止、点动、加/减速等是否平稳。

④观察变频器运行是否有异常情况,尤其是风机运行及发热情况。

(2)变频器空载试验步骤如下:

①合上交流电源,先将频率设置为 0Hz,然后慢慢增大工作频率,观察电动机的起动情况以及旋转方向是否正确。如反向,

将电源进线(R、S、T)中任意两个线头对调即可。

②将频率升到额定频率(如要求为 40Hz),让电动机运行一段时间,观察电动机和变频器运行是否正常。如果一切正常,再选若干个常用的工作频率,分别运行一段时间。

③在运行中按下停止按钮,初步观察电动机制动是否正常。若不正常,应检查制动回路接线和元件,以及变频器制动设置是否正确。

④进行加/减速试验,初步检查加/减速设定时间是否适当。若不适当,应重新设置。

四、带电动机负载试验

电动机带负载试验的目的是要检验各设置参数是否合理,电动机传动系统运行是否正常。若发现有异常情况,应查明原因,采取相应措施,修改设置值和设置内容。另外,需检验在极端运行状态下工作是否正常,保护是否可靠。具体试验如下:

(1)将工作频率从 0Hz 开始慢慢增加,观察传动系统能否起动运转。如果起动困难,可加大起动转矩。

(2)将频率升到额定频率及若干个常用的工作频率,分别观察传动系统的运行情况。

(3)如果电动机的转速达不到相应频率下的预设转速,则应检查系统是否发生共振(可通过观察振动和电动机异常声响来判断)。如果没有共振现象,应检查电动机的输出转矩是否不足。为此,可增加转矩提升量试试。若仍不行,应考虑变频器选择是否正确。

(4)在起、停过程中,如果变频器出现过电流跳闸,应检查变频器电子保护设定值是否正确,如果正确,则应重新设定加、减速时间。如果系统在某一速度段起动或停止电流偏大,可通过改变加速方式或减速方式(有线性、S 形、半 S 形)来解决。

(5)观察停机后输出频率为 0Hz 时,传动系统有无“蠕动”(爬行)现象。若有而生产工艺又不允许,则应加入直流制动。

(6)检查最高工作频率 f_{max} 和最低工作频率 f_{min} 下，电动机的带负载能力和发热情况。

①如果 $f_{max}>f_e$(如 50Hz)，则应在 f_{max} 频率下做满载运行试验，此时应能正常驱动。并检查普通电动机轴承能否胜任工作，振动、噪声是否过大。如果普通电动机不能胜任在最高频率下工作，则应更换成变频电动机。

②在 f_{min} 频率下做满载运行试验，检查普通电动机发热情况。由于在低频下普通电动机因风扇转速低会发热，如果要求在最低频率下运行很长时间，电动机发热严重，则应更换成变频电动机。

(7)过载试验。在额定工作频率上，增加电动机负载，观察电动机定子电流。当定子电流大于设定值(一般按电动机额定电流的 1～1.05 倍设定)时，过电流保护应运行：否则，应检查电流表指示是否正确，电子热保护设定值是否正确。

第五节 变频器节电效果分析与工程实例

一、变频器的节电效果分析

在介绍变频器的选择时已涉及其节电效果。下面重点分析平方转矩负荷和恒转矩负荷应用变频器的节电效果。

1. 平方转矩负荷

属于平方转矩负荷的有风机和泵类。由于这类负荷的轴功率 P 与转速 n 有 $P\propto n^3$ 关系，因此应用变频器节电效果明显，一般节电率在 30%以上。

这类负荷有以下关系式：

①流量 $Q\propto n$；

②电动机转速 n 与电源频率 f 的关系为 $n\propto f$。当 $f=50$Hz 时，$n=n_e$(额定转速)；当 $f=40$Hz 时，$n=0.8n_e$；当 $f=25$Hz 时，$n=0.5n_e$ 等。

③轴功率 $P\propto n^3$。当 $n=n_e$ 时，$P=P_e$；当 $n=0.8n_e$ 时，$P=0.8^3P_e=0.512P_e$；当 $n=0.5n_e$ 时，$P=0.5^3P_e=0.125P_e$ 等。

因此这类负荷应用变频器的节电率，根据公式 $\Delta P\%=\frac{P_e-P}{P_e}\times100\%$，当 $n=n_e$（即 $f=f_e=50\text{Hz}$）时，节电率为 $\Delta P\%=\frac{P_e-P_e}{P_e}\times100\%=0$；当 $n=0.8n_e$（即 $f=40\text{Hz}$）时，节电率为 $\Delta P\%=\frac{P_e-0.512P_e}{P_e}\times100\%=48.8\%$；当 $n=0.5n_e$（即 $f=25\text{Hz}$）时，节电率为 $\Delta P\%=\frac{P_e-0.125P_e}{P_e}\times100\%=87\%$。

因此可以得到表 7-18 所列的结果。当然，实际应用中会有所出入。

表 7-18　平方转矩负荷应用变频器的节电效果

流量 Q^*（%）	100	90	80	70	60	50	40	30
转速 n^*（%）	100	90	80	70	60	50	40	30
频率(Hz)	50	45	40	35	30	25	20	15
轴功率 P^*（%）	100	73	51	34	22	13	6.5	2.7
节电率 ΔP(%)	0	27	49	66	78	87	93.5	97.3

注：Q^*、n^*、P^* 均为各量与额定值的相对百分数。

2. 恒转矩负荷

属于恒转矩负荷的有输送机、起重机、挤压机、压缩机等。这类负荷的轴功率 P 与转速 n 有 $P\propto n$ 关系，因此应用变频器的节电效果一般。

当 $n=n_e$（即 $f=50\text{Hz}$）时，$P=P_e$，节电率为 $\Delta P\%=0$；当 $n=0.8n_e$（即 $f=40\text{Hz}$）时，$P=0.8P_e$，节电率为 $\Delta P\%=\frac{P_e-0.8P_e}{P_e}\times100\%=20\%$；当 $n=0.5n_e$（即 $f=25\text{Hz}$）时，$P=0.5P_e$，节电率为

$$\Delta P\% = \frac{P_e - 0.5P_e}{P_e} \times 100\% = 50\%。$$

为此可以得到表 7-19 所列的结果。

表 7-19　恒转矩负荷应用变频器的节电效果

转速 n^*(%)	100	90	80	70	60	50	40	30
频率(Hz)	50	45	40	35	30	25	20	15
轴功率 P^*(%)	100	90	80	70	60	50	40	30
节电率 ΔP(%)	0	10	20	30	40	50	60	70

注：n^*、P^* 同表 7-18。

(1)对于粉碎机、冲压机床、剪切机等负荷，其负荷功率具有周期性、波动大的特点，应用变频器节电效果较好。

(2)对于空压机、水池、水塔等阶梯负荷，在空载时间等于1/3～1/4满载时间的条件下，如采用变频调速，使流量降低或使工作时间适当延长，缩短空载时间，可使节电率达到 15%～20%。

二、变频器的几种常见节能控制方式

1. 按 U/f 特性控制

对于风机、泵类负荷，变频器应选用平方转矩外特性(如图 7-12 所示)，以便与负荷特性更好地配合，在某设定频率下其输出电压更低些，从而提高了节电效果。

2. 按负荷大小降低变频器的输出电压

该方法是按负荷率 β 大小来降低变频器的输出电压，如图 7-13 所示。具体有两种方式。

(1)人为设定。按负荷率 β 的大小，人工设定电压百分值。该方法适用于负荷基本恒定的场合。

(2)自动设定。按负荷率 β 的大小，自动调整电压。该方法效果好，但要求变频器具有这种特性，因此价格也高些。

3. 按损耗最小，效率、功率、因数最高的原则来控制

当电动机的铜耗等于铁耗时，损耗最小，效率和功率因数最高。这种变频器能自动测量电动机参数(或人工输入)，实现高效

运行。

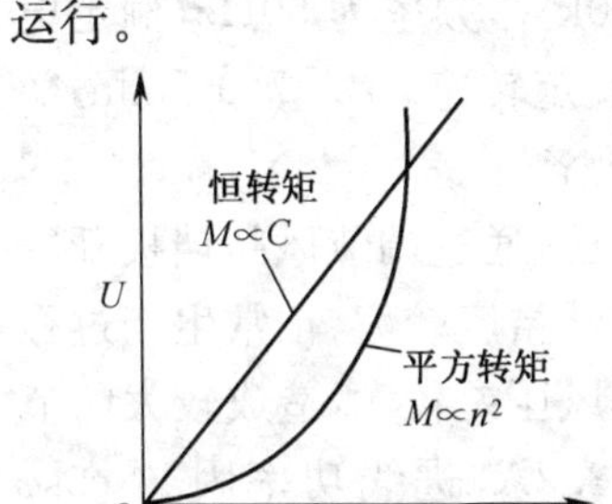

图 7-12　选用平方转矩外特性

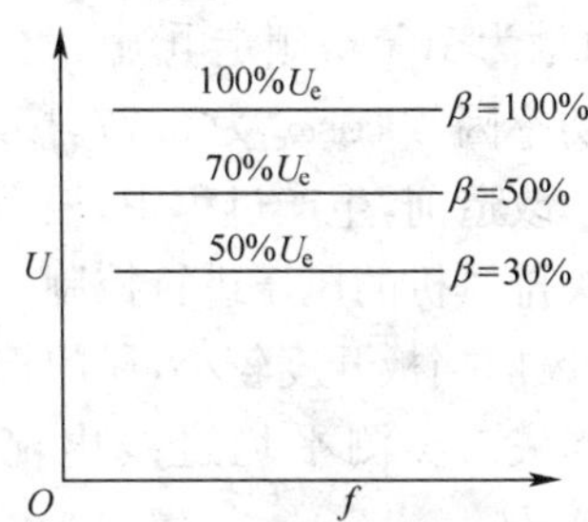

图 7-13　按负荷率降低输出电压的方式

三、变频器节能运行需掌握的要点

(1)电动机应用变频器调速节电一般有两个不同的目的。一是以调速为主,应选用通用型变频器;二是以节能为主,应选用节能型变频器。国产佳灵变频器通用型产品和节能型产品分别为T9 系列和 J9 系列(见表 7-2);日本安川公司生产的通用型产品和节能型产品分别为 G5 系列和 P5 系列;日本富士公司生产的两类产品分别为 G9 系列和 P9 系列。另外,还有一机两用的方式,即通过程序代码选择,将变频器分别控制在通用型或节能型方式中运行,如日本日立公司生产的 J300 型变频器。

(2)注意变频器产品使用说明书中有关变频器与电动机匹配的问题。由于变频器在出厂时已将它所配用的标准电动机的参数设定好了,因此只有两者相匹配,才能经济运行。如果电动机容量比变频器容量小得多,则必须重新设定参数,才能达到节能运行。

(3)变频器在节能方式下运行时,其动态响应性能是较差的,如果遇到突变的冲击负荷,拖动系统可能因电压来不及增加到必要值而堵转(因变频器搜索、调整电压需要一定时间,每次调整的电压增量一般设定在工作电压的 10%以内)。因此节能运行方式主要应用在转矩较稳定的负荷。

四、工程实例

【实例 1】　某水泥厂窑头 EP 风机采用 10kV 高压电动机,型号:YKK500-8 型,额定功率 P_e 为 400kW,频率为 50Hz,额定电压 U_e 为 10kV,额定电流 I_e 为 30A,额定转速 n_e 为 740r/min,额定功率因数 $\cos\varphi_e$ 为 0.77,接线方式为Y/Y。

改造前,生产过程中,根据窑内负压,通过调节风门挡板开度对头排风机的风压进行控制。由于设计裕度较大,正常生产过程中,风门挡板开度较小,风门挡板两侧风压差较大,造成较大的节流损失。实测平均进线电流 I 为 23.2A,进线功率因数 $\cos\varphi$ 为 0.71。

改造方案:将风门挡板全开,采用变频器调速控制电动机转速以控制风量,以达到节电的目的。

(1)试选择变频器。

(2)分析改造前后的节电效果。

解　(1)变频器的选择。

①风机负荷,可按下式选择变频器容量:

$$S_f = S_e = P_e/\cos\varphi_e = 400/0.77 = 519.5(\text{kVA})$$

②按实际正常负荷功率选择

$$S_f \geqslant S = \sqrt{3}UI = \sqrt{3}\times 10\times 23.2 = 401.8(\text{kVA})$$

考虑可能出现的最大运行负荷功率,因此可选择容量为 500kVA 的变频器。

变频器正常运行频率在 40Hz 左右。

(2)改造前后风机性能对比及节电效果。

改造前后风机性能对比见表 7-20。

表 7-20　改造前后风机性能对比

项　目	改造前	改造后	项　目	改造前	改造后
平均功耗(kW)	288	205	起动方式	直接起动	变频软起动
10kV 进线电流(A)	23.2	12.2	风机噪声	大	小
10kV 进线功率因数	0.71	0.97	轴承温升	高	低

根据改造前后实测数据,改造前电动机平均功耗 P_1 为 287.55kW,改造后平均功耗 P_2 为 205.2kW,改造后功耗下降为

$\Delta P = P_1 - P_2 = 287.55 - 205.2 = 82.35$(kW)，设年运行小时数 T 为 6900h，电价 δ 为 0.5 元/kWh，则年节约电费为

$$F = \Delta P T \delta = 82.35 \times 6900 \times 0.5 = 284107(\text{元}) \approx 28.4(\text{万元})$$

节电率为

$$\Delta P\% = \frac{\Delta P}{P} \times 100\% = \frac{82.35}{287.55} \times 100\% = 30\%$$

【实例 2】 一台原料泵，配套电动机为日本进口的 1TQ2U1X1GOW、2 极，额定电压为 380V，额定功率为 380kW，额定电流为 680A。泵的型号为 150×100VPCH17W，额定扬程为 1200m，额定流量为 70m^3/h。

实测功率 P 为 321kW，泵出口压力为 11.5MPa，流量 Q 为 60m^3/h，泵出口与干线压力差 ΔP 为 3.5MPa。试选择变频器。

解 在实测功率小于电动机额定功率的情况下，变频器的容量可按下式选择：

$$P_f = K_1 (P - K_2 Q \Delta P)$$

式中符号意义可查阅本章第二节五中(2)。将已知数据代入公式得

$$P_f = 1.15 \times (321 - 0.278 \times 60 \times 3.5) \approx 302(\text{kW})$$

考虑负荷的技术要求及经济性，选择日本明舍 315kW 变频器。

该泵电动机运行频率设定在 42Hz，经测试，功率仅 196kW，节电率约为 38%。

第六节　变频器实用控制线路

一、一控一风机(或水泵)变频调速控制线路

雷诺尔 RNB3000 系列变频器一控一(即一台变频器控制一台电动机)风机或水泵变频调速控制线路如图 7-14 所示。

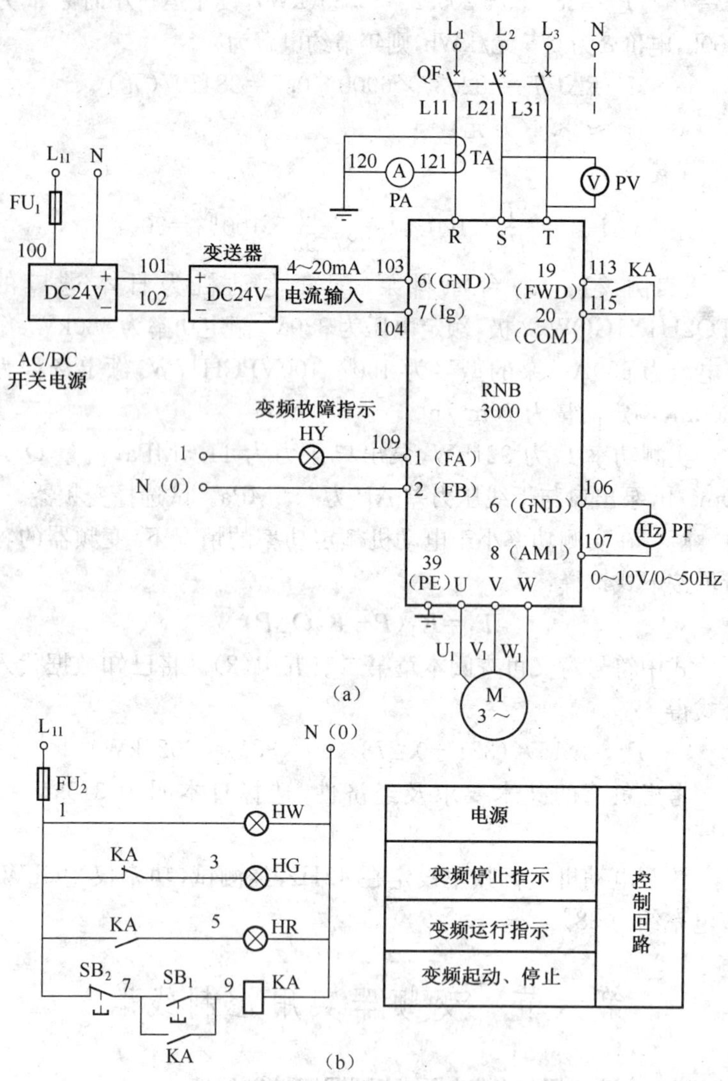

图 7-14　一控一风机、水泵变频调速控制线路

(a)一次回路　(b)控制回路

图中，1、2 为故障输出端子；6、7 为模拟反馈电流输入端子；6、8 为模拟量输出端子；19、20 为正转运行端子。

工作原理：起动时，按下起动按钮 SB_1，继电器 KA 得电吸合并自锁，其常开触点闭合，变频器的 19、20(COM)端子连接，风机或水泵按设定好的起动参数起动及运行参数运行，并根据反馈信号，自动调节风机或水泵的转速。停止时，按下停止按钮 SB_2，KA 失电，19、20(COM)端子断开，风机或水泵按设定好的停止参数停止运行。

当电动机发生故障时，变频器内部的故障继电器触点闭合，1、2 端子连接，故障指示灯 HY 点亮。

当模拟反馈电流输入 4～20mA 变化时，模拟量输出电压为 0～10V变化，频率为 0～50Hz 变化。

电器元件见表 7-21。

表 7-21　图 7-14 电器元件表

序号	符号	名称	型号	技术数据	数量	备注
1	QF	断路器	CM1-□/3300	I_e：□A	1	随电动机功率变化
2	RN	变频器	RNB3000	功率：□kW	1	随电动机功率变化
3	KA	中间继电器	JZC3-22d	AC220V	1	
4	TA	电流互感器	LMK3-0.66	□/5A	1	随电动机功率变化
5	PA	电流表	6L2-A	□/5A	1	随电动机功率变化
6	PV	电压表	6L2-V	0～450V	1	
7	HR、HY、HW、HG	信号灯	AD11-22/21-7GZ	HR(红)，HY(黄)，HW(白)，HG(绿)	4	
8	FU_1、FU_2	熔断器	JF-2.5RD	熔芯：4A	2	
9	SB_1	起动按钮	LA38-11/209	绿	1	
10	SB_2	停止按钮	LA38-11/209	红	1	
11		变送器			1	
12		AC/DC 开关稳压电源			1	
13	PF	频率表			1	

二次回路导线采用 BVR-1.5mm^2，互感器回路导线采用BVR-2.5mm^2。

二、一控一恒压供水变频调速控制线路

一控一恒压供水变频调速控制线路如图 7-15 所示。

图中，1、2 为故障输出端子；4、5、6 为模拟反馈电压输入端子；6、8 为模拟量输出端子；19、20 为正转运行端子。

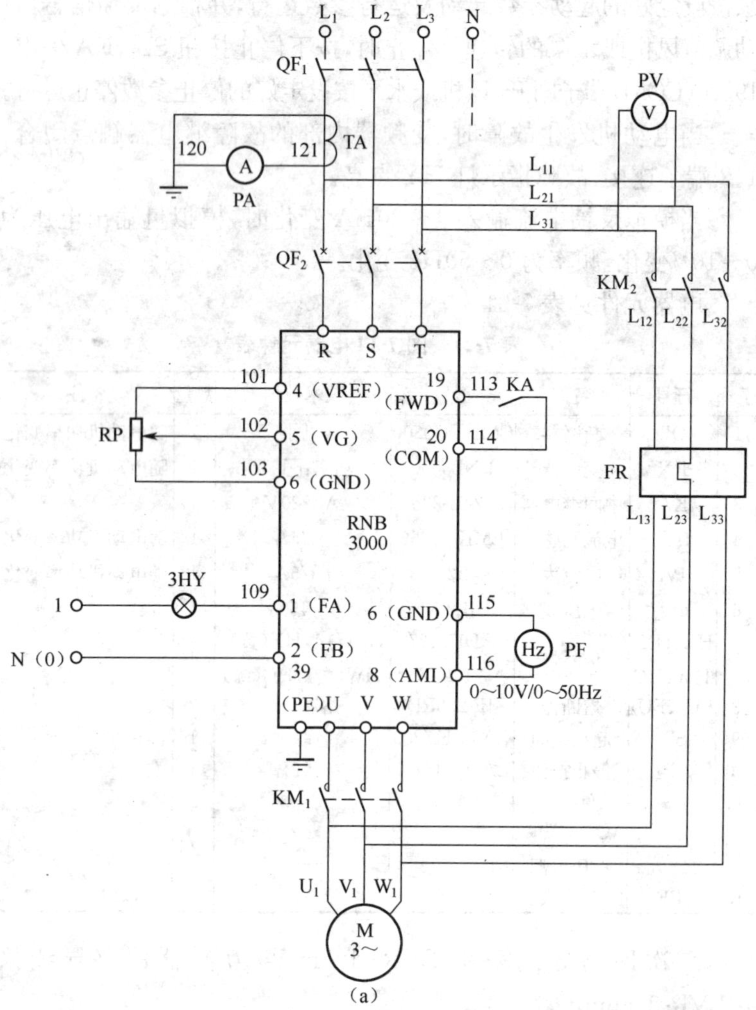

（a）

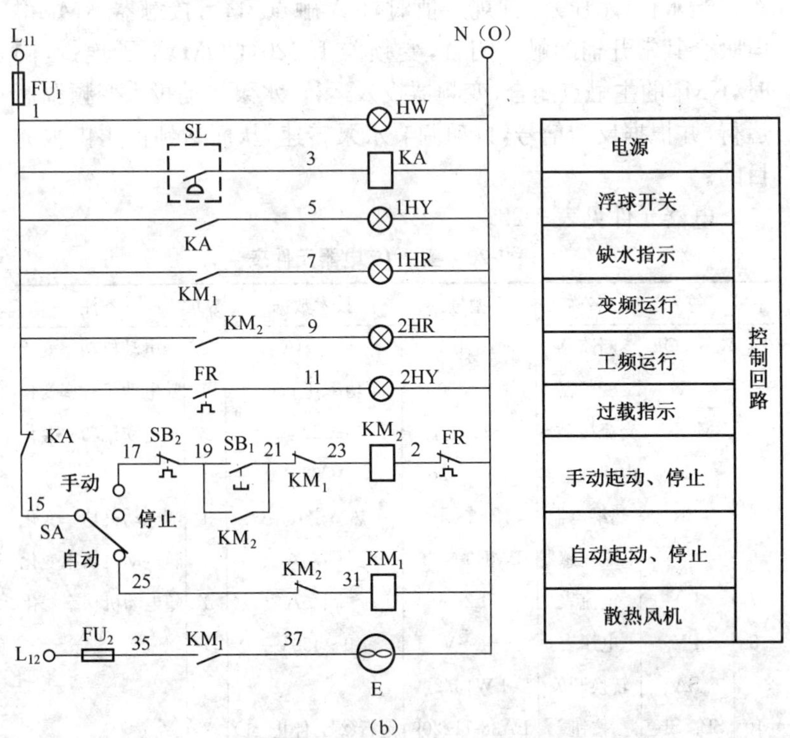

图 7-15 一控一恒压供水变频调速控制线路

(a)一次回路 (b)控制回路

工作原理：手动时，断开断路器 QF_2（也可不断开 QF_2，因为接触器 KM_1、KM_2Z_3 相连锁），合上断路器 QF_1，将转换开关 SA 置于手动位置，水泵的起动与停止由起动按钮 SB_1 和 SB_2 控制，直接用工频 380V 电源供电，电动机过载由热继电器 FR 保护。浮球开关 SL 防止水泵无水时空转：无水时，SL 常开触点闭合，中间继电器 KA 得电吸合，其常闭触点断开，切断接触器 KM_2（手动）、KM1(自动)电源，水泵不能起动。

自动时，合上断路器 QF_1、QF_2，将转换开关 SA 置于自动位置。当水位(水压)低到规定值时,KA触点闭合,接触器 KM_1 得电吸合其常开辅助触点闭合,变频器19、20(COM)端子连接,同时,KM_1 的主触点闭合,变频器投入运行,水泵自动投入变频调速运行,并根据反馈信号,自动调节水泵转速,从而达到恒压供水的目的。

电器元件见表7-22。

表7-22　图7-15电器元件表

序号	符号	名称	型号	技术数据	数量	备注
1	QF_1、QF_2	断路器	CM1-□/3300	I_e:□A	2	随电动机功率变化
2	RN	变频器	RNB3000	功率:□kW	1	随电动机功率变化
3	KM_1、KM_2	交流接触器	CJ20-□	AC220V	2	随电动机功率变化
4	KA	中间继电器	JZC3-22d	AC220V	1	
5	FR	热继电器	JRS2-□F	热整定:□A	1	随电动机功率变化
6	TA	电流互感器	LMK3-0.66	□/5A	1	随电动机功率变化
7	PA	电流表	6L2-A	□/5A	1	随电动机功率变化
8	PV	电压表	6L2-V	0～450V	1	
9	SA	转换开关	LW16/2			
10	SB_1、SB_2	按钮	LA38-11/209	运行(绿),停止(红)	2	
11	HR、HY、HW	信号灯	AD11-22/21-7GZ	HR(红)、HY(黄)、HW(白)	6	
12	FU	熔断器	JF-2.5RD	熔芯:4A	1	
13	SP	远传压力表	YTZ-150	1MPa或1.6MPa	2	
14	PF	频率表			1	
15	E	风机			1	

三、一用一备恒压供水变频调速控制线路

一用一备恒压供水变频调速控制线路如图7-16所示。

图中,1、2为故障输出端子;4、5、6为模拟反馈电压输入端子;6、8为模拟量输出端子;19、20为正转运行端子。

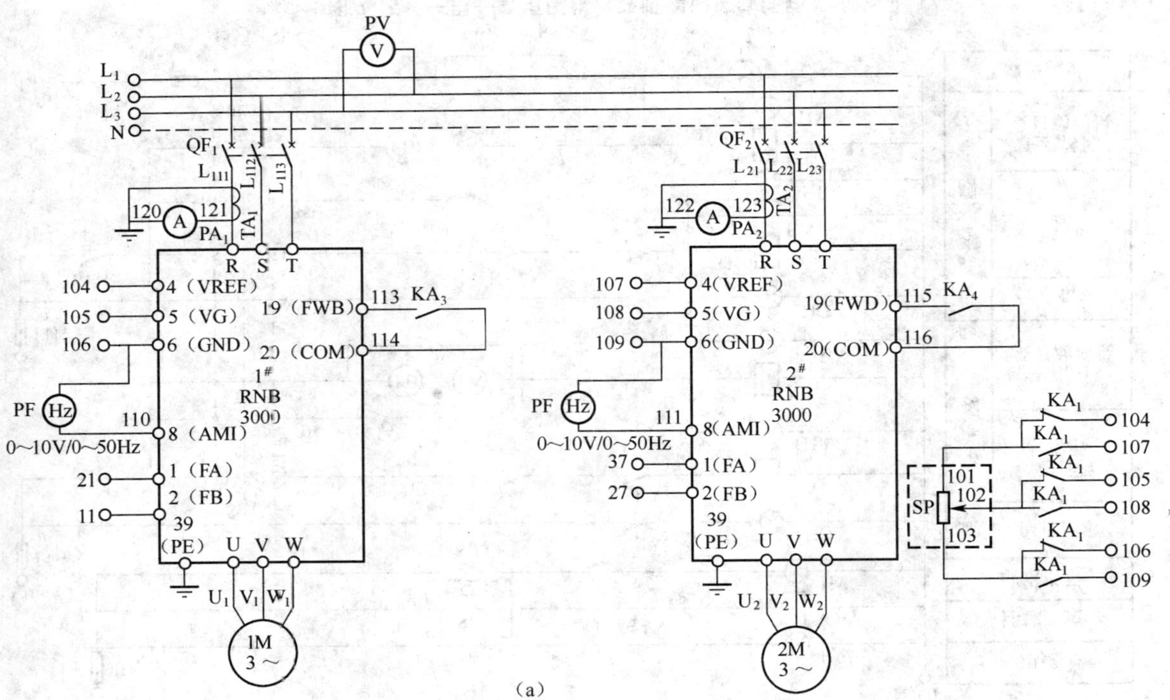
PV
V
L1
L2
L3
N
QF1
L111
L112
L113
120
121
A
PA1
TA1
R S T
104
105
106
4（VREF）
5（VG）
6（GND）
19（FWB）
20（COM）
113 KA3
114
1#
RNB
3000
PF
Hz
110
8（AMI）
0～10V/0～50Hz
21
1（FA）
2（FB）
11
39
（PE）
U V W
U1 V1 W1
1M
3～
QF2
L21 L22 L23
122
123
PA2
TA2
107
108
109
4(VREF)
5(VG)
6(GND)
19(FWD)
20(COM)
115 KA4
116
2#
111
8(AMI)
37
1(FA)
27
2(FB)
U2 V2 W2
2M
KA1
101
102
103
SP
104
107
105
108
106
109

（a）

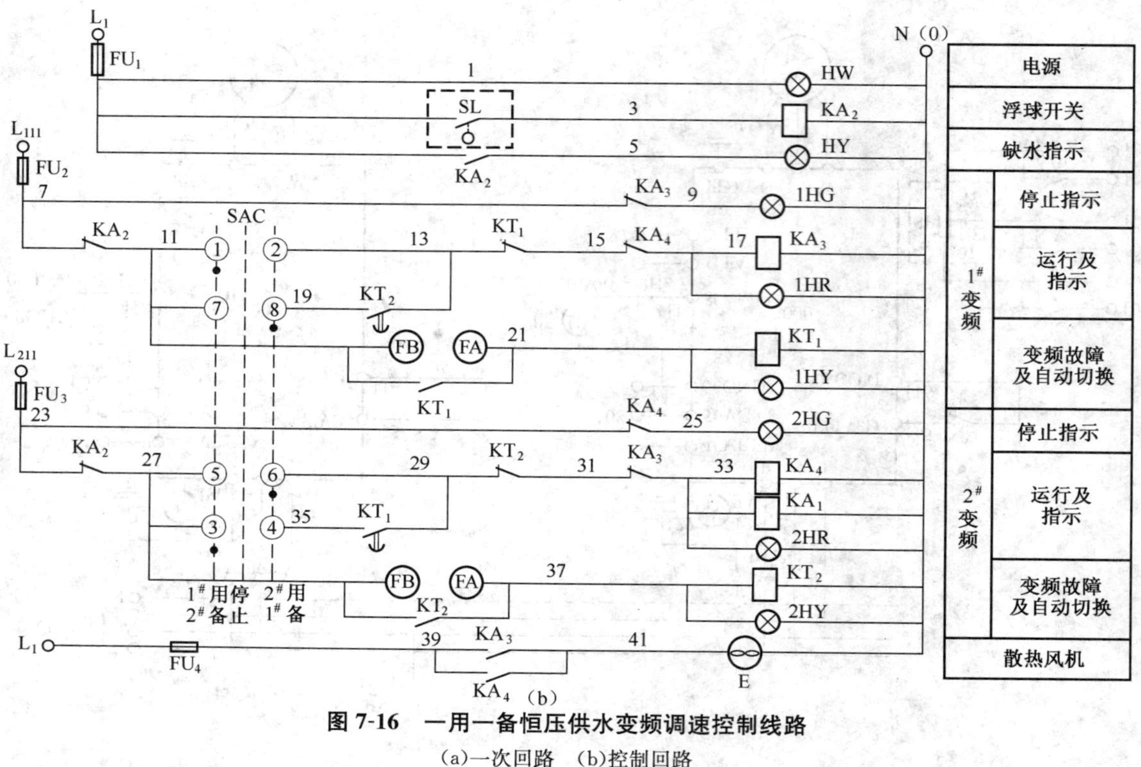

图 7-16 一用一备恒压供水变频调速控制线路

（a）一次回路 （b）控制回路

工作原理：合上断路器 QF_1 和 QF_2，将转换开关 SAC 置于 1[#] 用 2[#] 备位置，触点①、②接通，③、④接通。中间继电器 KA_3 得电吸合，其常开触点闭合，1[#] 变频器的 19、20(COM)端子连通，1[#] 水泵变频运行。由于 KA_3 与 KA_4 互相联锁，所以 2[#] 水泵停止运行。当 1[#] 水泵发生故障时，变频器内部故障继电器吸合，1、2 端子短接，即 FB 和 FA 连通，时间继电器 KT_1 线圈得电自锁，经过一段时间延时(为确保两台水泵切换的安全)，其瞬时常闭触点断开，KA_3 失电释放，1[#] 水泵退出运行，而 KT_1 的延时闭合常开触点经过一段时间延时(为确保两台水泵切换时的安全)闭合，中间继电器 KA_4 得电吸合，其常开触点闭合，2[#] 变频器的 19、20(COM)端子连通，2[#] 备用水泵投入变频运行。

当转换开关 SAC 置于 2[#] 用 1[#] 备时，工作原理和 1[#] 用 2[#] 备相同。

浮球开关 SL 防止水泵无水时空转。当水箱无水时，浮球开关 SL 常开触点闭合，中间继电器 KA_2 得电吸合，其常闭触点断开，切断控制回路电源，从而使二台水泵均停止运行，避免空转。

电器元件见表 7-23。

表 7-23 图 7-16 电器元件表

序号	符号	名称	型号	技术数据	数量	备注
1	QF_1、QF_2	断路器	CM1/□/3300	I_e:□A	2	随电动机功率变化
2	RN	变频器	RNB3000	功率:□kW	2	随电动机功率变化
3	KA_1～KA_4	中间继电器	JZC3-22d	AC220V	4	
4	KT_1、KT_2	时间继电器	JZC3-40d	AC220V	2	
5	TA	电流互感器	LMK3-0.66	□/5A	2	随电动机功率变化
6	PA	电流表	6L2-A	□/5A	2	随电动机功率变化
7	PV	电压表	6L2-V	0～450V	1	
8	SAC	转换开关	LW5-16/1		2	
9	HR、HY、HG、HW	信号灯	AD11-22/21-7GZ	HR(红)、HY(黄)、HG(绿)、HW(白)	8	
10	FU_1～FU_4	熔断器	JF-2.5RD	熔芯:4A	4	
11	SP	远传压力表	YTZ-150	1MPa 或 1.6MPa	1	
12	SL	浮球开关			1	
13	PF	频率表			2	
14	E	风机			1	

第八章　风机、水泵和空压机节电技术与工程实例

第一节　风机的基本参数及计算

一、风机的基本参数和特性曲线

1. 风机的基本参数

风机的基本参数有：风量、全压、转速、有效功率、轴功率和效率等。

(1)风量 Q。指气体在单位时间内通过风机的体积，单位为 m^3/s 或 m^3/h。当用质量流量 G 来表示时，单位为 kg/s 或 t/h。容积流量与质量流量间的关系为

$$G=\gamma Q/g$$

式中　G——质量流量(kg/s)；

Q——容积流量(m^3/s)；

g——重力加速度，$g=9.81m/s^2$；

γ——气体的重度(N/m^3)。

对于大气压力为 101.3kPa(760mmHg)、温度为 20℃、相对湿度为 50%的标准空气状态，空气的重度 $\gamma=11.77N/m^3$。非标准空气状态时的重度可按下式计算：

$$\gamma_t=\gamma_o\times\frac{H_a\pm H_j}{101325}\times\frac{293}{273+t}$$

式中　γ_t——温度 t℃时的气体重度(N/m^3)；

H_a——测试时当地大气压力(Pa)；

H_j——测试断面处的平均静压读数(Pa)，负压时取负号，正压时取正号；

γ_o——标准状态下的介质重度(N/m³),对于烟气为

$$\gamma_o=\frac{1.977RO_2+1.429O_2+1.25N_2}{100}\times 9.81$$

式中　RO_2——三原子气体体积百分数;

O_2——氧气体积百分数;

N_2——氮气体积百分数。

近似计算时,烟气的重度可取 $\gamma_o=13.14N/m^3$。

(2)全压 H。指单位体积的气体经过风机后其能量的增加值,单位为 Pa。

$$H=H_2-H_1$$

$$H_1=H_{j1}+H_{d1};H_2=H_{j2}+H_{d2}$$

式中　H_2——风机出口处的总压(Pa);

H_1——风机进口处的总压(Pa);

H_{j1}、H_{j2}——风机进口处与出口处的静压(Pa);

H_{d1}、H_{d2}——风机进口处与出口处的动压(Pa)。

(3)转速 n。指风机叶轮每分钟的转动次数,单位为 r/min。

(4)有效功率(即理论功率)N_{yx}。指气体在单位时间内从风机中所获得的总能量,单位为 kW。

$$N_{yx}=HQ\times 10^{-3}$$

式中　H——风机的全压(Pa);

Q——风机的流量(m³/s)。

(5)轴功率 N。指电动机传给风机轴的功率,单位为 kW。

(6)风机效率 η。指风机的有效功率 N_{yx} 与轴功率 N 之比,即:

$$\eta=\frac{N_{yx}}{N}\times 100\%$$

2. 风机的特性曲线

风机做功能力的大小可以用流量 Q、全压 H 的大小来反映。在一定转速下,一台风机的流量 Q 与全压 H 之间有一个对应关系。这个关系用 Q-H 坐标图来表示,即为风机的 Q-H 性能曲线。

同样，有流量 Q 与轴功率 N 的 Q-N 曲线，流量 Q 与效率 η 的 Q-η 曲线等。9-19No7.1 风机的特性曲线如图 8-1 所示。

从特性曲线上可以看出，在某一对应的 Q-H 值下运行时，风机将有最高的效率，这时的 Q、H、η 值即为该台风机的额定参数。风机的流量是根据生产工艺的需要来确定的，全压是根据管道阻力特性曲线来确定的。当风机运行点落在低效区域或节流运行时，风机运行不经济。因此，掌握和应用特性曲线，就能正确选择和经济合理地使用风机。

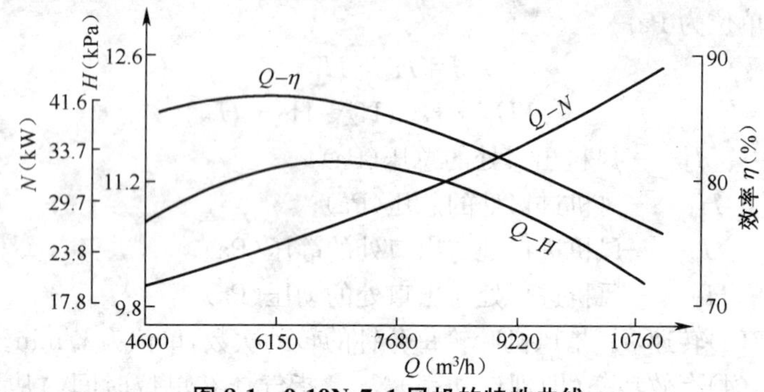

图 8-1　9-19No7.1 风机的特性曲线

二、风机风量、风压、轴功率、电动机功率、效率和电能利用率的测算

1. 风机风量的测算

风机风量有以下几种测算方法。

(1)用毕托管测风量。

$$Q=3600Fv$$

式中　Q——风量(m^3/h)；

F——测点处有效截面积(m^2)；

v——测点处平均风速(m/s)。

(2)用集流器测风量。

$$Q=0.00399\alpha D^2\sqrt{\Delta Hg/\gamma_t}$$

式中　α——集流器系数，对于锥形集流器 $\alpha=0.98$，对于圆弧形

集流器 $\alpha=0.99$；

ΔH——集流器进口截面处测得的静压差值(Pa)；

γ_t——集流器处气体重度(N/m^3)；

D——管道直径(mm)；

g——重力加速度，$g=9.81m/s^2$。

2. 风机风压的测算

风机全压按下式计算：

$$H=H_2-H_1$$

式中符号同本节一、1.(2)。

风机的全压 H 和静压 H_j 的另一表达形式如下：

$$\begin{aligned}H&=(H_{j2}+H_{d2})-(H_{j1}+H_{d1})\\&=(H_{j2}-H_{j1})+(H_{d2}-H_{d1})\\&=\Delta H_j+\Delta H_d\end{aligned}$$

$$\begin{aligned}H_j&=H_2-H_1-H_d\\&=H_{j2}+H_{d2}-H_{j1}-H_{d1}-(H_{d2}-H_{d1})\\&=H_{j2}-H_{j1}\end{aligned}$$

风机进口处的动压可按下式计算：

$$H_{d1}=\frac{1}{2g}\left(\frac{Q}{F_1}\right)^2\gamma_1=\frac{1}{2g}v_1^2\gamma_1$$

式中　H_{d1}——风机进口处的动压(Pa)；

Q——风机流量(m^3/s)；

F_1——风机进口处截面积(m^2)；

γ_1——风机进口处气体重度(N/m^3)；

v_1——风机进口处平均流速(m/s)。

风机出口处的动压可按下式计算：

$$H_{d2}=\frac{1}{2g}\left(\frac{Q}{F_2}\right)^2\gamma_2=\frac{1}{2g}v_2^2\gamma_2$$

式中　H_{d2}——风机出口处的动压(Pa)；

F_2——风机出口处截面积(m^2)；

γ_2——风机出口处气体重度(N/m^3)；

v_2——风机出口处平均流速(m/s)。

3. 风机轴功率的计算

风机的轴功率可按下式计算：

$$N=\frac{N_{yx}}{\eta}=\frac{QH}{\eta}\times 10^{-3}$$

式中　N——风机的轴功率(kW)；

η——风机的效率，为 0.4～0.75，实际数值以制造厂提供的数据为准，无实际数据时可参见表 8-1；

其他符号同前。

表 8-1　风机的效率与功率储备系数

风机的种类	η	K
螺旋桨式风机	0.5～0.75	1.3
圆盘式风机	0.3～0.5	1.5
多叶风机	0.45～0.55	1.2～1.3
透平式风机(≥400kW)	0.65～0.75	1.15～1.25
透平式风机(＜400kW)	0.6～0.7	1.15～1.25
板式风机	0.5～0.6	1.15～1.25
单级透平式风机	0.6～0.75	1.1～1.2
多级透平式风机	0.55～0.7	1.1～1.2

风机的轴功率还可以按下式计算

$$N=P_1\eta_d\eta_t$$

式中　P_1——电动机的输入功率(kW)；

η_d——电动机的效率，对于一般中小型电动机 $\eta_d=75\%\sim85\%$，对于大型电动机 $\eta_d=85\%\sim94\%$，实际值以制造厂提供的数据为准；

η_t——传动装置的效率，见表 8-2。

表 8-2　传动装置效率估算值

传动方式	η_t	传动方式	η_t
三角皮带	0.95～0.96	齿轮减速器	0.94～0.98
联轴器	0.98	直联	1

4. 风机的电动机功率计算

(1)电动机的输出功率 P_2。

$$P_2=\frac{N}{\eta_t}=\frac{N_{yx}}{\eta\eta_t}=\frac{QH}{1000\eta\eta_t}$$

(2)电动机的输入功率 P_1。

$$P_1=\frac{P_2}{\eta_d}=\frac{QH}{1000\eta\eta_d\eta_t}$$

5. 风机效率和电能利用率计算

(1)风机的效率。风机效率(总效率或全压效率)是指气体流过风机所获得的能量占风机从电动机轴上所得到的能量的百分比,即风机有效功率与风机轴功率之比。

$$\eta=\frac{N_{yx}}{N}\times 100\%=\frac{QH}{1000P_1\eta_d\eta_t}\times 100\%$$

根据 GB 3485-1983《评价企业合理用电技术导则》中的规定,通风机、鼓风机实测效率低于 70%时必须改造或更换。

(2)电能利用率。电能利用率为风机有效功率与电动机输入功率之比,即:

$$\eta_y=\frac{N_{yx}}{P_1}\times 100\%=\eta\eta_d\eta_t$$

式中符号同前。

三、高效节能玻璃钢轴流风机的技术数据及特性曲线

玻璃钢轴流风机的叶片采用空心机翼扭曲翼型,质量小,约为金属风机叶片质量的 1/4。叶片角度可在 39°～45°之间调节。主轴为 45 号钢制,与轮壳相配合锥度为 1∶12。前后整流罩为玻璃钢制作,呈流线型,其作用能减少进风阻力,风量集中,防止产生涡流,可提高风机效率。万 m^3/h 风量耗电在 1.1kWh 左右,风机效率可达 80%以上。

几种常用的玻璃钢轴流风机的技术数据见表 8-3～表 8-7。FZ40A-11No20 风机特性曲线如图 8-2～图 8-10 所示,FZ38.5A-

11No26 风机特性曲线如图 8-11、图 8-12 所示，FZ37.5A-11No16 风机特性曲线如图 8-13、图 8-14 所示，FZ50A-11No12 风机特性曲线如图 8-15、图 8-16 所示。

表 8-3　FZ40A-11No20 风机技术数据

安装角	转速 (r/min)	风量 (万 m^3/h)	全压 (Pa)	轴功率 (kW)	效率 (%)
45°	660	17.63	531	31.68	82
		18.25	495	30.2	83
		19.19	464	29.1	85
	620	16.2	500	27.44	82
		17.28	455	26	84
		19.81	384	24.85	85
	560	15.4	420	21.62	83
		17.04	400	22.25	85
		18.48	287	19.8	87
43°	660	15.1	485	24.48	83
		16.3	402	21.16	86
		17.2	358	21.12	80
	620	14.18	418	20.31	81
		15.3	373	19.55	81
		16.1	343	18.71	82
	560	13.76	379	19.07	76
		14.3	343	17.47	78
		15.29	304	16.76	77

续表 8-3

安装角	转速 (r/min)	风量 (万 m^3/h)	全压 (Pa)	轴功率 (kW)	效率 (%)
41°	660	14.2	379	19.41	80
		15.1	354	18.8	79
		16	309	17.36	79
	620	13.4	392	19.2	76
		14.3	316	16.28	77
		15.1	285	15.15	79
	560	12.7	364	18.6	69
		13.31	317	16.25	72
		14.29	277	15.4	71

表 8-4 FZ38.5A-11No26 风机技术数据

安装角	转速 (r/min)	风量 (万 m^3/h)	全压 (Pa)	轴功率 (kW)	效率 (%)
42°	560	21.2	392	30.4	76
		23.5	355	29.7	78
		26	304	28.5	77
	485	19.5	387	28.1	75
		22.1	343	27.4	77
		24	299	26.2	76

表 8-5 FZ37.5A-11No16 风机技术数据

安装角	转速 (r/min)	风量 (万 m^3/h)	全压 (Pa)	轴功率 (kW)	效率 (%)
45°	750	5.6	407	7.91	79
		6.1	345	7.31	80
		7	294	7.06	81
	660	4.9	372	6.5	78
		5.7	315	6.24	80
		6.2	278	5.97	80

表 8-6　FZ50A-11No12 风机技术数据

安装角	转速 (r/min)	风量 (万 m^3/h)	全压 (Pa)	轴功率 (kW)	效率 (%)
45°	750	8.5	417	12.3	80
		9.7	465	11.98	82
		12	289	11.9	81
	660	7.6	392	10.48	79
		8.9	335	10.34	80
		11	269	10.13	81

表 8-7　FZ40A-11No20 风机噪声试验记录

测试位置	噪声 (dB)	频谱(Hz)								
		31.5	63	125	250	500	1k	2k	4k	8k
出风口 机房	83A 91C	82	84	91	85	83	75	71	64	59

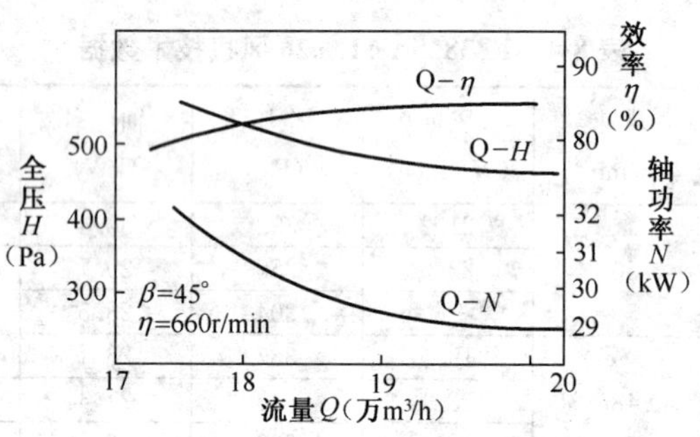

图 8-2　FZ40A-11No20 风机特性曲线(一)

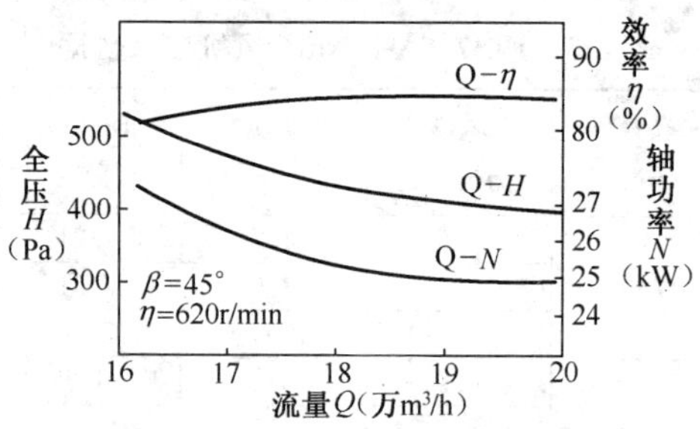

图 8-3　FZ40A-11No20 风机特性曲线(二)

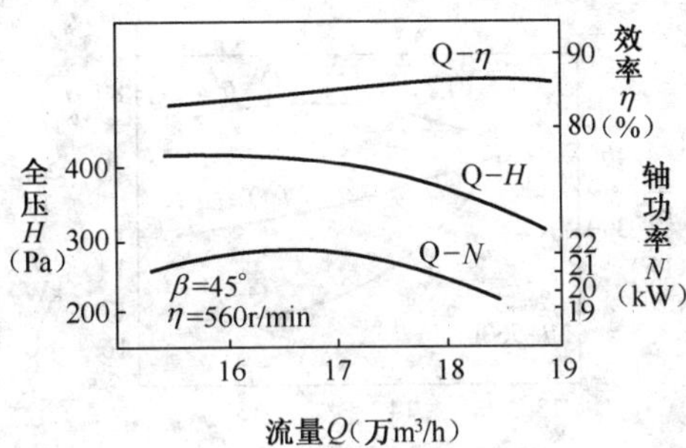

图 8-4　FZ40A-11No20 风机特性曲线(三)

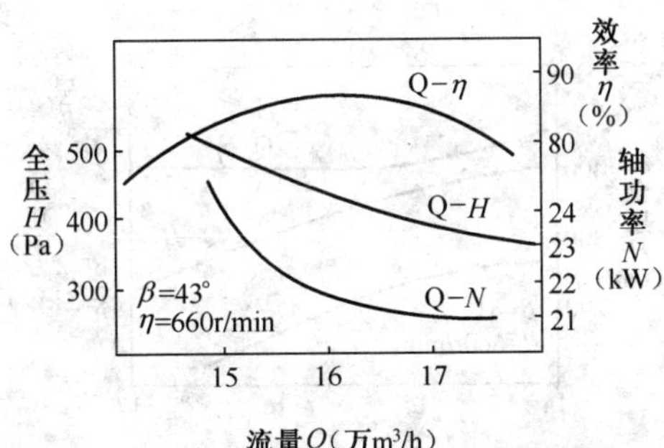

图 8-5　FZ40A-11No20 风机特性曲线(四)

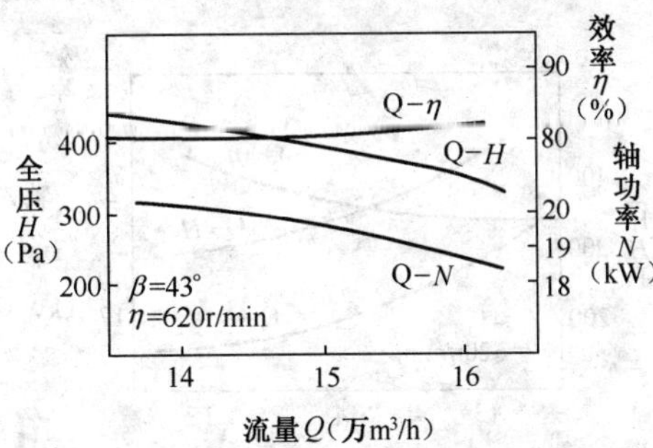

图 8-6　FZ40A-11No20 风机特性曲线(五)

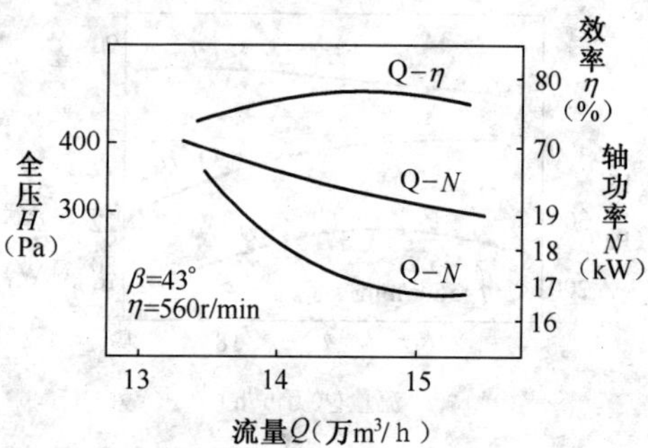

图 8-7　FZ40A-11No20 风机特性曲线(六)

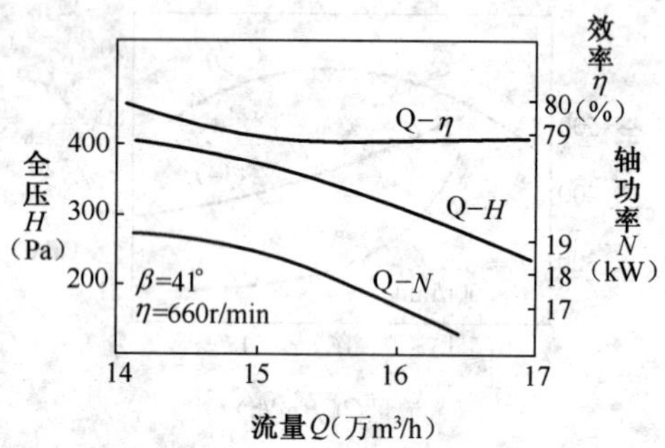

图 8-8　FZ40A-11No20 风机特性曲线(七)

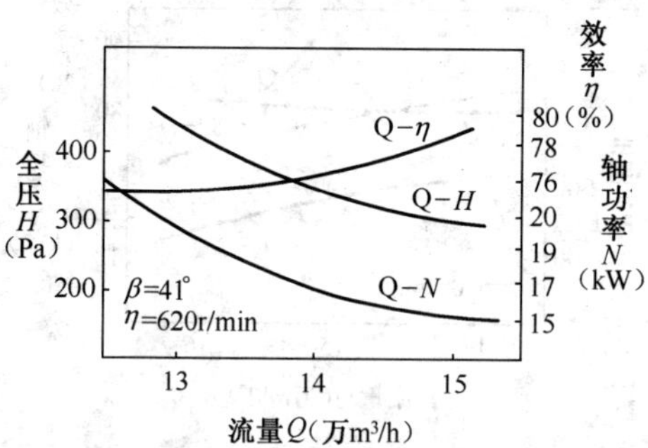

图 8-9　FZ40A-11No20 风机特性曲线(八)

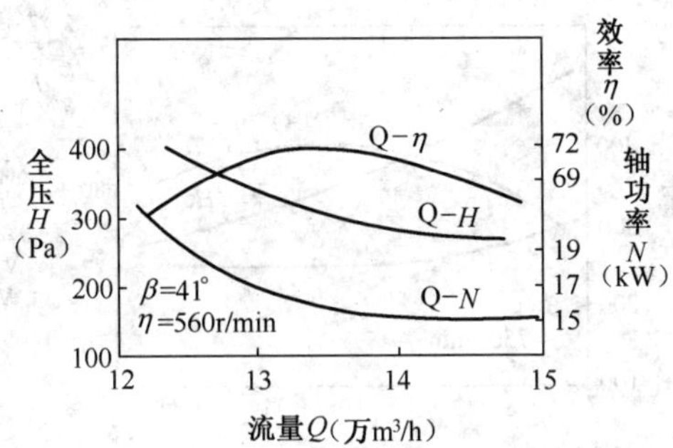

图 8-10　FZ40A-11No20 风机特性曲线(九)

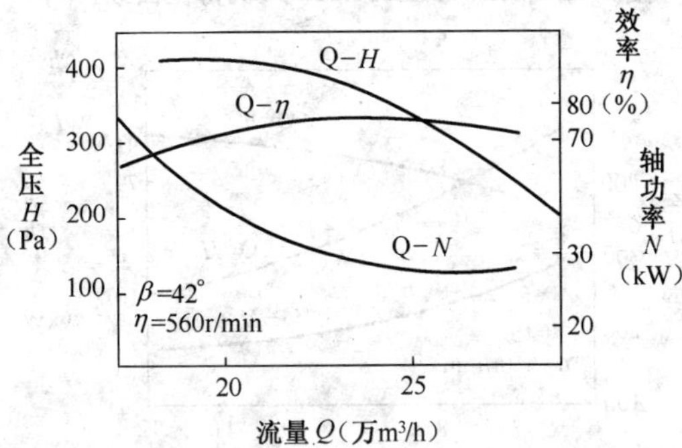

图 8-11　FZ38.5A-11No26 风机特性曲线(一)

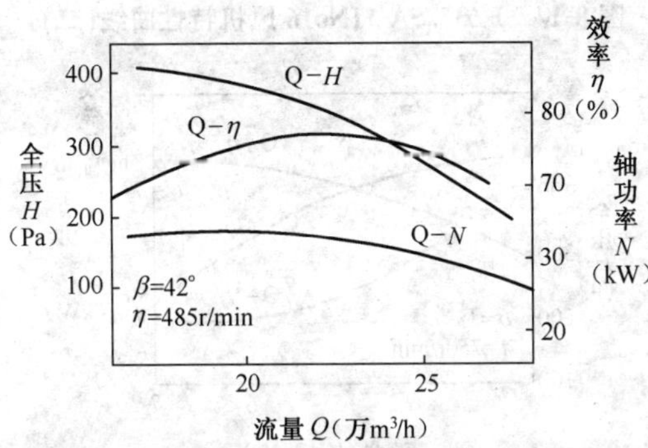

图 8-12　FZ38.5A-11No26 风机特性曲线(二)

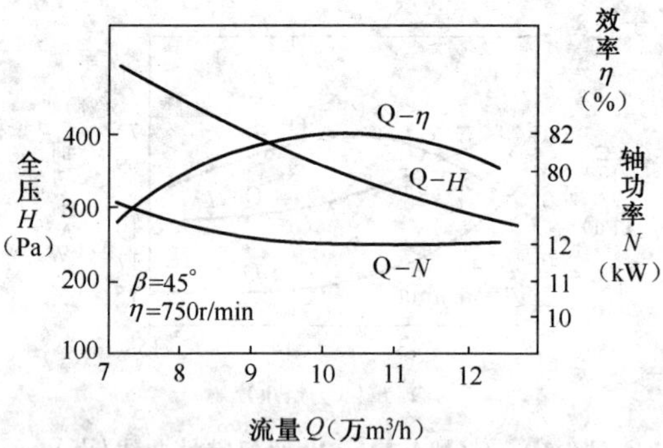

图 8-13　FZ37.5A-11No16 风机特性曲线(一)

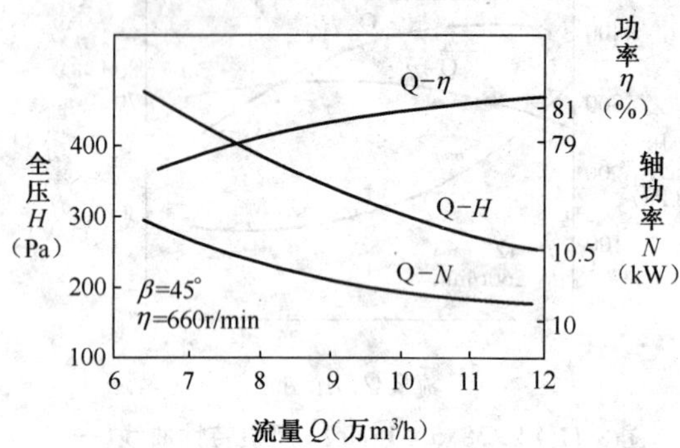

图 8-14　FZ37.5A-11No16 风机特性曲线(二)

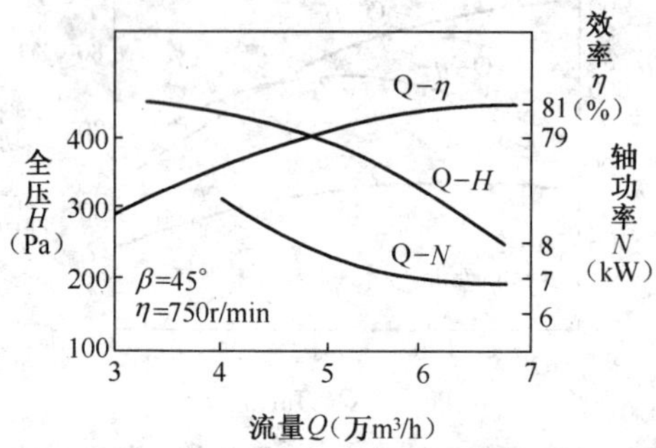

图 8-15　FZ50A-11No12 风机特性曲线(一)

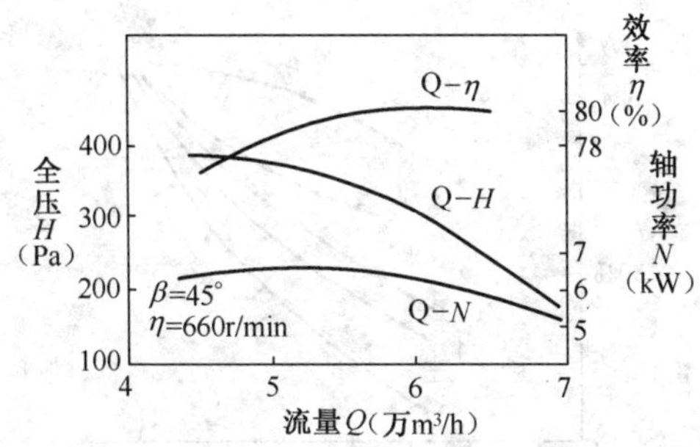

图 8-16 FZ50A-11No12 风机特性曲线(二)

第二节 风机节电改造与工程实例

一、风机变频调速节电改造与工程实例

1. 几种调节风机风量方式的比较

风机的耗电量与机组转速的三次方成正比。通常，设备是根据生产中可能出现的最大负荷条件，即最大流量进行选择的。而实际生产需要的流量是随生产工艺不同而变化的，且往往比设计的最大流量小得多。为此，常常通过调节风门来控制，结果在风门上造成很大的节流损耗。如果改用调速电动机，则当需要的流量减小时，电动机的转速可随着降低，这样消耗的能量会显著减少。据有关资料统计，可节电 20%～30%。采用不同的调节方法，节电效果也有所不同。图 8-17 所示为采用不同调节方法时风机的功耗曲线。

从图 8-17 可见，在进风口安装调节风门，其调节效果虽然不算很好，但比在出风口侧安装调节风门要好得多，目前多用于离心式通风机上。

子午加速轴流通风机上所用的进口导流调节器，类似于轴流通风机中进风口静叶调节结构，其调节效果比离心式通风机进风口挡板好。它是轴流式通风机静叶调节最好的一种形式。

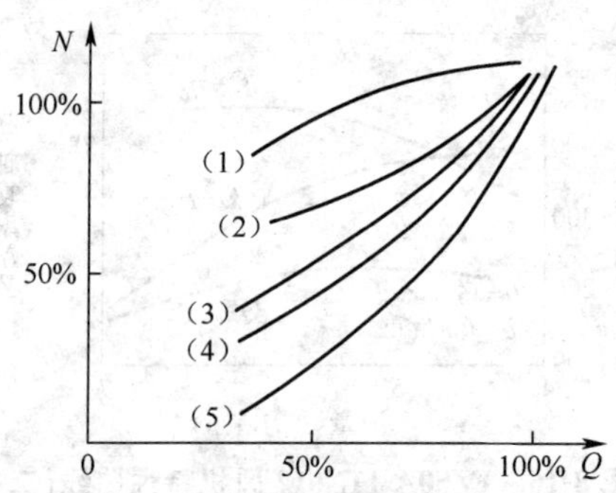

图 8-17　采用不同调节方法时风机的功耗曲线

(1)—出风口采用风门挡板调节　(2)—进风口采用风门挡板调节　(3)—进风口采用轴向导流器(用于离心式),进风口采用静叶调节器(用于轴流式)　(4)—可控硅串激调速、电磁离合器调速、电动机变级调速、耦合器调速　(5)—变频调速

改变风机转速,其节电效果最好,尤其是变频调速。

2. 工程实例

【实例】　某企业有一台 55kW 引风机和 30kW 鼓风机,原先均采用风门调节风量,还有一台 30kW 水泵,采用阀门调节水量,现改用变频调速控制,改造前后的节电情况见表 8-8。

表 8-8　采用变频器前后用电情况对比

负载名称	调节方法	平均频率(Hz)	平均电流(A)	功率因数	有功功率(kW)	平均日耗电(kW·h)	节电率(%)
55kW引风机	风门	50	95	0.80	50	1200	—
	变频调速	40	39	0.95	25	600	50
30kW鼓风机	风门	50	52.3	0.83	28.6	686.4	—
	变频调速	36	21.8	0.94	13.5	324	52.3
30kW水泵	阀门	50	49.6	0.85	27.7	664.8	—
	变频调速	38	25.8	0.95	16.1	386.4	41.8

有关变频调速的计算及风机、水泵用变频器的选择等,请见第七章第二节有关内容。

二、风机叶轮节电改造与工程实例

1. 风机叶轮改造方法

(1)切短或加长叶轮叶片。当使用中的风机流量比实际所需要的流量大(或小)而又不能采用调速控制时,可将原有风机的叶片顶端切去(或加长)一段。所切去或加长的尺寸,应由流量和直径的关系决定。当加长或切短的叶片长度不超过原叶轮直径的20%时,风机相对性能的改变,有下列近似关系式:

流量 $Q_2=Q_1(D_2/D_1)^2$

风压 $H_2=H_1(D_2/D_1)^2$

轴功率 $N_2=N_1(D_2/D_1)^4$

式中 D_1、D_2——改造前、后的叶轮外径。

式中各符号的下角数字1、2分别表示改造前、后的量。

改造后电动机的输入功率为:

$$P_1=\frac{N_2}{\eta_d\eta_t}=\frac{N_1}{\left(\frac{D_2}{D_1}\right)^4\eta_d\eta_t}(kW)$$

式中符号同前。

改造后的叶轮直径为

$$D_2=D_1\sqrt{Q_2/Q_1}$$

上述方法,通常在风量减小(或增加)10%~20%时采用,若超出20%,则采用调换小容量(或大容量)的叶轮为宜。

(2)调换小容量叶轮。当风量减小20%以上时,由于叶轮叶片外径切削部分过大,运转范围变小,将会使风机效率下降。这时可以调换成小容量的叶轮。

(3)减少多级增压风机叶轮的级数。对于叶轮级数为2~3级的场合,可采取切短叶轮叶片的方法减小风量;而对于叶轮级数超过5级的场合,可采取抽去叶轮级数的方法减小风量。要注意,当抽去高压侧级时,主要表现为压力降低;当抽去低压侧级时,则压力和风量均减小。

(4)减小或增大叶轮宽度。当原风机的压力能克服管道阻力，只是流量大于(或小于)实际所需要的流量而又不能采用调速控制时，可以用减小(或增大)叶轮宽度的办法来满足需要。因为加宽工艺复杂，有时全部更换叶片，只利用原有的前后盘。

减小或增大叶轮宽度，应按流量大小决定，有下面的近似关系式：

$$b_2=b_1\frac{Q_2}{Q_1}$$

式中　b_1、b_2——改造前、后的叶轮宽度；

Q_1、Q_2——改造前、后的风机流量。

2. 工程实例

【实例】 切短叶轮叶片的改造实例如图 8-18 所示；调换小容量叶轮的改造实例如图 8-19 所示；减少多级增压风机叶轮的级数的改造实例如图 8-20 所示。由图 8-18～图 8-20 可见，随着改造后风量、风压的减小，电动机输入功率也在减小，节电效果明显。

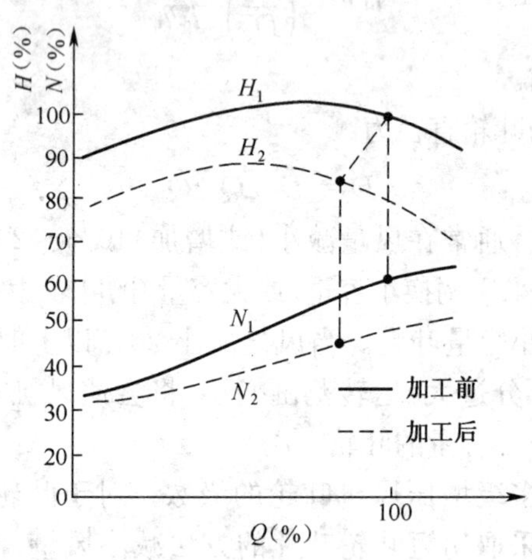

图 8-18　切短叶轮叶片实例

三、风机更新改造实例

现以冲天炉风机更新改造为例介绍如下：

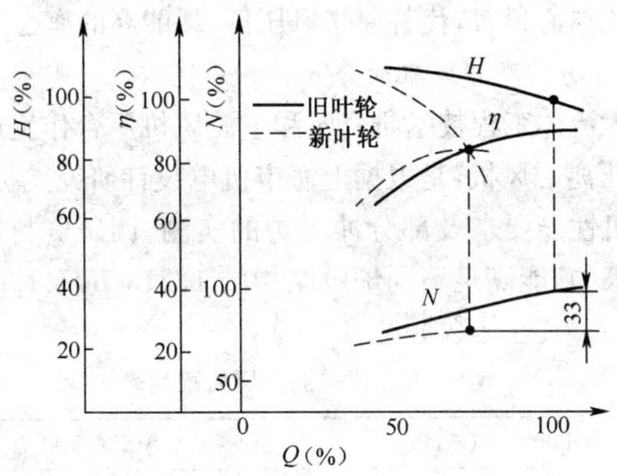

图 8-19　调换成小容量叶轮实例

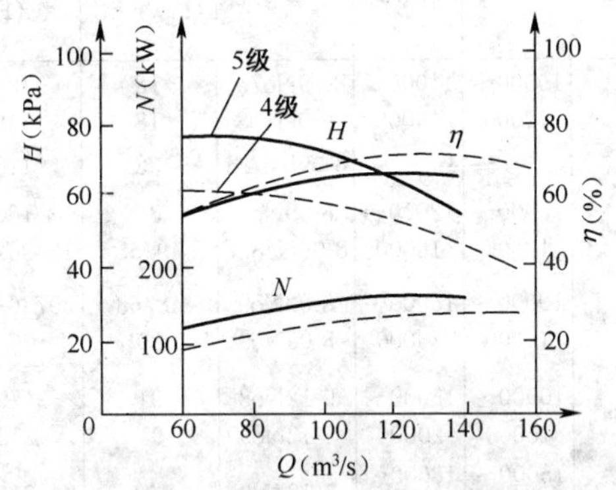

图 8-20　5 级叶轮改为 4 级实例

离心鼓风机均属于通用产品，风压一般偏低不能很好地适应冲天炉生产的需要。专为冲天炉配套设计的 HTD 系列离心风机，由于采用皮带高速传动(转速＞5000r/min)，且压力偏低，适应性较差。罗茨风机本身不是专为冲天炉配套设计的，效率在60%以下，配套电动机功率较大，大马拉小车现象十分严重。同时，由于罗茨风机是定容式的，只能用“放风”的办法来调小供风量，这必然造成大量电能浪费和环境噪声。为此需对冲天炉风机进行更新改造，改造的方法是用能与冲天炉生产工艺相适应的配套专用高压离心风机，代替原来风压低、耗能高的离心风机。

1. 专用高压离心风机简介

由浙大流体工程技术研究所和宁波风机厂合作生产的8-09、9-12型高压离心风机，是根据上海市机电设计研究院提供的冲天炉配套风机性能要求及部分冲天炉的实测、调研资料，并结合实际研制出来的，能满足不同炉膛结构的1、2、3、5、7、10t/h冲天炉的配套需要。其性能数据见表8-9。

表8-9　冲天炉离心风机配用表

冲天炉(t/h)	风量(m^3/min)		风压(Pa)		配离心风机			
	理论值	选用值	理论值	选用值	型号	风量(m^3/min)	风压(Pa)	电动机功率(kW)
1	12	18	10000～12000	11000～13000	8-09No7.1 8-09No8	18 18	12021 14867	7.5 11
2	24	36	10000～12000	12000～16000	8-09No7.1 8-09No8 8-09No8.5	38 33 49/58	12061 16033 18496/18338	15 18.5 30/37
3	36	54	10000～15000	15000～20000	8-09No9 8-09No9	48/58 80	20736/20558 20054	30/37 55
5	60	84	10000～15000	15000～20000	9-12No8 9-12No9	91 91	17096 21202	45 55
7	84	112	15000～20000	18000～22000	9-12No9	111	21719	75
10	120	168	15000～20000	18000～22000	9-12No9	150	12719	90

风机的运行工况点，不仅取决于风机本身的流量—压力性能曲线，而且与系统的流量——阻抗特性曲线有关，它是这两条性能曲线的交点。冲天炉在熔炼时，要求控制一定的送风量和熔化强度，因此要求风机的风量、风压在一定的范围内可以调节，且要求风机的流量——压力曲线要平坦。8-09型、9-12型高压离心风机的流量——压力性能曲线能较好地满足这种要求。图8-21给

出了 8-09No9 风机的流量——压力曲线，当风量在 47.7～58.4m³/min 变化时，压力在 20569～20736Pa 之间变化，变化率仅为 1%，十分理想。

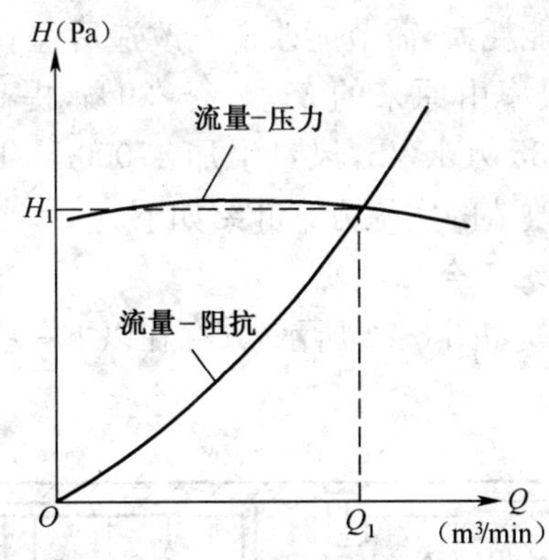

图 8-21　8-09No9 风机的流量——压力曲线

2. 8-09 型、9-12 型高压离心风机在冲天炉上的应用节电效果

某厂对 3t/h 冲天炉进行技术改造，用 8-09No9 离心风机代替 LG60-3500 罗茨风机，其节电效果见表 8-10。同时还改善了冲天炉的熔化质量。

表 8-10　改造前后节电效果比较

项目＼风机类型	LG60—3500 罗茨风机	8—09No9 离心风机
熔炼时电动机实际输入功率(kW)	53.93	33.96
实测风机运行效率(%)	47.3	68.4
每吨金属炉料耗电量(kWh)	11.24	7.0
节电率(%)	—	37.7
年节电量(kWh)	—	40000
冲天炉实际熔化率(t/h)	3.1～3.3	3.1～3.3
铁水温度(℃)	1410～1465	1410～1465

四、工厂空调系统节电改造实例

某印染厂有四套空调系统，使用四台 20# 风机供生产车间温度、湿度调节，已使用多年。限于当时的条件和技术水平，风机效率低、出风量小、能耗大，需节能改造。改造后经省节能技术服务中心测试，风机效率由原来的 31.4%～39%，提高到 71.94%～79.65%，年节电 35 万 kWh，风量增加 47000m^3/h。现将其中一套空调系统节能改造的实施方案介绍如下。

1. 原空调系统不合理之处

原空调室布置如图 8-22 所示，其存在以下一些问题：

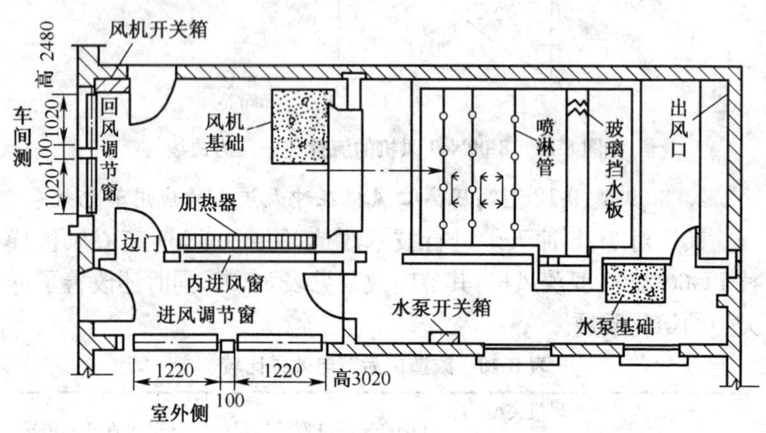

图 8-22　原空调室布置图

(1)进、出风口面积过小，使风进来少，出去也少。有的空调室出风口面积约为 3m^2。进风口面积虽然有 7.3m^2，但因为原设计有一层内进风窗口，加热器(冬天加热用——蒸汽加热)紧靠内进风窗口安装，挡住了大半个进风口面积，所以实际进风面积远小于此值。同时内进风窗口上半部又有玻璃翻窗，使用年久，翻动失灵，大大减少进风面积，如图 8-23 所示。另外，加热器安装位置不妥，增加能耗。

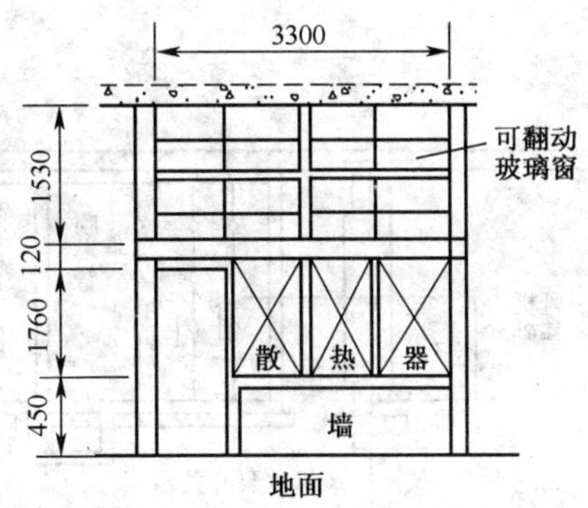

图 8-23 内进风窗状况

(2)出风口侧无圆弧过渡,出风经墙反弹,风量大减;风道系统管路直角拐弯多,阻力大,影响出风量。

(3)挡水板为玻璃挡水板,四折,共计 282 块。上下层挡水板间设有固定玻璃用小横梁,中心有柱子,四周设有边框,因此增加了出风阻力。

(4)风机为沈阳风机厂生产的老式风机,金属叶片,效率低。电动机为 JQ_2-72-4 型 30kW。

(5)每套风机配一台 17kW 6BA-12 型水泵。车间需要增加湿度或降温时,不管需要量多少,电动机的输出功率始终为 17kW,造成电能浪费。

2. 改造方案

针对上述问题,设计了如下改造方案。改造后空调室布置如图 8-24 所示。

(1)增加进、出风口面积,改变加热器安装位置,使实际进风口面积增大。由于建筑物结构等原因(如钢筋水泥浇死、机台布置不允许凿洞),出风口面积有的很难扩大,应尽可能扩大。

原进风道阻力大,当人站在边门或进入边门去操作风机开关箱时,风从边门进入,使人感到吸力很大,不安全。另外,由于光线被内进风窗口物件所挡,风机开关箱处光线昏暗,操作和维修

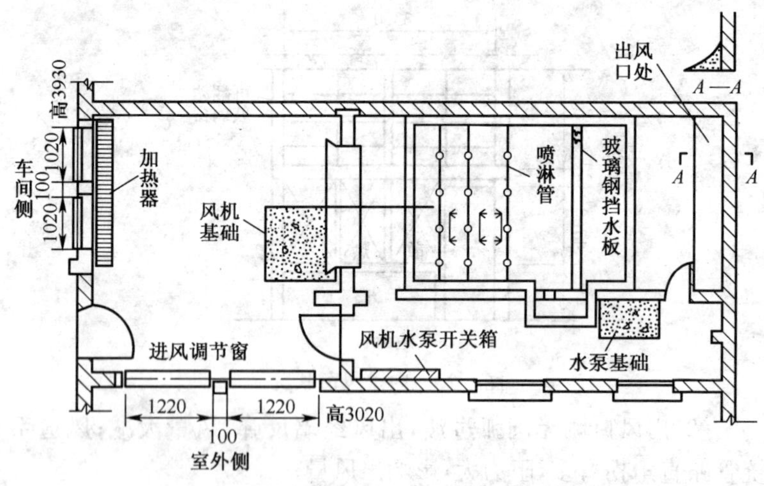

图 8-24　改造后空调室布置图

都不安全。为此,改造后将内进风窗口部分连同边门全部拆除,大大增加了实际进风面积、风道顺畅,人在附近不再感到有吸入感。开关箱集中在明亮处,操作方便、安全。

回风窗口面积由原来的 $5m^2$ 增加到 $8m^2$,将发热器移至回风窗口下部。这样,当冬天需开热风时,可适当关小进风调节窗,而开大回风调节窗。过去,室外冷风经发热器加热后再送入风道,改造后回风是由车间来的,有一定热量,经过发热器后温度上升快,因此大大节省了热能。夏天相反,将回风调节窗关起。而开大进风调节窗,使室外冷空气更多地进入,以降低车间温度。

(2)出风口侧改直角拐弯为圆弧拐弯,以减少阻力,提高风机效率。同样,在风道管路内清除杂物,设法减少直角拐弯。

(3)拆除原挡水板,废除中间固定用小横梁及边框。改用四折一道玻璃钢挡水板(每块长 3.8m),共 68 块。从而使阻力大大减少。挡水板的固定改用 6 根长度为 3.28m 的玻璃钢涂脂角铁。

(4)改用杭州市空调设备厂生产的 FZ40A-11No.20 节能型风机(配以玻璃钢叶片、叶轮盘及后罩)。由于废除了老风机的上述金属部件，质量减少 3/4，因此，风机转动轻松，惯量小，起动力矩小，电机起动电流大为降低。

20 号风机配套的电机功率为 22～30kW，考虑该厂实际情况，即出风口面积很难再扩大，而采用 Y200L2-6 型 22kW 电动机。

(5)将原 17kW 水泵拆除，改用两台浙江省嵊县水泵厂生产的 7.5kW、100ZB-22 型高效节能水泵。每台水泵的设计流量 90m³/h、扬程 22.5m，足以满足要求。有了两台水泵，当需要量不大时可开一台，以节电；当需要量大时，开两台。另外，当一台泵坏时，还可以用另一台，使用灵活。

(6)风机皮带盘端部加装锥形罩壳，能减小进风阻力。

喷嘴以前已改造，这次没动。

3. 测试结果与节电效果

另外三套空调结构及改造前后的情况类似，现仅举一台，测试结果见表 8-11：

表 8-11 风机、水泵改造前后比较

风机	改造前	改造后
电动机额定功率(kW)	30	22
风量(m^3/h)	79520	91260
电动机输入功率(kW)	26.8	7.2
电动机输出功率(kW)	24.3	4.97
风机效率(%)	39	79.65

水泵	改造前	改造后	
电动机额定功率(kW)	17	2×7.5	
负荷率(%)	60	一台	80
		二台	60
电动机输入功率(kW)	10.2	一台	6
		二台	9

由表 8-11 可见，改造前后风量增加 11740m³/h，而电耗却减少 26.8－7.2＝19.6(kW)。设风机年运行 200 天，每天按 20h 计算，则年节电为 19.6×20×200＝7.8(万 kWh)。

水泵效率尚未测试，根据实际运行情况估算如下：

设 7.5kW 水泵一台或二台年运行时间均为 80 天，每天 20h 计算，则水泵年节电为 10.2×20×160－(6＋9)×20×80＝0.86(万 kWh)。

因此改造前后每套空调机年节电约 8.7 万 kWh。设电价为 0.5 元/(kWh)，则年节约电费 43.5 千元(尚未计入风量增加因素)。改造一套空调机的投资约 8.2 万元。淘汰下来的风机、水泵电机的残值 5 千元，则投资回收年限为

$$T=\frac{c-d}{\Delta L}=\frac{8.2-0.5}{4.35}=1.77(年)$$

4. 不足之处及建议

(1)由测试报告可见，改造后风机电机出力仅 4.97kW，尚有较大余裕。这可调整风叶安装角度，使出风量进一步提高，从而提高电机的负荷率和风机的效率。

(2)FZ40A-11No.20 风机的设计风量为 16～18 万 m^3/h，而该厂实测风量仅为 9.1 万 m^3/h，这除了增加风叶角度提高风量外，还存在一个进、出风口面积过小及风道设计不合理直角拐弯太多等问题，尤其是出风口面积很难扩大，限止了风量的增加和风机效率的提高。

第三节　风机参数现场测试方法与计算实例

一、风机效率、电能利用率和单耗的测试方法

风机是否需要节电改造，改造前后，都需要对风机进行现场测试。下面介绍的风机测试方法适用于电动机驱动的比压不超过 1.15 的离心式和轴流式风机，包括输送介质中含有低浓度粉尘的风机，但不包括输送物料的风机。

1. 测试图及测试仪表的配备

(1)风机测试图，如图 8-25 所示。

(2)测量仪表及准确度。

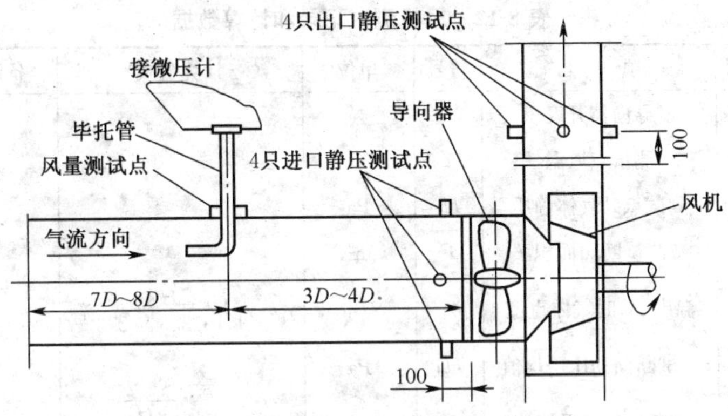

图 8-25　风机测试示意图

①大气压力可用气压计测算，如无气压计可向当地气象台询问。

②风机的进、出口静压，高压风机可用 U 形管压力计（L＝500～1000）最小刻度为 1mm。测量低压风机采用倾斜微压计，上限为 2000Pa，倾斜常数 0.2～0.8，准确度等级为 1 级。

③测量风量用标准毕托管配微压计，在含尘浓度较高的管路中，应选用 S 形靠背管来测定。

④测定温度可用长杆水银温度计（最小刻度 1°）或热电偶电位计。

⑤测量气体成分可用奥氏分析仪。

⑥测量功率可用电流表、电压表、功率因数表，也可用瓦特表，但应备有秒表。上述各表的准确度等级为 0.5～1 级；电流互感器的准确度要求 0.2～0.5 级。

2. 测试记录和计算数据表

测试前，记下风机的型号规格、全风压、风量、转速、效率、生产厂家、出厂日期，以及配套电动机的型号规格、容量、电压、电流、转速、接法、绝缘等级、生产厂家、出厂日期等。

测试记录和计算数据见表 8-12。

表 8-12　风机测试记录和计算数据

序号	项　目	符号	单位	计算公式	备注
1	导向器开度	Y_n	%		
2	测试点风温	t	℃		
3	测试点处气体静压	H_j	Pa		
4	测试断面面积	F	m^2		
5	温度t℃时气体重度	γ_t	N/m^3	$\gamma_t=\gamma_0\frac{H_a\pm H_j}{101325}\times\frac{293}{273+t}$	
6	测试断面动压平均值	H_d	Pa		
7	测试断面气体平均流速	v	m/s	$v=\sqrt{\frac{2gH_d}{\gamma_t}}$	
8	气体流量	Q	m^3/s	$Q=KFv$	标准毕托管$K=1$
9	风机进口截面	F_1	m^2		
10	风机进口流速	v_1	m/s	$v_1=Q/F_1$	
11	风机进口处静压	H_{j1}	Pa		
12	风机进口处气体重度	γ_{t1}	N/m^3	$\gamma_{t1}=\gamma_t\frac{H_a\pm H_{j1}}{H_a\pm H_j}$	
13	风机进口处动压	H_{d1}	Pa	$H_{d1}=\frac{v_1^2}{2g}\gamma_{t1}$	
14	风机出口截面	F_2	m^2		
15	风机出口处流速	v_2	m/s	$v_2=Q/F_2$	
16	风机出口处静压	H_{j2}	Pa		
17	风机出口处气体重度	γ_{t2}	N/m^3	$\gamma_{t2}=\gamma_t\frac{H_a\pm H_{j2}}{H_a\pm H_j}$	
18	风机出口处动压	H_{d2}	Pa	$H_{d2}=\frac{v_2^2}{2g}\gamma_{t2}$	
19	风机进口处全压	H_1	Pa	$H_1=H_{j1}+H_{d1}$	
20	风机出口处全压	H_2	Pa	$H_2=H_{j2}+H_{d2}$	
21	风机全压	H	Pa	$H=H_2-H_1$	
22	电动机电压	U	V		
23	电动机电流	I	A		

续表 8-12

序号	项　目	符号	单位	计算公式	备注
24	电动机功率因数	$\cos\varphi$			
25	电动机输入功率	P_1	kW	$P_1=\sqrt{3}UI\cos\varphi$	
26	电动机效率	η_d	%		
27	传动效率	η_t	%		
28	风机效率	η	%	$\eta=\frac{QH}{1000P_1\eta_d\eta_t}$	
29	电能利用率	η_y	%	$\eta_y=N_{yx}/P_1=\eta\eta_d\eta_t$	
30	风机单耗	a	kW·h/m³	$a=\frac{P_1}{3600Q}$	

二、计算实例

【实例 1】 测试一台 T4-72、No20 离心风机。风机转速为 470r/min，实测值为 315r/min，风量为 100400/145200m^3/h，风压为 1265/932Pa。配用电动机 JQ$_3$-280S-8，55kW，三角皮带传动，风管尺寸：宽 1.2m、高 2m，风机出口直管段面积为 2.4m^2。采用倾斜式微压计，毕托管（系数 $K=1$）等测试风量。测试记录：长方形风道，取 20 个点，微压计处角度系数 $K_1=0.2$，测试数值列于表 8-13。又实测出口静压平均值为 36.6Pa，进口静压平均值为 -170.7Pa，进口动压平均值为 54.9Pa，实测电动机输入功率为 13kW；又设电动机效率为 0.9，传动效率为 0.95。试求风机效率。

表 8-13　20 个点平均动压测试数值　(Pa)

588	637	490	490	368
706	490	490	520	422
735	804	735	490	123
539	539	588	441	270

解　测定出口管道截面上的动压（均方根值）为

$$H_{d2}=\{(\sqrt{588\times0.2}+\sqrt{637\times0.2}+\sqrt{490\times0.2}+\sqrt{490\times0.2}+\cdots+\sqrt{270\times0.2})^2\}/20^2=101.5(\mathrm{Pa})$$

取空气重度 $\gamma=11.77\mathrm{N/m^3}$，则测试断面气体平均风速为

$$v=\sqrt{\frac{2gH}{\gamma}}=\sqrt{\frac{2\times9.81\times101.5}{11.77}}=13(\mathrm{m/s})$$

风量为

$$Q=KvF=1\times13\times2.4=31.2(\mathrm{m^3/s})$$

由出口静压平均值 $H_{j2}=36.6\mathrm{Pa}$，出口动压平均值 $H_{d2}=101.5\mathrm{Pa}$，进口静压平均值 $H_{j1}=-170.7\mathrm{Pa}$，进口动压平均值 $H_{d1}=54.9\mathrm{Pa}$，得风机全压为

$$H=H_2-H_1=H_{j2}+H_{d2}-(H_{j1}+H_{d1})=36.6+101.5-(-170.7+54.9)=253.9(\mathrm{Pa})$$

将以上各参数代入下式，得风机效率为

$$\eta=\frac{QH}{1000P_1\eta_d\eta_t}=\frac{31.2\times253.9}{1000\times13\times0.9\times0.95}=71.2\%$$

【实例 2】 测试 10t/h 锅炉引风机，引风机及配用电动机的铭牌分别见表 8-14 和表 8-15。测试数据如下。试求引风机的效率。

表 8-14　离心通风机铭牌

型号 Y9-35-1			
性能规范		选用性能	
流量	14920～41030m³/h		37300m³/h
全压	1324～1206Pa		1304Pa
主轴转速	730r/min		730r/min
电机容量	15～40kW		30kW
介质温度	200℃	介质重度	7.31N/m³
制造厂	上海鼓风机厂	制造日期	1976.6

表 8-15　配用电动机铭牌

型　号	JO_2L-82-6	接　法	△
功　率	40kW	绝缘	E级
转　速	988r/min	频　率	50Hz
电　压	380V		
电　流	75.2A		
制造厂	杭州发电设备厂	制造日期	1972.8

测试数据：

进口圆管直径 $D=0.845$m，截面积 $F=0.561\text{m}^2$

出口矩形宽 0.434m，高 0.684m

等面积圆环数：5 个

测点环境温度：21℃，测点介质温度：150℃

电动机转速 980r/min；电压 388V，电流 68A；电能表 10 转秒数：42.6s；电能表倍率：3×100/5=60；电能表常数：1250r/(kWh)。

电动机效率：$\eta_d=0.87$；传动效率：$\eta_t=0.98$。

进口压力：静压 $H_{j1}=-1501.3$Pa，动压 $H_{d1}=239.7$Pa，全压 $H_1=H_{j1}+H_{d1}=-1261.6$Pa。

出口压力：$H_{j2}=99.7$Pa，$H_{d2}=233.8$Pa，$H_2=333.5$Pa。

烟气分析：$RO_2=2.7\%$，$O_2=15.8\%$，$N_2=81.5\%$。

解　标准状态下气体的重度为

$$\gamma_0=\frac{1.977RO_2+1.429O_2+1.25N_2}{100}\times9.81$$

$$=\frac{1.977\times2.7+1.429\times15.8+1.25\times81.5}{100}\times9.81$$

$$=12.73(\text{N/m}^3)$$

150℃时的烟气重度为

$$\gamma_t=\gamma_{150}=\gamma_0\,\frac{H_a+H_j}{101325}\times\frac{293}{273+t}$$

$$=12.73\times\frac{101325-1501.3}{101325}\times\frac{293}{273+150}$$

$$=8.69(N/m^3)$$

出口流速为

$$v_1=\sqrt{\frac{2gH}{\gamma}}=\sqrt{\frac{2\times9.81\times239.7}{8.69}}=23.26(m/s)$$

流量为

$$Q=v_1F_1=23.26\times0.561=13.05(m^3/s)$$

全压为

$$H=H_2-H_1=333.5+1261.6=1595.1(Pa)$$

有效功率为

$$N_{yx}=QH/1000=13.05\times1595.1/1000=20.82(kW)$$

输入功率为

$$P_1=\frac{10\text{转}\times\text{电能表倍率}\times1\text{小时的秒数}}{\text{电能表常数}\times\text{电能表}10\text{转秒数}}$$

$$=\frac{10\times60\times3600}{1250\times42.6}$$

$$=40.56(kW)$$

轴功率为

$$N=P_1\eta_d\eta_t=40.56\times0.87\times0.98=34.58(kW)$$

风机效率为

$$\eta=\frac{N_{yx}}{N}=\frac{20.82}{34.58}=60.2\%$$

电能利用率为

$$\eta_y=\frac{N_{yx}}{P_1}=\frac{20.82}{40.56}=51.3\%$$

第四节　水泵的基本参数及计算

一、水泵的基本参数和特性曲线

1．水泵的基本参数

水泵的基本参数有：流量、扬程、有效功率、轴功率、效率、配用功率、转速、允许吸上真空高度和比转速率。

(1)流量 Q:指水泵在单位时间内所能抽送的水量,单位为 m^3/h。常用单位及其换算关系是:L/s(升/秒)=3.6m^3/h=3.6t/h。

(2)扬程 H:指水泵能够扬水的高度,单位为 m。扬水所需的扬程 $H_{需}$ 等于实际扬程 $H_{实}$ 与损失扬程 $H_{损}$ 之和,如图 8-26 所示。

损失扬程是指水经过管道时,由于受到阻力和摩擦而损失的扬程。所需扬程应等于或小于水泵铭牌上所给出的扬程。

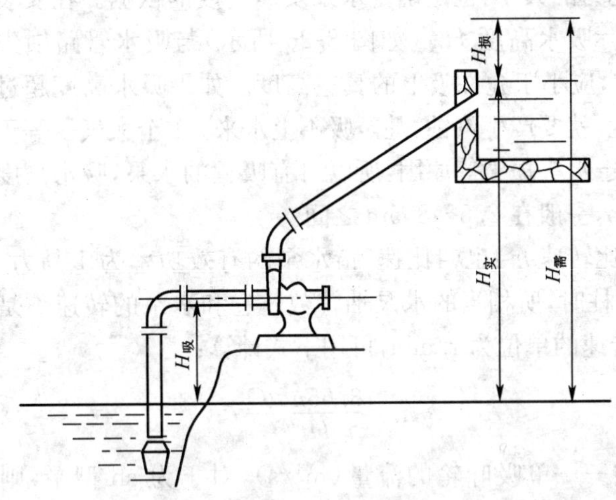

图 8-26　离心泵扬程示意图

(3)有效功率(或称为理论功率)N_{yx}:指水在单位时间内从水泵中所获得的总能量,单位为 kW,其计算式如下:

$$N_{yx}=\frac{\gamma QH}{1000}$$

式中　γ——介质重度(N/m^3);

H——水泵的扬程(m);

Q——水泵的流量(m^3/s),$1m^3/s=10^3L/s$。

(4)轴功率 N:指电动机传给水泵轴的功率,单位为 kW。

(5)效率 η:指水泵的有效功率和轴功率之比,即:

$$\eta=\frac{N_{yx}}{N}\times 100\%$$

(6)配用功率 P:指水泵根据轴功率实际所配用电动机的额定功率。考虑安全,需一定的功率储备系数,所以配用电动机的功率稍大于轴功率。

(7)转速 n:指水泵的叶轮每分钟转多少转,单位为 r/min。

(8)允许吸上真空高度(也叫允许吸水高度)H_s:它表示该水泵吸水能力的大小,也是确定水泵安装高度的依据。在安装水泵时,其实际吸水高度 $H_{吸}$(如图 8-26 所示)与吸水管路损失扬程 $H_{损}$ 的和,应小于允许吸上的真空高度。如果吸水高度超过允许吸上高度,就要产生汽蚀,甚至吸不上水来。1 个大气压等于 10m 水柱,由于水头损失等原因,所以对有吸程的水泵,吸水高度必然低于 10m,一般在 2.5～8.5m 之间。

(9)比转速 n_s:也叫比速,指水泵的有效功率为 1 马力、扬程为 1m 水柱时,所相当的水泵轴转数。它和水泵的转速不是一回事。比转速的单位为 r/min,可用下式计算:

$$n_s=\frac{3.65n\sqrt{Q}}{H^{3/4}}$$

式中　Q——单吸叶轮的流量(m^3/s),对于为 sh 型泵,则应取 $Q_{sh}/2$ 代入;

H——单吸叶轮的扬程(m)。

对同一类型的水泵,扬程越高、流量越小,则比转速越低;水泵在相同的转速、流量下,则比转速高的适合在低扬程下工作;水泵在相同的转速、扬程下,比转速高的流量大;在相同的扬程、流量下,则比转速高的水泵的转速也高。离心泵的比转速在 300 以下,混流泵的比转速在 300～500 之间,轴流泵的比转速在 500 以上。

2. 水泵的特性曲线

水泵做功能力的大小可以用流量 Q 及扬程 H 的大小来反

映。在一定的转速下，一台水泵的流量 Q 与扬程 H 之间有一个对应的关系。这个关系用 $Q—H$ 坐标图来表示，即为水泵的 $Q—H$ 性能曲线。同样有流量 Q 与轴功率 N 的 $Q—N$ 曲线、流量 Q 与效率 η 的 $Q—\eta$ 曲线。8sh-6 型水泵的特性曲线如图 8-27 所示。

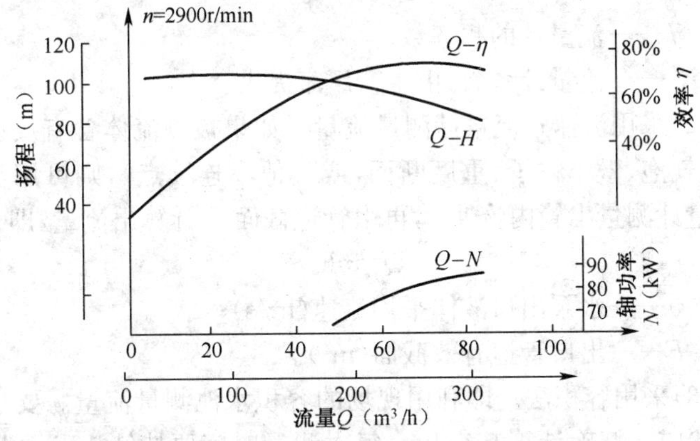

图 8-27 8sh-6 型水泵的特性曲线

由图 8-27 可见，在某一对应 $Q—H$ 值下运行时，水泵将有最高的效率，这时的 Q、H、η 值即为该台水泵的额定参数。水泵的运行点，是由其特性曲线与管道特性曲线的交点来确定的。

水泵的能力是由流量及扬程决定的。流量由供水负荷决定。

在开式管路方式下，在由接水池向高处水池扬水的场合，总扬程为泵的进口水位与出口水位的高度差（实际扬程）和管路、接头、阀门等处的水头损失之和。

在闭式管路方式下，在空调设备组成的循环管路中，则没有实际扬程。这时泵的总扬程为管路、接头、阀门及管路中其他装置的阻力所造成的损失扬程之和。

二、水泵流量、扬程、轴功率、效率和电动机功率的测算

在对水泵进行节电改造时，首先要对水泵的各参数进行测算，找出水泵存在的主要问题，再根据水泵的用途和环境条件，有

针对性地制定改造方案。并对方案的合理性进行评估。

1. 水泵流量的测算

水泵流量有多种测算方法。

(1)采用涡轮流量计测量,即

$$Q=f/K_q$$

式中 f——流量计的频率数;

K_q——流量计系数,由生产厂家提供。

(2)采用流速式流量计测量流量。如果被测流体含有反射介质(如气泡、微小粒子、重度断面,或其他不连续点),则可用流速式流量计测量出管内流速 v,再由管道截面 F 计算出流量,即

$$Q=vF$$

式中 v——水泵出口液体平均流速(m/s);

F——出口管道有效截面(m^2)。

(3)采用容积法。即利用现场的容积水池测量流量。要求水池形状应能精确计算其容积。每次测量时间要持续 1min 以上;始水位与终水位位差值应在 0.2m 以上。

流量可按下式计算:

$$Q=S(h_2-h_1)t$$

式中 Q——水泵流量(m^3/s);

S——水池(水箱)液面面积(m^2);

h_1、h_2——水池(水箱)始水位和终水位高度(m);

t——测量时间(s)。

(4)采用水表或涡轮流量计测量流量。当水管管径 D 小于 200mm 时,可采用此法。但应保证表前至少有(4～7)D 的直管段,表后有(2～3)D 的直管段。

流量可按下式计算:

$$Q=(A_2-A_1)/t$$

式中 A_1、A_2——计量初和计量末的水表读数(m^3);

t——测量时间(s)。

(5)利用毕托管配U形测压管测流量。水管径大于200mm的水泵，可利用毕托管测定水流的动压力，然后求出流量。毕托管应安装在直管段中，管前有(4～7)D的直管段；毕托管后应有(2～3)D的直管段。按等环面积法布置测点，各测点离管道中心的距离γ值，可按下式计算：

$$\gamma_1=R\sqrt{\frac{n_2}{2}},\gamma_2=R\sqrt{\frac{3n_2}{2}},\gamma_3=R\sqrt{\frac{5n_2}{2}},$$

$$\gamma_4=R\sqrt{\frac{7n_2}{2}},\gamma_5=R\sqrt{\frac{9n_2}{2}}$$

式中　γ_1、γ_2、…、γ_5——测点至管道中心的距离(mm)；

R——被测管段半径(mm)；

n_2——管道截面上圆环数量，一般取5，或按表8-16确定。

流量可按下式计算：

$$Q=KF\sqrt{2g}\sqrt{H_{cp}(\gamma_c-\gamma)/\gamma}$$

$$\gamma=\rho g$$

表8-16　等面积圆环数与测量直径数表

管道直径D(mm)	300以下	400	600	800	900	1200	1400	1600
等面积圆环数n	3	4	5	6	7	8	9	10
测量条数	1	1	2	2	2	2	2	2
测点总数	6	8	20	24	28	32	36	40

式中　Q——流量(m^3/s)；

F——测点处水管截面(m^2)；

K——毕托管校正系数；

γ——被测液体的重度(N/m^3)，见表8-17；

ρ——液体的密度(kg/m^3)；

g——重力加速度，$g=9.81m/s^2$；

γ_c——U形管中测量液(如四氯化碳)的重度(N/m^3)。

$$H_{cp}=\left(\frac{\sqrt{H_1}+\sqrt{H_2}+\cdots+\sqrt{H_n}}{n}\right)^2$$

式中　H_1、H_2、…、H_n——测点处U形管中的压差示值(m)。

表 8-17　几种常见液体的重度

液体名称	重度(N/m^3)	温度(℃)	液体名称	重度(N/m^3)	温度(℃)
纯水	9810	4	煤油	7456	15
海水	10006～10104	15	水银	133416	20
汽油	7161～7407	15	润滑油	8829	15

液体的密度和重度随温度会有变化，但变化值很小，如纯水在标准大气压下，4℃时的重度为 $9810N/m^3$，40℃时为 $9735N/m^3$，100℃时为 $9208N/m^3$。因此在一般的计算中可以认为液体的密度和重度是不变的。

(6)称重法测流量。适用于小流量水泵，计算公式为

$$Q=(Gg/\gamma)t$$

式中　G——水的重量(kg)；

g——重力加速度，$g=9.81m/s^2$；

γ——水的重度，一般情况可取 $\gamma=9810N/m^3$；

t——注水时间(s)。

2. 水泵扬程的测算

(1)离心泵总扬程的测算，如图 8-28 所示。当进口压力为正值(表压力)时，得

$$H=\frac{H_2-H_1}{\gamma}+\frac{v_2^2-v_1^2}{2g}+\Delta Z'$$

当进口压力为负值(真空)时，得

$$H=\frac{H_2+H_1}{\gamma}+\frac{v_2^2-v_1^2}{2g}+\Delta Z$$

$$v_1=\frac{Q}{\frac{\pi}{4}D_1^2}$$

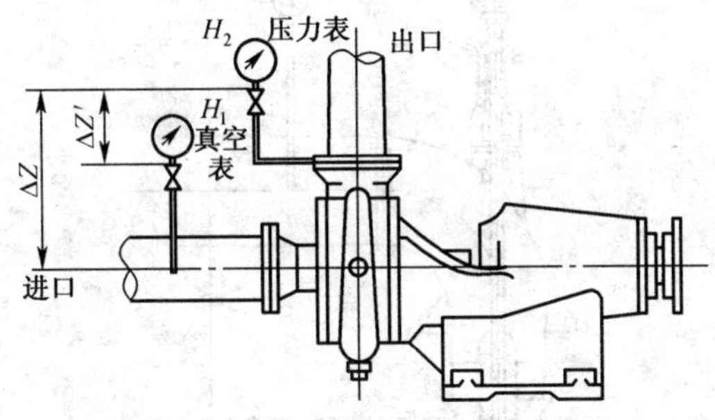

图 8-28　离心泵测试示意图

$$v_2=\frac{Q}{\frac{\pi}{4}D_2^2}$$

式中　H——离心泵总扬程(m)；

H_1、H_2——进口和出口压力表读数(Pa)；

v_1、v_2——进口和出口的流速(m/s)；

D_1、D_2——进口和出口管直径(mm)；

g——重力加速度，$g=9.81\text{m/s}^2$；

$\Delta Z'$——出口压力表零位到进口压力表零位之间的垂直高度差，两表计接管内皆充水(m)；

ΔZ——出口压力表零位到进口真空表测点之间的垂直高度差，压力表的接管内充水、真空表的接管内充气；

γ——同前。

(2)轴流泵总扬程的测算，如图 8-29 所示，即

$$H=\frac{H_2}{\gamma}+\frac{v_2^2}{2g}+\Delta Z$$

式中　H——轴流泵总扬程(m)；

ΔZ——出口压力表到水平面的距离(m)；

v_2、H_2、γ——同前。

3. 水泵轴功率和效率的计算

(1)水泵轴功率。水泵轴功率是指在单位时间内电动机通过

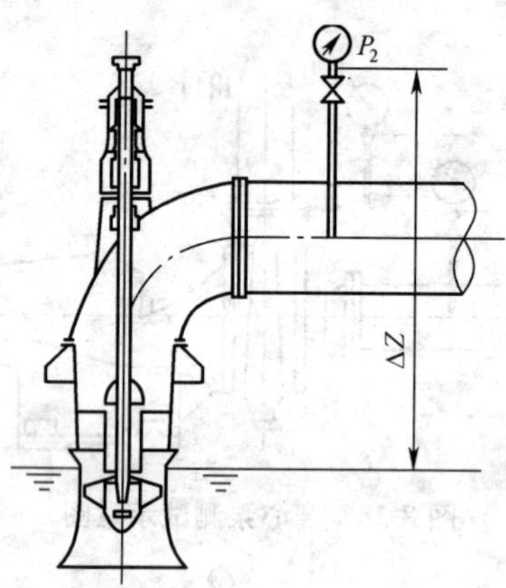

图 8-29　轴流泵测试示意图

轴传给泵的能量。水泵的轴功率可按下式计算：

$$N=\frac{N_{yx}}{\eta}=\frac{\gamma QH}{1000\eta}$$

式中　N——水泵轴功率(kW)；

N_{yx}——有效功率(即理论功率)(kW)；

η——水泵效率，为 0.6～0.84，实际数值以制造厂提供的数据为准；

Q——流量(m^3/s)；

H——总扬程(m)；

γ——水的重度，一般情况可取 9810N/m^3。

水泵的轴功率还可写成如下形式：

$$N=P_1\eta_d\eta_t$$

式中　P_1——电动机输入功率(kW)；

η_d——电动机效率，对于一般中小型电动机 η_d＝75%～85%，对于大型电动机 η_d＝85%～94%，实际值以制造厂提供的数据为准；

η_t——传动装置效率，直接联结时 η_t＝1，联轴器传动时 η_t＝0.98，三角皮带传动时 η_t＝0.95～0.96，平皮带传动时 η_t＝0.92，平皮带半交叉传动时 η_t＝0.9。

(2)水泵效率。

$$\eta=\frac{\eta_{yx}}{N}\times100\%=\frac{\gamma QH}{1000N}\times100\%$$

$$=\frac{\gamma QH}{1000P_1\eta_d\eta_t}\times100\%$$

(3)泵的实际运行效率。在泵的效率计算公式中，当 Q、H 和 N 取实际流量、实际扬程和实际轴功率时，则所计算得的效率就是泵的实际运行效率。

(4)水泵用电体系效率。

$$\eta_e=\frac{N_{yx}}{P_1}\times100\%=\frac{\gamma QH}{1000P_1}\times100\%$$

4. 水泵电动机功率的计算

(1)电动机输出功率。

公式一：

$$P_2=\frac{N}{\eta_t}=\frac{N_{yx}}{\eta\eta_t}=\frac{\gamma QH}{1000\eta\eta_t}$$

当直接联结时，$\eta_t=1$，则：

$$P_2=N=\frac{\gamma QH}{1000\eta}$$

公式二：

$$P_2=\sqrt{3}UI\cos\varphi$$

式中　U——加于电动机的电网电压(线电压)(V)；

I——负荷电流(A)；

$\cos\varphi$——电动机负荷功率因数；

其他符号同前。

(2)电动机输入功率 P_1。

$$P_1=\frac{P_2}{\eta_d}=\frac{\gamma QH}{1000\eta\eta_d\eta_t}$$

当直接联结时，$\eta_t=1$，则：

$$P_1=\frac{\gamma QH}{1000\eta\eta_d}$$

第五节　水泵节电改造与工程实例

一、水泵变频调速改造与工程实例

1. 几种调节水泵流量方式的比较

当泵出口压力高于需要值时，若采用调节阀门(节流阀门)的方法调节流量，则调节阀门上的电能损耗为

$$\Delta N=\frac{Q\Delta H}{1000\eta\eta_d\eta_t}$$

式中　ΔN——调节阀门上的电能损耗(kW)；

ΔH——富裕扬程，即调节阀门上的压降(Pa)；

其他符号同前。

由于风机、水泵类负荷属于平方转矩负荷，即转矩 M 与转速 n 的平方成正比，即 $M\propto n^2$，而电动机轴的输出功率 $P\propto Mn\propto n^3$，所以当电动机的转速稍有下降时，电动机功率损耗就会大幅度地下降，耗电量也大为减少。也就是说，如果通过变频调速控制水泵流量，将会收到显著的节电效果。

阀门调节流量、滑差电动机调节流量和变频器调节流量的节电效果比较，见表 8-18。

表 8-18　几种调节水泵流量的节电效果比较

项　目		100%流量	阀门调节	滑差电动机调节	变频器调节
系统输出功率(kW)		48.9	21.1	21.1	21.1
系统损耗(kW)	阀门	—	18.4	—	—
	泵	12.6	16.1	6.6	6.6
	电动机	5.9	5.2	3.8	4.6
	起动器/控制器	0.15	0.15	14.8	3.3
输入功率(kW)		67.7	61.0	46.4	35.6
每年能源费用*		10832	9760	7424	5693

*　电动机功率为 750kW，负荷率 β=70%，每年运行时间 4000h。电价 δ 为 4 美分/kWh。

2. 工程实例

【实例】 水泵采用变频调速的节电实例在第七章第五节四项中作过介绍。下面就中央空调冷却水循环系统和冷冻水循环系统变频调速节电实例介绍如下。

中央空调系统主要由制冷机、冷却水循环系统、冷冻水循环系统、风机盘管系统和散热水塔等组成。在通常情况下，由于季节和昼夜气温的变化以及开机数目的不同，在全年大多数时间实际换热量远小于设计值，因此冷却水泵电动机功率远大于实际负荷，出现了“大马拉小车”的情况。另外，冷冻水泵也往往不按实际负荷的大小来调节冷冻水流量和流速，从而使冷冻水泵电动机做了很多无用功，造成不必要的能耗。如果中央空调系统采用变频调速控制，则能显著地节约电能。

某商城的冷却水循环系统，由三台 18.5kW 电动机各带一台冷却水泵并联组成；冷冻水循环系统，由三台 18.5kW 的电动机各带一台冷冻水泵并联组成。在节电改造中用一台 18.5kW 的富士 FRENIC5000-P9S 型变频器和一台富士 NBO-P24R3-AC 型 PLC 以及切换控制器控制冷却水系统；用一台 18.5kW 的 1300 型日立变频器和一台富士 NBO-P24R3-AC 型 PLC 及切换控制器控制冷冻水系统。

技术改造后，两套系统均运行在 42Hz，原系统所有的技术指标都保持不变。改造前后水泵电动机测试数据如表 8-19 所示。

表 8-19 改造前后水泵电动机的测试数据

泵电动机	冷却泵电动机(18.5kW×3)			冷冻泵电动机(18.5kW×3)		
	#1	#2	#3	#1	#2	#3
改造前	27.3A	27.5A	26.9A	27.5A	27.1A	27.0A
改造后	16.5A	15.9A	16.7A	16.5A	15.9A	16.7A

以#1冷却泵电动机为例，技改前消耗的功率为

$$P=\sqrt{3}UI\cos\varphi=\sqrt{3}\times380\times27.3\times0.9=16.17(\text{kW})$$

技改后消耗的功率为 $P'=\sqrt{3}\times380\times16.5\times0.9=9.77(\mathrm{kW})$

$$节电率=\frac{P-P'}{P}=\frac{16.17-9.77}{16.17}=39.6\%$$

二、水泵叶轮改造方法

1. 车削或更换叶轮

当使用中的泵流量比实际所需要的流量大而又不能采用调速控制时，可将原有泵的叶轮车削一段或更换叶轮，这时泵的相对性能将按下列近似关系式改变（假设原来的叶轮出口宽度 b 在出口附近不变）：

$$Q_2=Q_1\left(\frac{D_2}{D_1}\right)^2;H_2=H_1\left(\frac{D_2}{D_1}\right)^2;N_2=N_1\left(\frac{D_2}{D_1}\right)^4$$

改造后电动机的输入功率为

$$P_1=\frac{N_2}{\eta_d\eta_t}$$

式中　D_1、D_2——改造前、后泵的叶轮外径，要求 $D_2/D_1>0.8$；

其他符号同前。

改造后的叶轮直径为：

$$D_2=D_1\sqrt{\frac{Q_2}{Q_1}}$$

上述改造只限于离心泵。

A 型和 B 型泵，叶轮加工后的特性改变见表 8-20。A 型属于低比转数泵，B 型属于中高比转数泵。按表中公式求得的各值是近似值，为了避免过量切削，建议逐步切削。

很多泵的叶轮处于 A 型和 B 型之间，加工时的性能改变可以这两种类型的泵作参考。

2. 抽去叶轮叶片（改变级数）

该方法不能改变流量，只能改变扬程，即有下列关系式：

$$Q_2=Q_1;H_2=H_1\frac{Z_2}{Z_1};N_2=N_1\frac{Z_2}{Z_1}$$

表 8-20　叶轮加工后泵特性的改变表

叶轮形状 / 性　能	按叶轮出口宽度划分	
	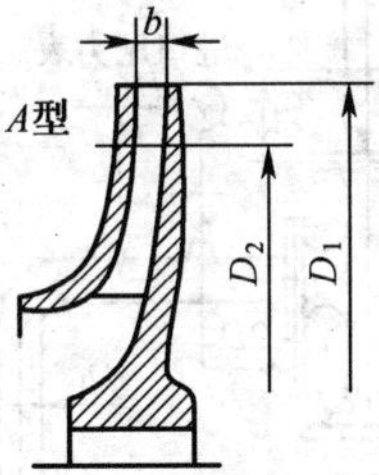 A型（b，D_2，D_1）	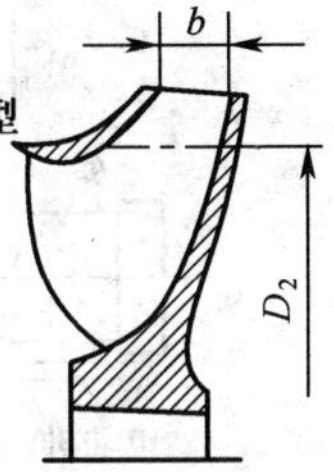 B型（b，D_2）
加工后的流量 Q_2	$Q_1\left(\frac{D_2}{D_1}\right)^2$	$Q_1\left(\frac{D_2}{D_1}\right)$
加工后的扬程 H_2	$H_1\left(\frac{D_2}{D_1}\right)^2$	$H_1\left(\frac{D_2}{D_1}\right)$
加工后的轴功率 N_2	$N_1\left(\frac{D_2}{D_1}\right)^4$	$N_1\left(\frac{D_2}{D_1}\right)^3$

此法也只限于离心泵。抽出前段叶片比抽出后段叶片效率降低得少。

第六节　水泵参数现场测试方法与计算实例

一、水泵效率、电能利用率和单耗测试方法

下面介绍的水泵参数测试方法适用于离心泵、混流泵和深井泵等;输送的介质以工业所允许使用的清水及物理性质类似于清水的液体为限,工作介质温度 80℃以下。

水泵测试主要是测量水泵的能耗和效率。

1. 测试图及测试仪表的配备

(1)水泵测试图,如图 8-30 所示。

(2)测量仪表及准确度。

①流量计。有多普勒超声波流量计,时频法超声波流量计(SP-Ⅰ型)。

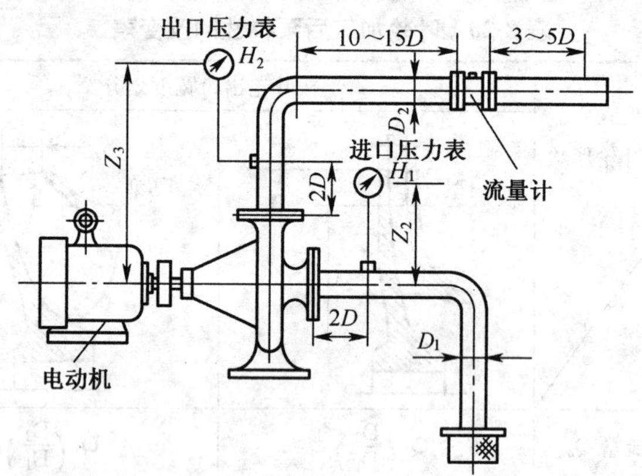

图 8-30　水泵测试示意图

②压力计。有液柱式压力计(标准 U 型水银差压计)，弹簧压力计[标准压力表(YB 型)或标准压力真空表(YZ 型)]，0.5～1 级；压力变送器与数字显示测压仪(MYD-2 压力传感器，配用 XJ-60 巡回检测仪测压装置)，0.2 级及 CECY 型电容式压力变送器配 4～20mm 数字式电压表装置，0.25 级。

③测速仪。有接触式转速表(HMZ——定时式转速表)，激光测速仪、电磁感应式测速仪、TM-2011 光电数字显示转速表。

④测功计。有天平式测功计，扭转式测功计。

上述仪表的准确度应符合表 8-21 的要求。

表 8-21　测量仪表的准确度

测量仪表	准确度范围(%)	测量仪表	准确度范围(%)
流量	±3	功率	±2
扬程	±2	转速	±2

⑤电流表、电压表、功率因数表等准确度等级 0.5～1 级；电流互感器的准确度要求 0.2～0.5 级。

2. 水泵测试记录和计算数据

测试前，记下水泵的型号规格、流量、扬程、转速、效率、轴功率、生产厂家、出厂日期，以及配套电动机的型号规格、容量、电压、电流、转速、接法、绝缘等级、生产厂家、出厂日期等。

水泵测试记录和计算数据表参考表 8-22。

表 8-22　水泵测试记录和计算数据表

序号	项　目	符号	单位	计算公式	备　注
1	水泵转速	n	r/min		
2	水温	t	℃		
3	水的重度	γ	N/m³		
4	进口流速	v_1	m/s		
5	出口流速	v_2	m/s		
6	出口管道有效面积	F	m²		
7	流量	Q	m³/s	$Q=vF$	
8	进口压力	H_1	Pa		
9	出口压力	H_2	Pa		
10	位差	ΔZ	m	$\Delta Z=Z_3-Z_2$	
11	水泵扬程	H	m		见本章第一节一项
12	电动机电压	U	V		
13	电动机电流	I	A		
14	电动机功率因数	$\cos\varphi$			
15	电动机输入功率	P_1	kW	$P_1=\sqrt{3}UI\cos\varphi$	
16	电动机效率	η_d			
17	传动效率	η_t			直接传动时 $\eta_t=1$
18	水泵轴功率	N	kW	$N=P_1\eta_d\eta_t$	
19	水泵额定转速	n_e	r/min		
20	换算规定转速下的流量	Q_0	m³/s	$Q_0=\frac{n_0}{n}Q$	$n_0=n_e$
21	换算规定转速下的扬程	H_0	m	$H_0=\left(\frac{n_0}{n}\right)^2H$	$n_0=n_e$
22	换算规定转速下的轴功率	N_0	kW	$N_0=\left(\frac{n_0}{n}\right)^2N$	$n_0=n_e$
23	水泵效率	η	%	$\eta=\frac{\gamma QH}{1000N}\times100\%$	分别用 Q_0、H_0、N_0 代入式中

续表 8-22

序号	项　　目	符号	单位	计算公式	备　　注
24	电能利用率	η_y	%	$\eta_y=\dfrac{N_{yx}}{P_1}=\eta\eta_d\eta_t$	
25	水泵单耗	α	kWh/m³	$\alpha=\dfrac{P_1}{3600Q}$	

二、计算实例

【实例 1】　某回水泵测试记录见表 8-23～表 8-25。试计算有关参数及效率和水泵单耗。

(1)水泵铭牌和配用电动机铭牌。

①水泵铭牌见表 8-23。

表 8-23　水泵铭牌

型号 4BA-12A 离心泵			
流　量	23.6L/s	—	—
扬　程	28.6m	吸程	6m
转　速	2900r/min	效率	76%
轴功率	8.71kW	—	—
配用功率	13kW	—	—
制造厂	浙江省江山水泵厂	制造日期	1986 年

②配用电动机铭牌见表 8-24。

表 8-24　配用电动机铭牌

三相异步电动机			
型　号	JO_2L-52-2	接　法	△
功　率	13kW	绝　缘	—
转　速	2920r/min	频　率	50Hz
电　压	380V	—	—
电　流	25.2A	—	—
制造厂	浙江省嵊县电机厂	制造日期	1986 年

(2)测试数据。水泵测试图如图 8-28 所示。测试数据见表 8-25。

表 8-25 测试数据

序号	项 目	符号	单位	数 值
1	进口管内径	D_1	m	0.08
2	进口管截面积	F_1	m^2	0.00503
3	出口管内径	D_2	m	0.069
4	出口管截面积	F_2	m^2	0.00374
5	进口压力表位高	Z_1	m	0.82
6	出口压力表位高	Z_2	m	2.82
7	表位差	ΔZ	m	2.82－0.82＝2
8	进口压力	H_1	Pa	－1176.8
9	出口压力	H_2	Pa	32.36×10^4Pa
10	测点流体温度	t	℃	32
11	测点流体重度	γ_t	N/m^3	9761
12	水箱内径	D	m	1.782
13	水箱截面积	F	m^2	2.494
14	测试前水箱水位	h_1	m	1.05
15	测试后水箱水位	h_2	m	2.705
16	水位变化高度	Δh	m	2.705－1.05＝1.655
17	水泵转速	n	r/min	2920
18	电动机电压	U	V	400
19	电动机电流	I	A	18.63
20	电动机输入功率	P_1	kW	9.35(二瓦特计)
21	电动机效率	η_d		0.877
22	传动效率	η_t		0.98
23	测试用时间	T	s	315

解 有关参数及效率和水泵单耗计算如下：

流量 $Q=\dfrac{F\Delta h}{T}$

$$=\frac{2.494\times1.655}{315}=0.0131(m^3/s)$$

进口流速　$v_1=\frac{Q}{F_1}=\frac{0.0131}{0.00503}=2.604(\text{m/s})$

出口流速　$v_2=\frac{Q}{F_2}=\frac{0.0131}{0.00374}=3.503(\text{m/s})$

扬程(注意进口压力为负值)

$$H=\frac{H_2-H_1}{\gamma_t}+\frac{v_2^2-v_1^2}{2g}+\Delta Z$$

$$=\frac{323600+1176.8}{9761}+\frac{3.503^2-2.604^2}{2\times9.81}+2$$

$$=35.55(\text{m})$$

有用功率　$N_{yx}=\frac{\gamma_t QH}{1000}$

$$=\frac{9761\times0.0131\times35.55}{1000}$$

$$=4.55(\text{kW})$$

水泵轴功率　$N=P_1\eta_d\eta_t$

$$=9.35\times0.877\times0.98$$

$$=8.036(\text{kW})$$

水泵效率　$\eta=\frac{N_{yx}}{N}\times100\%$

$$=\frac{4.55}{8.036}\times100\%=56.6\%$$

电能利用率　$\eta_y=\frac{N_{yx}}{P_1}\times100\%$

$$=\frac{4.55}{9.35}\times100\%=49\%$$

水泵单耗　$\alpha=\frac{P_1}{3600Q}=\frac{9.35}{3600\times0.0131}=0.198(\text{kWh/m}^3)$

【实例2】 某水泵测试数据见表8-26(不包括框线内数据)，试计算有关参数及效率和水泵单耗。

表 8-26　水泵测试数据和计算结果

序号	项　　目	符号	单位	数据及计算结果
1	水泵转速	n	r/min	2949
2	水温	t	℃	10
3	水的重度	γ	N/m^3	9810
4	进口流速	v_1	m/s	0
5	出口流速	v_2	m/s	4.39 ($v_2=Q/F$)
6	出口管道有效面积	F	cm^2	77
7	流量	Q	m^3/s	0.0338
8	进口压力	H_1	Pa	-3.73×10^4Pa
9	出口压力	H_2	Pa	24.52×10^4Pa
10	位差	ΔZ	m	1.79
11	水泵扬程	H	m	31.57
12	电动机电压	U	V	380
13	电动机电流	I	A	34.9
14	电动机功率因数	$\cos\varphi$		0.78
15	电动机输入功率	P_1	kW	17.92 ($P_1=\sqrt{3}UI\cos\varphi$)
16	电动机效率	η_d		0.82
17	传动效率	η_t		1(直接传动)
18	水泵轴功率	N_j	kW	14.69 ($N_j=P_1\eta_d\eta_t$)
19	水泵额定转速	n_0	r/min	2900
20	换算规定转速下的流量	Q_0	m^3/s	0.03324 ($Q_0=Qn_0/n$)
21	换算规定转速下的扬程	H_0	m	30.53[$H_0=H(n_0/n)^2$]
22	换算规定转速下的轴功率	N_0	kW	13.932[$N_0=N(n_0/n)^2$]
23	水泵效率	η	%	71.41
24	水泵单耗	α	kWh/m^3	0.147 $\left(\alpha=\frac{P_1}{3600Q}\right)$

解: 出口流速　$v_2=Q/F=\dfrac{0.0338}{77\times10^{-4}}=4.39(m/s)$

扬程(注意进口压力为负值)

$$H=\frac{H_2+H_1}{\gamma}+\frac{v_2^2-v_1^2}{2g}+\Delta Z$$

$$=\frac{(24.52+3.73)\times10^4}{9810}+\frac{4.39^2}{2\times9.81}+1.79$$

$$=28.8+0.98+1.79=31.57(\mathrm{m})$$

电动机输入功率

$$P_1=\sqrt{3}UI\cos\varphi=\sqrt{3}\times380\times34.9\times0.78=17917(\mathrm{W})=17.92(\mathrm{kW})$$

水泵轴功率

$$N_j=P_1\eta_d\eta_t=17.92\times0.82\times1=14.69(\mathrm{kW})$$

换算规定转速下的流量

$$Q_0=Q(n_0/n)=0.0338\times(2900/2949)=0.03324(\mathrm{m^3/s})$$

换算规定转速下的轴功率

$$N_0=N(n_0/n)^2=14.69\times(2900/2949)^2=13.932(\mathrm{kW})$$

水泵效率(换算规定转速下)

$$\eta=\frac{\gamma QH}{1000N}=\frac{9807\times0.03324\times30.53}{1000\times13.932}=71.41\%$$

水泵单耗

$$\alpha=\frac{P_1}{3600Q}=\frac{17.92}{3600\times0.0338}=0.147(\mathrm{kWh/m^3})$$

第七节　空压机参数现场测试方法与管网漏气电耗测算实例

一、空压机参数现场测试方法

1. 测试图及测试仪表的配备

(1)空压机测试图,如图 8-31 所示。

(2)测试方法及测量仪表。

①排气量的测量。

a. 空压机排气量为向工作系统总供气管路的实际排气量。

b. 排气量测量仪或装置可选用以下几种中的任一种:第一种均速管气体流量计;第二种标准孔板流量计;第三种标准喷嘴流量计;第四种溶积法(充罐法)。

②压力测量。

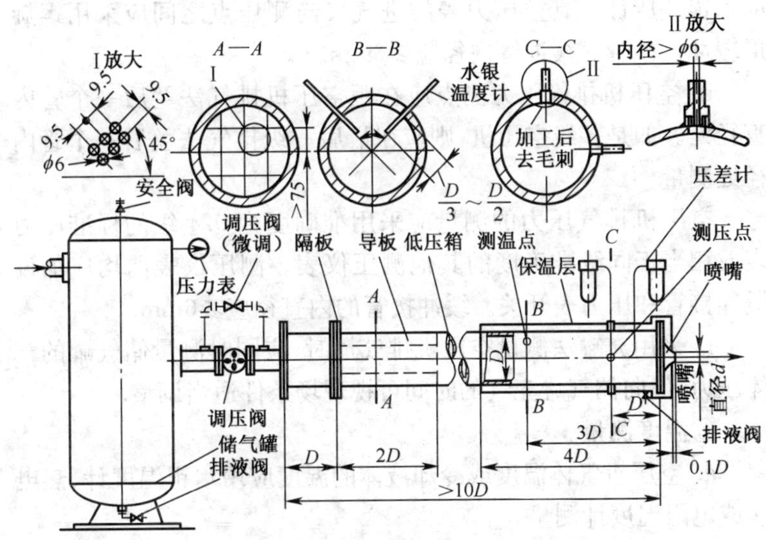

图 8-31 空压机测试示意图

a. 大气压力测量应选用误差≤±66.7Pa(0.5mmHg)的水银大气压力计。同时应有误差≤±1℃的温度计指示大气压力计的工作温度，供作温度修正。

b. 大气压力也可根据当地气象台提供的资料为依据进行修正。修正值可按下式计算：

$$H_a=\left[(h_g-h_o)\times1.987\times10^{-4}+H_g\frac{1}{256}\right]^{5.256}$$

式中 H_a——测量处大气压力值(Pa)；

h_g-h_o——气象台和实测现场海拔差(m)；

H_g——气象台所给大气压力值(Pa)。

c. 吸气压力测量。若空压机吸气口无吸气接管时，其吸气压力值即为实测大气压力值；若有吸气接管的空压机，吸气压力测点应在距Ⅰ级压缩吸气法兰(如吸气口有减荷阀时)，即为减荷阀法兰前一个接管内直径处测量。测点的测压孔中心线应与管道中心垂直。

d. 吸气压力测量应采用准确度为0.4～1.5级的真空压力表

或水银差压计。真空压力表的进气口与测压点之间应采用螺旋形缓冲连接管。缓冲管内径应≥6mm。

e. 空压机排气压力测点应在距空压机排气法兰后一个管内直径处。如是多级空压机，则应在最后一级排气法兰后一个管内径处测量。

空压机排气压力的测量应采用准确度为0.4级的标准压力表或相当于同级准确度的其他测压仪表。测压仪表前均应加设缓冲接管和压力表开关。缓冲接管的内直径应≥6mm。

f. 采用充罐法测量空压机排气量时，应同时测量储气罐的气体压力，但向储气罐充气的时间可视现场条件适当调整。

③温度测量。

a. 空压机气体温度或冷却液体的温度应用水银温度计、热电偶或电阻温度计测量。

b. 吸排气温度测点应距空压机吸排气口法兰前后距离两倍内直径处。

c. 多级空压机吸气温度测点应在Ⅰ级的吸气口法兰前管的两倍管直径处，排气温度测点应取在最后级排气法兰口后的两倍管直径处。

d. 温度计感温部位应直接插入气体内，必要时可采用温度计套管。套管内可以充油或其他适当的液体。

e. 温度计感温部位(或套管)应垂直插入气体内(可视测点处管径的大小，允许斜逆流插入)。插入深度≥1/3管径。测量点处管内的气体平均流速≤30m/s，读值时不应拔出温度计(或套管)。

f. 测量温度仪表的准确度应符合表8-27要求。

表8-27　仪表的准确度要求

测温项目	温度计误差(℃)
吸入、排出气体温度	＜±0.2
冷却水温度	＜±0.2
油温	＜±1

④转速测量。可用机械转速表光电测速仪或其他测速仪表。

⑤电动机功率及效率测算。可参见第五章第一节。

⑥容积比能(比功率)的计算。根据测算得的轴功率 N 和公称排气量 Q,便可算出比功率。

2. 空压机测试记录和计算数据

测试前,记录空压机的型号规格、排气量、压力、转速、行程、冷却方式、生产厂家、出厂日期,以及配套电动机的型号规格、功率、电压、电流、转速、接法、绝缘等级、生产厂家、出厂日期等。

测试记录和计算数据参表 8-28。

表 8-28　空压机测试记录和计算数据

大气压 H_a＝____ Pa

序号	项目	符号	单位	计算公式	备注
1	低压缸吸气压力	H_1	Pa	—	—
2	高压缸排气压力	H_2	Pa	—	—
3	低压缸吸气温度	T_1	K	$T_1=273+t_1$	t_1 单位℃
4	高压缸排气温度	T_2	K	$T_2=273+t_2$	t_2 单位℃
5	测试时间	t	min	—	—
6	公称排气量	Q	m^3/min	$Q=Q_2\dfrac{H_2T_1}{H_1T_2}$	Q_2 为空压机最后一级容积排气量 m^3/min
7	电动机输入功率	P_1	kW	$P_1=\sqrt{3}UI\cos\varphi$	—
8	电动机机械效率	η_m	%	—	0.85～0.95
9	轴功率	N	kW	$N=P_2\eta_t$	P_2 为电动机输出功率;η_t 为传动效率
10	容积比能(比功率)	P_r	$kW/m^3\cdot min^{-1}$	$P_r=N/Q$	—

二、管网漏气的测试方法及损失电能计算

1. 管网漏气的测试方法及计算公式

在停产检修时,所有用风点一律停止用风,将管网末端全部

封闭，用压力—时间曲线测试法进行测试。

现设有几台空压机，将它们全部开动，压力随时间逐渐升高，达到工艺规定的压力后，使空压机停止运行。随后，由于漏气，系统压力逐渐下降。在此过程中，记录压力在实际使用范围内由 H_2 到 H_1 的上升时间 T_1 和由 H_1 到 H_2 的下降时间 T_2，如图 8-32 所示。图中实线比虚线漏气少。

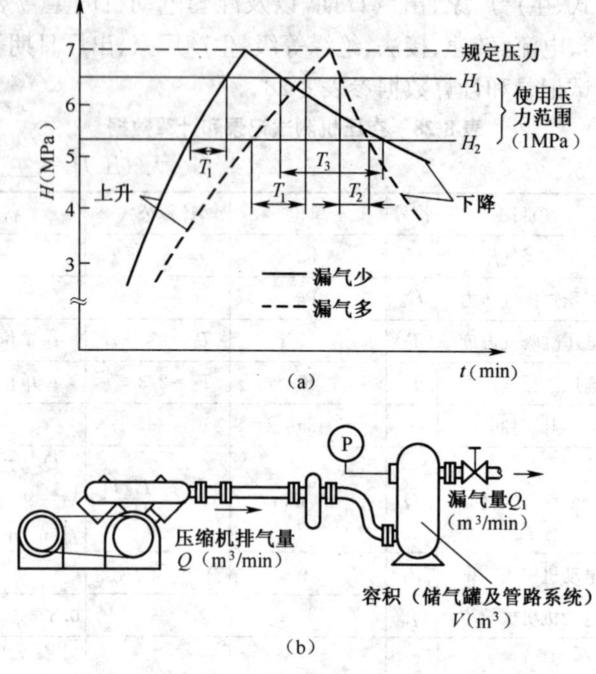

图 8-32 压力——时间曲线

(a)压力——时间曲线 (b)测试系统

平衡期 n 台空压机的总排气量 Q_p 为

$$Q_p = Q_1 + Q_2 + \cdots + Q_n = \sum_1^n Q_i (m^3/min)$$

设空压机系统的容积为 $V(m^3)$，则

$$V=(Q_p-Q_1)T_1=Q_1T_2(\mathrm{m^3})$$

式中　Q_1——空压机系统的漏气量($\mathrm{m^3/min}$)；

T_1——在实际工况的压力范围内，压力从 H_2 上升到 H_1 所需的时间(min)；

T_2——在实际工况的压力范围内，压力从 H_1 下降到 H_2 所需的时间(min)。

漏气量 Q_1 为

$$Q_1=\frac{T_1Q_p}{T_1+T_2}(\mathrm{m^3/min})$$

设年有效工作日为 τ_h，则年漏气量为

$$Q_{年}=Q_1\tau\times60(\mathrm{m^3})$$

2. 管网漏气损失电能的计算

在测试期内，在 T_1 时间内供给 n 台空压机的总电能为

$$A=\frac{1}{60}(P_{d1}+P_{d2}+\cdots+P_{dn})T_1=(\sum_1^n P_{di})T_1(\mathrm{kWh})$$

式中　$P_{d1}\sim P_{dn}$——各空压机电动机的输入功率(kW)。

在测试期内，在 T_1 时间内 n 台空压机换算到吸气状态下的总排气量为

$$Q_p=(Q_1+Q_2+\cdots+Q_n)T_1=(\sum_1^n Q_i)T_1(\mathrm{m^3})$$

平均比电能 m_B 为

$$m_B=A/Q_p(\mathrm{kWh/m^3})$$

空压机管网年漏气损失电能 ΔA 为

$$\Delta A=Q_{年}\ m_B(\mathrm{kWh})$$

三、计算实例

【实例】 某矿井区空气压缩机站有 5 台空压机，空压机站的规定压力为 600kPa，使用压力范围为 450～580kPa，试进行管网漏气测试，并计算漏气损失电能。

解　(1)管网漏气测试。将压缩机系统的管网末端封闭，停止

一切用风。开动全部5台空压机，使压缩机系统的压力逐渐增大，直至达到工艺规定的600kPa压力，然后关闭所有空压机。记录下各台空压机电动机的输入功率和空压机排气量如表8-29所示。

表8-29　某空气压缩机站

空压机编号	电动机输入功率(kW)	空压机排气量(m^3/min)
1	150	21.05
2	186	28.67
3	202.5	31.81
4	220	36.92
5	240.6	39.72

另外记录下压力在实际使用范围内(450～580kPa)由 H_2=450kPa 到 H_1=580kPa 的上升时间 T_1 和由 H_1 下降到 H_2 的下降时间 T_2，如图8-33所示。

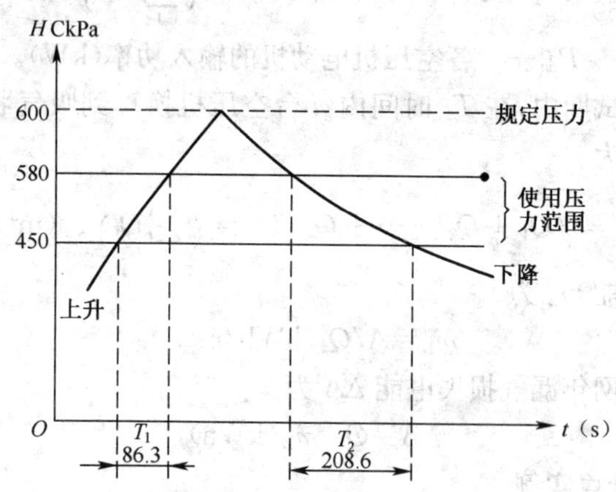

图8-33　压力—时间曲线

(2)漏气量和电能损失计算。

①漏气量计算。

根据测试数据，H_2 = 450kPa，H_1 = 580kPa，T_1 = 86.3s，

$T_2=208.6s$。

5 台空压机总排气量为

$$
\begin{aligned}
Q_P &= Q_1+Q_2+Q_3+Q_4+Q_5 \\
&= 21.05+28.67+31.81+36.92+39.72 \\
&= 158.17(m^3/min)
\end{aligned}
$$

管网漏气量为

$$Q_l=\frac{T_1}{T_1+T_2}Q_p=\frac{86.3}{86.3+208.6}\times 158.17=46.3(m^3/min)$$

按年运行 300 天计算，每年漏气量为

$$Q_{年}=Q_l\times 300\times 24\times 60=20001600(m^3)$$

②漏气的电能损失计算。在测试期的 T_1 时间内，供给 5 台空压机的总电能为

$$
\begin{aligned}
A &= (P_1+P_2+P_3+P_4+P_5)T_1/3600 \\
&= (150+186+202.5+220+240.6)\times 86.3/3600 \\
&= 23.95(kWh)
\end{aligned}
$$

在测试期的 T_1 时间内 5 台空压机换算到吸气状态下的总排气量为

$$
\begin{aligned}
Q_P &= (Q_1+Q_2+Q_3+Q_4+Q_5)T_1/60 \\
&= 158.17\times 86.3/60=227.5(m^3)
\end{aligned}
$$

平均比电能为

$$m_B=A/Q_p=23.95/227.5=0.105(kWh/m^3)$$

空压机管网年漏气电能损失为

$$\Delta A=Q_{年}\ m_B=20001600\times 0.105=2100168(kWh)$$

如果电价 δ 为 0.5 元/kWh，则因漏气造成的电费为 2100168×0.5=1050084(元)≈10.5(万元)

由此可见，加强对空压机及管道的运行管理，减少管网漏气，对节约用电十分重要。平时要对管网焊接处、法兰处等部位作重点检查，及时处理漏气点，更换腐蚀、老化的密封圈，使管网系统处于良好的状态。

第九章　电焊机和接触器节电技术与工程实例

第一节　电焊机节电改造与工程实例

一、安装补偿电容器节电改造与工程实例

由于交流弧焊机的功率因数很低(0.45～0.60),因此有必要安装电容器进行无功补偿。采用无功补偿,还可降低电焊机的容量。如果通过接入移相电容器后将功率因数由0.45～0.60提高到0.60～0.70,则输入视在功率约减少20%,初级侧配线损耗也降低到约64%。交流弧焊机接入移相电容器后,按10年寿命期限计算,减少的电费相当于焊机的购置费。扣除电容器的费用,其节约的费用还是相当大的。它不仅节约电费,而且改善了供电网路的品质,减少了输配电线路的损耗。

1. 补偿容量的计算

单台交流弧焊机所需电源容量为

$$S_s = \sqrt{FZ_e}\beta S_e$$

式中　S_s——电源容量(kVA);

S_e——电焊机的额定容量(kVA);

FZ_e——额定负载持续率(暂载率);

β——负载率,即考虑电焊机并不总是在最大容量下使用的减少系数,即$\beta = I_2/I_{2e}$;

I_2——电焊机次级电弧电流(A);

I_{2e}——电焊机额定次级电流(A)。

无功补偿容量为

$$Q_C=S_s(\sqrt{1-\cos^2\varphi_1}-\frac{\cos\varphi_1}{\cos\varphi_2}\sqrt{1-\cos^2\varphi_2})$$

式中　Q_C——无功补偿容量(kvar)；

$\cos\varphi_1$——补偿前电焊机负载时的功率因数；

$\cos\varphi_2$——补偿后电焊机负载时的功率因数。

对于交流电阻焊机、直流弧焊机，可按以上公式计算值的 1/2 选取。

点焊机不能每台都安装补偿电容器，因为点焊机与其他焊机相比，不通电的时间很长，这样在不通电时会引起过补偿，反而增加线损。在数台点焊机使用的场合，以平均焊接电流为依据选择补偿电容比较合适。

电焊机采用单台电容器补偿时，在空载时都有过补偿的问题，因此最好同时加装防电击节电装置(空载自停装置)，以增加节电效果。

一般在弧焊机的初级端并联补偿电容器。为了减少电容器的电容量($Q=\omega CU^2$，即 $C\propto 1/U^2$)，可以在变压器初级加升压抽头，电容器接在抽头位置，如图 9-1 所示。

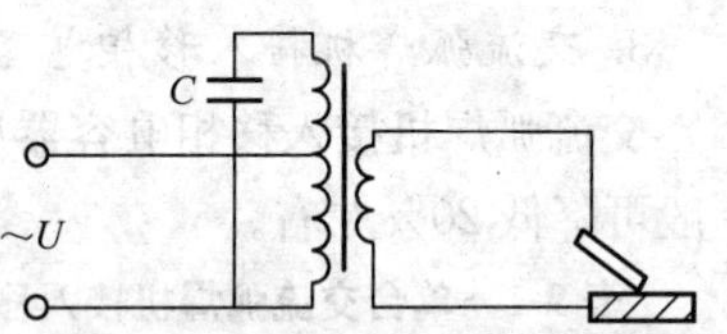

图 9-1　弧焊机加装移相电容器

2. 工程实例

【实例】　一台 BX2-500 型 380V 单相交流弧焊机，额定容量 S_e 为 42kVA，负载持续率 FZ_e 为 60%，负载率 β 为 80%，功率因数 $\cos\varphi_1$ 为 0.62，年运行时间 τ 为 1000h，设无功经济当量 K 为 0.1kW/kvar，电价 δ 为 0.5 元/kWh，电容器价格加安装等综合投资为 40 元/kvar，试求：

(1)补偿后功率因数 $\cos\varphi_2$ 达到 0.85 时的补偿电容器的容量。

(2)年节电量及投资回收年限。

解　(1)补偿电容量的计算。电焊机所需电源容量为

$$S_s = \sqrt{FZ_e}\beta S_e$$

$$= \sqrt{0.6} \times 0.8 \times 42 = 26(\text{kVA})$$

无功补偿容量为

$$Q_C = S_s\left(\sqrt{1-\cos^2\varphi_1} - \frac{\cos\varphi_1}{\cos\varphi_2}\sqrt{1-\cos^2\varphi_2}\right)$$

$$= 26 \times \left(\sqrt{1-0.62^2} - \frac{0.62}{0.85}\sqrt{1-0.85^2}\right) = 10.4(\text{kvar})$$

可选用标称容量为 10kvar、400V 的自愈式电容器。

(2)年节电量和投资回收年限计算。年节电量为

$$\Delta A_Q = KQ_c\tau = 0.1 \times 10 \times 1000 = 1000(\text{kWh})$$

投资回收期限为

$$T = \frac{CQ_C}{\Delta A_Q \delta} = \frac{40 \times 10}{1000 \times 0.5} = 0.8(\text{年})$$

3. 交流弧焊机接入移相电容器后降低输入功率的情况

交流弧焊机接入移相电容器后降低输入功率的情况见表 9-1。一般可降低 20%左右。

表 9-1　单台交流弧焊机接入移相电容器后降低输入功率之例

额定焊接电流(A)	有无电容器	额定输入功率		输入功率降低量	
		kW	kVA	kVA	%
180	有	7.3	10.3	3.4	24.8
	无		13.7		
250	有	10.5	15.1	3.7	19.7
	无		18.8		
300	有	13.4	19.5	5.0	20.4
	无		24.5		
500	有	23.5	35.0	9.0	20.5
	无		44.0		

二、电焊机加装空载自停线路及改造实例

电焊机的平均使用率非常低，当电焊机没有发生电弧时次级也有很大的励磁电流流过。为了降低不焊接时的无谓电耗，可采用空载自停装置。但加装空载自停装置后，由于交流接触器等控制设备需消耗电能，且接触器触头寿命有一定年限（主触头寿命为10～15万次，一般3年得更换主触头），因此空载自停装置的综合节电效果是有限的，为此设计的空载自停装置必须尽可能简单，动作可靠，成本低廉。

1. 交流弧焊机空载自停线路之一

线路如图9-2所示。

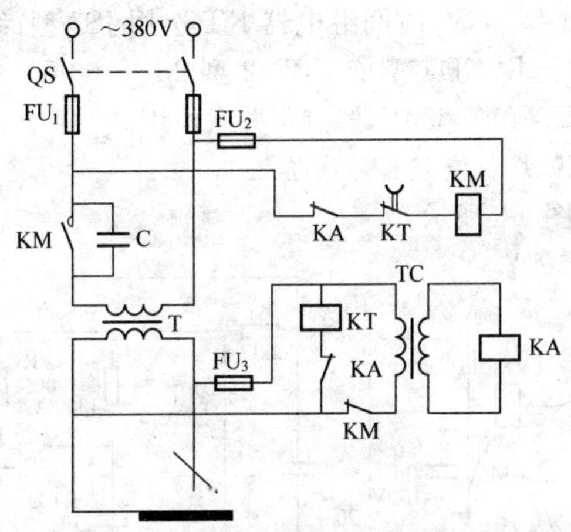

图9-2 交流弧焊机空载自停线路之一

工作原理：合上电源开关QS，380V交流电压通过电容C加到电焊变压器T的初级，在次级感应出60～70V电压。控制变压器TC为65/36V，所以在其次级约有36V电压。中间继电器KA得电吸合，其常闭触点断开交流接触器KM的线圈回路，电焊机处于待焊状态。由于电焊变压器初级串入电容C，故空载电流很小。

焊接时，电焊变压器T的次级电压降至30～40V，TC的次级

电压也随之下降，中间继电器 KA 欠压释放，其常闭触点闭合，KM 得电吸合，KM 的常闭辅助触点断开，切断控制变压器电源。同时，由于 KA 的常闭触点闭合，时间继电器 KT 的线圈通电，但因欠压而不能吸合，电焊机一直处于工作状态。

停焊时，电焊变压器次级电压回升到 60～70V，时间继电器 KT 吸合，但在延时整定时间之内，其延时断开常闭触点是闭合的，所以 KM 仍吸合。当停焊时间超过延时整定值时，其常闭触点断开，KM 失电释放，使电焊变压器的初级电流大大减小，达到节电的目的。

元件选择：控制变压器 TC 选用 50VA、65/36V；继电器 KA 选用 DZ-644 型，36V；时间继电器 KT 选用 JS7 型，线圈改绕为 65V；电容 C 选用 CJ41 型或 CBB22 型 2μF、1000V；交流接触器 KM 选用 CJ20-40A，380V，触点可并联使用。

2. 交流弧焊机空载自停线路之二

线路如图 9-3 所示。

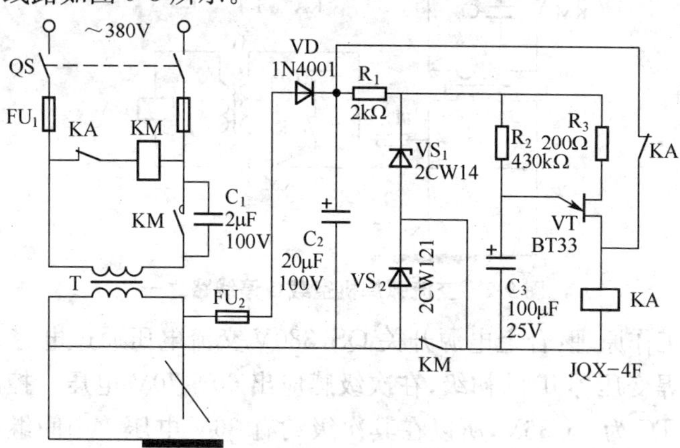

图 9-3　交流弧焊机空载自停线路之二

工作原理：合上电源开关 QS，接触器 KM 得电吸合，其常闭辅助触点断开，主触点闭合，380V 交流电压加在电焊变压器 T 的初级，次级感应出约 80V 电压。该电压经二极管 VD 整流、电容

C_2 滤波、电阻 R_1 限流后，将稳压管 VS_1 和 VS_2 击穿，在 VS_1 两端输出 20V 直流电压，并使单结晶体管 VT 导通，电容 C_3 向继电器 KA 放电，使 KA 吸合，其常开触点闭合自锁，常闭触点断开，接触器 KM 失电释放。380V 交流电源通过电容 C_1 与电焊机初级接通，使电焊机空载电流大大减小，达到节电的目的。这时电焊机次级电压降至 10V 左右，该电压经二极管 VD 整流、C_2 滤波后给继电器 KA 提供直流电源，KA 保持吸合状态。

焊接时，电焊变压器次级被短路，电压降至约零，KA 失电释放，接触器 KM 得电吸合，电焊机进入正常焊接状态。

元件选择：电容 C_1 的选择应使电焊变压器次级电压降为 10V 左右，其耐压大于 1000V；继电器 KA 选用 JQX-4F 型、12V。

调整电阻 R_2 可改变 KA 的延迟吸合时间，一般定为 30s 左右。

3. 直流弧焊机空载自停线路

直流弧焊机的空载损耗远比交流弧焊机的空载损耗大，因此更有必要考虑安装空载自停装置。线路如图 9-4 所示。

工作原理：合上开关 QS，时间继电器 KT 通电，其延时断开常开触点闭合，为接通接触器 KM_2 做好准备。控制变压器 TC 的次级产生 36V 电压。当焊条与工件相碰时，电流由变压器 TC 次级经焊条、焊件、中间继电器 KA_1、二极管 VD、常闭触点 KM_1 回到 TC，KA_1 得电吸合，其常开触点闭合，接触器 KM_2 得电吸合并自锁。KM_2 常开触点闭合，接触器 KM_1 得电吸合，起动电焊机。而 KM_1 常闭触点断开，继电器 KA_1 失电释放。

当电焊机停焊或空载时，电焊机空载电压升高到 70V 左右，使直流电压继电器 KA_2 吸合，其常闭触点断开，时间继电器 KT 失电，但只要停止时间不超过 KT 的整定值，则接触器 KM_2、KM_1 仍然吸合，电焊机不会自行停机；如超过 KT 的整定值，则 KT 的延时断开常开触点断开，KM_2、KM_1 先后失电释放，电路恢复到待焊状态。

元件选择：接触器 KM_1 选用 CJ20-100A 型、380V；KM_2 选用

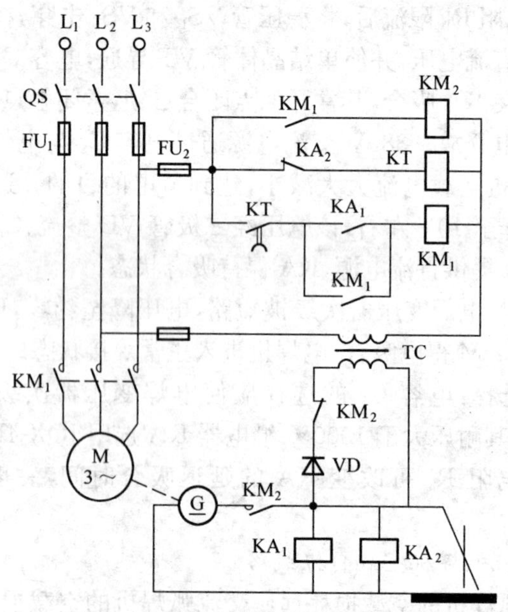

图 9-4　直流弧焊机空载自停线路

CJ20-40A 型、380V；时间继电器 KT 选用 JS7-1A 型、380V、0.4～60s；中间继电器 KA_1 选用 JZ8-44 型、直流 24V；直流电压继电器 KA_2 选用 JT3-11 型、72V；控制变压器 TC 选用 10VA、380/36V；二极管 VD 选用 2CZ2A 型、220V。

4. 硅整流直流电焊机空载自停线路

线路如图 9-5 所示。

工作原理：合上开关 QS 和 SA，电焊变压器 T 的初级串接电容 C_1，次级感应电压经整流桥 VC 整流，输出电流电压。因继电器 KA_2 比接触器 KM 灵敏，KA_2 首先得电吸合，以待焊接使用。焊接时，焊条与工件相碰，电焊机输出端电压下降，继电器 KA_2 欠压释放，其常闭触点闭合，接触器 KM 得电吸合并自锁。KM 的常开触点闭合，接通电焊变压器初级电源，开始焊接。起弧后，直流电压较低(约为 30V)，且继电器 KA_2 又串接了电位器 RP，所

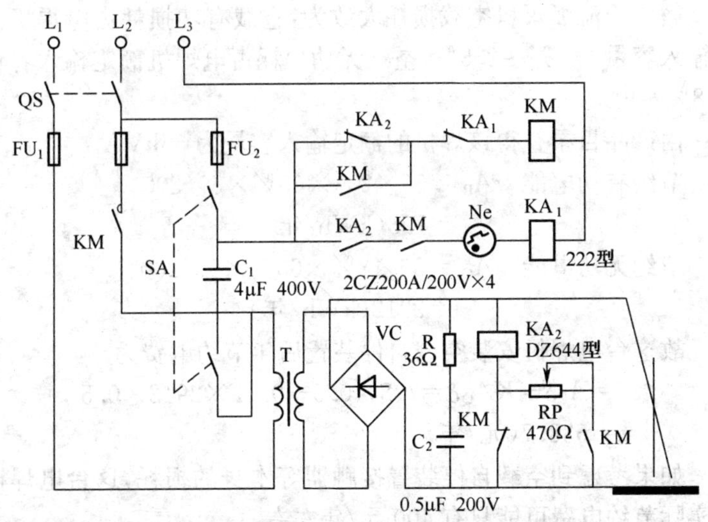

图 9-5 单相硅整流直流电焊机空载自停装置

以 KA_2 不动作，保持电焊机处于工作状态。

停焊时，其输出端的直流电压升高到约 90V，继电器 KA_2 吸合，其常开触点闭合，将 220V 电压加于启辉器 Ne 两端。经过一段延时后，继电器 KA_1 得电吸合，其常闭触点断开，接触器 KM 失电释放，线路恢复到待焊接的状态。

元件选择：交流接触器 KM 选用 CJ20-40A 型、220V；交流继电器 KA_1 选用 522 型、220V；直流电压继电器 KA_2 选用 DZ-644 型、36V；整流桥 VC 的二极管选用 ZP200A/200V；电位器 RP 选用 470Ω、3W；电阻 R 的阻值不大于 40Ω；电容 C_1 选用 CJ41 型或 CBB22 型 4μF、400V；C_2 选用 0.5μF、200V。

5. 改造实例

【实例】 一台 BX2-700 型电焊机，当采用空载自停装置后，以每天工作 5h、空载时间占焊接时间的 65%计算，年工作 200 天，试计算节电效果。设无功经济当量 K 为 0.12kW/kvar，电价 δ 为 0.5 元/kWh。

解　交流弧焊机空载损耗大致为:空载有功损耗占电焊机额定输入容量的1%～2.5%,空载无功损耗占电焊机额定输入容量的8%～9%。

由产品目录查得该焊机的额定输入容量为56kVA。

节约有功电能　$A_P = 56\times2\%\times65\%\times5\times200 = 728$(kWh/年)

节约无功电能　$A_Q = 56\times8\%\times65\%\times5\times200 = 2912$(kWh/年)

故这台电焊机安装空载自停装置后年节约电费为

$$F = A_P\delta + KA_Q\delta = 728\times0.5 + 0.12\times2912\times0.5 = 538.7\text{(元/年)}$$

如果考虑到空载自停装置接触器等本身的损耗,这台电焊机的实际节约电费可能只有400元/年左右。

第二节　交流接触器无声运行改造与工程实例

交流接触器和电磁铁存在噪声大、电耗大、线圈及铁心温度较高等许多缺点。对于额定电流在60A以上的交流接触器,应采用无声运行技术。

例如,CJ12系列交流接触器,操作电磁铁的电耗分配为:短路环电耗占25.3%,铁心电耗占65%～75%,线圈电耗占3%～5%。若改用直流或脉动直流激磁,就可以减去短路环和铁心的电耗,不但可以消除电磁铁的噪声,还可以大大地降低电磁铁的电耗。同时,也可降低线圈的温升,延长使用寿命。据测定,对于额定电流为100～600A的交流接触器,可节电93%～99%,对于额定电流为100A以下的接触器可节电68%～92%。

交流接触器和电磁铁改为直流无声运行,通常适用于长期或间断长期工作制的场合,而不适用于频繁操作的场合。

无声运行接触器有电容式、变压器式等不同类型。

一、电容式交流接触器无声运行改造与工程实例

1. 典型线路

三种电容式交流接触器无声运行线路如图 9-6 所示。

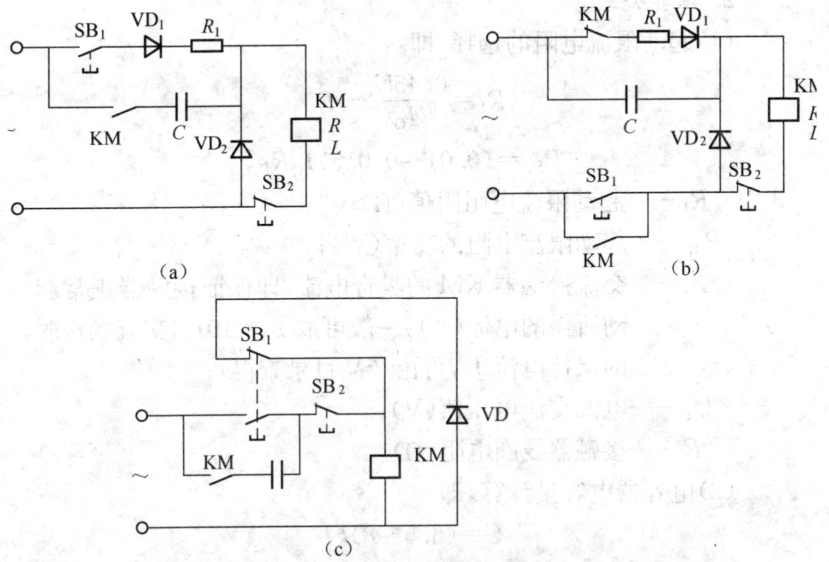

图 9-6 三种电容式交流接触器无声运行线路

(a)线路之一 (b)线路之二 (c)线路之三

(1)图 9-6(a)所示线路工作原理。按下起动按钮 SB_1，交流电经二极管 VD_1 半波整流、电阻 R 限流、接触器 KM 的线圈构成回路，KM 得电吸合，其常开触点闭合，电容 C 串入线路中，起降压作用。松开按钮 SB_1 后，交流接触器进入直流运行。

按下释放按钮 SB_2，接触器 KM 失电释放，其常开触点断开，电路回到初始状态。

注意，在该线路中，起动时接触器线圈中流过很大的起动电流，所以按下按钮 SB_1 的时间不可太长。

(2)图 9-6(c)所示线路工作原理。按下起动按钮 SB_1，交流接

触器 KM 接通交流电，为自感电流提供通路，线圈电流的方向不变，KM 吸合，其常开触点闭合，将电容 C 接入线路中。松开按钮 SB_1 后，交流接触器进入直流运行。欲 KM 释放，按下释放按钮 SB_2 即可。

2. 计算公式

(1)起动限流电阻的选择，即

$$R_1=\frac{0.45U_e}{I_Q}-R$$

$$P_{R_1}=(0.01\sim0.015)I_Q^2R_1$$

式中　R_1——起动限流电阻阻值(Ω)；

P_{R_1}——起动限流电阻的功率(W)；

I_Q——交流接触器 KM 的吸合电流，即保证接触器正常起动所需的电流(A)，一般可取 $I_Q=10I_b$(交流操作时的保持电流 I_b，可由产品目录查得)；

U_e——电源交流电压值(V)；

R——接触器线圈电阻(Ω)。

(2)电容器电容量计算，即

$$C=(6.5\sim8)kI$$

$$U_C\geqslant2\sqrt{2}U_e$$

式中　C——电容器电容量(μF)；

U_C——电容器耐压(V)；

I——接触器线圈直流工作电流(A)，$I=(0.6\sim0.8)I_b$；

k——经验系数，当电源电压为 380V 时 $k=1$；220V 时 $k=1.73$；127V 时 $k=3$。额定电流大的接触器，其电容器电容量取上式中小的系数。

(3)整流二极管参数计算，即

$$I_{VD1}=I_{VD2}\geqslant5I_b\quad U_{VD1}>\sqrt{2}U_e\quad U_{VD2}\geqslant2\sqrt{2}U_e$$

式中　I_{VD1}、I_{VD2}——二极管 VD_1 和 VD_2 的额定电流(A)；

U_{VD1}、U_{VD2}——二极管 VD_1 和 VD_2 的耐压值(V)；

I_b、U_e——同前。

3. 工程实例

【实例】 欲将一只 CJ12B-600/3 型、额定电压为 380V 的交流接触器改为电容式直流无声运行，试选择限流电阻和放电电容及整流二极管。

解 由产品样本查得 CJ12B-600/3 型接触器的技术数据如下：线圈直流电阻 $R=3.43\Omega$，吸合电流 $I_Q=17.86A$，工作电流 $I_g=I_b=0.963A$。

(1)起动限流电阻的计算。

$$R_1=\frac{0.45U_e}{I_Q}-R=\frac{0.45\times380}{17.86}-3.43=6.2(\Omega)$$

取标称值为 6.2Ω 的电阻。

电阻的功率为

$$\begin{aligned}P_{R_1}&=(0.01\sim0.015)I_Q^2R_1\\&=(0.01\sim0.015)\times17.86^2\times6.2\\&=19.8\sim29.6(W)\end{aligned}$$

因此可选用 RX-6.2Ω、20W 的电阻。

(2)放电电容的计算。取接触器线圈直流工作电流为 $I=0.7I_b=0.7\times0.963=0.674(A)$。

电容容量为

$$C=(6.5\sim8)kI=(6.5\sim8)\times1\times0.674=4.4\sim5.4(\mu F)$$

取标称值为 4.7μF 的电容。

电容的耐压为

$$U_C\geqslant2\sqrt{2}U_e=2\sqrt{2}\times380=1074.6(V)$$

因此可选用 CBB22 或 CJ41 型 4.7μF、1200V 的电容。

(3)整流二极管的选择。

$$I_{VD1}=I_{VD2}\geqslant5I_b=5\times0.963=4.8(A)$$

$$U_{VD1}>\sqrt{2}U_e=\sqrt{2}\times380=537(V)$$

$$U_{VD2}\geqslant2\sqrt{2}U_e=2\sqrt{2}\times380=1074.6(V)$$

因此二极管 VD_1 可选用 ZP5A、600V；VD_2 可选用 ZP5A、1200V。

对不同容量的接触器进行计算，各元件参数如表 9-2 所列，可供选择时参考。具体数值，有可能在试验时稍有变化。

表 9-2　交流接触器无声运行元件参数的选择

型　号	R	C	VD_1	VD_2
CJ1-600/3	4.8Ω 50W	30μF	5A	5A
CJ1-300/3	8Ω 15W	10μF	1A	1A
CJ1-150/2	10Ω 5W	10μF	1A	1A
CJ10-150	15Ω 2W	2μF	0.3A	0.3A
CJ10-100	15Ω 1W	2μF	0.3A	0.3A
CJ12-600/3	5Ω 25W	10μF	5A	5A
CJ12-400	8Ω 15W	10μF	1A	1A
CJ12-250	15Ω 5W	4μF	1A	1A

二、变压器式交流接触器无声运行改造与工程实例

1. 典型线路

变压器式交流接触器无声运行的典型线路如图 9-7 所示。

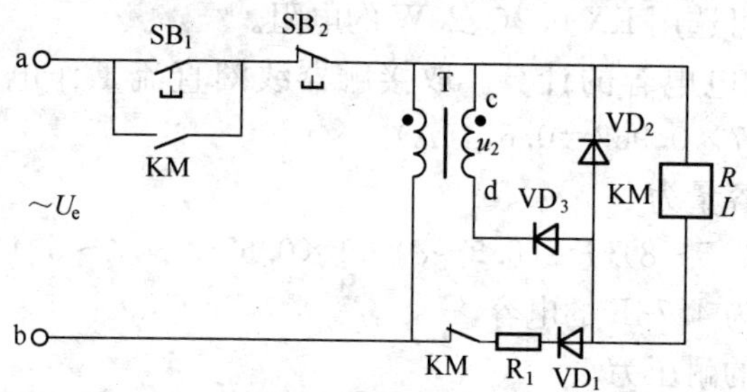

图 9-7　变压器式交流接触器无声运行线路

工作原理：按下起动按钮 SB_1，交流电源经接触器 KM 的线圈、电阻 R_1 限流、二极管 VD_1 构成回路，KM 得电吸合，其常开触点闭合并自锁，常闭触点断开，交流电经变压器 T 降压，在正半周经二极管 VD_3 向 KM 线圈供电，在负半周由 VD_2 续流，使线圈中始终通有直流。

2. 计算公式

(1)起动限流电阻 R 的选择。同电容式交流接触器无声运行线路(图 9-6)中的 R_1。

(2)变压器计算。变压器 T 次级电压和容量应满足下式要求：

$$U_2=2.2I_bR,S=3.5I_b^2R$$

式中 U_2——变压器 T 次级电压(V)；

I_b——交流操作时接触器的保持电流(A)；

R——接触器线圈电阻、变压器次级电阻和二极管内阻之和(Ω)；

S——变压器容量(VA)。

(3)二极管选择。

$$I_{VD1}\geqslant 5I_b;I_{VD2}\geqslant 2I_b;I_{VD3}\geqslant 2I_b$$

$$U_{VD1}=U_{VD2}=U_{VD3}>\sqrt{2}U_e$$

式中 I_{VD1}、I_{VD2}、I_{VD3}——二极管 VD_1、VD_2 和 VD_3 的额定电流(A)；

U_{VD1}、U_{VD2}、U_{VD3}——二极管 VD_1、VD_2 和 VD_3 的耐压值(V)；

U_e——电源交流电压值(V)；

I_b——同前。

3. 工程实例

【实例】 欲将一只 CJ12B-600/3 型、额定电压为 380V 的交流接触器改为变压器式直流无声运行，试选择限流电阻、变压器及整流二极管。

解 由上例得知，$R=3.43\Omega,I_g=I_b=0.963A$。

(1)起动限流电阻 R_1 的计算。同上例，即选用 RX-6.2Ω、20W 的电阻。

(2)变压器计算。变压器 T 的二次电压为

$$U_2=2.2I_bR=2.2\times0.963\times3.43=7.27(V)，取 8V。$$

变压器的容量为

$$S=3.5I_b^2R=3.5\times0.963^2\times3.43=11.1(\text{VA})$$

因此可选用12VA、380/8V的变压器。

(3)整流二极管的选择。

$$I_{VD1}\geqslant5I_b=5\times0.963=0.48(\text{A})$$

$$I_{VD2}=I_{VD3}\geqslant2I_b=2\times0.963=1.9(\text{A})$$

$$U_{VD1}=U_{VD2}=U_{VD3}>\sqrt{2}U_e=\sqrt{2}\times380=537(\text{V})$$

因此 VD_1、VD_2、VD_3 可选用ZP3A、600V。

三、交流接触器无声运行节电效果计算与工程实例

1. 计算公式

(1)先求出加装节电器前、后的无功功率。

分别测量出加装节电器前、后的输入电流、有功功率等，便可按下式计算加装前、后的无功功率

$$Q_1=\sqrt{S_1^2-P_1^2}=\sqrt{(UI_1)^2-P_1^2}$$

$$Q_2=\sqrt{S_2^2-P_2^2}=\sqrt{(UI_2)^2-P_2^2}$$

式中　Q_1、Q_2——加装节电器前、后的无功功率(var)；

S_1、S_2；P_1、P_2；I_1、I_2——加装节电器前、后的视在功率、有功功率和输入电流(VA、W、A)；

U——交流电压(有效值)(V)。

(2)求全年节电量。

$$\Delta A=[(P_1-P_2)+K(Q_1-Q_2)]\cdot T\times10^{-3}$$

式中　ΔA——年节电量(kWh)；

K——无功经济当量，可取0.06～0.1，离供电电源越远，K值越大；

T——接触器年运行小时数。

2. 工程实例

【实例】　有一CJ12-400A、380V交流接触器，试计算改造成电容式无声运行后的节电效果。

解　经实际测试，改造前后的有关数据见表9-3。

表9-3　加装节电器前、后的实测值

项　目	有功功率(W)	电流(A)	电源电压(V)	无功功率(var)
未装节电器	95	1.06	380	391.4
加装节电器	1.6	0.011	380	3.86

其中：$Q_1=\sqrt{S_1^2-P_1^2}=\sqrt{(380\times1.06)^2-95^2}\approx391.4(\text{var})$

$Q_2=\sqrt{S_2^2-P_2^2}=\sqrt{(380\times0.011)^2-1.6^2}\approx3.86(\text{var})$

节约有功功率：$\Delta P=P_1-P_2=95-1.6=93.4(\text{W})$

节约无功功率：$\Delta Q=Q_1-Q_2=391.4-3.86=387.54(\text{var})$

设无功经济当量 $K=0.08$，年运行7200h，则年节电量为：

$$\begin{aligned}\Delta A&=(\Delta P+K\Delta Q)T\times10^{-3}\\&=(93.4+0.08\times387.54)\times7200\times10^{-3}\\&\approx895.7(\text{kWh})\end{aligned}$$

按电价0.5元/千瓦时计算，全年节约电费为：

$$0.5\times895.7=447.8(元)$$

根据上述计算方法，几种规格的接触器加装无声运行节电器后的年经济效益，见表9-4。

表9-4　电容式节电器的节电效果

接触器型号	线圈消耗功率				节省功率		节电量(kWh/年)	节约电费(元/年)
	未装		装		有功(W)	无功(var)		
	有功(W)	无功(var)	有功(W)	无功(var)				
CJ12-100	30	129	3	−45	27	174	266	133
CJ12-150	43	159	4	−45	39	204	367	184
CJ12-250	59	174	6	−91	53	265	497	249
CJ12-400	103	450	8	−181	95	631	958	479
CJ12-600	90	388	8	−272	82	660	878	439

注：电价以0.5元/kWh计算；无功当量 K 取0.06；每天工作24h，全年工作300天。

对于改造成变压器式无声运行后的节电效果，见表 9-5。

表 9-5　变压器式节电器的节电效益

接触器型号	线圈消耗功率				节省功率		节电量(kWh/年)	节约电费(元/年)
	未装		装		有功(W)	无功(var)		
	有功(W)	无功(var)	有功(W)	无功(var)				
CJ12-150	28	188	0.6	2.2	27.4	185.8	278	139
CJ12-250	74	236	1.0	2.9	73	233.1	626	313
CJ12-400	95	391	1.6	3.9	93.4	387.1	840	420
CJ12-600	90	358	1.5	3.5	88.5	354.5	790	395

注：同表 9-4。

第三节　交流电磁铁无声运行改造实例

一、典型线路

交流电磁铁与交流接触器的工作原理相同，只是交流电磁铁吸力和损耗较大而已。

交流电磁铁直流无声运行的线路如图 9-8 所示。

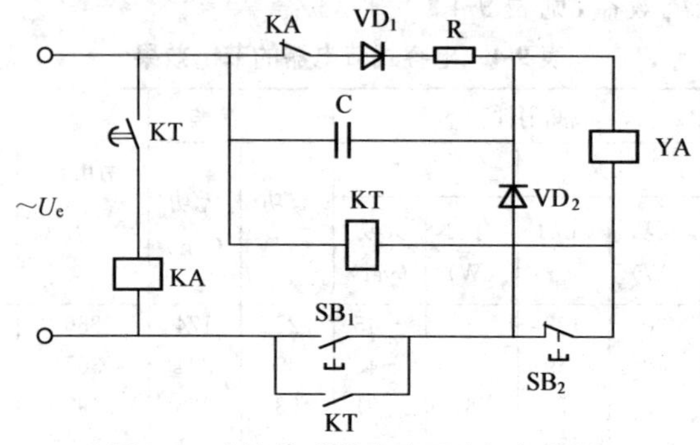

图 9-8　交流电磁铁直流无声运行线路

二、工作原理

按下启动按钮 SB_1，时间继电器 KT 和交流电磁铁 YA 立即吸合并通过KT的瞬时常开触点自锁。当KT延时闭合常开触点闭合时，中间继电器KA吸合，其常闭触点断开，电磁铁YA投入正常的直流无声运行状态。

由于中间继电器的触点容量有限，如果用于功率大的交流电磁铁，可采用接触器代替KA。

三、元件选择

对于不同型号的交流电磁铁，各元件参数可参见表9-6选择。

表9-6　交流电磁铁直流运行各元件参数的选取

型　号	电压 (V)	吸力 (N)	保持电流(A)		C (μF)	VD_1 (A)	VD_2 (A)	R (Ω)
			交流	直流				
MQ1-5151	380	245	1.05	1	6	3	3	12
MQ2-15	380	147	0.84	0.78	5	3	3	12
MQ1-5131	380	78	0.28	0.23	1.5	1	1	12
MQ1-5121	380	49	0.21	0.15	1	1	1	30
MQ2-5102	380	29	0.36	0.30	2	1	1	30
MQ2-5111	380	29	0.165	0.135	1	1	1	12
MQ1-5101	380	15	0.11	0.085	0.5	0.5	0.5	12
MZD1-100	380	—	0.72	0.63	4	3	3	12
MZD1-200	380	—	3	2.6	1.6	5	5	10
MZD1-300	380	—	4	3.4	20	5	5	3
MQ1-5141	380	147	1	0.8	5	3	3	10
MQ1-5141	220	147	2.2	1.9	20	5	5	3
MQ1-6121	220	49	0.4	0.38	4	1	1	10
MQ1-5121	220	49	0.44	0.36	4	1	1	5
MQ1-5111	220	29	0.385	0.30	4	1	1	5
MQ1-5101	220	15	0.23	0.18	2	1	1	5
MQ1-5102	220	29	0.88	0.66	8	3	3	5

第十章　电加热节电技术与工程实例

第一节　远红外加热基本知识

一、远红外加热的特点及加热温度和照射距离的选择

1. 远红外加热的特点

远红外加热是一种辐射加热方式。当远红外线（电磁波）射到物体表面时，一部分在物体表面被反射，其余部分就射入物体内部，而射入物体的远红外线中的一部分透过物体，余下部分被物体吸收，产生激烈的分子和原子共振现象，并转变为热能，使物体温度升高。

红外线按波长可分为近红外线、中红外线和远红外线三部分。波长为 0.78～1.4μm 的为近红外线，1.4～3μm 的为中红外线，3～1000μm 的为远红外线。从红外加热技术领域来讲，绝大多数被加热干燥的高分子材料、有机材料等对波长为 3～25μm（尤其在 3～16μm）范围内的红外线有较强的吸收能力。而对其他波段的红外线吸收能力较弱，加热的效果不很明显。

自 20 世纪 70 年代发展起来的远红外加热技术，具有显著的节电效果，已广泛应用于各种有机物质、高分子物质及含水物质的加热和干燥。其加热设备效率，对于密封加热炉可达 60%～85%，节电效果普遍能达到 30%以上。

影响远红外加热效果的主要因素有：

(1)所选用的远红外辐射元件的材质及涂料，其辐射的波长是否与被加热设备匹配。

(2)远红外辐射元件表面温度的选择是否适当。

(3)远红外加热炉的设计是否合理。

(4)远红外辐射元件与被加热物的距离是否合适。

2. 远红外辐射元件表面温度的选择

由于远红外辐射元件的全辐射量与其表面绝对温度的4次方成正比($W=\sigma T^4$),所以元件表面温度越高,辐射能量越大。但元件表面温度越高,单色辐射强度的峰值波长要向短波长方向移位。因此要想提高长波远红外区的辐射强度,不能只用提高温度的办法来实现。

据测试,当元件温度在200℃以下时,对流散热损失在50%以上,辐射能量密度低,加热速度慢,红外涂层的效果只能在10%左右。当温度在400℃~600℃之间时,主辐射波长在3.3~4.3μm之间,辐射能量密度在1~3W/cm^{2}之间,有效辐射能量在80%左右,加热干燥效果好,是有利的辐射温度。

在选择辐射元件的表面温度时,要考虑匹配辐射能E_λ、匹配辐射率K_λ和使用寿命τ,三个因素并使三项指标都达到最佳。一般认为,对含水物质以及OH基、NH基物质,如粮食、木材、食品、纺织品、氨基漆、电泳漆等,对3μm附近辐射波长有较强的吸收能力,辐射元件温度以600℃~800℃为宜;而对于聚乙烯、聚丙烯、聚氯乙烯、沥青漆等,辐射波长4μm以上有大量吸收峰的物质辐射元件温度以400℃~500℃为宜。

3. 被加热物的最佳加热温度和最佳照射距离的确定

为了最有效地加热被干燥的物体,应选择最佳加热干燥温度和最佳辐照距离。

(1)最佳加热干燥温度的确定。被加热物的最佳加热干燥温度一般由试验确定,它与辐射元件的数量、辐照距离、元件功率、布置、温度分布及加热速度等有关。几种被加热物的最佳加热干燥温度和时间见表10-1。

(2)最佳照射距离的确定。在不影响辐射能量均匀分布及产

表 10-1　几种被加热物的最佳加热干燥温度和时间

被加热物名称	醇酸磁漆	1032 绝缘清漆	1010 沥青漆	谷物	木板
最佳加热温度(℃)	110～130	150～170	180～200	45～55	80～90
最短辐射时间	1.3min	1.5min	3min	0.5～1min	20～50h

品质量的情况下，只要工艺技术条件允许，辐射元件与被加热物之间的距离越近效率越高。但距离过近会产生热量分布不均匀的问题。根据实践经验，辐射元件到被加热物的距离 h 与辐射元件相互之间的距离 l 的比值 $h/l=0.6$ 较好。照射距离一般在 150mm 以上，但最远不超过 400mm。当平板状物体以传送的方式在炉道中移动时，可使照射距离缩小到 50mm，并加快传送速度。

4 种干燥辐射距离如图 10-1 所示。

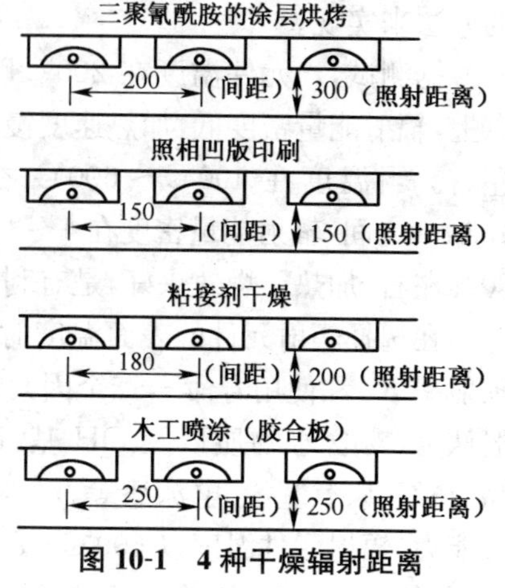

图 10-1　4 种干燥辐射距离

二、常用远红外辐射元件、辐射涂料和辐射器

1. 常用的远红外辐射元件

(1)碳化硅板。在天然或人造的单晶体粉状 SiC 中加入黏土(黏合作用)烧结而成。其表面涂有辐射涂料，是一种良好的远红外辐射元件。要求 SiC 含量达 60%～70%，当含量低于 60%时，辐射率将显著下降。其优点是：在 930℃时 10μm 波长的辐射率相当于黑体辐射率的 80%～90%，表面温度可达 1100℃～1700℃；使用寿命较长，转换效率高。缺点是：抗机械振动性能差，热惯性大，升温时间长(达到工作温度时间需 40～60min)。

(2)氧化镁管。电热管采用适当直径、长度的金属管,重要用途的电热管选用 lCr18Ni9Tiϕ18mm 不锈钢管。根据辐射器的额定功率绕电热丝,把绕好的电热丝装入金属管内并填以氧化镁粉。金属管表面涂有辐射涂料,涂层厚度不超过 0.3mm。这种辐射元件的特点是机械强度高,适用于硝石、油、水、酸、碱等工业生产的加热系统。

(3)LHMG 型高硅氧灯。在普通碘钨灯表面烧结一层黑色高硅氧玻璃粉料而成。由于这种元件的近红外光谱较多,远红外光谱相对较少,因此效率不高。

(4)DYF 铁锰酸稀土钙高辐射涂层电阻带。表面温度低于 500℃,辅助装置复杂,效率不高。

(5)MTY 埋入式陶瓷元件。系仿德国 EISTEIN 公司产品制造,规格较齐。将发热丝埋入在陶瓷基体中并烧结成一体,表面涂有高辐射层,功率为 0.2～1.2kW,表面温度一般低于 500℃这种元件表面光洁、白质,适用于食品、医药加工。缺点是在高温下辐射率和导热系数减小,效率降低。

(6)TIR 半导体元件。以多晶半导体为发热体,涂敷远红外辐射层,两端涂有银电极。它只适用于 300℃以下加热场合,转换效率较高。

(7)SHQ 乳白石英元件。采用乳白石英制成远红外转换元件,工作时吸收电热丝发射的可见光和近红外光,转换成远红外辐射。功率为 0.2～5kW,表面温度为 200℃～850℃。其转换效率较高、热惯性小、升温快(达到工作温度时间只需 8～15min)、寿命长,广泛用于各类物品的加热干燥,特别适用于医药、试验室、要求无污染的环境,以及含酸碱等腐蚀性物质的加热干燥场合。

(8)准黑体不锈钢平板辐射器。具有较好的高温特性,但转换效率不及 TIR 半导体元件和 SHQ 乳白石英元件。

2. 常用的远红外辐射涂料

在辐射元件表面涂上一层远红外辐射涂料,以增加表面粗糙度,能有效地提高表面的全辐射率,并能改变辐射元件的辐射特性，使之与被加热干燥物质的吸收特性一致，从而提高加热干燥效率，节约电能。

(1)典型的远红外辐射涂料。

①锆汰系。由 $ZrO_2$97.5%～5%加 TiO_2 2.5%～95%制成。

②三氧化二铁系。是 α-Fe_2O_3 和以 γ-Fe_2O_3 为主体的辐射涂料。

③碳化系。多数以 60%以上 SiC 和 40%以上黏土烧结成碳化硅板，或以 SiC 为主配以其他材料制成。

④稀土系。如由铁锰酸稀土钙等组成的复合涂料，或将某些稀土材料烧结在碳化硅元件表层，以提高其辐射率。

⑤锆英砂系。以锆英砂(以含 67% ZrO_2 和 31% SiO_2 为主)添加其他金属氧化物，组成浅黑色的锆系辐射涂料。

⑥镍钴系。以 Ni_2O_3 和 Co_2O_3 为主的涂料。

⑦沸石分子筛系。是一种适用于脱水处理的选择性涂料，其辐射特性与水的吸收特性非常相近。其辐射波长一般在 2.6～3μm、5.5～6.5μm 和 8～12.5μm 处，水对其有很强的吸收能力，加热干燥效率很高。

(2)常用辐射涂料按辐射波长分类。

①长波涂料：是指在 5μm 以内辐射率降低与 6μm 以外长波部分辐射率很高的涂料，如锆系、锆汰系。

②近全波涂料：是指在远红外实效区 2.5～15μm 全波段内辐射率较高的涂料，如碳化硅系、沈混一号和稀土系等。

③短波涂料：是指在 3.5μm 以内有很高辐射率的涂料，如沸石分子筛系、高硅氧和半导体氧化钛涂料等。

④中高温涂料：当金属加热温度高于 600℃时，一些涂料(如纯 SiC)会有较好的效果；当加热温度达 1000℃时，另一些涂料(如镍钴系和二硅化钼等)有较好的效果。

3. 常用的远红外辐射器

常用的几种远红外辐射器的性能见表 10-2。

表 10-2 常用的几种远红外辐射器的性能

特性		电加热					煤气加热	
		红外线	石英碘钨灯	镍铬合金丝石英辐射器	管状加热器	板状加热器	陶瓷穿孔板	反射型
工作温度(℃)		1650～2200	1650～2200	760～980	400～600	200～590	760～920	760～1200
峰值能量波长(μm)		1.5～1.15	1.5～1.15	2.8～2.6	4.3～3.3	6.0～3.2	2.8～2.5	2.8～2.2
最大功率密度(W/cm^2)		1	5～8	4～5	2～4	1～4	—	—
平均寿命		5000小时	5000小时	几年(中波石英灯)	几年	几年	几年	几年
工作温度时的颜色		白	白	樱桃红	淡红	暗色	深红	鲜红
抗冲击稳定性	机械冲击	差	中	中	优	不一	优	差
	热冲击	差	优	优	优	良	优	优
时间响应	加热	秒级	秒级	分级	分级	十分级	分级	分级
	冷却	秒级	秒级	分级	分级	十分级	分级	分级

碳化硅远红外加热器的型号、规格见表 10-3。

表 10-3 碳化硅远红外加热器的型号、规格

名称	型号	规格(mm×mm×mm)	功率(W)	用途
板式	HT-1	240×160×11	800～1000	用于金属表面油漆的烘烤、印刷;皮革、食品的加热与脱水
	HT-2	330×240×14	2000～2500	
	HT-3	330×240×18	2000～2500	
	HT-4	1000×50×18	1000～1200	
	HT-5	400×250×18	2500	
	HT-6	800×50×18	1000	
	HT-7	280×135×12	1200	
	HT-8	720×180×14	2500	

续表 10-3

名称	型　号	规格（mm×mm×mm）	功率（W）	用　途
加热器	JRQ-K61	250×170×40	800～1000	用于各种油漆的烘烤；蔬菜、食品的脱水、加热；塑料加热
	JRQ-K62	280×135×40	1000～1200	
	JRQ-K63	330×240×40	2000～2500	
	JRQ-K64	736×196×50	2500	
	JRQ-K65	1410×52×28	1200	
加热管	JRG-1	420×25×10	500	用于小型烘道、烘箱、橡胶压机；皮革、食品、油漆的烘干
	JRG-2	500×25×10	600	
	JRG-3	600×25×10	600	
	JRG-4	800×25×10	800	
	JRG-5	1000×25×10	800～1000	
	JRG-6	1200×25×10	1000	
	JRG-7	340×25×15		
	JRG-8	490×25×15		
	JRG-9	650×25×15		
	JRG-300	300×16×15	300W 组装	
加热圈	HC-01	ϕ80×50	600	用于各种挤塑机、注塑机、橡胶挤出机
	HC-02	ϕ90×50	600	
	HC-03	ϕ95×50	800	
	HC-04	ϕ100×50	800	
	HC-05	ϕ80×70	800	
	HC-06	ϕ90×70	800	
	HC-07	ϕ100×70	1000	
	HC-08	ϕ80×100	1000	
	HC-09	ϕ90×100	1000	
	HC-10	ϕ100×100	1200	
	HC-11	ϕ120×100	1500	

板式碳化硅远红外加热器有新式和老式两种，新式加热器采用封闭式。在同工况条件下，封闭式 SiC 板比老式 SiC 板可节电 10%～27%。封闭式 SiC 板红外加热器是将红外辐射材料、SiC

基质和发热体制成三位一体的结构，封闭在辐射板内部。发热体由预先压焊其上的不锈钢片引出作接线柱。置于金属边框中的红外辐射板用固定螺钉将其隔热板上下平行、隔空固定，形成双层高效保温层。这种加热器热利用率很高，使用寿命比老式 SiC 板长 4 倍，同时由于减小了红外加热板的厚度，产品质量轻，安装方便。

4. 常用材料的全辐射率

见表 10-4。

表 10-4　常用材料的全辐射率 ε

材料名称	t(℃)	ε
绝对黑体	—	1.0
石墨粉	—	0.95
石棉纸板	24	0.96
石棉纸	40～370	0.93～0.945
表面粗糙的红砖	20	0.93
表面粗糙及上釉的硅砖	100	0.83
表面粗糙上釉的硅砖	1100	0.85
上过釉的黏土耐火砖	～1100	0.87
耐火砖(新的)	～1000	0.83～0.87
耐火砖(用过的)	～1000	0.72～0.76
涂在不光滑铁板上的白釉漆	23	0.906
涂在铁板上有光泽的黑漆	25	0.875
无光泽的黑漆	40～95	0.96～0.98
白漆	40～95	0.80～0.96
各种不同颜色的油质涂料	100	0.92～0.96
磨光的硬橡皮板	23	0.945
加热到 325℃以后的铝质涂料	150～315	0.35
灰色不光滑的软橡皮板(经过精制)	24	0.859
平整的玻璃	22	0.937
上过釉的瓷器	22	0.924
熔附铁上的珐琅	19	0.897
表面磨光的铝	225～575	0.039～0.057
表面不光滑的铝	26	0.055
在 600℃时氧化后的铝	200～600	0.11～0.19

续表 10-4

材料名称	t(℃)	ε
表面磨光的铁	425～1020	0.144～0.377
氧化后的铁	100	0.736
未经加工的铸铁	925～1115	0.87～0.95
表面磨光的钢铸件	770～1040	0.52～0.56
研磨后的钢板	940～1100	0.55～0.61
在 600℃时氧化后的钢	200～600	0.80
经过刮面加工的生铁	830～990	0.60～0.70
在 600℃时氧化后的生铁	200～600	0.64～0.78
氧化铁	500～1200	0.85～0.95
无光泽的黄铜板	50～350	0.22
600℃时氧化后的黄铜	200～600	0.59～0.61
600℃时氧化后的铜	200～600	0.57～0.87
氧化铜	800～1100	0.66～0.50
熔解铜	1075～1275	0.16～0.13
技术上用的经过磨光的纯镍	225～375	0.07～0.087
镍丝	185～1000	0.096～0.186
在 600℃时氧化后的镍	200～600	0.37～0.48
氧化镍	650～1255	0.59～0.86
铬镍	125～1034	0.64～0.76
锡、光亮的镀锡铁皮	225	0.043～0.064
经过磨光的商品锌(99.1%)	225～325	0.045～0.053
在 400℃时氧化后的锌	400	0.11
磨光的纯银	225～625	0.0198～0.0324
铬	100～1000	0.08～0.26
有光泽的镀锌铁皮	28	0.228
已经氧化的灰色镀锌铁皮	24	0.276

5. 常用耐火材料和保温材料

见表 10-5～表 10-7。

表 10-5　常用耐火材料的主要性能

材料		体积密度γ (g/cm³)	耐火度（不低于℃）	常温耐压强度 (MPa)	最高使用温度 (℃)	导热系数λ (kJ/m·h·℃)	比热C [(kJ/kg·℃)]
轻质黏土砖	QN-1.3b	1.3	1710	4.41	1300	$1.47+1.26\times10^{-3}t_p$	$0.84+0.26\times10^{-3}t_p$
	QN-1.3b	1.3	1670	3.43	1300	$1.47+1.26\times10^{-3}t_p$	$0.84+0.26\times10^{-3}t_p$
	QN-1.0	1.0	1670	2.94	1250	$1.05+0.92\times10^{-3}t_p$	$0.84+0.26\times10^{-3}t_p$
	QN-0.8	0.8	1670	1.96	1250	$0.75+1.55\times10^{-3}t_p$	$0.84+0.26\times10^{-3}t_p$
	QN-0.4	0.4	1670	0.59	1150	$0.33+0.59\times10^{-3}t_p$	$0.84+0.26\times10^{-3}t_p$

续表 10-5

材料	体积密度 γ (g/cm³)	耐火度（不低于℃）	常温耐压强度（MPa）	最高使用温度（℃）	导热系数 λ（kJ/m·h·℃）	比热 C [(kJ/kg·℃)]
普通黏土砖	1.8～2.2	1610～1730	12.26～14.71	1400	$2.51+2.30\times10^{-3}t_p$	$0.84+0.26\times10^{-3}t_p$
普通高铝砖	2.3～2.75	1750～1790	39.23	1500	$7.54+6.70\times10^{-3}t_p$	$0.84+0.234\times10^{-3}t_p$
泡沫高铝砖	<0.8	<1770	0.59～2.94	1150～1300	—	$0.84+0.234\times10^{-3}t_p$
刚玉制品	2.6～3.4	>1900	>49.03	1800	$7.54+6.70\times10^{-3}t_p$	$0.80+0.419\times10^{-3}t_p$
泡沫氧化铝砖	<0.8	>1900	0.59～2.94	1350	—	$0.80+0.419\times10^{-3}t_p$
石墨制品	1.6	>3000	19.61～29.42	2000	—	—
碳化硅制品	2.4	2000～2100	—	1500	1000℃时，38.52 1200℃时，33.49	$0.96+0.147\times10^{-3}t_p$

注：t_p——平均温度℃。

表 10-6 耐火绝热材料的导热系数

耐火绝热材料名称	导热系数[kJ/(m·h·℃)]
黏土质砖	1.099
耐火绝热砖	0.158
陶质纤维	0.185
绝热材料Ⅰ	0.097
绝热材料Ⅱ	0.044

表 10-7 常用保温绝热材料的物理特性

序号	材料名称	容重 r (kg/m³)	导热系数 λ[kJ/(m·h·℃)]	导温系数 $a\times10^3$ (m²/h)	比热 C[kJ/(kg·℃)]	质量湿度（%）
1	泡沫混凝土	525	0.398	0.79	0.963	0
2	加气混凝土	545	0.544	0.97	1.172	4.8
3	粉煤灰混凝土	640	0.754	0.87	1.340	12.5

续表 10-7

序号	材料名称	容重 r (kg/m^3)	导热系数 λ[kJ/(m·h·℃)]	导温系数 $a\times10^3$ (m^2/h)	比热 C[kJ/(kg·℃)]	质量湿度 (%)
4	耐热混凝土	296	0.310	0.91	1.172	—
5	浮石藻混凝土	729	0.628	0.77	0.837	0
6	玻璃棉混凝土	232	0.276	1.39	0.879	0
7	聚苯乙烯混凝土	538	0.670	0.90	1.340	13.7
8	锯木屑混凝土	705	0.712	1.21	0.837	—
9	木屑硅制土砖	590	0.502	0.89	0.921	—
10	珍珠岩粉料	44	0.151	2.00	1.591	0
11	水泥珍珠岩制品	400	0.327	0.93	0.879	0
12	沥青珍珠岩制品	285	0.356	0.82	1.507	—
13	乳化沥青珍珠岩制品	304	0.301	0.68	1.465	—
14	水玻璃珍珠岩制品	310	0.356	1.08	1.047	1.9
15	硅石粉料	278	0.327	0.88	1.340	—
16	沥青硅石制品	450	0.586	0.63	2.093	26.7
17	水泥硅石制品	347	0.544	1.34	1.172	7.9
18	白灰硅石制品	408	0.879	1.29	1.675	—
19	水玻璃硅石制品	430	0.461	1.32	0.795	—
20	乳化沥青硅石制品	473	0.586	0.91	1.340	—
21	玻璃棉	100	2.093	2.78	0.754	—
22	树脂玻璃棉板	57	1.465	2.13	1.214	—
23	沥青玻璃棉	78	0.155	1.81	1.089	—
24	火山岩棉	80～110	0.147～0.180	—	—	—
25	硅酸铝纤维	140	0.193	1.41	0.963	—
26	矿渣棉	180	0.151	—	—	—
27	沥青矿棉板	300	0.335	1.48	0.754	—
28	酚醛矿棉板	200	0.251	1.67	0.754	—
29	碎石棉	103	0.176	—	—	—
30	石棉水泥板	300	0.335	1.33	0.837	—
31	硅藻土石棉板	810	0.502	0.39	1.633	—
32	石棉菱苦土	870	1.59	1.97	0.921	—
33	泡沫石膏	411	0.586	1.67	0.837	—
34	泡沫玻璃	140	0.188	1.51	0.879	—

续表 10-7

序号	材料名称	容重 r (kg/m³)	导热系数 λ[kJ/(m·h·℃)]	导温系数 $a\times10^3$ (m²/h)	比热 C[kJ/(kg·℃)]	质量湿度(%)
35	聚苯乙烯硬塑料	50	0.113	1.07	2.093	—
36	脲醛泡沫塑料	20	0.167	5.71	1.465	—
37	聚氨酯泡沫塑料	34	0.147	2.15	2.010	—
38	聚异氰脲酸泡沫塑料	41	0.117	1.64	1.717	0
39	聚氯乙烯泡沫塑料	190	0.209	0.75	1.465	—
40	矿渣棉板	322	0.155	0.57	0.837	—
41	锯木屑	250	0.335	0.53	2.512	—

注:测定温度为常温。

第二节 远红外电热炉设计实例

一、远红外电热炉的设计原则

远红外电热炉可制成箱体式、也可制成隧道式。箱体式适用于小批量生产使用,隧道式适用于大批量、连续生产使用。

远红外电热炉的参数设计和辐射器的布局是由被加热物体的形状、大小、温度和距离等因素确定的。

辐射器可配置在上部、下部或两侧面,也可采用混合配置。烘道两端可适当地少装或不装辐射器,而充分利用烘道内的余热,即节省能源,又可使出烘道的工件温度降低。

如果工件形状复杂,会产生辐射“阴影”,严重影响加热的均匀性。这时,可采用反光和集光等辅助措施补救辐射的不均匀。有时在烘道(烘箱)的内壁表面贴高反射率的材料(如抛光铝皮,其辐射率 ε 极低),则可充分利用辐射的能量。

为充分发挥炉壁的反射作用,可有意识地将辐射器交叉错开,使炉内温度更趋均匀。

为了提高加热炉的热效率,节约用电,可采取以下措施:

(1)炉体保温。保温好坏与保温材料关系很大。一般保温厚度为50～300mm。炉体上部保温要比下部保温加强一些。常用的耐火及保温材料见表10-5～表10-7。

(2)加强反射效果。试验数据如下:距离元件250mm处的辐射强度为1691.5kJ/(m^2·h);在元件后面加玻璃镜的辐射强度为1691.5kJ/(m^2·h);在元件后面加粗铝板的辐射强度为2708.9kJ/(m^2·h);在元件后面加抛光铝板的辐射强度为2817.7kJ/(m^2·h)。

可见,采用抛光铝板可增大辐射强度60%以上。

图10-2为可调节辐射距离的化学设备工业干燥炉。图10-3为远红外烘箱(植绒织物处理)的结构布置。

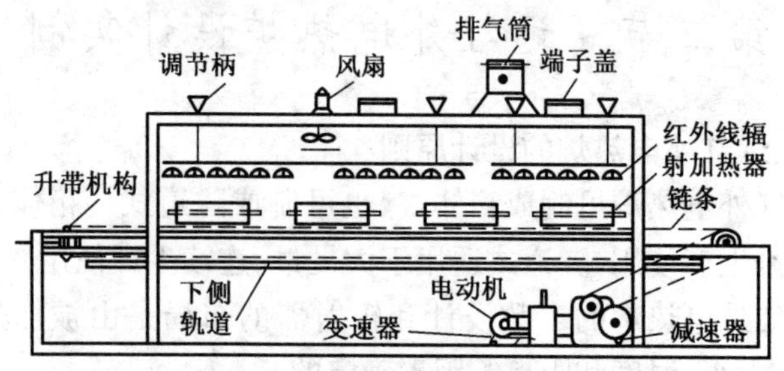

图10-2　可调节辐射距离的化学设备工业干燥炉

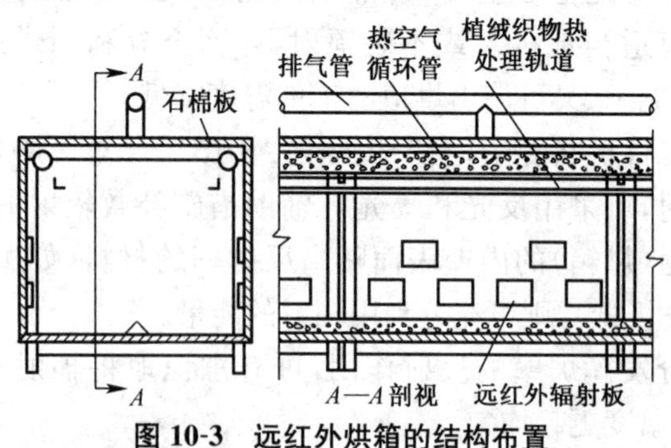

图10-3　远红外烘箱的结构布置

二、涂有聚氯乙烯和增塑剂铁板的远红外烘燥电热炉的设计实例

【实例】 试设计一台涂有聚氯乙烯(PVC)和增塑剂(DOP)铁板供烘燥用的远红外电热炉。每天 8h 可供烘燥处理 8000kg 铁板(1mm×1000mm×2000mm)涂饰固化。测得远红外辐射基本参数(样品小试)；当辐射强度为 0.25W/cm^2 时，工件经过 5min 加热，可由 20℃升至固化温度 130℃。采用 SHQ 乳白石英元件，炉壁反射良好，材料比热为 0.502kJ/(kg·℃)，炉体热效率为 0.45，材料吸收率为 0.9，面积利用率为 0.9。

解 (1)远红外电热元件设计。用远红外分光光度计对 PVC-DOP材料测定表明，其匹配吸收波长为 3～4μm、5.5～10μm。因此，在辐射元件设计上，必须保证元件在波长 3～4μm、5.5～10μm 有最佳的匹配辐射能 E_λ、最佳的匹配辐射率 K_λ 和最佳的使用寿命 τ。通过计算(查阅普朗克函数表)可以求出 E_λ、K_λ 和 τ 的最佳值。或者说，求出最佳状态的 E_λ 和 K_λ 时远红外电热元件表面温度，结果列于表 10-8。

表 10-8　PVC-DOP 在不同温度时 E_λ 和 K_λ 值

参数	温度(K)							
	400	500	600	700	800	900	1000	1100
E_λ(W/cm^2)	0.056	0.165	0.377	0.687	1.092	1.674	2.438	3.321
K_λ(%)	38.4	46.7	51.3	50.5	48	45	43	40
τ(h)	延长←……		正常		……→缩短			

由表 8-8 可见，当电热元件表面温度为 700～800K 时，E_λ、K_λ 和 τ 处于最佳值。

电热元件外形尺寸由设备设计参数确定。例如国产 PVC 造革设备，选用 ϕ18mm×2000mm 的 SHQ 乳白石英远红外元件；烤漆烘道选用 ϕ18mm×1100mmSHQ 乳白石英远红外元件。

对于加热 PVC 的 ϕ18mm×2000mm 的元件，功率可按下式计算（T=800K）

$$P=\varepsilon_{\lambda}\sigma T^4 S/\eta$$

式中 ε_{λ}——元件的光谱辐射率，SHQ 为 0.92；

σ——斯蒂芬·波尔兹曼常数，为 5.6697×10^{-12}[W/(cm^2·k^4)]；

T——元件表面温度（k）；

S——元件辐射表面积（cm^2）；

η——元件电能辐射能转换效率（%），约为 0.65～0.80。

对于 ϕ=18mm×2000mm 的元件，$S=\pi dl=\pi\times1.8\times200=$1130（cm^2）。

设 y=0.72

$$P=0.92\times5.6697\times10^{-2}\times800^4\times1130/0.72$$
$$=3350(\text{W})=3.35(\text{kW})\approx3(\text{kW})$$

对于烧漆元件，ϕ18mm×1100mm，同样可求得功率 P=0.98kW≈1kW。

选取电阻丝直径，以保证其有最佳寿命。一般远红外加热元件，电阻丝的表面负荷为 3～4W/cm^2。对于功率为 3kW 的元件，当选用直径 1.0mm 的铁铬铝电阻丝时，表面负荷为 11W/cm^2，当选用直径 1.2mm 铁铬电阻丝时，表面负荷为 6.8W/cm^2；当选用直径 1.4mm 铁铬电阻丝时，表面负荷为 4.0W/cm^2；当选用直径 1.6mm 铁铬电阻丝时，表面负荷为 3.2W/cm^2。故选择 1.4～1.6mm 粗的铁铬铝电阻丝为宜。这样可保证元件寿命在 15000h 以上。

（2）烘箱烘道电器设计：挂料从 20℃升至 130℃，每小时所需的热量为

$$Q=GC\Delta t=(8000/8)\times0.502\times(130-20)=55220(\text{kJ})$$

烘道总效率为

$$\eta=\eta_1\eta_2\eta_3=0.45\times0.9\times0.9=0.36$$

故所需功率为

$$P=\frac{Q}{3600\eta}=\frac{55220}{3600\times 0.36}=42.6(\text{kW})$$

对于连续式漆膜固化烘道，可根据小样试验测得的基本参数，求得一张铁板的功率，然后根据固体时间，计算出窑长、被加热工件移动速度速和总功率。另外，也可以先确定保温材料、炉衬厚度和窑炉结构，再根据已知条件（固化和加热时间、悬链速度）确定烘道长度。例如固化时间为 20min，悬链速度为 3m/min，则 20×3＝60(m)，考虑预热区和冷却区，烘道总长应为 70m。

总功率设计的经验数据：3～12kW/m^3 范围。它与工件大小、加热温度高低、被加热物体速度有关。

最后还需设计反射罩，通常用抛光铝板制作，反射罩可提高元件定向辐射能 40％以上。需将元件布置好，使辐射均匀。并确定好工件与元件的间距（在保证均匀性等条件下，越小越好）。

三、远红外面包烘烤炉的设计实例

【实例】 试设计一台远红外面包烘烧炉。已知烘烤面粉量为 450kg/h，相应的砂糖及配料用量为 180kg/h，水分总含量为 418.5kg/h，水分蒸发量为 180kg/h。上述各原料调和后做成面包坯放放在铁盘中，250 盘/h，相当于 4.166 盘/min。

解　(1)照射面电功率的确定。经小试验炉多次烘烤试验表明：炉膛温度为 150℃～160℃；烘烤时间为 16min；照射距离为面火 120～150mm，底火 100～120mm；照射面平均电功率（总耗用功率÷炉膛被照射面截面积）为 1～1.2W/cm^2。

(2)炉体长度计算。选用链条式单层，炉膛上下横排远红外电热管。炉膛宽 1.5m，高 0.5m，每米炉长可容纳四盘面包，即n_i＝4 盘/m。

根据试验得烘烤时间为 t＝16min，即物料要在炉内运行 16min。所以，炉膛内最上要容纳面包盘数为：n＝4.166×16＝66.66(盘)。因此炉膛最小长度为 $L=n/n_i$＝66.66/4＝16(m)，实际取 18m。物料运送速度为 $v=L/t$＝18/16＝1.125(m/min)。

(3)热量计算。各种物料的比热容见表10-9。

表10-9　各种物料的比热容

物　料	水	水蒸气	面粉	糖	钢铁
比热容 c[kJ/(kg·℃)]	4.1868	2.0097	2.0934	1.6747	0.5024

水的汽化热 q=2256.7kJ/kg。

①各种物料升温吸热量 Q_1。设物料进炉温度40℃,升温终点100℃,则

面粉吸热量

$$450\times2.0934\times(100-40)=56521.8(\text{kJ/h})$$

糖及配料吸热量

$$180\times1.6747\times(100-40)=18087(\text{kJ/h})$$

水分吸热量

$$418.5\times4.1868\times(100-40)=105130.5(\text{kJ/h})$$

合计

$$Q_1=179739(\text{kJ/h})$$

②水分蒸发吸热量 Q_2。

$$Q_2=180\times2256.7=406206(\text{kJ/h})$$

③水分蒸发后水蒸气继续升温至炉温150℃时吸热量 Q_3。

$$Q_3=180\times2.0097\times(150-100)=18087(\text{kJ/h})$$

④铁盘升温吸热量 Q_4。铁盘数量为250个/h,质量为2.5kg/个,铁盘升温至炉温150℃。

$$Q_4=2.5\times250\times0.5024\times(150-40)=34540(\text{kJ/h})$$

⑤传送链条升温吸热量 Q_5。链条质量为2.68kg/m,共四条;链条速度1.12m/min,升至炉温150℃。

$$Q_5=(2.68\times4\times1.12\times60)\times0.5024\times(150-40)=39811.3(\text{kJ/h})$$

⑥总的计算吸热量 Q_{js}。

$$Q_{js}=Q_1+Q_2+Q_3+Q_4+Q_5=678383(\text{kJ/h})$$

⑦总的实际耗热量 Q。

$$Q=1.1Q_{js}=1.1\times678383=746221(\text{kJ/h})$$

(4)烘烤炉电热容量 P 计算

$$P=\frac{Q}{3600\eta}=\frac{746221}{3600\times0.85}=243.9(\text{kW})$$

(5)实际安装容量计算。选 $\phi8.5\times1500$ 远红外电热管 200 支,每支 1.2kW,共计 240kW。

这个容量相当于照射面平均电功率为 0.9W/cm^2,与试验所得数据 1～1.2W/cm^2 相近,基本满足要求。

此外,应在元件后面加装抛光铝板以加强反射效果,提高辐射强度。

第三节 电热设备远红外节电改造实例

一、织物烘燥机远红外节电改造实例

某印染厂对六台电热玻璃管红外线织物烘燥机进行远红外改造,取得显著的节电效果。每台用电由原来的 120kW,降低到 80～90kW,节电约 30%,年节电百万 kWh,同时还减少了变压器契约容量和基本电费开支。用于远红外烘燥设备的检修、更换元件费用也比原来的设备节省,经济效益显著。

现将改造情况介绍如下:

在织物印染生产中,烘燥处理的目的是多种多样的,有的为避免降低碱液或染液的浓度;有的为提高染色深度;有的为防止搭色;有的不是为蒸发水分,而是为将干织物加热到一定的温度,使其处于热状态等。本例中所改造的织物烘燥设备主要是起预烘作用,以除去织物中的部分水分(如失水率 30%),以及防止染料泳移。预烘温度(布面)要求 85℃～120℃,布速按织物不同约 35～70m/min。

1. 掌握烘燥对象的吸收特性

为了得到尽可能高的加热效率。辐射元件的辐射波长要与被加热物的吸收波长相匹配。为此，须掌握被加热对象的吸收特性。加热对象是织物纤维、水分和染料等。其中，主要是水分和织物纤维。

根据远红外光谱特性分析，水在波长 3μm 和 5μm 及以上时有很高的吸收率；棉纤维在波长大于 2.5μm 部分的红外线有较高的吸收率，并且对波长小于 2.5μm 的红外线反射率会增加；涤纶在波长 5～9μm 及以上时有较佳的吸收率；合成树脂在长远红外处有大的吸收率。对于不同颜色的织物，在波长 3～7μm 有不同的吸收率，会产生不同的效果；而对于更长的波长，辐射能主要由原子和分子吸收，不会产生由电子引起的选择性吸收，也就不会产生因颜色不同而引起吸收差。另外，大多数有机、高分子化合物，在远红外区有强烈的吸收带。

可见，织物在烘燥、上色、固色等工艺过程中，主要依靠吸收波长 3～15μm 远红外线电磁辐射能量。当然，对于不同织物有其不同的最佳的吸收波长。

2. 选择理想的远红外辐射器和涂料

为了达到高的烘布效率，辐射器必须能辐射出 3～15μm 波长的电磁波。应用于印染行业的远红外烘燥热源，主要有电热、煤气加热和蒸汽热等。目前效果较好、使用广泛的是远红外电热。其中以电阻丝碳化硅板辐射器和电阻带辐射器的效果最好。后者比前者易于控制、热惰性小、温升快、维修简单、结构牢固。但必须有配合可靠的温度控制系统。经过比较，本例选择了电阻丝碳化硅板辐射器。

(1)辐射基材的选择。辐射基材选用碳化硅。它是一种良好的远红外辐射材料，碳化硅板的辐射光谱如图 10-4 所示。λ 为波长，ε 为辐射率。为了在长波远红外区获得好的辐射性能，要求 SiC 的含量达到 60％～70％，并具有足够的机械强度。成份配比要适当，否则不仅辐射率不高，而且还易裂碎。本例选用的碳化硅板每块尺寸为 1000×300×20mm(织物的门幅为 900mm)，功率有 4kW 和 5kW 两种。

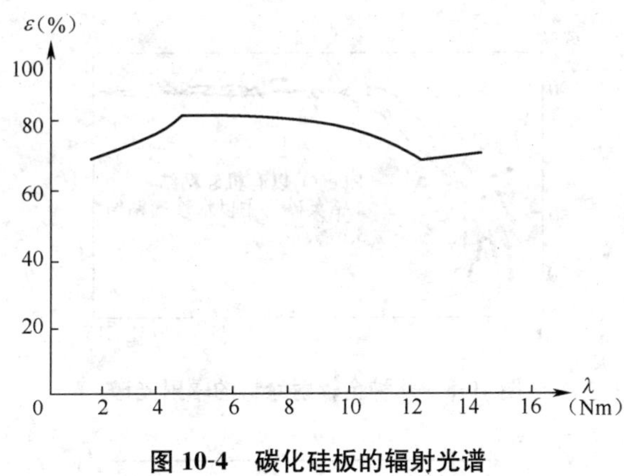

图 10-4 碳化硅板的辐射光谱

(2)远红外涂料的选择。远红外加热技术是在一定温度下通过远红外涂料辐射远红外线来加热物体的,涂料的辐射特性直接关系到物体的加热效果。选择涂料应使辐射元件的主辐射波匹配在被加热物的主吸收带区。涂料的全辐射率要高,这样辐射能量就大,节电就多。由于织物在烘燥、上色、固色等工艺过程主要吸收 3～15μm 远红外辐射波,故本例宜采用主要辐射带为 3～15μm 的中低温远红外辐射涂料。最好选用在远红外实效区 2.5～15μm 全波段内辐射率较高的材料(也称全辐射涂料),首选碳化硅系、三氧化二铁系、沈混一号和稀土系等涂料;其次可选用长波涂料,即在 5μm 以内辐射率降低与 6μm 以外长波部分辐射率很高的涂料,如锆系、锆钛系涂料。碳化硅、三氧化二铁、稀土系涂料的辐射光谱如图 10-5 所示,锆系锆钛系涂料辐射光谱如图 10-6 所示。本例选用的涂料是 Fe_2O_3 与有机硅粘结的涂料。

(3)辐射元件的表面负荷和表面温度的确定。全辐射能量与辐射体绝对温度的 4 次方成正比($W=\sigma T^4$),温度愈高,辐射能量愈大。最大辐射能量处的波长与绝对温度有如下关系:$\lambda_m=2897/T/\mu m$,从而可算得辐射能量最大的波长($\lambda_{max}=3\sim15\mu m$)的辐射功率占总辐射功率的百分数,见表 10-10。

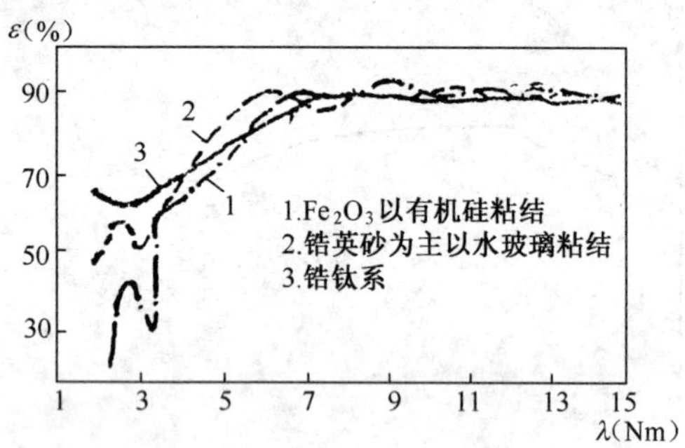

图 10-5　几种全辐射涂料的辐射光谱

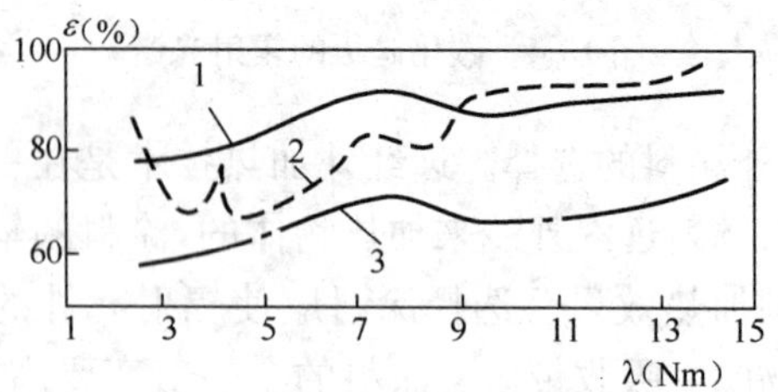

图 10-6　锆系、锆钛系涂料的辐射光谱

表 10-10　λ_{max}＝3～15μm 的辐射功率所占比例

辐射体温度(℃)	波长(μm)	占总辐射功率的百分比(%)
300	5.08	87.3
400	4.30	83.3
500	3.74	81.6
600	3.32	76.8
900	2.45	70.0

从表 10-10 中可见，辐射体温度下降后，有利于织物对红外线的吸收，辐射效率显著增加。但辐射体温度下降后，相应的总辐射功率也随之迅速下降。要维持原有辐射功率不变，就需要增加辐射面积。辐射面积的增加，又引起散热损耗的增加。因此控制辐射体温度以提高辐射效率时还须从全面考虑。据此，远红外辐射器的表面温度一般选在 400℃～500℃之间。考虑到织物预烘要求的温度，也考虑到充分利用原有红外线预烘机架所具有的较

大辐射面积等因素，本例选用碳化硅板表面温度为 400℃～450℃，表面负荷为 1.3～1.5W/cm^2。每块碳化硅板面积为 0.3m^2，共 20 块，计 6m^2，故需总辐射功率 80～90kW。

(4)电热丝及其连接方式的选择。为了使热量分布较均匀，每块碳化硅板内串有 8 条镍铬电热丝，每条容量为 500W(也有用 600W 的)。

电热丝的连接方式有△形和Y形两种，本例采用Y_0接法。若采用Y接法，一旦某一相有电热丝烧断，则加于每相电热丝上的电压就不相等，进而造成发热不均匀，且会使一部分承受高于 220V 电压的电热丝加速老化。采用Y_0接法后能较好地克服这个缺点。此外，布置电热丝时需注意三相负荷平衡。

(5)采用绝热保温并加强反射以减少热损失。由于辐射板的面积较大，为了尽量使热量向织物表面辐射，必须做好绝热保温工作。本例采用 20mm 厚的硅酸铝纤维作绝热保温材料。硅酸铝纤维除绝热保温外，还具有良好的辐射远红外线性能，可以进一步提高正面辐射强度。辐射器背面采用抛光铝板固定，抛光铝板在起固定作用的同时还可以作反射板用，以提高加热效率。辐射器的两个侧面需用铁板密封，防止热量散失，铁板内衬抛光铝板。由于辐射板的温度不高，抛光铝板不会被氧化。

远红外烘燥设备如图 10-7 所示。织物直流电动机及力矩电动机带动。直流电源由三相晶闸管整流装置提供。

3. 辐射器长度和辐射器与织物距离的确定

由于加工织物的门幅不大于 90cm，辐射器过长会浪费能量，过短又会使织物干燥不均匀。板式辐射器的温度分布是中段均匀，两边低于中段。因此本例采用 1m 长的辐射器。实际使用表明，效果良好，没有出现织物烘燥不均匀的现象。

辐射器与织物的距离直接影响远红外线的辐射强度。根据辐射能量随着辐射器与织物距离的平方而衰减的规律，辐射器与织物的距离愈近，辐射强度愈大，温度效率也高。但辐射器与织

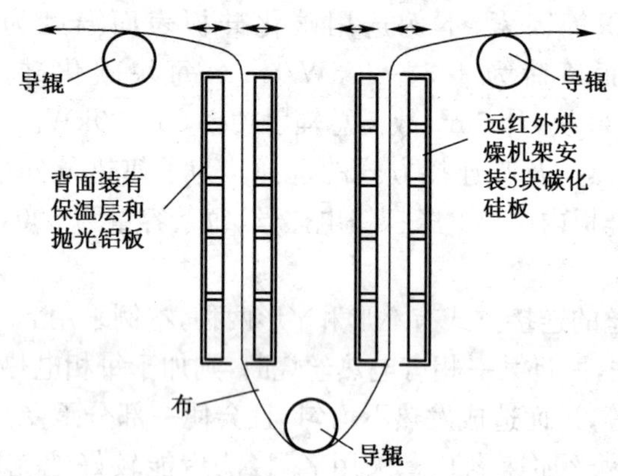

图 10-7　远红外烘燥设备示意图

物越近，辐射强度分布的不均匀性也越显著；而距离愈大，则分布越均匀。辐射器与织物的距离可根据不同织物试验决定，一般选取 10cm 左右。

4. 降低薄织物烘燥电耗的一些措施

织物成分不同、厚薄不同，所需要的工艺温度也应不同。不然会发生薄织物受热过度、厚织物受热不足等问题。为此，应根据不同织物摸索出一套不同的工艺温度。操作工可通过操作辐射器架移动装置，扩大或缩小两辐射器之间的距离来满足不同织物的温度要求。但对于薄织物来说，扩大两辐射器之间的距离会使相当一部分热量从辐射器两边的空隙中白白散失，而耗电量并没有减少。解决的办法是，在改变两辐射器之间距离的情况下，采取以下方法：

(1)利用电路开关控制。根据工艺对不同织物的温度要求，预先选择好加热的时间和投入加热丝的数量通过选择开关接通或切断部分电热丝电源，以改变电功率，达到调节布面温度的目的，此法简单易行，但要考虑碳化硅板表面温度的均匀性。

(2)电压调整法。利用晶闸管电压调节器调节电压来控制温度。但由于电压降低会引起辐射器表面温度下降,使远红外主辐射的波长加大,使红外波长与织物吸收带不匹配,导致织物的吸收能力下降。影响辐射效率等。

5. 注意事项

(1)由于电热的容量较大,输电线引至开关柜又常有铜铝过渡,必须采用铜铝过渡接线板连接,并经常检查连接情况,避免热损失。

供给远红外烘燥设备的电源需稳定,否则会直接影响织物干燥效率和质量。为此,应尽量采用专线供电,至少不应在该线路上接入功率较大的负荷。

(2)改进电热丝引接线。将固定在辐射器外部的电热丝瓷接头改装在内部,以保证安全。接头应采用铜螺钉。可以减少电热丝在接头处烧断的次数,对检修工作量也有好处。

(3)防上碳化硅板裂碎措施。除采用优质的碳化硅板外,在安装、检修、更换碳化硅板及电热丝时都要避免有较大的振动或承受较大扭力。

(4)降低维修成本。碳化硅板上有一、二条裂缝尚可使用,不必更换。辐射器经长期工作涂层材料成分会改变,辐射率降低,有的产生剥落。除了更换新硅板外,还可以采用涂刷涂料的方法处理,以节省费用。但涂刷工艺要求严格,涂料厚度应均匀一致。

(5)有关干燥质量问题。织物在染色过程中在边中、左右、对角、正反面等产生色差的原因很复杂,比如,涤纶纤维因无亲水性,受热后水分极易蒸发,倘若预热不匀,织物带水蒸发不匀,使染料泳移造成色差。因此,对于这类织物,均匀加热尤为重要。此外,远红外预烘前,织物中的轧液率应尽可能低些,最好不要用放松轧辊压力来纠正两边线的毛病,否则会抵消远红外预烘效果。

二、箱式电阻炉改造成晶闸管式远红外加热的实例

某厂原有数台 45～75kW 电炉丝加热、继电器、接触器控制的热处理用箱式电阻炉，由于控制继电器较多，触点较多，接触器触头易损，可靠性较差；采用电炉丝普通加热法，热效率低，电耗大。欲进行节电改造。改造的目的：一是将继电器控制电路改成晶闸管控制，以提高可靠性；二是采用远红外加热技术，节约电能。

1. 温度控制线路改造方案

改造后的晶闸管线路如图 10-8 所示。主电路采用大功率双向晶闸管控制，控制回路中采用热电耦式温度计调控炉温。最高炉温为 950℃，温度调节精度为±0.5℃。可以手动和自动控制。

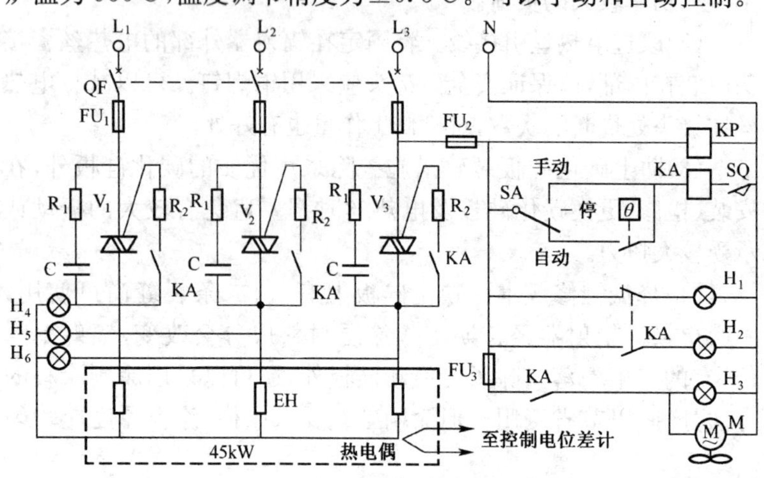

图 10-8 晶闸管式温控线路

工作原理：合上断路器 QF，电源指示灯 H_1 亮，将转换开关 SA 置于“自动”位置。开始炉温较低，热电耦式电位差计 KP 的接点闭合，中间继电器 KA 得电吸合，其常开触点闭合，接通三相双向晶闸管 V_1～V_3 的控制极回路，V_1～V_3 触发导通，电热器 EH 加热升温。双向晶闸管冷却用风机 M 运行，风机运行指示灯

H_3 点亮。同时指示灯 H_2 亮，H_1 熄灭，表示电炉正在升温。当炉温升到设定值时，KP 接点断开，KA 失电释放，使 $V_1 \sim V_3$ 的控制极回路断开而关闭(交流电过零时)，电炉停止升温。当炉温下降到一定值时，KP 接点又闭合，KA 又吸合，$V_1 \sim V_3$ 又导通，电热器重新加热升温。如此重复上述过程，从而实现炉温自动控制。

指示灯 $H_4 \sim H_6$ 分别指示 L_1、L_2、L_3 三相负载的接通情况。

电器元件参数见表 10-11。

表 10-11　电器元件参数表

序号	名称	代号	型号规格	数量
1	断路器	QF	DZ10-100/330	1
2	熔断器	FU_1	RL1-100/80A	3
3	熔断器	FU_2、FU_3	RL1-15/2A	2
4	双向晶闸管	$V_1 \sim V_3$	KS200A　1000V	3
5	中间继电器	KA	JZ7-44　220V	1
6	热电耦式电位差计	KP	EWY-101 型	1
7	转换开关	SA	LW5-15　D0408/2	1
8	限位开关	SQ	BK-411	1
9	线绕电阻	R_1	RX1-51Ω　30W	3
10	金属膜电阻	R_2	RJ-200Ω　2W	3
11	电容器	C	CJ41-0.47μ　1000V	3
12	指示灯	H_1、H_3	AD11-25/40　220V(红)	2
13	指示灯	H_2	AD11-25/40　220V(绿)	1
14	指示灯	$H_3 \sim H_5$	AD11-25/40　380V(黄)	3
15	热电偶		镍铬-镍铝热电偶 WREU-111　0～1000℃	1
16	轴流风机	M	200FZY2-D　45W　220V	1

2. 远红外材料的选择及加工工艺

本例选用在电热丝和硅酸铝纤维上均匀喷涂高温高辐射远红外涂料的方案。该方案成本低、效率高。

远红外涂料喷涂工艺：采用釉料烧结工艺。具体做法如下：

(1)将电阻丝拆下，用砂布除去氧化层，并用丙酮清洗干净。

(2)用油漆喷枪喷涂搪瓷底釉一层，其涂层厚度为0.1～0.15mm。

(3)将电阻丝通电烧结，视电阻丝已发红即断电冷却至室温。

(4)用油漆喷枪喷涂高温高辐射涂料NKYHW0.5-1，其涂层厚度为0.15～0.2mm，晾干。

(5)在200℃炉膛内烘烤3h，固化后即可使用。

经使用证明，采用釉料烧结工艺具有以下优点：涂料釉料、电阻丝形成复合烧结，粘结牢固，有较好的化学稳定性，经900℃～950℃高温中反复使用，无龟裂、剥落现象。在电阻丝外表形成釉料烧结的保护层，使电阻丝不易氧化，有利于延长其使用寿命。

3. 改造时的注意事项

(1)电热丝必须材质相同，截面均匀，阻值相同，盘绕匀称。

(2)合理设计和调试辐射元件与被加热物面的距离，尽可能使被加热物面各点温度均匀。

(3)热电偶的温度感和区域在端部5～20mm处，热电阻的温度感知区域在端部5～70mm处。热电偶感温元件位置必须选择在辐射元件最有代表性、温度变化最为敏感的一点上，并尽可能要安装在置放工件的位置上，热电偶插入深度为500mm。传感器引线应避免和动力导线、负载导线绑扎在一起走线，以免因引入干扰而降低系统的稳定性。

(4)远红外辐射加热器的热惯性较大，达到设定温度断电后仍继续升温3℃～5℃，甚至更高，因此温度调节应按实测整定。

4. 改造后的节电效果

以XRY-75-9型箱式炉为例，原用硅酸铝纤维保温，由室温升至900℃的升温阶段，工件1167kg需耗电297kWh。现改造后，同样条件，只需耗电234kWh。节电63kWh。

三、部分电加热设备改造成远红外加热的节电效果比较

部分电加热设备改造成远红外加热的节电效果比较见

表10-12。

表 10-12 部分电加热设备改造成远红外加热的节电效果比较

设备名称	加热方式	运行条件	功率(kW)	升温情况(℃)	时间(min)	耗电量(kWh)	节电(%)
XRY-75-9 箱式炉	电热丝	球铁 1167kg	165	200～900	225	619	60.6
	综合应用	球铁 960kg	159	90～900	92	244	
XRY-45-9 箱式炉	电热丝	工件 336kg	76	70～850	80	102	52
	硅酸铝	工件 336kg	76	70～850	36	48	
XRY-15-9 箱式炉	电热丝	空载	15.9	190～820	258	68.4	71.6
	综合应用	空载	15.9	190～820	73	19.2	
SRJX-4-9 茂福炉(2 台)	电热丝炉膛	空载	4	室温～900	91	6.2	34
	综合应用	空载	4	室温～900	60	4	
氢氧化钠炉(自制)	电热丝	氢氧化钠液	26.6	室温～120	70	31.3	30
	综合应用	氢氧化钠液	26.6	室温～120	49	22	
碳酸钠炉(自制)	电热丝	碳酸钠液	38	室温～140	30	19	33
	综合应用	碳酸钠液	38	室温～140	20	12.7	
肥皂水炉(自制)	电热丝	肥皂水液	10.3	室温～100	30	5.1	30
	涂料	肥皂水液	10.3	室温～100	21	3.6	
机油炉(自制)	电热丝	机油	24.4	室温～100	15	6	50
	综合应用	机油	12.2	室温～100	15	3	
DL104 干燥箱	电热丝	电机烘漆	10	室温～120	28	4.7	40
	碳化硅元件	电机烘漆	6	室温～120	28	2.8	
SC101 干燥箱	电热丝	电焊条干燥	3.2	室温～160	70	2.7	38
	碳化酸元件	电焊条干燥	2	室温～160	70	2.2	
SC101 干燥箱(2 台)	电热丝	电阻器 7 只	3.2	室温～120	32	1.7	31
	涂料	电阻器 7 只	3.2	室温～120	22	1.2	
202-3 干燥箱	电热丝	玻璃杯	6.2	75～150	36	3.7	30
	涂料	玻璃杯	6.2	75～150	25	2.5	

注:①综合应用指远红外涂料和硅酸铝纤维综合应用。

②自制的氢氧化钠炉和碳酸钠炉系将硅酸铝纤维放在夹层间。

③节电率以未改前耗电量为基准计算。

第四节　电炉节电改造与工程实例

一、电弧炉节电实例

在用电弧炉可以通过计算合理装料量和预热炉料等措施，提高能量利用率，节约电能。

1. 合理装料量的节电计算

电弧炉的单位耗电量通常取决于装料量。为此让电弧炉的容积过载是合理的。过载量决定于电炉变压器的容量、熔池尺寸和炉衬寿命等。各种容积的电弧炉，其合理的装料量大致如表10-13所示。

表 10-13　电弧炼钢炉的合理的装料量

电弧炉的额定容积 t	合理的装料量 t	
	熔炼普通钢时	熔炼优质钢时
0.5	0.8～0.9	0.7～0.8
1.5	2.3～2.5	2.0～2.2
3.0	4.4～5.0	3.8～4.2
5.0	7.5～8.0	6.0～7.0
8.0	11.0～13.0	9.6～11.0
10.0	14～16	12～13
15.0	20～23	18～20
20.0	28～31	24～28
30.0	40～42	35～38
40.0	50～55	46～50

若已知单位耗电量随熔炼炉料的变动曲线如图10-9所示，则电弧炉的容积过载效果，可用单位耗电量随熔炼炉料而变动的关系曲线来估计。

2. 预热炉料节电实例

利用车间的热力设备所排出的余热预热炉料，能使电弧炉的用电单耗大大降低。例如，将炉料预热到600℃～700℃，可使用电单耗降低约20％。

【实例】　将炼钢电弧炉的废气导入铁屑预热器，先将20℃的20t铁屑预热30min达到250℃，再装入电弧炉熔解。设废气在铁

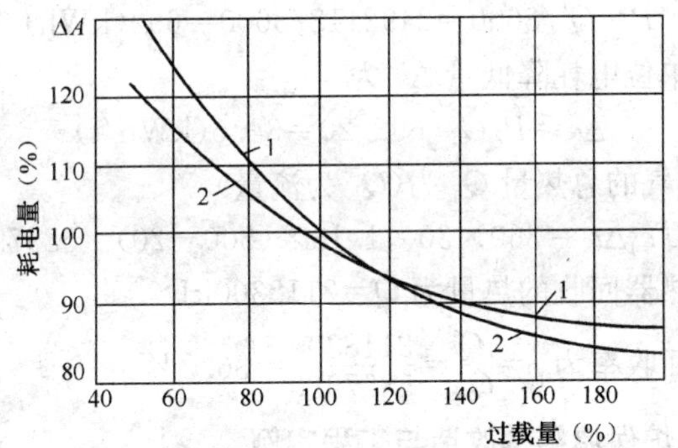

图 10-9　单位耗电量随熔炼炉料的变动曲线

1—碱性内衬电炉　2—酸性内衬电炉

屑预热器入口温度为 500℃，流量为 360m^3/min，且恒定；废出气在 500℃时的体积比热容为 1.13kJ/(m^3 · ℃)；铁屑在 20℃～250℃时的平均热容为 460.5kJ/(t · ℃)；电弧炉的效率（电能产生的热量与给予铁屑的热量之比）为 85%。试求：

(1)通过铁屑预热所达到的单位电耗的降低量；

(2)铁屑预热器的热回效率。

解　(1)按题意画出电弧炉的流程图，如图 10-10 所示。

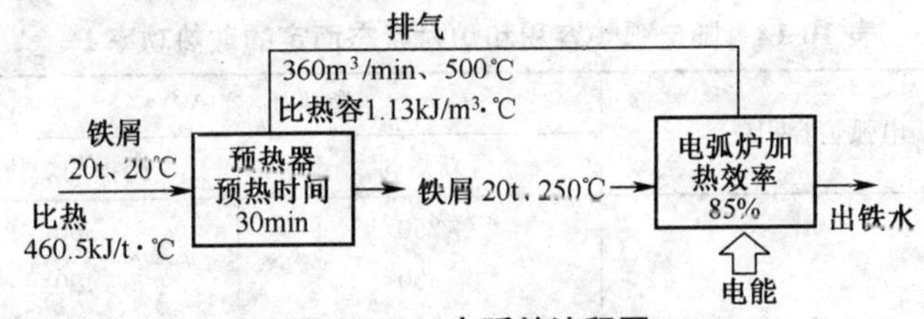

图 10-10　电弧炉流程图

根据图 10-10，通过预热器能回收的热量 Q 为

$$Q=Gc\Delta t_1=20\times 460.5\times(250-20)=2118300(\text{kJ})$$

由于电弧炉的效率为 85%，所以电弧炉得到的热量 Q' 应为

$$Q'=Q/\eta=2118300/0.85=2492118(\text{kJ})$$

将热量换算为电能 P，则

$$P=Q'/3600=2492118/3600=692(\text{kWh})$$

因此单位电耗降低量 Δa 为

$$\Delta a=P/G=692/20=34.6(\text{kWh/t})$$

(2)排气的总热量 Q_q 为(Q_1 为流量)

$$Q_q=Q_1Tc_q\Delta t_2=360\times30\times1.13\times(500-20)=5857920(\text{kJ})$$

由预热器回收的热量为 $Q=2118300\text{kJ}$

故热回收率为 $\rho=\dfrac{Q}{Q_q}=\dfrac{2118300}{5857920}=36.2\%$

二、电炉保温结构改造与工程实例

1. 电弧炉炉衬质量降低后热能损耗的计算

炉衬在使用过程中会磨损，若炉衬质量不好或使用不当，会使热能损失，寿命减短。而且更换炉衬时，会失去炉衬砌体所蓄积的大量热能。

(1)电弧炉外表面的散热损失的计算。计算公式

$$P_{1w}=\rho P_{rs}$$

式中　P_{1w}——电弧炉外表面散热损失(kW)；

P_{rs}——热损功率，参见表10-14；

ρ——系数，5t电炉取0.4；5t以上电炉取0.49。

表10-14　随电弧炉容积和炉衬状态而定的散热功率 P_{rs}

电弧炉容积(t)	散热功率(kW)	
	新炉衬	磨损的炉衬
2	250	350
3	350	400
5	370	500
10	425	625

(2)改善绝热层降低热损的计算。当电弧炉具有良好的绝热层时所减少的热损可按下式估算：

对于5t以下的电弧炉　$\Delta P_{1w}=0.2P_{rs}$

对于5t以上的电弧炉　$\Delta P_{1n}=0.25P_{rs}$

所谓具有良好的绝热层，对电弧炉来说，是指在炉衬中等磨损的条件下，能保持外壳表面温度如下：炉墙不超过 170℃；炉底不超过 140℃；炉顶不超过 300℃。在这样的温度条件下，炉墙寿命将提高 0.5 倍，外壳表面的热损减少 1/3～1/2。

2. 箱式电阻炉保温结构改造与工程实例

(1)计算公式。炉墙外表面每小时的散热损耗按下式计算：

$$Q_{ss}=\frac{(t_m-t_w)F}{\delta_1/\lambda_1+\delta_2/\lambda_2+\cdots+\delta_n/\lambda_n+1/\alpha}$$

式中　Q_{ss}——炉墙外表面每小时的散热损耗(kJ)；

t_m——炉体内表面温度(℃)；

t_w——外界环境温度(℃)；

F——炉衬平均散热面积(m^2)；

δ_1、δ_2、…、δ_n——各层炉衬厚度(m)；

λ_1、λ_2、…、λ_n——各层炉衬导热系数[kJ/(m·h·℃)]，见表 10-5～表 10-7；

α——炉墙外表面向周围介质传热系数[kJ/(m^2·h·℃)]，见表 10-15。经验值为 67～71。

表 10-15　炉壁外表面对空气的传热系数 α [kJ/(m^2·h·℃)]

炉壁温度(℃)	垂直壁	水平壁		炉壁温度(℃)	垂直壁	水平壁	
		面向上	面向下			面向上	面向下
25	32.2	36.0	27.2	80	48.1	55.6	38.9
30	34.3	38.5	28.9	90	50.7	57.8	41.0
35	36.8	41.9	30.1	100	52.3	60.3	42.7
40	38.1	43.1	31.0	125	58.6	66.6	47.7
45	38.9	44.4	31.8	150	63.2	71.6	51.9
50	41.4	47.3	33.9	200	73.3	82.5	61.1
60	44.0	50.2	35.6	300	98.0	108.4	83.7
70	46.1	53.2	38.1	400	127.7	138.6	112.6

注：此表按环境温度 20℃求得。

(2)工程实例。

【实例 1】　有一箱式电阻炉，炉腔尺寸为宽 500mm、高 400mm、深 800mm，腔内温度 t_m 为 700℃，电热容量为 25kW。该炉壁的耐火绝热材料如图 10-11(a)所示。该结构对于炉腔内各面均相同。为了节能，在保持原炉腔尺寸的条件下，将耐火绝热材料改造为如图 10-11(b)所示结构。试分别求出，在稳定状态下改造前后炉外表面每小时散热损耗的功率及改造后节电多少？

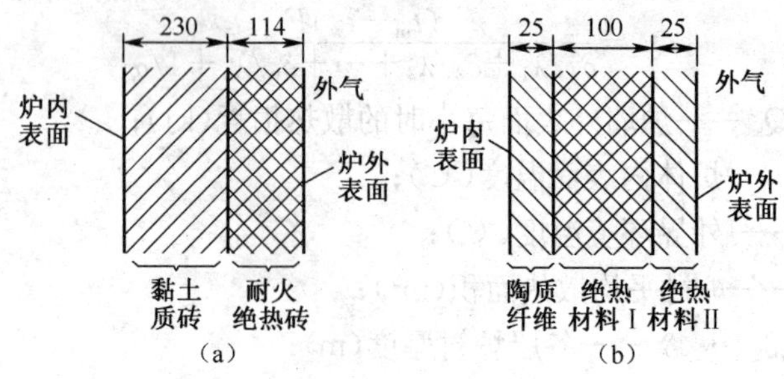

图 10-11　电阻炉耐火绝热材料结构

(a)改造前　(b)改造后

其中：①设环境温度 t_w 为 25℃，炉腔各侧表面温度 t_m 均为 700℃；②设炉外表面的传热系数 α 各向均相同，为 68kJ/(m²·h·℃)；③耐火绝热材料的导热系数 λ 如表 10-6 所示；④设热流在炉外表各侧与无限大平面壁上的热流相同处理；⑤设各耐火绝热材料的分界面上没有热阻；⑥假定炉子没有开口部分。

解　采用简化公式计算。

改造前炉内散热面积为

$$F_m=[(0.5\times0.4)+(0.4\times0.8)+(0.8\times0.5)]\times2=1.84(m^2)$$

改造前炉外散热面积[参见图 10-11(a)]为

$$\begin{aligned}F_{rw}=&[(0.5+0.688)\times(0.4+0.688)+(0.4+0.688)\\&\times(0.8+0.688)+(0.8+0.688)\times(0.5+0.688)]\times2\\=&9.36(m^2)\end{aligned}$$

改造前炉衬平均散热面积为

$$F=\sqrt{F_mF_{rw}}=\sqrt{1.84\times9.36}=4.15(m^2)$$

改造前炉外表面每小时的散热损耗为

$$Q_{ss}=\frac{(t_m-t_w)F}{\delta_1/\lambda_1+\delta_2/\lambda_2/1/\alpha}$$

$$=\frac{(700-25)\times4.15}{0.23/1.099+0.114/0.158+1/68}=2959(\text{kJ})$$

改造后炉内散热面积为

$$F'_m=F_m=1.84(\text{m}^2)$$

改造后炉外散热面积为[见图 10-11(b)]

$$F'_{rw}=[(0.5+0.3)\times(0.4+0.3)+(0.4+0.3)\times(0.8+0.3)+(0.8+0.3)\times(0.5+0.3)]\times2=4.42(\text{m}^2)$$

改造后炉衬平均散热面积为

$$F'=\sqrt{F'_mF'_{rw}}=\sqrt{1.84\times4.42}=2.85(\text{m}^2)$$

改造后炉外表面每小时的散热损耗为

$$Q'_{ss}=\frac{(t_m-t_w)F'}{\delta_1/\lambda_1+\delta_2/\lambda_2+\delta_3/\lambda_3+1/\alpha}$$

$$=\frac{(700-25)\times2.85}{0.025/0.185+0.1/0.097+0.025/0.044+1/68}$$

$$=1100(\text{kJ})$$

可见,改造后炉外表面每小时的散热损耗较改造前减少 2962－1100＝1862(kJ)。

1kJ＝27.78×10^{-5}kWh,故改造后每小时节电为

$$\Delta A=27.78\times10^{-5}\times1862=0.5(\text{kWh})$$

【实例 2】 某厂热处理用 XRY-75-9 型、XRY-45-9 型等直热式箱式炉,使用最高温度为 950℃,间断操作。由于炉子热惰性大,炉子蓄热损失大,为此进行炉子改造,以节约电能。

(1)改造方案。

①采用 10mm 厚的硅酸铝纤维(其物理特性见表 10-7)贴炉膛内壁。

需指出:若为连续操作的箱式炉,其硅酸铝纤维厚度则应不小于 30mm,否则会因硅酸铝纤维保温能力较差(热阻较小),在

长期保温期间有较多的热量透过纤维传给耐火砖体，增加耗电量。

②为了改善电热丝的散热条件，延长电热丝的使用寿命，在搁丝的耐火砖上不包裹硅酸铝纤维，而把硅酸铝纤维按事先量好的尺寸稍放余量后剪成条状，衬在搁丝耐火砖间内壁。

③为了避免炉底板受热过度变形并改善炉底电热丝的散热条件，将硅酸铝纤维置于搁丝硅底下。

(2)硅酸铝纤维在炉膛内壁的固定。硅酸铝纤维以成份纯正，色白、质轻者为佳，密度不应超过 125kg/m^3，用于粘贴的硅酸铝纤维又以软质型为好，软质的硅酸铝纤维密度小，易于适应炉壁的几何形状，使炉壁有最大的粘贴接触面。

硅酸铝纤维可用高温粘结剂粘贴。PHN-2 型高温粘结剂由高温氧化物经处理后，科学配制而成，具有粘结牢固和耐高温的特点。粘贴工艺如下：先把炉膛降至室温，用毛刷掸尽耐火砖上的粉土，将炉壁喷水湿润，把软质的硅酸铝纤维按需要尺寸裁好，用玻璃棒仔细涂敷上高温粘结剂，再贴在炉膛内壁压紧，凉干即可。经 900℃高温反复试用，粘结是可靠的。

另外，也可用水玻璃粘贴。把水玻璃（中性碳酸钠）与耐火泥按 1.25：1 配比调匀成浆糊状，用高温粘结剂的粘结工艺把硅酸铝纤维粘贴在炉壁上，再经过 200℃低温烘烤 2h 后投入用，效果很好，其成本仅为高温粘结剂的数十分之一，价廉实用。

(3)节电效果。炉子经上述改造后，经反复测试证明，升温期间能大幅度节电。例如，XRY-75-9 型箱式炉装工件 1167kg，从 90℃升温至 900℃，改装前耗电 619kWh，改装后耗电 297kWh，节电 51%；在保温期间基本上不节电，但也不多耗电。

三、感应炉无功补偿电容器容量计算与工程实例

感应炉是感性负荷，功率因数很低，需要用电容器进行无功补偿。补偿电容器由电容器串并联组成。工频补偿一般采用移相电容器，中频补偿用电热电容器。感应炉通过无功补偿，可以

提高功率因数，降低线路和变压器的损耗，节约电能。

1. 中频感应炉无功补偿电容器容量计算与工程实例

(1)计算公式。补偿电容器的容量可按下式计算：

$$Q_C = QP + UI_a\sin\varphi$$

式中　Q_C——电容器容量(kvar)；

Q——感应线圈的品质因数值，见表 10-16；

P——有功功率(kW)；

I_a——逆变器输出电流有效值(A)；

U——中频电源电压有效值(V)；

φ——补偿后的功率因数角。

表 10-16　各种用途感应线圈的品质因数 Q 值

用途	熔炼	透热	淬火	烧结
Q值	10～20	5～10	3～5	3～7

把感应器-炉料系统的功率因数补偿到 1 所需的补偿电容器容量，可按下式计算：

$$Q_C = I_i^2 X_i \times 10^{-3}$$

式中　Q_C——补偿电容器容量(kvar)；

I_i——输入感应器的电流(A)；

X_i——感应器一炉料系统的电抗(Ω)。

补偿电容器的只数

$$n = K_b \frac{Q_C}{q_e}\left(\frac{U_e}{U}\right)^2$$

式中　q_e——一只电容器的额定容量(kvar)；

U_e——电容器额定电压(V)；

U——电容器实际运行电压(V)；

K_b——余量系数，$K_b = 1.05 \sim 1.2$，透热炉取较小值，熔炼炉取较大值。

(2)工程实例。

【实例】 功率100kW、频率为1000Hz、容量为150kg的中频感应熔炼炉，已知中频电源电压为700V，逆变器输出电流为220A，功率因数角$\varphi=36^\circ$。试求补偿电容器的容量。

解 补偿电容器容量为

$$Q_C=QP+UI_a\sin\varphi$$
$$=11\times100+700\times220\times\sin36^\circ\times10^{-3}=1190.5(\text{kvar})$$

可选用RW0.75-90-1s型中频电容器，每只电容器容量为$25\mu F$，每只实际无功功率为

$$Q_{C1}=2\pi fCU^2=2\pi\times10^3\times25\times10^{-6}\times700^2$$
$$=77(\text{kvar})$$

故共需补偿电容器的只数为

$$n=Q_C/Q_{C1}=1190.5/77\approx15(\text{只})$$

2. 无芯工频电炉无功补偿电容量、平衡电容器容量和平衡电抗器电感量的计算与工程实例

(1)计算公式。

①补偿电容器容量的计算

$$Q_{Cb}=P(\tan\varphi_1-\tan\varphi_2)$$

式中　Q_{Cb}——补偿电容器容量(kvar)；

$\tan\varphi_1$、$\tan\varphi_2$——电炉补偿前功率因数$\cos\varphi_1$和补偿后功率因数$\cos\varphi_2$对应的正切值；

P——电炉的有功功率(kW)。

②平衡电容器容量和平衡电抗器电感量的计算。无芯工频电炉是单相负荷，为了使其接入电源后达到三相平衡，可将电炉感应器与平衡电容器和平衡电抗器组成三相平衡系统，如图10-12所示。

图中，X_{dx}为无芯电炉感应器的等值电抗，C_b为感应器的补偿电容器，C_p为平衡电容器，L_p为平衡电抗器。如果将功率因数补偿到1，则三相矢量图如图10-12(b)所示。

接入平衡电容器和平衡电抗器的三相平衡条件是：

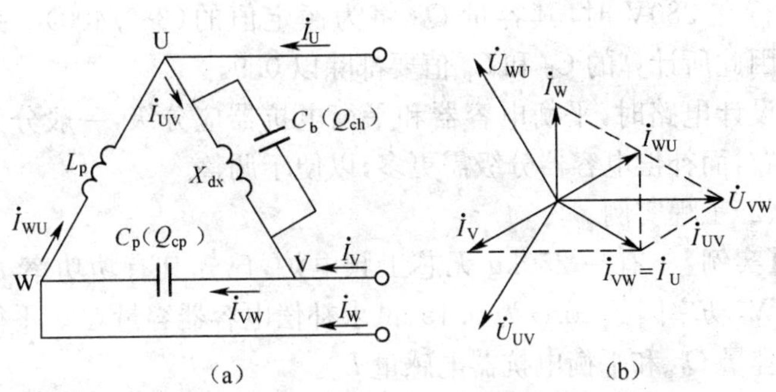

图 10-12　工频电炉三相平衡系统电路原理及矢量图

(a)原理图　(b)矢量图

a. 炉子的功率因数应补偿到 $\cos\varphi=1$。

b. $I_{VW}=I_{WU}=I_{UV}/\sqrt{3}$和 $I_{VW}+I_{WU}=I_{UV}$。

c. 电源相序应该是逆序的，是三角形负载与电源必须按图10-12(a)接线。

平衡电容器和平衡电抗器的无功功率计算

$$Q_C=U_{VW}I_{VW}=U_{VW}I_{UV}/\sqrt{3}=P/\sqrt{3}$$
$$Q_L=U_{WU}I_{WU}=U_{WU}I_{UV}/\sqrt{3}=P/\sqrt{3}$$
$$P=(1.1\sim1.5)P_e$$

式中　Q_C、Q_L——平衡电容器和平衡电抗器的无功功率(kvar)；

P——电炉的有功功率(kW)；

P_e——电炉的额定功率(kW)。

平衡电抗器电感器计算

$$L_p=\frac{U^2}{2\pi fQ_L}$$

式中　L_p——平衡电抗器电感器(mH)；

U——线电压(V)。

另外，要注意电容器实际运行电压与其额定电压(铭牌电压)是否相同。如果不同，则需要折算。如铭牌电压为 400V 的电容器运行在 380V 时，其容量 Q_C 将为额定值的$(380/400)^2=0.9$倍。因此所计算的 C_b 和 C_p 值要都除以 0.9。

设计电路时，平衡电容器和平衡电抗器应分级，一般分为五级左右，而补偿电容器分级需更多，以便于调整。

(2)工程实例。

【实例】 有一 250kg 无芯工频电炉，已知其有功功率 P 为 120kW，功率因数 $\cos\varphi$ 为 0.15，试求补偿电容器容量 Q_{Cb}、平衡电容器容量 Q_{Cp} 和平衡电抗器电感量 L_p。

解 ①计算补偿电容量 Q_{Cb}。将电炉功率因数补偿到 $\cos\varphi_2=1$ 时的补偿电容器容量 Q_{Cb} $\cos\varphi_1=0.15$，$\cos\varphi_2=1$，相应的 $\tan\varphi_1=6.6$，$\tan\varphi_2=0$

$$Q_{Cb}=P(\tan\varphi_1-\tan\varphi_2)=120\times6.6=792(\text{kvar})$$

②计算平衡电容器容量 Q_{Cp}。

$$Q_{Cp}=P/\sqrt{3}=120/\sqrt{3}=69(\text{kvar})$$

③计算平衡电抗器电感器 L_p。

$$Q_L=P/\sqrt{3}=69(\text{kvar})$$

故

$$L_p=\frac{U^2}{2\pi fQ_L}=\frac{380^2}{314\times69}=6.66(\text{mH})$$

第十一章 照明节电技术与工程实例

第一节 基本知识

一、照明术语及单位

1. 照明术语及单位

照明术语及单位见表11-1。

表11-1 照明术语及单位

术语	符号	定义	单位
光通量	ϕ	光源在单位时间内向四周空间辐射并引起人眼光感的能量	lm(流明)
发光强度(光强)	I	光源在某一个特定方向上单位立体角内(每球面度内)的光通量,称为光源在该方向上的发光强度	cd(坎德拉)
亮度	L	被视物体在视线方向单位投影面上的发光强度,称为该物体表面的亮度	cd/m^2
照度	E	单位面积上接收的光通量	lx(勒克司)
光效		电光源消耗1W功率时所辐射出的光通量	lm/W
色温	T	光源辐射的光谱分布(颜色)与黑体在温度T时所发出的光谱分布相同,则温度T称为光源的色温	K
显色性和显色指数	R_a	光源能显现被照物体颜色的性能称为光源的显色性。 通常将日光的显色指数定为100,而将光源显现的物体颜色与日光下同一物体显现的颜色相符合的程度,称为该光源的显色指数	—

续表 11-1

术 语	符号	定 义	单 位
频闪效应	—	当光源的光通量变化频率与物体的转动频率成整数倍时，人眼就感觉不到物体的转动，这叫频闪效应	—
眩光	—	由于光亮度分布不适当或变化范围太大，或在空间和时间上存在极端的亮度对比，以致引起刺眼的视觉状态	—
配光曲线	—	将照明器(光源和灯罩等组合)在空间各个方向上的光强分布情况绘制在坐标图上所得的图形	—
照明器效率	η	照明器的光通量与光源的光通量之比值。一般为 50%～90%	%

2. 常见环境条件下的照度数据

(1)在 40W 白炽灯下 1m 远处的照度约为 30lx，加搪瓷灯伞后可增加到 70lx。

(2)晴天中午太阳直射时的照度可达$(0.2\sim1)\times10^5$lx。

(3)无云满月夜晚的地面照度约为 0.2lx。

(4)阴天室外照度约为$(8\sim12)\times10^3$lx。

3. 常见环境条件下的亮度数据

(1)无云晴空的平均亮度约为 5000cd/m^2。

(2)40W 荧光灯的表面亮度约为 7000cd/m^2。

(3)白炽灯的灯丝亮度约为 4000000cd/m^2。

二、常用电光源的特性

常用电光源有白炽灯、卤钨灯、荧光灯、荧光高压汞灯、高压钠灯、低压钠灯和金属卤化物灯等，它们的特性比较见表 11-2。

三、合理、节电的灯具距离比

灯具的距高比是指灯具之间的距离 L 与计算高度 h(灯具与工作台面的垂直距离)之比。灯具布置是否合理，主要取决于距高比(L/h)是否恰当。L/h 值小，照度均匀度好，但费用；L/h 值过大，又不能满足所规定的照度均匀性。

表 11-2 常用电光源特性比较

光源名称	普通照明灯泡	卤钨灯	荧光灯	荧光高压汞灯	管形氙灯	高压钠灯	低压钠灯	金属卤化物灯
额定功率范围(W)	15～1000	500～2000	6～200	50～1000	1500～100000	250～400	18～180	250～3500
光效(lm/W)	7～19	19.5～21	27～67	32～53	20～37	90～100	75～150	72～80
平均寿命(h)	1000	1500	1500～5000	3500～6000	500～1000	3000	2000～5000	1000～1500
一般显色指数(R_a)	95～99	95～99	70～80	30～40	90～94	20～25	黄色	65～80
起动稳定时间	瞬时		1～3s	4～8min	1～2s	4～8min	8～10min	4～10min
再起动时间	瞬时			5～10min	瞬时	10～20min	25min	10～15min
功率因数	1	1	0.32～0.7	0.44～0.67	0.4～0.9	0.44	0.6	0.5～0.61
频闪效应	不明显		明显					
表面亮度	大	大	小	较大	大	较大	较大	大
电压变化对光通量的影响	大	大	较大	较大	较大	大	大	较大
温度变化对光通量的影响	小	小	大	较小	小	较小	小	较小
耐震性能	较差	差	较好	好	好	较好	较好	好
所需附件	无	无	镇流器 启辉器	镇流器	镇流器 触发器	镇流器	漏磁 变压器	镇流器 触发器

1. 灯距 L 的计算

常见的均匀照明灯具布置方式有 3 种，如图 11-1 所示。其等效灯距 L 的计算如下：

图 11-1(a)　　$L=L_1+L_2$

图 11-1(b)　　$L=\sqrt{L_1L_2}$

图 11-1(c)　　$L=\sqrt{L_1L_2}$

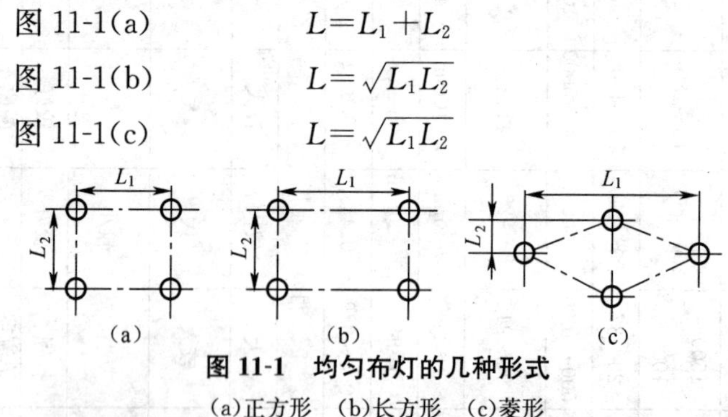

图 11-1　均匀布灯的几种形式

(a)正方形　(b)长方形　(c)菱形

2. 合理的距高比

各种灯具的距高比推荐值见表 11-3，嵌入式均匀布置发光带最适宜的距高比见表 11-4，荧光灯的最大允许距高比见表 11-5，光檐的适宜的距高比见表 11-6。表中给出的数值是使工作面达到最低照度值时的合理 L/h 值。

对于房间的边缘地区，灯具距墙的距离一般取(1/3～1/2)L；如果工作位置靠近墙壁，可将边行灯具距墙的距离取为(1/4～1/3)L。

图书室、资料室、实验室、教室的灯具布置，L/h 取 1.6～1.8 较有利。

表 11-3　各种灯具的 L/h 值

灯具类型	L/h		单行布置时房间最大宽度
	多行布置	单行布置	
配照型、广照型	1.8～2.5	1.8～2	1.2h
深照型、镜面深照型乳白玻璃罩灯	1.6～1.8	1.5～1.8	h
防爆灯、圆球灯、吸顶灯、防水防尘灯	2.3～3.2	1.9～2.5	1.3h
栅格荧光灯具	1.2～1.4	1.2～1.4	0.75h
荧光灯具(余弦配光)	1.4～1.5	—	—
块板型(高压钠灯)GC108-NG400	1.6～1.7	1.6～1.7	1.2h

注：第一个数字为最适宜值，第二个数字为允许值。

表 11-4　嵌入式均匀布置发光带最适宜的 L/h 值

发光带类型	L/h	发光带类型	L/h
玻璃面发光带	≤1.2	栅格式发光带	≤1.0

表 11-5　荧光灯的最大允许距高比 L/h

名　　称	型号	灯具效率	L/h		光通量 ϕ(lm)	示意图
			A—A	B—B		
1×40W	YG1-1	81%	1.62	1.22	2200	
筒式 1×40W	YG2-1	88%	1.46	1.28	2200	
荧光灯 2×40W	YG2-2	97%	1.33	1.28	2×2200	
密封型 1×40W	YG4-1	84%	1.52	1.27	2200	
荧光灯 2×40W	YG4-2	80%	1.41	1.26	2×2200	
吸顶式 2×40W	YG6-2	86%	1.48	1.22	2×2200	
荧光灯 3×40W	YG6-3	86%	1.5	1.26	3×2200	
嵌入式栅格荧光灯(塑料栅格) 3×40W	YG15-3	45%	1.07	1.05	3×2200	
嵌入式栅格荧光灯(铝栅格) 2×40W	YG15-2	63%	1.25	1.20	2×2200	

表 11-6　光檐的适宜的 L/h 比值

光檐形式	灯的类型		
	反光灯罩	扩散灯罩	镜面灯
单边光檐	1.7～2.5	2.5～4	4～6
双边光檐	4～6	6～9	9～15
四边光檐	6～9	9～12	15～20

四、常用材料的反射率、透射率和吸收率

被照材料表面(物面)的亮度不但与光源的强度有关,而且与物面本身的反射能力有密切关系。反射率越大,亮度越大。充分利用环境的反射光可以增加被照面的亮度,减少电光源的照度,

节约电能。

当房间采用高反射系数的墙壁表面，各类家具及设施油漆成浅色时，能有效地利用它们的反射光增加房间的亮度。例如，不加处理的水泥墙壁仅有20%～30%的反光率，而白色的墙壁却能反射55%～75%的光能。

常用材料的反射率ρ、透射率τ和吸收率α见表11-7。

表11-7　常用材料的反射率、透射率和吸收率

材料名称		ρ	τ	α
玻璃及塑料	普通玻璃3～6mm(无色)	3%～8%	78%～82%	—
	钢化玻璃5～6mm(无色)	—	78%	—
	磨砂玻璃3～6mm(无色)	—	50%～60%	—
	压花玻璃3mm(无色)花纹深密 花纹浅稀	—	57% 71%	—
	夹丝玻璃6mm(无色)	—	76%	—
	压花夹丝玻璃6mm(无色)花纹线稀	—	66%	—
	夹层安全玻璃3mm+3mm(无色)	—	78%	—
	双层隔热玻璃3mm+5mm+3mm(空气层5mm)(无色)	—	64%	—
	吸热玻璃3mm+5mm(蓝色)	—	52%～64%	—
	乳白玻璃1mm	—	60%	—
	有机玻璃2～6mm(无色)	—	85%	—
	乳白有机玻璃3mm	—	20%	—
	聚苯乙烯板3mm(无色)	—	78%	—
	聚氯乙烯板2mm(无色)	—	60%	—
	聚碳酸酯板3mm(无色)	—	74%	—
	聚酯玻璃钢钣　3～4层布(本色) 3～4层布(绿色)	—	73%～77% 62%～67%	—
	小玻璃钢瓦(绿色)	—	38%	—
	大玻璃钢瓦(绿色)	—	48%	—
	玻璃钢罩3～4层布(本色)	—	72%～74%	—

续表 11-7

	材料名称	ρ	τ	α
金属	铁窗纱(绿色)	—	70%	—
	镀锌铁丝网(孔 20mm×20mm)	—	89%	—
	普通铝(抛光)	71%～76%	—	24%～29%
	高纯铝(电化抛光)	84%～86%	—	14%～16%
	镀汞玻璃镜	83%	—	17%
	不锈钢	55%～60%	—	40%～45%
饰面材料	石膏	91%	—	8%～10%
	大白粉刷	75%	—	—
	水泥砂浆抹面	32%	—	—
	白水泥	75%	—	—
	白色乳胶漆	84%	—	—
	调和漆 白色和米黄色 中黄色	70% 57%	—	—
	红砖	33%	—	—
	灰砖	23%	—	—
	瓷釉面砖 白色 黄绿色 粉色 天蓝色 黑色	80% 62% 65% 55% 8%	—	—
	马赛克地砖 白色 浅蓝色 浅咖啡色 绿色 深咖啡色	59% 42% 31% 25% 20%	—	—
	无釉陶土地砖 土黄色 朱砂色	53% 19%	—	—

续表 11-7

材料名称			ρ	τ	α
饰面材料	大理石	白色	60%	—	—
		乳色间绿色	39%		
		红色	32%		
		黑色	8%		
	水磨石	白色	78%	—	—
		白色间灰黑色	52%		
		白色间绿色	66%		
		黑灰色	10%		
	塑料贴面板	浅黄色木纹	36%	—	—
		中黄色木纹	30%		
		深棕色木纹	12%		
	塑料墙纸	黄白色	72%	—	—
		蓝白色	61%		
		浅粉白色	65%		
	胶合板		58%	—	—
	广漆地板		10%		
	菱苦土地面		15%		
	混凝土地面		20%		
	沥青地面		10%		
	铸铁、钢板地面		15%		

各种颜色的反射率见表 11-8。

表 11-8　各种颜色的反射率

颜　色	ρ	颜　色	ρ
深蓝色	10%～25%	浅绿色	30%～55%
深绿色	10%～25%	浅红色	25%～35%
深红色	10%～20%	中灰色	25%～40%
黄色	60%～70%	黑色	5%
浅灰色	45%～65%	光亮白漆	87%～88%

第二节　照度标准及照度计算实例

一、照度标准

照明是为了满足人们在进行生产和各种活动时对光线的要求，照明质量的优劣会直接影响人们的工作效率，以及人的视力健康、活动范围和舒适感等。在日常生活和工作中，既不能为了节电一味降低照度，也不能一味追求过大的照度，造成电能的浪费。为了规范在不同环境下合适的照度，既满足人们从事各种活动对照度的要求，又节省电能，国家制定了相应的照度标准，为工程设计和日常配备提供依据。

1. 住宅照明照度标准

住宅照明照度标准见表11-9。

表11-9　居住建筑照明照度标准值

房间或场所		参考平面及其高度	照度标准值(lx)	*Ra*
起居室	一般活动	0.75m水平面	100	80
	书写、阅读		300*	
卧室	一般活动	0.75m水平面	75	80
	床头、阅读		150*	
餐厅		0.75m餐桌面	150	80
厨房	一般活动	0.75m水平面	100	80
	操作台	台面	150*	
卫生间		0.75m水平面	100	80

注：*宜用混合照明。

2. 公共建筑照明照度标准

(1)办公建筑照明照度标准见表11-10。

表11-10　办公建筑照明照度标准值

房间或场所	参考平面及其高度	照度标准值(lx)	*Ra*
普通办公室	0.75m水平面	300	80
高档办公室	0.75m水平面	500	80
会议室	0.75m水平面	300	80

续表 11-10

房间或场所	参考平面及其高度	照度标准值(lx)	Ra
接待室、前台	0.75m 水平面	300	80
营业厅	0.75m 水平面	300	80
设计室	实际工作面	500	80
文件整理、复印、发行室	0.75m 水平面	300	80
资料、档案室	0.75m 水平面	200	80

(2)图书馆建筑照明照度标准见表 11-11。

表 11-11 图书馆建筑照明照度标准值

房间或场所	参考平面及其高度	照度标准值(lx)	Ra
一般阅览室	0.75m 水平面	300	80
国家、省市及其他重要图书馆的阅览室	0.75m 水平面	500	80
老年阅览室	0.75m 水平面	500	80
珍善本、舆图阅览室	0.75m 水平面	500	80
陈列室、目录厅(室)、出纳厅	0.75m 水平面	300	80
书库	0.25m 垂直面	50	80
工作间	0.75m 水平面	300	80

(3)商业建筑照明照度标准见表 11-12。

表 11-12 商业建筑照明照度标准值

房间或场所	参考平面及其高度	照度标准值(lx)	Ra
一般商店营业厅	0.75m 水平面	300	80
高档商店营业厅	0.75m 水平面	500	80
一般超市营业厅	0.75m 水平面	300	80
高档超市营业厅	0.75m 水平面	500	80
收款台	台面	500	80

(4)影剧院建筑照明照度标准见表 11-13。

表 11-13　影剧院建筑照明照度标准值

房间或场所		参考平面及其高度	照度标准值(lx)	Ra
门厅		地面	200	80
观众厅	影院	0.75m 水平面	100	80
	剧场	0.75m 水平面	200	80
观众休息厅	影院	地面	150	80
	剧场	地面	200	80
排演厅		地面	300	80
化妆室	一般活动区	0.75m 水平面	150	80
	化妆台	1.1m 高处垂直面	500	80

(5)旅馆建筑照明照度标准见表 11-14。

表 11-14　旅馆建筑照明标准值

房间或场所		参考平面及其高度	照度标准值(lx)	Ra
客房	一般活动区	0.75m 水平面	75	80
	床头	0.75m 水平面	150	80
客房	写字台	台面	300	80
	卫生间	0.75m 水平面	150	80
中餐厅		0.75m 水平面	200	80
西餐厅、酒吧间、咖啡厅		0.75m 水平面	100	80
多功能厅		0.75m 水平面	300	80
门厅、总服务台		地面	300	80
休息厅		地面	200	80
客房层走廊		地面	50	80
厨房		台面	200	80
洗衣房		0.75m 水平面	200	80

(6)医院建筑照明照度标准见表 11-15。

表 11-15 医院建筑照明照度标准值

房间或场所	参考平面及其高度	照度标准值(lx)	*Ra*
治疗室	0.75m 水平面	300	80
化验室	0.75m 水平面	500	80
手术室	0.75m 水平面	750	80
诊室	0.75m 水平面	300	80
候诊室、挂号厅	0.75m 水平面	200	80
病房	地面	100	80
护士站	0.75m 水平面	300	80
药房	0.75m 水平面	500	80
重症监护室	0.75m 水平面	300	80

(7)学校建筑照明照度标准见表 11-16。

表 11-16 学校建筑照明照度标准值

房间或场所	参考平面及其高度	照度标准值(lx)	*Ra*
教室	课桌面	300	80
实验室	实验桌面	300	80
美术教室	桌面	500	90
多媒体教室	0.75m 水平面	300	80
教室黑板	黑板面	500	80

(8)博物馆建筑陈列室展品照明照度标准见表 11-17。

表 11-17 博物馆建筑陈列室展品照明照度标准值

类别	参考平面及其高度	照度标准值(lx)
对光特别敏感的展品:纺织品、织绣品、绘画、纸质物品、彩绘、陶(石)器、染色皮革、动物标本等	展品面	50
对光敏感的展品:油画、蛋清画、不染色皮革、角制品、骨制品、象牙制品、竹木制品和漆器等	展品面	150

续表 11-17

类 别	参考平面及其高度	照度标准值(lx)
对光不敏感的展品：金属制品、石质器物、陶瓷器、宝玉石器、岩矿标本、玻璃制品、搪瓷制品、珐琅器等	展品面	300

注：①陈列室一般照明应按展品照度值的20%～30%选取。

②辨色要求一般的场所 *Ra* 不应低于80，辨色要求高的场所 *Ra* 不应低于90。

(9)展览馆展厅照明照度标准见表 11-18。

表 11-18 展览馆展厅照明照度标准值

房间或场所	参考平面及其高度	照度标准值(lx)	*Ra*
一般展厅	地面	200	80
高档展厅	地面	300	80

注：高于6m 的展厅 *Ra* 可降低到60。

(10)交通建筑照明照度标准见表 11-19。

表 11-19 交通建筑照明照度标准值

房间或场所		参考平面及其高度	照度标准值(lx)	*Ra*
售票台		台面	500	80
问讯处		0.75m 水平面	200	80
候车(机、船)室	普通	地面	150	80
	高档	地面	200	80
中央大厅、售票大厅		地面	200	80
海关护照检查		工作面	500	80
安全检查		地面	300	80
换票、行李托运		0.75m 水平面	300	80
行李认领、到达大厅、出发大厅		地面	200	80
通道、连接区、扶梯		地面	150	80
有棚站台		地面	75	20
无棚站台		地面	50	20

(11)公用场所照明照度标准见表11-20。

表11-20　公用场所照明照度标准值

房间或场所		参考平面及其高度	照度标准值(lx)	Ra
门厅	普通	地面	100	60
	高档	地面	200	80
走廊、流动区域	普通	地面	50	60
	高档	地面	100	80
楼梯、平台	普通	地面	30	60
	高档	地面	75	80
自动扶梯		地面	150	60
厕所、盥洗室、浴室	普通	地面	75	60
	高档	地面	150	80
电梯前厅	普通	地面	75	60
	高档	地面	150	80
休息室		地面	100	80
储藏室、仓库		地面	100	60
车库	停车间	地面	75	60
	检修间	地面	200	60

注:住宅、公共建筑动力站、变电站的照明标准值按表11-21选取。

3. 工业建筑照明照度标准

工业建筑一般照明照度标准见表11-21。

表11-21　工业建筑一般照明照度标准值

房间或场所		参考平面及其高度	照度标准值(lx)	Ra	备　注
1. 通用房间或场所					
试验室	一般	0.75m水平面	300	80	可另加局部照明
	精细	0.75m水平面	500	80	可另加局部照明
检验	一般	0.75m水平面	300	80	可另加局部照明
	精细,有颜色要求	0.75m水平面	750	80	可另加局部照明

续表 11-21

房间或场所		参考平面及其高度	照度标准值(lx)	*Ra*	备 注
1. 通用房间或场所					
计量室、测量室		0.75m 水平面	500	80	可另加局部照明
变配电站	配电装置室	0.75m 水平面	200	60	—
	变压器室	地面	100	20	—
电源设备室、发电机室		地面	200	60	—
控制室	一般控制室	0.75m 水平面	300	80	—
	主控制室	0.75m 水平面	500	80	—
电话站、网络中心		0.75m 水平面	500	80	—
计算机站		0.75m 水平面	500	80	防光幕反射
动力站	风机房、空调机房	地面	100	60	—
	泵房	地面	100	60	—
	冷冻站	地面	150	60	—
	压缩空气站	地面	150	60	—
	锅炉房、煤气站的操作层	地面	100	60	锅炉水位表照度不小于 50lx
仓库	大件库(如钢坯、钢材、大成品、气瓶)	1.0m 水平面	50	20	—
	一般件库	1.0m 水平面	100	60	—
	精细件库(如工具、小零件)	1.0m 水平面	200	60	货架垂直照度不小于 50lx
车辆加油站		地面	100	60	油表照度不小于 50lx
2. 机电工业					
机械加工	粗加工	0.75m 水平面	200	60	可另加局部照明
	一般加工 公差≥0.1mm	0.75m 水平面	300	60	应另加局部照明
	精密加工 公差<0.1mm	0.75m 水平面	500	60	应另加局部照明

续表 11-21

房间或场所		参考平面及其高度	照度标准值(lx)	Ra	备注
2. 机电工业					
机电、仪表装配	大件	0.75m 水平面	200	80	可另加局部照明
	一般件	0.75m 水平面	300	80	可另加局部照明
	精密	0.75m 水平面	500	80	应另加局部照明
	特精密	0.75m 水平面	750	80	应另加局部照明
电线、电缆制造		0.75m 水平面	300	60	—
线圈绕制	大线圈	0.75m 水平面	300	80	—
	中等线圈	0.75m 水平面	500	80	可另加局部照明
	精细线圈	0.75m 水平面	750	80	应另加局部照明
线圈浇注		0.75m 水平面	300	80	—
焊接	一般	0.75m 水平面	200	60	—
	精密	0.75m 水平面	300	60	—
钣金		0.75m 水平面	300	60	—
冲压、剪切		0.75m 水平面	300	60	—
热处理		地面至 0.5m 水平面	200	20	—
铸造	熔化、浇铸	地面至 0.5m 水平面	200	20	—
	造型	地面至 0.5m 水平面	300	60	—
精密铸造的制模、脱壳		地面至 0.5m 水平面	500	60	—
锻工		地面至 0.5m 水平面	200	20	—
电镀		0.75m 水平面	300	80	—
喷漆	一般	0.75m 水平面	300	80	—
	精细	0.75m 水平面	500	80	—

续表 11-21

房间或场所		参考平面及其高度	照度标准值(lx)	Ra	备　注
2. 机电工业					
酸洗、腐蚀、清洗		0.75m 水平面	300	80	—
抛光	一般装饰性	0.75m 水平面	300	80	防频闪
	精细	0.75m 水平面	500	80	防频闪
复合材料加工、铺叠、装饰		0.75m 水平面	500	80	—
机电修理	一般	0.75m 水平面	200	60	可另加局部照明
	精密	0.75m 水平面	300	60	可另加局部照明
3. 电子工业					
电子元器件		0.75m 水平面	500	80	应另加局部照明
电子零部件		0.75m 水平面	500	80	应另加局部照明
电子材料		0.75m 水平面	300	80	应另加局部照明
酸、碱、药液及粉配制		0.75m 水平面	300	80	—
4. 纺织、化纤工业					
纺织	选毛	0.75m 水平面	300	80	可另加局部照明
	清棉、和毛、梳毛	0.75m 水平面	150	80	—
	梳棉、并条、粗纺	0.75m 水平面	200	80	—
	纺纱	0.75m 水平面	300	80	—
	织布	0.75m 水平面	300	80	—
织袜	穿综筘、缝纫、量呢、检验	0.75m 水平面	300	80	可另加局部照明
	修补、剪毛、染色、印花、裁剪、熨烫	0.75m 水平面	300	80	可另加局部照明
化纤	投料	0.75m 水平面	100	60	—
	纺丝	0.75m 水平面	150	80	—
	卷绕	0.75m 水平面	200	80	—
	平衡间、中间储存、干燥间、废丝间、油剂高位槽间	0.75m 水平面	75	60	—

续表 11-21

房间或场所		参考平面及其高度	照度标准值(lx)	*Ra*	备　注
4. 纺织、化纤工业					
化纤	集束间、后加工间、打包间、油剂调配间	0.75m 水平面	100	60	—
	组件清洗间	0.75m 水平面	150	60	—
	拉伸、变形、分级包装	0.75m 水平面	150	60	操作面可另加局部照明
	化验、检验	0.75m 水平面	200	80	可另加局部照明
5. 制药工业					
制药生产：配制、清洗、灭菌、过滤、制粒、压片、混匀、烘干、灌装、轧盖等		0.75m 水平面	300	80	—
制药生产流转通道		地面	200	80	—
6. 橡胶工业					
炼胶车间		0.75m 水平面	300	80	—
压延压出工段		0.75m 水平面	300	80	—
成型裁断工段		0.75m 水平面	300	80	—
硫化工段		0.75m 水平面	300	80	—
7. 电力工业					
火电厂锅炉房		地面	100	40	—
发电机房		地面	200	60	—
主控室		0.75m 水平面	500	80	—
8. 钢铁工业					
炼铁	炉顶平台、各层平台	平台面	30	40	—
	出铁场、出铁机室	地面	100	40	—
	卷扬机室、碾泥机室、煤气清洗配水室	地面	50	40	—
炼钢及炼铸	炼钢主厂房和平台	地面	150	40	—
	炼铸浇注平台、切割区、出坯区	地面	150	40	—
	精整清理线	地面	200	60	—

续表 11-21

房间或场所		参考平面及其高度	照度标准值(lx)	Ra	备　注
8. 钢铁工业					
轧钢	钢坯台、轧机区	地面	150	40	—
	加热炉周围	地面	50	20	—
	重绕、横剪及纵剪机组	0.75m 水平面	150	40	—
	打印、检查、精密、分类、验收	0.75m 水平面	200	80	—
9. 制浆造纸工业					
备料		0.75m 水平面	150	60	—
蒸煮、选洗、漂白		0.75m 水平面	200	60	—
打浆、纸机底部		0.75m 水平面	200	60	—
纸机网部、压榨部、烘缸、压光、卷取、涂布		0.75m 水平面	300	60	—
复卷、切纸		0.75m 水平面	300	60	—
选纸		0.75m 水平面	500	60	—
碱回收		0.75m 水平面	200	40	—
10. 食品及饮料工业					
食品	糕点、糖果	0.75m 水平面	200	80	—
	肉制品、乳制品	0.75m 水平面	300	80	—
饮料		0.75m 水平面	300	80	—
啤酒	糖化	0.75m 水平面	200	80	—
	发酵	0.75m 水平面	150	80	—
	包装	0.75m 水平面	150	80	—
11. 玻璃工业					
备料、退火、熔制		0.75m 水平面	150	60	—
窑炉		地面	100	20	—

续表 11-21

房间或场所		参考平面及其高度	照度标准值(lx)	*Ra*	备注
12. 水泥工业					
主要生产车间(破碎、原料粉磨、烧成、水泥粉磨、包装)		地面	100	20	—
储存		地面	75	40	—
输送走廊		地面	30	20	—
粗坯成型		0.75m 水平面	300	60	—
13. 皮革工业					
原皮、水浴		0.75m 水平面	200	60	—
轻毂、整理、成品		0.75m 水平面	200	60	可另加局部照明
干燥		地面	100	20	—
14. 卷烟工业					
制丝车间		0.75m 水平面	200	60	—
卷烟、接过滤嘴、包装		0.75m 水平面	300	80	—
15. 化学、石油工业					
厂区内经常操作的区域,如泵、压缩机、阀门、电操作柱等		操作位高度	100	20	—
装置区现场控制和检测点,如指示仪表、液位计等		测控点高度	75	60	—
人行通道、平台、设备顶部		地面或台面	30	20	—
装卸站	装卸设备顶部和底部操作位	操作位高度	75	20	—
	平台	平台	30	20	—
16. 木业和家具制造					
一般机器加工		0.75m 水平面	200	60	防频闪
精细机器加工		0.75m 水平面	500	80	防频闪

续表 11-21

<table>
<tr><th colspan="2">房间或场所</th><th>参考平面
及其高度</th><th>照度标
准值(lx)</th><th>Ra</th><th>备 注</th></tr>
<tr><td colspan="6">16. 木业和家具制造</td></tr>
<tr><td colspan="2">锯木区</td><td>0.75m 水平面</td><td>300</td><td>60</td><td>防频闪</td></tr>
<tr><td rowspan="2">模型区</td><td>一般</td><td>0.75m 水平面</td><td>300</td><td>60</td><td>—</td></tr>
<tr><td>精细</td><td>0.75m 水平面</td><td>750</td><td>60</td><td>—</td></tr>
<tr><td colspan="2">胶合、组装</td><td>0.75m 水平面</td><td>300</td><td>60</td><td>—</td></tr>
<tr><td colspan="2">磨光、异形细木工</td><td>0.75m 水平面</td><td>750</td><td>80</td><td>—</td></tr>
</table>

注：需增加局部照明的作业面，增加的局部照明照度值宜按该场所一般照明照度值的 1.0～3.0 倍选取。

4. 照度补偿系数

由于照明器在使用中光效会逐渐降低，灯具会被灰尘玷污，因此工作面上的光通量会逐渐减小。所以在进行照明设计时，应将上述各表中的最低照度值乘上一个规定的照度补偿系数值 k。照度补偿系数见表 11-22。

表 11-22 照度补偿系数 k 值

<table>
<tr><th rowspan="2">分类</th><th rowspan="2">环境污
染特征</th><th rowspan="2">生产车间和
工作场所举例</th><th colspan="2">照度补偿系数</th><th rowspan="2">照明器
擦洗次数
(次/月)</th></tr>
<tr><th>白炽灯、荧光灯、
荧光高压汞灯</th><th>卤钨灯</th></tr>
<tr><td>Ⅰ</td><td>清洁</td><td>仪器仪表的装配车间、电子元件器件的装配车间、实验室、办公室、设计室等</td><td>1.3</td><td>1.2</td><td>1</td></tr>
<tr><td>Ⅱ</td><td>一般</td><td rowspan="3">机械加工车间、机械装配车间等锻（工车间、铸工车间等）</td><td>1.4</td><td>1.3</td><td>1</td></tr>
<tr><td>Ⅲ</td><td>污染
严重</td><td>1.5</td><td>1.4</td><td>2</td></tr>
<tr><td>Ⅳ</td><td>室外</td><td>1.4</td><td>1.3</td><td>1</td></tr>
</table>

二、照度计算与工程实例

1. 照度计算公式

各类光源的照度计算见表 11-23。

表 11-23 各类光源的照度计算

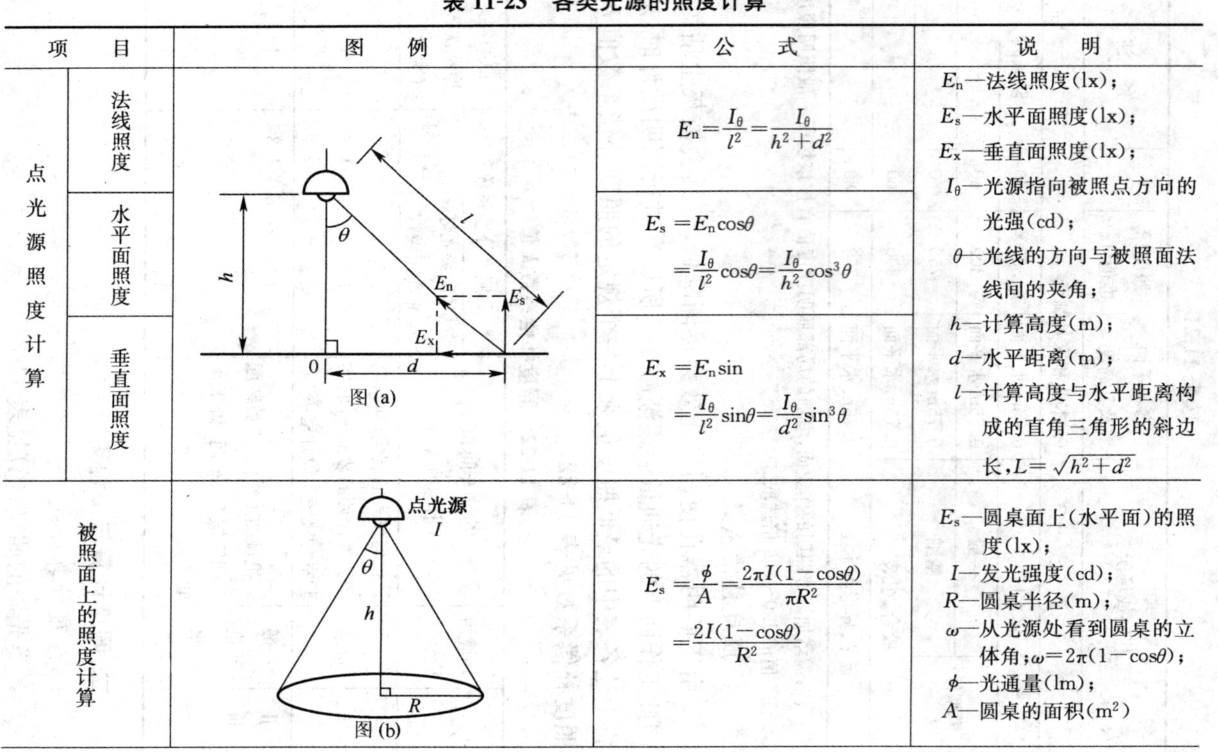

项目		图例	公式	说明
点光源照度计算	法线照度	图 (a)	$E_n=\frac{I_\theta}{l^2}=\frac{I_\theta}{h^2+d^2}$	E_n—法线照度(lx)； E_s—水平面照度(lx)； E_x—垂直面照度(lx)； I_θ—光源指向被照点方向的光强(cd)； θ—光线的方向与被照面法线间的夹角； h—计算高度(m)； d—水平距离(m)； l—计算高度与水平距离构成的直角三角形的斜边长，$L=\sqrt{h^2+d^2}$
	水平面照度		$E_s=E_n\cos\theta$ $=\frac{I_\theta}{l^2}\cos\theta=\frac{I_\theta}{h^2}\cos^3\theta$	
	垂直面照度		$E_x=E_n\sin$ $=\frac{I_\theta}{l^2}\sin\theta=\frac{I_\theta}{d^2}\sin^3\theta$	
被照面上的照度计算		图 (b)	$E_s=\frac{\phi}{A}=\frac{2\pi I(1-\cos\theta)}{\pi R^2}$ $=\frac{2I(1-\cos\theta)}{R^2}$	E_s—圆桌面上(水平面)的照度(lx)； I—发光强度(cd)； R—圆桌半径(m)； ω—从光源处看到圆桌的立体角；$\omega=2\pi(1-\cos\theta)$； ϕ—光通量(lm)； A—圆桌的面积(m^2)

续表 11-23

项目		图例	公式	说明
面光源照度计算	与被照面平行的直角三角形光源	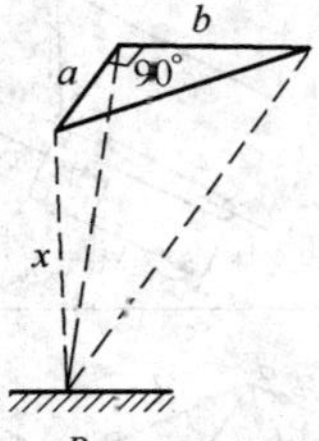 图 (c)	$E_s=\frac{L\cdot a}{2\sqrt{x^2+a^2}}\arctan\frac{b}{\sqrt{x^2+a^2}}$	E_s—水平面照度(lx) L—亮度(cd/m^2) a、b、x—见图 c、d 表示 β、β_1、γ—见图 e，分别表示方形光源所形成的角度
	与被照面成直角的无限远的方形光源	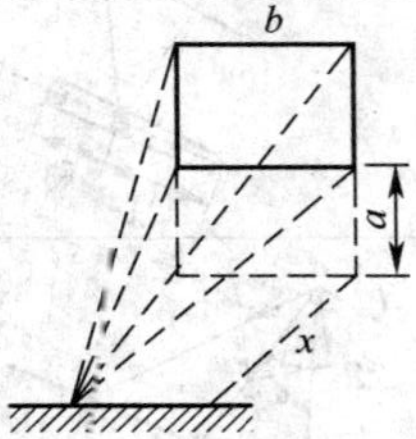 图 (d)	$E_s=\frac{L\cdot x}{2\sqrt{x^2+a^2}}\arctan\frac{b}{\sqrt{x^2+a^2}}$	
	与被照面下端的高度相同的方形光源	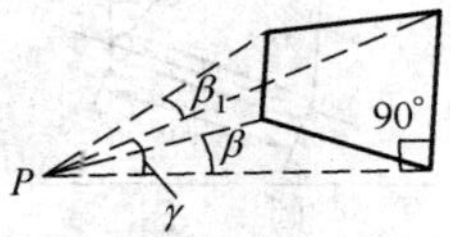 图 (e)	$E_s=\frac{L}{2}(\beta-\beta_1\cos\gamma)$	

续表 11-23

项 目		图 例	公 式	说 明
直线光源照度计算	P 点在包含光源端的平面上		$E_n=\frac{1}{2a}(a+\sin\alpha\cdot\cos\alpha)=K\frac{I}{a}$ $E_s=E_n\cos\theta=K\frac{hI}{a^2}$ $E_x=E_n\sin\theta=K\frac{dI}{a^2}$ $E_r=\frac{I}{2a}\sin^2\alpha=K'\frac{I}{a}$	E_n—与光源轴线垂直的平面内被照点 P 的法线照度(lx)； E_s—P 点的水平照度(lx)； E_x—P 点的垂直照度(lx)； E_r—p 点的纵向照度(lx)； I—单位长度光强(cd/m)； K、K′—系数，可由图 11-2 查取
	P 点所在平面经过灯管		$E_s=E_{s1}+E_{s2}$ $E_x=E_{x1}+E_{x2}$ $E_y=E_{y1}, E'_y=E_{y2}$	下标“1”表示此量由 L_1 段光源或假设光源所致；下标“2”以此类推
	P 点所在垂面的灯管端点之外		$E_s=E_{s1}-E_{s2}$ $E_x=E_{x1}-E_{x2}$ $E_y=E_{y1}-E_{y2}$	

续表 11-23

项目		图例	公式	说明
平带状光源照度计算		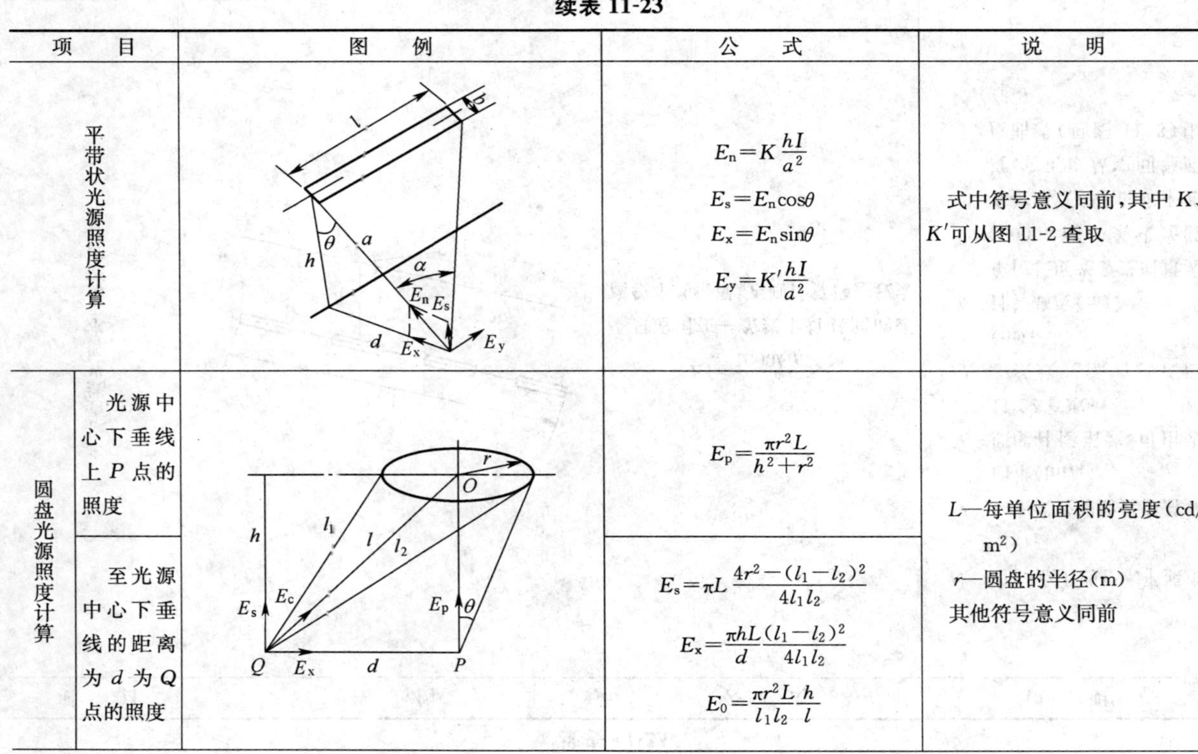	$E_n=K\frac{hI}{a^2}$ $E_s=E_n\cos\theta$ $E_x=E_n\sin\theta$ $E_y=K'\frac{hI}{a^2}$	式中符号意义同前，其中 K、K'可从图 11-2 查取
圆盘光源照度计算	光源中心下垂线上 P 点的照度		$E_p=\frac{\pi r^2 L}{h^2+r^2}$	L—每单位面积的亮度（cd/m²） r—圆盘的半径(m) 其他符号意义同前
	至光源中心下垂线的距离为 d 为 Q 点的照度		$E_s=\pi L\frac{4r^2-(l_1-l_2)^2}{4l_1l_2}$ $E_x=\frac{\pi hL}{d}\frac{(l_1-l_2)^2}{4l_1l_2}$ $E_0=\frac{\pi r^2 L}{l_1l_2}\frac{h}{l}$	

续表 11-23

项　　目	图　　例	公　　式	说　　明
多根直线光源水平照度计算	l h d A	$E_s=\frac{\phi}{1000klh}\Sigma e_s$ 只适用在一条线上灯具间的距离较小的情况，否则计算误差较大	E_x—任一点上的总水平照度(lx)； ϕ——条线光源的光源总光通量(lm)； k—照度补偿系数，可由表11-22查取； l——条线光源的总长度(m)； h—计算高度(m)； e_s—单位长度光源光通量为1000lm的一条线光源在被照点产生的水平照度，它可以从空间等照度曲线（见图11-3）中查得

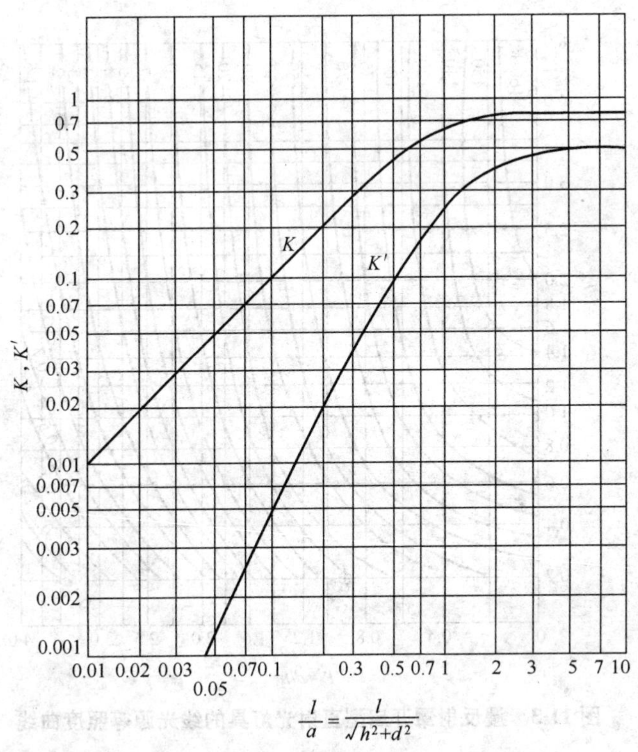

图 11-2　计算直线光源照度系数 *K*、*K'* 用图

2. 工程实例

【实例 1】　如图 11-4 所示的一点光源安装在大花板上，发光强度 $I_\theta = I_m\cos\theta$（单位：cd）。已知 A 点的直射水平面照度为 $200I_x$，试求：

①B 点的水平面照度；

②若在 C 点增加同样的一点光源时，则 B 点的水平面照度又为多少？

设以上两种场合，室内相互反射效果忽略不计。

解①设 A 点与光源的距离为 R，且 A 点的水平照度为 E_s，则

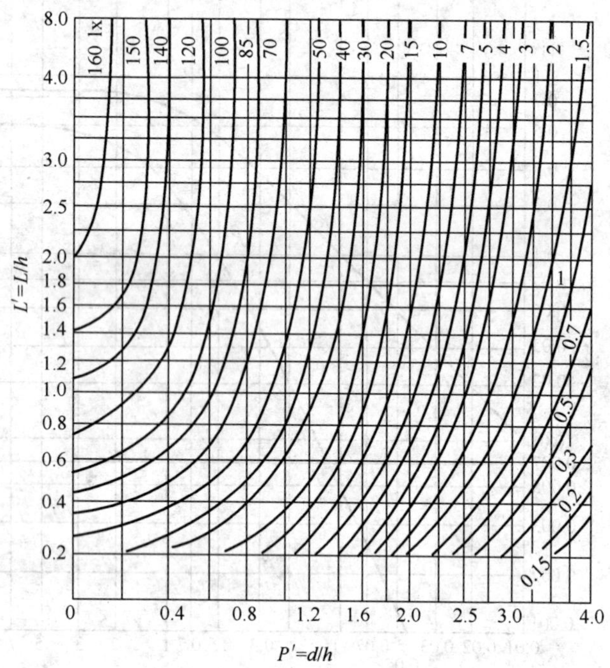

图 11-3　漫反射罩开启型直射光灯具的线光源等照度曲线

$$E_s=\frac{I_m\cos\theta}{R_2}\cos\theta$$

按题意，

$$200=\frac{I_m\cos45°}{R^2}\cos45°,$$

$$I_m=400R^2$$

设高度为 h，则 B 点的水平照度为

$$E_B=\frac{I_m\cos\theta}{h^2}\cos\theta$$

这里 $\theta=0°$，故

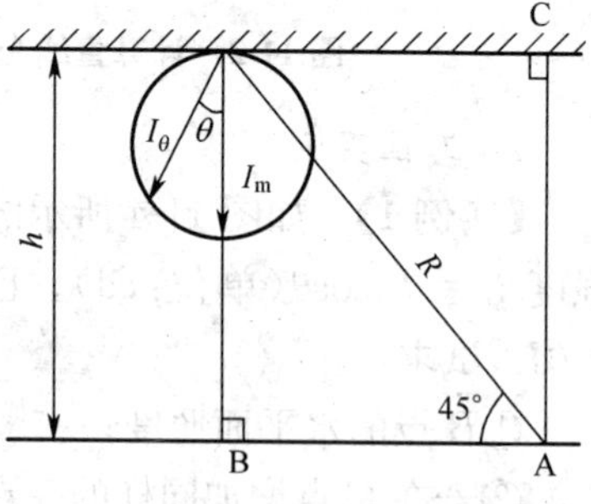

图 11-4　【实例 1】图

$$E_B = I_m/h^2 = 400R^2/h^2$$

而由图有 $h = R\cos 45° = R/\sqrt{2}$，故

$$E_B = 400R^2\left(\frac{\sqrt{2}}{R}\right)^2 = 800(\text{lx})$$

②在 C 点增加点光源后，B 点的照度只要在上述照度下增加 A 点的水平照度即可，即

$$800 + 200 = 1000(\text{lx})$$

【实例 2】 如图 11-5 所示的平面上有一边长为 4m 的正方形，在它的顶点 A、B、C、D 点的正上方高 2m 处各安装一个发光强度为 800cd 的灯泡，如果同时点燃，试求在 A、B、C、D 各点和正方形中心点 P 的水平照度各为多少？设灯泡的发光强度对所有方向均相等。

解 因 A、B、C、D 点的照度相等，所以只求出 A 点照度即可。对 A 点而言，有如图 11-6 的情况，其中由光源 A 在平面 A 点产生的水平照度为

$$E_A = I/h^2 = 800/2^2 = 200(\text{lx})$$

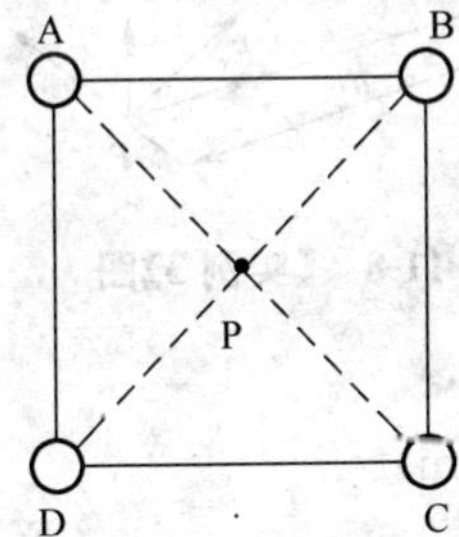

图 11-5 【实例 2】图

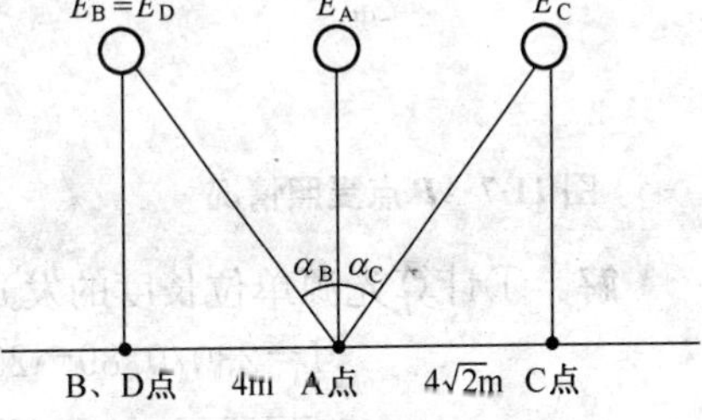

图 11-6 A 点受照情况

由光源 B、D 在平面 A 点产生的水平照度为

$$E_B = E_D = \frac{I\cos\alpha}{r^2} = \frac{Ih}{r^3} = \frac{800 \times 2}{(\sqrt{2^2 + 4^2})^3} = 17.9(\text{lx})$$

由光源 C 在平面 A 点产生的水平照度为

$$E_c = \frac{800 \times 2}{[\sqrt{2^2 + (4\sqrt{2})^2}]^3} = \frac{1600}{216} = 7.4(\text{lx})$$

因此，A 点的总的水平照度 E_1 为 A、B、C、D 各光源所产生的照度之和。即

$$E_1=E_A+E_B+E_C+E_D=200+2\times17.9+7.4=243.2(\mathrm{lx})$$

P 点的照度 E_2 是由各个 A、B、C、D 四个光源共同照射之和，其值为光源 A 在平面 P 点所产生水平照度的 4 倍，如图 11-7 所示。

【实例 3】 如图 11-8 所示。已知荧光灯功率为 30W，灯管长 0.89m，$l_1=2\mathrm{m}$，$l_2=1.11\mathrm{m}$，$h=2\mathrm{m}$，$d=1.5\mathrm{m}$，垂直于灯管方向的发光强度为 230cd。求在 P 点的照度。

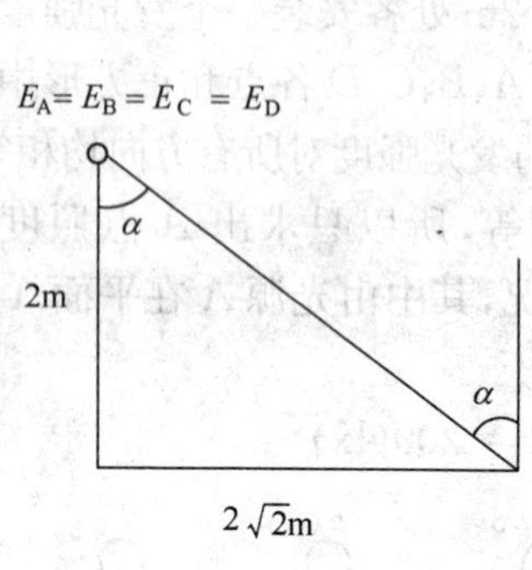

图 11-7　P 点受照情况

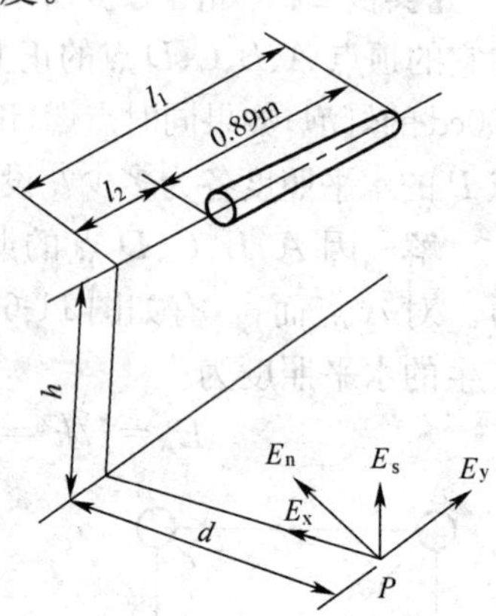

图 11-8　【实例 3】图

解　①计算光源单位长度的发光强度

$$I=230/0.89=258(\mathrm{cd/m})$$

$$a=\sqrt{h^2+d^2}=\sqrt{2^2+1.5^2}=2.5(\mathrm{m})$$

②计算 L_1 段光源在 P 点的照度

$l_1/a=2/2.5=0.8$，由图 11-2 曲线查得 $K_1=0.59$，$K'_1=0.2$

$$E_{n1}=K_1I/a=0.59\times258/2.5=60.9(\mathrm{lx})$$

$$E_{s1}=K_1\frac{hI}{a^2}=0.59\times\frac{2\times258}{2.5^2}=48.7(\mathrm{lx})$$

$$E_{x1}=K_1\frac{dI}{a^2}=0.59\times\frac{1.5\times258}{2.5^2}=36.5(\mathrm{lx})$$

$$E_{y1}=K'_1\ \frac{I}{a}=0.2\times\frac{258}{2.5}=20.6(\mathrm{lx})$$

③计算 L_2 段光源在 P 点的照度。

又 $l_2/a=1.11/2.5=0.444$，由图 11-2 曲线查得

$$K_2=0.4, K'_2=0.08$$

$$E_{n2}=K_2 I/a=0.4\times 258/2.5=41.3(\mathrm{lx})$$

$$E_{s2}=K_2\ \frac{hI}{a^2}=0.4\times\frac{2\times 258}{2.5^2}=33(\mathrm{lx})$$

$$E_{x2}=K_2\ \frac{dI}{a^2}=0.4\times\frac{1.5\times 258}{2.5^2}=24.8(\mathrm{lx})$$

$$E_{y2}=K'_2\ \frac{I}{a}=0.08\times\frac{258}{2.5}=8.3(\mathrm{lx})$$

④计算 P 点的照度。

P 点的水平照度

$$E_s=E_{s1}-E_{s2}=48.7-33=15.7(\mathrm{lx})$$

P 点的垂直照度为

$$E_x=E_{x1}-E_{x2}=36.5-24.8=11.7(\mathrm{lx})$$

P 点的纵向照度为

$$E_y=E_{y1}-E_{y2}=20.6-8.3=12.3(\mathrm{lx})$$

【实例 4】 带有漫反射开启型直射光灯具的 40W 荧光灯照明布置，如图 11-9 所示，求 A 点的水平照度。

由电工手册查得，40W 荧光灯的光通量为 2200lm。灯管长为 1.2m。

$$\Phi=n\Phi_1=4\times 2200=8800(\mathrm{lm})$$

$$P'=d/h=1.5/3=0.5$$

$$L'=L/h=9.3/3=3.1(\mathrm{m})$$

$$L=4\times 1.2+3\times 1.5=9.3(\mathrm{m})$$

由图 11-3 曲线查得 $e_s=118\mathrm{lx}$，设照度补偿系数 $K=1.3$，因此 A 点的水平照度为

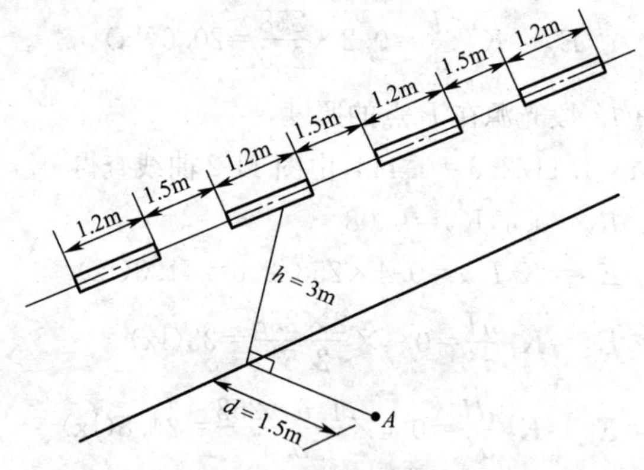

图 11-9　荧光灯布置图

$$E_s=\frac{\Phi}{1000KLh}\Sigma e_s=\frac{8800\times 118}{1000\times 1.3\times 9.3\times 3}=28.6(\mathrm{lx})$$

三、照度的测试

照明设计及利用公式计算出的照度与实际值可能并不一致，需要对被照面进行现场测试；在照明节电改造时，也常需要作照度测试。

照度计是一种专门用于测量光照度的仪器。当照明灯具安装好以后，用此仪器可以测出灯具在某平面上照度的大小，以便校验是否达到设计要求。

1. 结构及参数

数字式照度计由主机、探头和仪表线组成。探头由光电感应器和蜂鸣器构成。探头接收到的光照度，经仪表线传送到主机，并转换成电信号，再通过主机上的显示器显示出光照度的数值。

表 11-24　LX-101 型数字式照度计主要技术参数

测量范围(lx)	解析度	误差(23℃±5℃)
2000	1	±5%
20000	10	±5%
50000	100	±5%

注：表中误差是由一个色光温度为 2854K 的标准白炽灯泡做光源测得的。

LX-101 型数字式照度计的主要技术参数见表 11-24。

2. 使用照度计的注意事项

(1)测试时,如果显示器显示"1",则说明输入光照度超过刻度,这时应将选择开关打到"×10lx"挡再测。

(2)如果所测光源不是白炽灯,而是荧光灯、汞灯或钠灯,应该在仪表实测的读数上乘以以下的校正系数,才是在该光源下的实际照度值:

荧光灯	0.95
汞灯(高压汞灯)	1.05
钠灯(高压钠灯)	0.89

第三节 照明节电改造

一、采用高效节能灯

1. 改白炽灯为荧光灯的节电实例

白炽灯在工作时,主要以热辐射形式发光,钨丝温度可达 2500℃左右。这种光称为"热光"。由于输入灯泡的电能,大部分转化为热能和不可见光,故白炽灯的发光效率很低,其电-光转换效率只有 7%~8%。

荧光灯是一种气体放电灯,它是利用水银蒸气所辐射的紫外光线去激励灯管内壁上的荧光质而间接发光。这种光称为"冷光"。荧光灯工作温度很低,热损失很小,故发光效率高,一般为白炽灯的 3~4 倍,使用寿命也比白炽灯长得多。

常用的白炽灯泡和荧光灯的发光效率分别见表 11-25 和表 11-26。

除特殊场合需要用白炽灯(如卧室、书写用台灯等)外,应尽量避免使用白炽灯照明。欧盟已在 2009 年规定之日开始,禁止生产白炽灯泡,欲在两年内全部由节能灯取代。

如果我国城镇居民每户都将一个 60W 的白炽灯(光通量

630lm)换成20W的荧光灯(光通量930lm),单灯日照时间按6h计算,每年每户可节电(60－20)×6×365＝87.6(kWh),全国1.4亿多户城镇居民总计可节电123亿kWh,相当于三峡电站发电量的16%。

表11-25　常用白炽灯泡的发光效率

型　号	额定功率(W)	光通量(lm)	效率(lm/w)
DZ220-15	15	110	7.33
DZ220-25	25	220	8.80
DZ220-40	40	350	8.75
DZ220-60	60	630	10.50
DZ220-75	75	850	11.33
DZ220-100	100	1250	12.50
DZ220-150	150	2090	13.93
DZ220-200	200	2920	14.60
DZ220-300	300	4610	15.37
DZ220-500	500	8300	16.60

注:灯泡寿命一般均为1000h。

表11-26　常用荧光灯的发光效率

型　号	额定功率(W)	光通量(lm)	效率(lm/W)	寿命(h)
YZ6	6(4)	150	15.00	1500
YZ8	8(4)	220	18.33	1500
YZ15	15(8)	580	25.22	3000
YZ20	20(8)	930	33.21	3000
YZ30	30(8)	1550	40.79	5000
YZ40	40(8)	2400	50.00	5000

注:①额定功率栏括号内的数字为其镇流器所消耗的电能。

②镇流器消耗电能均计算在电灯总消耗功率中,从而算出效率。

2. 采用高效节能灯

高效节能灯有异形节能荧光灯、块板结构节能灯(它与传统的光滑铝板反射器灯具相比,能提高光效100%)、稀土荧光灯(比同辐射亮度白炽灯节电80%)、高压钠灯、低压钠灯、镝灯等。此外,采用节电镇流器(如电子镇流器和节能型电感镇流器),能降低在镇流器上的电力损耗。如 40W 普通电感式荧光灯,其镇流器耗电占 8W,且功率因数较低,需并联电容器进行无功补偿。而采用电子镇流器的荧光灯,功率因数高,可节电 40%以上。

如果我国城镇居民每户都将一个 40W 的白炽灯换成同样亮度的 8W 节能灯,单灯日照明时间按 6h 计算,每年每户可节电 70kWh,全国 1.4 亿多户城镇居民一共就可节电 98 亿千瓦时,相当于三峡电站发电量的 12%。

然而要使节能灯真正起节电作用,必须以保证节能灯质量为前提。如果以高出白炽灯几倍的价钱购买的节能灯,只用了一两个月就坏了,用户反而更费钱。2007 年上海市能源标准化技术委员专家披露,上海灯具市场有 50%左右的节能灯不合格。伪劣产品是推广节能灯的巨大障碍,必须引起政府有关部门的高度重视。

(1)异形节能荧光灯与普通荧光灯的节电比较。异形节能荧光灯(又称紧凑型节能荧光灯)的形状有双 D 形、双 U 形、U 形、H 形、环形和双曲形等。这类荧光灯的优点是高效、节能、长寿、质量小及安装方便。它们与普通荧光灯的节电情况比较,见表 11-27。

表 11-27　异形节能荧光灯与普通荧光灯的节电比较

品名	普通荧光灯	双 D 形	双 U 形	U 形	H 形	环形	双曲形
功率(W)	25	16	18	16	11	18	19
光通量(lm)	1002	1050	1250	802	770	900	990
光效(lm/W)	40	66	69	50	70	59	55
光效增长率	—	65%	72%	25%	75%	47%	37%

(2)异形节能荧光灯与白炽灯的节电比较。紧凑型节能荧光灯的光效是白炽灯的 5 倍,使用寿命是白炽灯的 3 倍,一盏 5W、7W、9W、11W、13W、15W、20W 的灯具可分别代替 25W、40W、60W、100W 白炽灯。白炽灯更换成紧凑型荧光灯的经济效益分

析见表 11-28。

表 11-28　白炽灯更换成紧凑型荧光灯经济效益分析表

白炽灯(W)	25				40				60			
紧凑型荧光灯(W)	5				7				11			
紧凑型荧光灯价格(元)	20 元/盏				20 元/盏				20 元/盏			
平均日用电小时(h)	4	6	8	12	4	6	8	12	4	6	8	12
年节电量(kWh)	29.2	43.8	58.4	87.6	48.2	72.5	96.4	144.5	71.5	107.3	143	214.6
居民年节省电费(元)	14.6	21.9	29.2	43.8	24.1	36.1	48.2	72.3	35.8	53.4	71.5	107.3
居民资金回收期(月)	16.4	11	8.2	5.5	10	6.7	5	3.4	6.7	4.5	3.4	2.2
企事业节省电费(元)	23.4	35	46.7	70.1	38.6	57.8	77.1	115.6	57.2	85.8	114.4	171.7
企事业资金回收期(月)	10.5	7	5.2	3.4	6.4	4.2	3.2	2.1	5	3.3	2.5	1.7

3. 各种节能荧光灯的技术数据

(1)U 形和环形荧光灯的技术数据见表 11-29。

表 11-29　U 形和环形荧光灯技术数据

型　号	外形	功率(W)	外形尺寸(mm)		额定参数			平均寿命(h)
			长×宽	管径	工作电流(A)	灯管压降(V)	光通量(lm)	
URR-30	U 形	30	417×96	38	0.35	89	1550	2000
URR-40		40	626×96		0.41	108	2200	
CRR-20	环形	20	207×207	32	0.35	60	930	
CRR-30		30	308×308		0.35	89	1350	
CRR-40		40	397×397		0.41	108	2200	
YU15RR	U 形	15	170×180	25±1.5	0.3	50	405	1000
YU30RR		30	415×180		0.36	108	1165	
YH20RR	环形	20	227×227		0.3	78	698	

(2)柱形、球形、H形、U形节能荧光灯的技术数据见表11-30。

表 11-30　柱形、球形、H 形、U 形节能荧光灯技术数据

<table>
<tr><th rowspan="2"></th><th rowspan="2">型号</th><th rowspan="2">电压
(V)</th><th rowspan="2">功率
(W)</th><th rowspan="2">电流
(mA)</th><th rowspan="2">光通量
(lm)</th><th rowspan="2">相当于
白炽灯
(W)</th><th rowspan="2">质量
(g)</th><th colspan="2">外形尺寸
(mm)</th></tr>
<tr><th>直径 D</th><th>全长 L</th></tr>
<tr><td rowspan="6">柱形灯</td><td>SE12</td><td rowspan="6">220/240</td><td rowspan="4">11</td><td>45/45</td><td>450</td><td rowspan="4">75</td><td>160</td><td rowspan="6">80</td><td rowspan="4">193</td></tr>
<tr><td>SU14</td><td rowspan="3">155/155</td><td rowspan="3">470</td><td>500</td></tr>
<tr><td>SU145</td><td rowspan="2">450</td></tr>
<tr><td>SE141</td></tr>
<tr><td>SE16</td><td rowspan="2">13</td><td>60/60</td><td rowspan="2">600</td><td rowspan="2">80</td><td>160</td><td>180</td></tr>
<tr><td>SU18</td><td>160/160</td><td>500</td><td>193</td></tr>
<tr><td rowspan="6">球形灯</td><td>SEB10</td><td rowspan="3">100/220/240</td><td rowspan="2">9</td><td>100/45/45</td><td rowspan="2">300</td><td rowspan="2">60</td><td>180</td><td>106</td><td>152</td></tr>
<tr><td>SUB12</td><td>280/170/165</td><td>530</td><td>106</td><td>162</td></tr>
<tr><td>SEB12</td><td rowspan="2">11</td><td>120/50/50</td><td rowspan="2">450</td><td rowspan="2">75</td><td>200</td><td>125</td><td>180</td></tr>
<tr><td>SUB14</td><td>220/240</td><td>155/155</td><td>530</td><td>106</td><td>162</td></tr>
<tr><td>SH16</td><td rowspan="2">110/220</td><td rowspan="2">5,7
9,11</td><td rowspan="2">—</td><td rowspan="2">220～
750</td><td rowspan="2">—</td><td>400</td><td rowspan="2">73</td><td>101</td></tr>
<tr><td>SH17E</td><td>65</td><td>92</td></tr>
<tr><td rowspan="9">H、U形灯</td><td>SDE-10N</td><td rowspan="9">110/220/240</td><td rowspan="2">9</td><td rowspan="3">90/45/45</td><td rowspan="3">420</td><td rowspan="3">50</td><td rowspan="3">90</td><td rowspan="9">58</td><td rowspan="2">152</td></tr>
<tr><td>SDE-10U</td></tr>
<tr><td>SDE-11H</td><td>10</td><td rowspan="2">170</td></tr>
<tr><td>SDE-12N</td><td rowspan="2">11</td><td rowspan="2">110/55/45</td><td rowspan="2">550</td><td rowspan="2">60</td><td rowspan="2">95</td></tr>
<tr><td>SDE-12U</td><td>165</td></tr>
<tr><td>SDE-14N</td><td rowspan="3">13</td><td rowspan="3">130/65/65</td><td rowspan="3">650</td><td rowspan="3">75</td><td rowspan="2">105</td><td>182</td></tr>
<tr><td>SDE-14U</td><td>180</td></tr>
<tr><td>SDE-14H</td><td>100</td><td>192</td></tr>
<tr><td>SDE-20H</td><td>16</td><td>170/85/85</td><td>850</td><td>80</td><td>120</td><td>232</td></tr>
</table>

续表 11-30

	型号	电压(V)	功率(W)	电流(mA)	光通量(lm)	相当于白炽灯(W)	质量(g)	外形尺寸(mm)	
								直径 *D*	全长 *L*
H、U形灯	YD9-2U	220	9	170	500	2×25	100	60	155
	YD18-2U		18	220	1000	100	150		230
	YD9-2H		9	170	500	2×25	100		155
	YD18-2H		18	220	1000	100	140		200
	YCD9-2U 2H		9	170	500	2×25	100	55	165
	YCD18-2U 2H		18	220	1000	100	130		250 220

(3)T5 系列荧光灯的技术数据见表 11-31。

表 11-31　T5 系列荧光灯技术数据

型号规格	功率(W)	额定电压(V)	灯电流(A)	灯电压(V)	光通量(lm)	平均寿命(h)	灯头型号
YZ4RR YZ4RL YZ4RM	4	220	0.17	28	100 120 120	5000	G5
YZ6RR YZ6RL YZ6RN	6		0.16	42	190 240 240		
YZ8RR YZ8RL YZ8RN	8		0.145	56	280 350 350		
YZ13RR YZ13RL YZ13RN	13		0.165	105	590 740 740		
YZ32RR YZ32RL YZ32RN	32		0.19	210	2720 2850 3000		

(4)T8系列三基色荧光灯的技术数据见表11-32。

表11-32 T8系列三基色荧光灯技术数据

<table>
<tr><th>型号规格</th><th>额定功率
(W)</th><th>光通量
(lm)</th><th>显色指数
(Ra)</th><th>色温
(K)</th><th>平均
寿命(h)</th><th>外形尺寸
(ϕ×L,mm)</th></tr>
<tr><td>L18/760</td><td rowspan="5">18</td><td>1150</td><td>75</td><td rowspan="2">6000</td><td rowspan="10">1600</td><td rowspan="5">26×590</td></tr>
<tr><td>L18/860</td><td>1300</td><td rowspan="4">85</td></tr>
<tr><td>L18/840</td><td rowspan="3">1350</td><td>4000</td></tr>
<tr><td>L18/830</td><td>3000</td></tr>
<tr><td>L18/827</td><td>2700</td></tr>
<tr><td>L36/760</td><td rowspan="5">36</td><td>2850</td><td>75</td><td rowspan="2">6000</td><td rowspan="5">26×1200</td></tr>
<tr><td>L36/860</td><td>3250</td><td rowspan="4">85</td></tr>
<tr><td>L36/840</td><td rowspan="3">3350</td><td>4000</td></tr>
<tr><td>L36/830</td><td>3000</td></tr>
<tr><td>L36/827</td><td>2700</td></tr>
</table>

4. LED节能灯

LED节能灯,即半导体节能灯,是一种廉价的发光二极管(LED)灯泡。这种灯的照明效率是传统钨丝灯泡的12倍,是荧光低能耗灯泡的3倍。现在世界各国都在大力开发使用。如果使用这种灯,则将减少家庭照明耗电量的3/4。如果在每个住宅和办公室安装这种灯,将使每年照明用电由占总耗电量的15%降低至4%。

LED灯可以持续点燃10万小时,比节能灯的使用寿命长10倍,同时无频闪。由于灯泡内不包含汞,所以在废物处理时不会破坏自然环境。

我国也正在大力开发LED节能灯,国家发改委发出《关于印发半导体照明节能产业发展意见的通知》,明确对半导体节能照明产业发展目标,到2015年,半导体照明节能产业产值年均增长率在30%左右,发展前景广阔。然而目前,国产LED外延材料、芯片以中低档为主，80%以上的功率型 LED 芯片、器件依赖进口，因此需对该产业予以政策扶持和行业人士的创新努力。目前有企业在开发“太阳能＋风能”的 LED 路灯模式，市场潜力巨大。

二、采用电子镇流器

1. 采用电子镇流器节电实例

电子镇流器是一个将工频交流电压转换为 20～30kHz 高频交流电压的变换器。

现以上海某大型超市为例，比较采用电子镇流器与采用普通电感镇流器，节电效果情况。

该超市经营场地面积约 1.2 万 m^2。由荧光灯组成光带。采用 YZ402EFA 型 40W 双管荧光灯具 3000 套。

(1)投资费用。电感镇流器每台 10.5 元，电子镇流器每台 58 元。电感镇流器加启动器费用合计为

$$(10.5+1.5)\times 2(双管)\times 3000=72000(元)$$

电子镇流器费用为

$$58\times 3000=174000(元)$$

两种方案的投资差价为 174000－72000＝102000(元)

(2)节约电费的直接经济效益。采用 40W 电感镇流器，每套耗电 48W，双管共 96W；采用电子镇流器，双管耗电 72W。电费为 0.9 元/(kWh)。每天使用 16h。使用电子镇流器每年节约电费：

$$[(48\times 2-72)\times 16\times 365\times 3000]\div 1000\times 0.9\approx 37.8(万元)$$

(3)间接经济效益。

①由于电感镇流器温升高达 65K 左右，此热量将会耗去空调系统制冷(每年使用 100 天)能量的一部分，如果以 10%计，则使用电子镇流器之后，每年空调系统可以节约电费约 1.4 万元。

②使用电子镇流器后，灯管寿命延长两倍，则节约灯管费用(T8 灯管每支以 8 元计)约 1.75 万元。

仅这两项每年间接节约费用约 3 万元。

由上可见，使用电子镇流器后，一年可节约 40 余万元，而增

加的投资只有10万元，即一个季度可回收增加的投资。

2. 电子镇流器的技术数据

(1)TISC系列电子镇流器的技术数据见表11-33。

表11-33 TISC系列电子镇流器技术数据

<table>
<tr><th>型 号</th><th>额定功率(W)</th><th>额定电压(V)</th><th>额定电流(A)</th><th>功率因数cosφ</th><th>三次谐波含量</th><th>流明系数</th><th>预热起动时间(s)</th><th>异常状态保护</th><th>工作电压范围(V)</th><th>节电率</th></tr>
<tr><td>TISC-1204H</td><td>20</td><td rowspan="7">220</td><td>0.1</td><td rowspan="2">—</td><td rowspan="2">—</td><td rowspan="7">0.95</td><td rowspan="7">0.4～1.5</td><td rowspan="7">有</td><td rowspan="7">150～250</td><td rowspan="7">20%～30%</td></tr>
<tr><td>TISC-1304H</td><td>30</td><td>0.15</td></tr>
<tr><td>TISC-1404H</td><td>40</td><td>0.2</td><td>0.92</td><td>≤33%</td></tr>
<tr><td>TISC-1406H</td><td>40</td><td>0.2</td><td>96</td><td>总谐波含量<25%</td></tr>
<tr><td>TISC-2204H</td><td>2×20</td><td>0.2</td><td rowspan="3">—</td><td rowspan="3">—</td></tr>
<tr><td>TISC-2304H</td><td>2×30</td><td>0.3</td></tr>
<tr><td>TISC-2404H</td><td>2×40</td><td>0.4</td></tr>
</table>

(2)BPEC-Ⅱ型及BPEC-Ⅳ型电子镇流器的技术数据见表11-34。

表11-34 BPEC-Ⅱ型及BPEC-Ⅳ型电子镇流器技术数据

<table>
<tr><th>型 号</th><th>额定功率(W)</th><th>额定电压(V)</th><th>额定电流(A)</th><th>功率因数cosφ</th><th>三次谐波含量(不大于)</th><th>流明系数</th><th>预热起动时间(s)</th><th>异常状态保护</th><th>工作电压范围(V)</th><th>节电率</th></tr>
<tr><td>BPEC-Ⅱ-2140</td><td>40(≤44)</td><td rowspan="2">220</td><td>0.23</td><td rowspan="2">0.9
0.985</td><td>33%(42%)</td><td rowspan="2">0.95</td><td rowspan="2">0.4～1.5</td><td rowspan="2">有</td><td rowspan="2">150～250</td><td rowspan="2">20%～30%</td></tr>
<tr><td>BPEC-Ⅳ-2240</td><td>80(≤88)</td><td>0.38</td><td>7%(9%)</td></tr>
</table>

(3)YZ 系列电子镇流器的技术数据见表 11-35。

表 11-35　YZ 系列电子镇流器技术数据

<table>
<tr><th>型　号</th><th>额定功率（W）</th><th>额定电压（V）</th><th>额定电流（A）</th><th>功率因数 cosφ</th><th>三次谐波含量（不大于）</th><th>流明系数</th><th>预热起动时间（s）（不小于）</th><th>异常状态保护</th><th>工作电压范围（V）</th><th>节电率</th><th>外壳材料</th></tr>
<tr><td>YZ-401EA</td><td>40</td><td rowspan="23">220</td><td></td><td>0.99</td><td>9%</td><td rowspan="23">0.95</td><td rowspan="23">0.4</td><td rowspan="23">有</td><td rowspan="23">150～250</td><td rowspan="23">>20%</td><td rowspan="11">铁质</td></tr>
<tr><td>YZ-401EB</td><td>40</td><td>0.2</td><td rowspan="22">0.94</td><td rowspan="22">25%</td></tr>
<tr><td>YZ-361EB</td><td>36</td><td>0.18</td></tr>
<tr><td>YZ-301EB</td><td>30</td><td>0.15</td></tr>
<tr><td>YZ-201EB</td><td>20</td><td>0.10</td></tr>
<tr><td>YZ-181EB</td><td>18</td><td>0.09</td></tr>
<tr><td>YZ-402EB</td><td>80</td><td>0.39</td></tr>
<tr><td>YZ-362EB</td><td>72</td><td>0.36</td></tr>
<tr><td>YZ-302EB</td><td>60</td><td>0.30</td></tr>
<tr><td>YZ-202EB</td><td>40</td><td>0.20</td></tr>
<tr><td>YZ-182EB</td><td>36</td><td>0.18</td></tr>
<tr><td>YZ-401EE</td><td>40</td><td>0.20</td><td rowspan="12">塑料</td></tr>
<tr><td>YZ-361EE</td><td>36</td><td>0.18</td></tr>
<tr><td>YZ-30EE</td><td>30</td><td>0.15</td></tr>
<tr><td>YZ-20EE</td><td>20</td><td>0.10</td></tr>
<tr><td>YZ-18EE</td><td>18</td><td>0.09</td></tr>
<tr><td>YZ-401EEL</td><td>40</td><td>0.20</td></tr>
<tr><td>YZ-361EEL</td><td>36</td><td>0.18</td></tr>
<tr><td>YZ-301EEL</td><td>30</td><td>0.15</td></tr>
<tr><td>YZ-201EEL</td><td>20</td><td>0.10</td></tr>
<tr><td>YZ-181EEL</td><td>18</td><td>0.09</td></tr>
<tr><td>YZ-401EES</td><td>40</td><td>0.20</td></tr>
<tr><td>YZ-321EES</td><td>32</td><td>0.16</td></tr>
<tr><td>YZ-221EES</td><td>22</td><td>0.11</td></tr>
</table>

三、采用节能型电感镇流器

节能型电感镇流器是在普通电感镇流器的基础上，从材料、结构、制造工艺等方面加以改进而研制出的一种低损耗镇流器。我国节能型电感镇流器的研制已有十多年的历史，并具有一定的生产能力。

1. 节能型电感镇流器分类及性能比较

节能型电感镇流器可分为以下几类：

(1)减小磁通密度和绕组直流电阻型。这种镇流器的结构与传统镇流器无本质区别，只是采用了增大铁心截面积和导线截面积的方法，使得镇流器的自身损耗比普通电感镇流器下降40%～50%。这种镇流器的缺点是材料单耗高，因此镇流器的成本较高。

(2)硅钢片卷绕节能型。这种镇流器的铁心采用卷绕型硅钢片结构，自身损耗仅为相同用料的冲片型镇流器的50%～60%。其不足之处是工艺较复杂。

卷绕型镇流器从结构上可分为环形镇流器、C形镇流器和O形镇流器三类。

节能型电感镇流器与普通电感镇流器及电子镇流器的性能比较见表11-36。

表11-36 节能型电感镇流器与普通电感镇流器及电子镇流器的性能比较

项 目	普通电感镇流器	电子镇流器	节能型电感镇流器
结构	铁芯、线圈	电子线路	铁芯、线圈
自身功耗(W)	8～10	3～4	5～6
功率因数	0.55	0.95～1	0.9
频闪(Hz)	100	无	有
起动	慢	快	慢
光效	无提高	提高10%以上	—

续表 11-36

项　目	普通电感镇流器	电子镇流器	节能型电感镇流器
温升	有	无	有
噪声	有	无	有
价格	低	较高	稍高
谐波	无	有	无

2. 节能型电感镇流器技术数据

部分荧光灯用节能型电感镇流器的技术数据见表 11-37。

表 11-37 荧光灯用节能型电感镇流器技术数据

产 品 型 号	JF-2075M	JF-3075M	JF-4075M
配用灯功率(W)	18/20	30	36/40
输入功率(W)	23.6	33.6	44.2
输入电流(mA)	352	342	430
输入起动电流(mA)	500	550	650
功率因数	0.9		
补偿电容(μF)	3	3	4
外形尺寸(mm)	41×31×195		
安装尺寸(mm)	164		
重量(kg)	0.83		
功率损耗(W)	4.5	5	5
起动器型号	常用双金属型		

注:镇流器线圈允许的最高使用温度为 120℃,正常状态下的温升为 30℃。

金属卤化物灯配用环形镇流器的技术数据见表 11-38。

表 11-38 金属卤化物灯配用环形镇流器的技术数据

产 品 型 号	ZJD-175 ZF-175	ZJD-250 ZF-250	ZJD-400 ZJ-400
镇流器功率(W)	175	250	400
额定电压(V)	220(额定频率为 50Hz)		
补偿电容(μF)	13	18	28

续表 11-38

产品型号	ZJD-175 ZF-175	ZJD-250 ZF-250	ZJD-400 ZJ-400
工作电流(A)	0.925	1.3	2.05
功率因数	0.918	0.91	0.93
总功率(W)	186	264	420
灯功率(W)	175	250	400
镇流器功耗(W)	11	13	20
绕组温度(℃)	58	59	65
环境温度(℃)		20	

3. 节能型电感镇流器节电效果分析

节能型电感镇流器与电子镇流器相比，具有使用寿命长、可靠性高、抗干扰和抗瞬变电涌能力强等优点。节能型电感镇流器与普通型电感镇流器相比，具有自身功耗小、功率因数高、温度低等优点。节能型电感镇流器损耗占灯功率的百分数见表 11-39。

据介绍，美国市场上电感镇流器约占 69%，电子镇流器约占 31%；而欧洲市场上还是以电感镇流器为主，电子型镇流器仅占 5%左右。我国应大力推广节能型电感镇流器，同时有条件的应推广采用更加节能的电子镇流器。

表 11-39 镇流器损耗占灯功率百分数 (%)

灯功率(W)	20 以下	30	40	100	250	400	1000 以上
普通型	40～50	30～40	22～25	15～20	14～18	12～14	10～11
节能型	20～30	<15	<12	<11	<10	<9	<8

四、采用光伏发电照明

光伏电源照明，即太阳能发电照明。它是利用光电效应将太阳能直接转换成电能的一种新技术。光伏电源照明系统由光电转换组件、防反器、控制调节器、储能和逆变等环节组成。

光伏电源一般发电量不大，需配用高光效的太阳能照明灯

（一种新型节能照明电光源）。它与普通白炽灯相比，发光效率高5倍，使用寿命长8倍（可达8000h），比白炽灯节电80%。太阳能光伏电源系统的使用寿命为25年左右。

以10年为限，路灯燃点时间约为40430h，即年均4043h，阴雨天气约为800天，太阳能照明灯需用市电补充时间为8861h。用20W太阳能照明灯代替100W白炽灯，城市路灯节电效果和经济效益分析如表11-40所示。

表11-40　节电效果和经济效益分析

名　称	耗电量（kWh）	电费0.46（元/kWh）	灯泡费用（单价×数量）	维护费用（元/年×年）	费用合计（10年/年均）
白炽路灯	4043	1860	1.6×41=66	100×10=1000	2926/292.6
太阳能路灯	177	82	16×1=16	20×10=200	298/29.8

从表11-40可见，光伏电源照明耗电量是白炽灯的4.38%，年均节电386.6kWh，使用费用是白炽灯的10.18%，其节电效果和经济效益十分明显。

光伏发电投资成本较高，需政府扶持。目前投资成本约为25～30元/W，政府若给予15元/W的补贴，则发电成本约在1.6～2元/kWh左右。浙江省首座2MW级屋顶光伏电站已并网发电，预计平均年发电量200万kWh，每年可节约609t标准煤，减少温室气体排放1094t，减少二氧化硫排放9.8t、氮氧化合物6.2t、烟尘2.9t，此外还节约了大量水资源。杭州市制订“百万屋顶阳光计划”，至2013年，全市实施阳光屋顶70万m^2（即安装太阳能电池板总面积达到70万m^2），累计装机容量70MW。今后，省市重大建筑工程，政府投资建设，大型宾馆、商场、工业厂房建设项目，高档低层住宅区等4类，都将优先纳入“阳光屋顶工程”计划。

国家对并网光伏发电项目，原则上按光伏发电系统及其配套输配电工程总投资的50%给予补助。其中，偏远无电地区的独立光伏发电系统按总投资的70%给予补助。对于光伏发电关键技术产业化和基础能力建设项目,主要通过贴息和补助的方式给予支持。上述这些政策,无疑将大大提高光伏发电企业的积极性,使百姓受惠,有力地促进我国光伏发电节能工程的发展。

五、设计合理的灯具安装高度及采用带反射罩的灯具

1. 照度与灯具悬挂高度和灯罩的关系

灯光照度不但与耗电功率的大小有关,还与灯种、距离及灯具是否带灯罩有关。有人对白炽灯和荧光灯在不同距离和有无灯罩等条件下的照度,作了实测,结果如表11-41所示。

表11-41 照明灯在不同情况下的照度

灯种与功率		灯罩	不同距离时的照度(lx)			
			0.5m	0.75m	1m	1.25m
白炽灯	25W	无罩	36	19	11	7
		有罩	48	46	24.5	15
	40W	无罩	107	49	29	21
		有罩	200	96	57	39
	60W	无罩	176	82	50	32
		有罩	342	160	95	62
荧光灯	8W	有罩	200	95	57	34
	20W	有罩	440	225	160	94
	30W	有罩	680	380	255	170
	40W	有罩	782	470	298	220

从表11-41可知,灯光照度与照射距离的关系很大。白炽灯距照射面分别为0.5m和0.75m时,两者照度相差50%;在0.75m和1m时,相差40%。因此,灯头高度与工作面要合理,不宜装得过高,以免散失光源;但为了安全,也不宜过低。一般吊灯距地面以2.5m左右为宜,并应尽量考虑采用局部照明,以便灯具更接近工作面。

白炽灯加罩与否,灯光照度相差近1倍;荧光灯加反射罩,照度可提高20%左右。

2. 灯具的合理悬挂高度

灯具悬挂得越高，投射到工作面上的照度就越小，白白地浪费电能；灯具悬挂得过低，是不安全的。

室内一般照明灯具的最低悬挂高度见表 11-42。

表 11-42 室内一般照明灯具的最低悬挂高度

光源种类	灯具形式	灯具遮光角	光源功率（W）	最低悬挂高度（m）
白炽灯	有反射罩	10°～30°	≤100	2.5
			150～200	3.0
			300～500	3.5
	乳白玻璃，漫射罩	—	≤100	2.0
			150～200	2.5
			300～500	3.0
荧光灯	无反射罩	—	≤40	2.0
			>40	3.0
	有反射罩	—	≤40	2.0
			>40	2.0
荧光高压汞灯	有反射罩	10°～30°	<125	3.5
			125～250	5.0
			≥400	6.0
	有反射罩，带格栅	>30°	<125	3.0
			125～250	4.0
			≥400	5.0
金属卤化物灯、高压钠灯、混光光源	有反射罩	10°～30°	<150	4.5
			150～250	5.5
			250～400	6.5
			>400	7.5
	有反射罩，带格栅	>30°	<150	4.0
			150～250	4.5
			250～400	4.5
			>400	6.5

各种灯具适宜的悬挂高度见表 11-43。

表 11-43　灯具适应的悬挂高度

灯 具 类 型	悬挂高度(m)
配照灯、广照型工厂灯	2.5～6
深照型工厂灯	6～13
镜面深照型灯	7～15
防水防尘灯、矿山灯	2.5～5
防潮灯	2.5～5(个别场所低于 2.5m 时可带保护罩)
万能型灯	2.5～5
隔爆型、安全型灯	2.5～5
圆球吸顶灯	2.5～5
乳白玻璃吊灯	2.5～5
软线吊线	＞2
荧光灯	＞2
碘钨灯	7～15(特殊场合可低于 7)
镜面磨砂灯泡	200W 以下,＞2.5 200W 以上,＞4
路灯,裸露灯泡	＞5.5

3. 采用高效能反射罩

为了使灯具发出的光能有效地投射到特定部位,应当安装高效能的反射罩。灯具的反射罩表面,以铝镜面反射率最高,达到 84.3%;其次是白色喷涂面,反射率为 83.2%;铝素材的反射率为 82.5%;铝研磨反射面的反射率为 79.7%;不锈钢的反射率为 57.5%。

除卧室等场合外,尽可能不采用磨砂玻璃或乳白色塑料全封闭式灯罩,这类灯罩虽能使发光均匀柔和,但大大降低亮度,造成电能浪费。

参 考 文 献

[1] 方大千．工厂节电计算手册[M]．北京:科学技术文献出版社,1994

[2] 方大千等．节约用电速查速算手册[M]．北京:中国水利水电出版社,2006

[3] 方大千等．电工计算应用 280 例[M]．南京:江苏科学技术出版社,2008

[4] 方大千等．实用电工计算 221 例[M]．北京:金盾出版社,2009

[5] 方大千等．节约用电实用技术问答[M]．北京:人民邮电出版社,2008

[6] 方大千　鲍俏伟．实用电子控制电路[M]．北京:国防工业出版社,2003

[7] 方大千等．实用电动机控制线路 326 例[M]．北京:金盾出版社,2003

[8] 方大千等．变频器、软起动器及 PLC 实用技术问答[M]．北京:人民邮电出版社,2007

[9] 方大千　郑鹏　朱丽宁．电子及电力电子器件实用技术问答[M]．北京:金盾出版社,2010

[10] 方大千等．小型发电实用技术问答[M]．北京:人民邮电出版社,2007

[11] 方大千　张荣亮等．简明节约用电速查速算手册[M]．南京:江苏科学技术出版社,2008

[12] 俞安琪．节能型电感镇流器[J]．电世界,2002(6)

[13] 刘乾业　施明灿．我国电工节能技术热点[J]．电世界,2006(6)

[14] 周德贤．软起动器与自耦减压起动器的正确应用[J]．电世界,1999(5)